动物大肠杆菌病及其防控方法

郭忠欣　王梦艳　刘兆阳　主编

化学工业出版社

·北京·

图书在版编目（CIP）数据

动物大肠杆菌病及其防控方法/郭忠欣，王梦艳，
刘兆阳主编. —北京：化学工业出版社，2019.9
ISBN 978-7-122-34748-0

Ⅰ.①动…　Ⅱ.①郭…②王…③刘…　Ⅲ.①动物
疾病-大肠杆菌病-防治　Ⅳ.①S852.73

中国版本图书馆 CIP 数据核字（2019）第 128646 号

责任编辑：邵桂林　　　　　　　　装帧设计：关　飞
责任校对：王　静

出版发行：化学工业出版社（北京市东城区青年湖南街 13 号　邮政编码 100011）
印　　刷：三河市航远印刷有限公司
装　　订：三河市宇新装订厂
787mm×1092mm　1/16　印张 15½　字数 348 千字　2019 年 9 月北京第 1 版第 1 次印刷

购书咨询：010-64518888　　　　　售后服务：010-64518899
网　　址：http://www.cip.com.cn
凡购买本书，如有缺损质量问题，本社销售中心负责调换。

定　　价：78.00 元　　　　　　　　　　　　　　　版权所有　违者必究

编写人员名单

主　　编　　郭忠欣（洛阳市动物疫病预防控制中心）

　　　　　　王梦艳（焦作市温县农林局）

　　　　　　刘兆阳（洛阳市王城动物园）

副 主 编　　（以姓氏笔画为序）

　　　　　　王学强（开封市动物疫病预防控制中心）

　　　　　　冯　颖（杭州市妇产科医院）

　　　　　　闫志玲（焦作市动物疫病预防控制中心）

　　　　　　时帅峰（汝州市动物卫生监督所）

　　　　　　宋乐乐（孟津县畜牧局）

　　　　　　张建庚（濮阳县农业畜牧局）

　　　　　　陈贯超（汝州市动物卫生监督所）

　　　　　　金修哲（太原动物园）

　　　　　　孟培培（汝州市动物卫生监督所）

　　　　　　郝春娟（太原动物园）

　　　　　　郭小玲（驻马店市动物疫病预防控制中心）

　　　　　　雷志刚（长垣县农林畜牧局）

　　　　　　廖成水（河南科技大学）

　　　　　　薛声明（博爱县动物疫病预防控制中心）

参　　编　　（以姓氏笔画为序）

　　　　　　王晓利（河南科技大学）

　　　　　　关　鹏（新乡市畜产品质量监测检验中心）

　　　　　　李　静（濮阳县农业畜牧局）

　　　　　　宋瑾瑾（开封市顺河回族区畜牧服务中心）

　　　　　　张代宝（河南省野生动物救护中心）

　　　　　　张利珍（濮阳县农业畜牧局）

　　　　　　张淑芳（汝州市动物疫病预防控制中心）

　　　　　　段静文（濮阳县农业畜牧局）

　　　　　　郭延俭（汝州市动物卫生监督所）

　　　　　　魏满森（濮阳县八公桥镇政府）

　　　　　　闫新武（孟津县畜牧局）

前 言 ━━➤➤➤

　　肠杆菌科（Enterobacteriaceae）是一大群革兰氏阴性杆菌，根据细菌的生化反应、血清学试验和 DNA 同源性特征，可将肠杆菌科至少分为 28 个菌属和 110 个以上的菌种，包括腐生菌、寄生菌以及动物和人的病原菌。肠杆菌科细菌的分布十分广泛，除了少数存在于植物、水和土壤中等自然界中之外，绝大多数大肠杆菌科细菌是人和动物肠道正常菌群的重要成员。在肠杆菌科细菌中，沙门菌属、志贺菌属以及埃希氏菌属和耶尔森氏菌属的部分菌属对人或动物具有广泛、不同程度的致病性，在医学、公共卫生和兽医临诊上都有重要意义。

　　大肠埃希氏菌（Escherichia coli，E. coli）是埃希氏菌属（Escherichia）中最重要的代表菌种，一般将大肠埃希氏菌称为大肠杆菌。德国科学家 Escherich 在 1885 年首次发现大肠杆菌，一般大肠杆菌不致病，并且随后长期以来一直被认为大肠杆菌属是人和动物肠道内正常菌群的重要成员之一，是人和动物肠道中的正常栖居细菌，维持着宿主肠道的正常生理功能。在一定条件下大肠杆菌可引起肠道外感染。在大肠杆菌属中，有一部分血清型大肠杆菌菌株的致病性强，可引起人和动物腹泻，统称致病大肠杆菌。

　　大肠杆菌属于革兰氏阴性短杆菌，大小（1～3）微米×（0.4～0.8）微米。大肠杆菌周身有鞭毛，能运动，无芽孢，正常大肠杆菌菌属能发酵多种糖类产酸、产气。大肠杆菌是人和动物肠道中的正常栖居菌，自婴儿出生后大肠杆菌随哺乳进入肠道，与人终生相伴，大肠杆菌代谢活动能抑制肠道内分解蛋白质菌群的生长，减少蛋白质分解产物对人体的危害，还能合成维生素 B 和维生素 K，同时产生有杀菌作用的大肠杆菌素。大肠杆菌在正常栖居条件下不会使得动物或人发病，但若进入宿主胆囊、膀胱等器官后可引起炎症，大肠杆菌是兼性厌氧菌，在宿主肠道中可以大量繁殖，严重时大肠杆菌的量可以达到粪便干重的 1/3。在不良的环境卫生情况下，常随粪便散布在周围环境中。如果在水和食品中检出一定比例的大肠杆菌，可认为是被粪便大肠杆菌污染的指标，从而确认有肠道病原菌的存在。因此，大肠菌群数（或大肠菌值）常作为饮水和食物（或药物）的卫生学标准指标之一。菌体抗原（O）、鞭毛抗原（H）和表面抗原（K）是大肠杆菌的抗原成分，这些复杂抗原成分具有抗机体吞噬和抗补体的能力。根据大肠杆菌菌体抗原的不同，可将大肠杆菌至少分为 150 多型，其中有一定数量的血清型属于致病性大肠杆菌，常引起流行性婴儿腹泻或成人胸膜炎。大肠杆菌可作为研究微生物遗传的重要材料，1954 年在大肠杆菌 K12 菌株中发现的局限性转导的研究开创了肠杆菌可作为微生物研究工具的先河。莱德伯格（Lederberg）利用两株营养缺陷型大肠杆菌进行细菌接合实验，该实验奠定了大肠杆菌研究的基础，以及后期的基因工程研究。作为人和许多动物肠道中最主要且数量最多的一种细菌，大肠杆菌主要寄生在大肠内，不良条件下大肠杆菌侵入人体一些部位时，有些感染可能是致命性的，尤其是对孩子及老人。致病性大肠杆菌可引起感染，如腹膜炎、胆囊炎、膀胱炎及腹泻等疾病。人在感染大肠杆菌后表现出胃痛、呕吐、腹泻和发热等临床症状。

在自然界的水中大肠杆菌可存活数周乃至数月，同时相对于其他肠道杆菌，大肠杆菌对热的抵抗力比较强，55℃处理 60 分钟或者 60℃灭活 15 分钟后仍有部分大肠杆菌存活，在温度较低的粪便中存活时间会更久。胆盐、煌绿等对大肠杆菌的生长表现出抑制作用。

大肠杆菌的菌毛和肠毒素是大肠杆菌的主要致病物质，称为定居因子。此外，细菌胞壁脂多糖的类脂 A 具有毒性，大肠杆菌 O 特异多糖对宿主防御屏障具有抵抗作用。而大肠杆菌的 K 抗原有吞噬作用。

自 1894 年大肠杆菌病被报道以来，21 世纪随着养殖业的巨大发展，大肠杆菌病在各国流行日趋严重，并导致巨大的经济损失。

大肠杆菌病主要由以下 3 种因素造成：

（1）免疫抑制因素 机体的免疫功能主要分为体液免疫和细胞免疫。当免疫系统受到其他疾病的破坏时，机体对其他疾病的抵抗力下降，大肠杆菌也就伺机入侵病体内。

（2）大肠杆菌病的传播扩散主要受到环境因素影响 气候突变、气温降低、通风不良、空气中氮气浓度过高等，都能诱使畜禽抵抗力减弱，机体被病原微生物入侵，从而感染大肠杆菌病。

（3）大肠杆菌易产生耐药性 大肠杆菌对氯霉素、链霉素以及磺胺类药物等表现出敏感，新霉素、庆大霉素也对大肠杆菌病有较好的临床治疗作用。但大肠杆菌极易产生耐药性，虽然大肠杆菌的耐药性机制不清楚，但大肠杆菌的耐药性主要是由带有 R 因子的质粒转移而获得的。临床流行病学资料显示，大肠杆菌对青链霉素、土霉素和四环素等抗菌药物具有较高的耐药性。在临床实际生产中，由于操作人员盲目使用抗菌药物治疗疾病、随意加大药物使用量或者低剂量长时间使用某种药物、未采用轮换用药的方法，使得大肠杆菌耐药性升高，导致药物疗效下降，造成不可挽回的损失。随意使用各种抗生素药物的同时也会导致畜禽体内微生物菌群失调，从而使宿主机体易感染大肠杆菌病。

由于大肠杆菌血清学复杂，且地域差异较大，目前临床研究的大肠杆菌灭活菌体疫苗、脂多糖 LPS 疫苗、菌毛疫苗、鞭毛抗原 H 疫苗等对大肠杆菌病的防制效果不佳。因此，加强管理、搞好环境净化、加强营养、饲喂配合饲料、保持合理饲养密度、减少各种应激反应、加强消毒以及科学使用抗生素是大肠杆菌病的防制工作中的一些基本措施。针对耐药性的产生，研制出一种具有强烈、广泛、交叉免疫保护性疫苗，能更好地防治大肠杆菌的各种感染，而采用疫苗预防和中草药联合控制大肠杆菌病的是一种可探索的方式。外膜蛋白是大肠杆菌的一种高度保守序列，能标志大肠杆菌遗传多样性，用相同引物对不同大肠杆菌菌株的外膜蛋白 A 基因序列进行聚合酶链式反应扩增，能够产生完全相同的核苷酸序列。

本书参考和借鉴了国内众多研究学者在人和动物大肠杆菌方面的报道文献，以及部分来自于网络的资料，在此，对文献的作者表示衷心的感谢。全书采用罗列、融合和分块整理方式，从动物大肠杆菌的病原学、分离鉴定、耐药性、临床症状、病理剖检变化、诊断、致病机理以及药物治疗、疫苗研发应用等方面的研究进展进行编写，重点论述大肠杆菌致病因子、鸡和猪的主要大肠杆菌病感染和症状、中西医治疗和控制措施，有助于临床上开展动物大肠杆菌病的全面防控。

最后，谨希望本书的出版能够更多的科研工作者关注动物大肠杆菌感染。同时，因知识和能力有限，虽然做了最大的努力，本书仍然存在许多疏漏之处，望广大专家和读者批评指正。

郭忠欣　王梦艳　刘兆阳

2019 年 4 月 10 日

目 录 ➤➤➤➤

第一章 大肠杆菌简介 / 1

第一节 大肠杆菌的理化特性 ……………………………………………… 1

一、分类与形态 ………………………………………………………… 1

二、生长特性 …………………………………………………………… 3

三、生化特性 …………………………………………………………… 4

四、抵抗力 ……………………………………………………………… 4

五、抗原性 ……………………………………………………………… 4

第二节 大肠杆菌与人体健康 ……………………………………………… 6

第三节 动物性食品源大肠杆菌 …………………………………………… 8

第四节 动物性食品源大肠杆菌的检验 …………………………………… 12

主要参考文献 ………………………………………………………………… 19

第二章 动物大肠杆菌的感染与分离鉴定 / 21

第一节 禽源大肠杆菌的分离鉴定 ………………………………………… 21

一、河南 ………………………………………………………………… 21

二、河北 ………………………………………………………………… 22

三、黑龙江 ……………………………………………………………… 23

四、山东 ………………………………………………………………… 24

五、西藏 ………………………………………………………………… 24

六、湖南 ………………………………………………………………… 25

七、云南 ………………………………………………………………… 25

八、江苏 ………………………………………………………………… 26

九、湖北 ………………………………………………………………… 26

十、宁夏 ………………………………………………………………… 26

十一、甘肃 ·· 26

十二、广东 ·· 27

十三、贵州 ·· 27

十四、重庆 ·· 27

十五、青海 ·· 28

十六、山西 ·· 28

十七、吉林 ·· 28

十八、天津 ·· 28

十九、辽宁 ·· 29

二十、浙江 ·· 30

二十一、四川 ·· 30

二十二、陕西 ·· 31

二十三、内蒙古 ·· 32

二十四、福建 ·· 32

第二节 禽大肠杆菌的混合感染 ·· 33

一、支原体与大肠杆菌混合感染 ·· 33

二、新城疫混合大肠杆菌感染 ·· 34

三、传染性喉气管炎病毒混合大肠杆菌感染 ···································· 35

四、传染性支气管炎病毒混合大肠杆菌感染 ···································· 35

五、球虫与大肠杆菌混合感染 ·· 36

六、维生素E缺乏症并发大肠杆菌 ·· 36

七、新城疫与大肠杆菌、支原体混合感染 ······································ 37

八、H9亚型禽流感病毒混合大肠杆菌感染 ······································ 37

九、大肠杆菌混合沙门氏菌感染 ·· 37

十、大肠杆菌与葡萄球菌混合感染 ·· 38

十一、传染性法氏囊病混合大肠杆菌病 ·· 39

十二、马立克病混合大肠杆菌病感染 ·· 39

十三、网状内皮组织增生症继发大肠杆菌病 ···································· 39

十四、鸡J亚群白血病继发大肠杆菌感染 ······································ 40

十五、鸡传染性贫血继发大肠杆菌感染 ·· 40

十六、呼肠孤病毒病继发大肠杆菌感染 ·· 40

主要参考文献 ·· 40

第三章 动物大肠杆菌的耐药性 / 43

第一节 药敏试验 ·· 43

一、纸片法 ·· 43

二、试管法 ·· 48

三、常量肉汤稀释法测定抗菌药物最低抑菌浓度 ·················· 49

四、平板挖洞法 ·· 50

五、微量肉汤稀释法测定抗菌药物最低抑菌浓度 ·················· 51

第二节　禽大肠杆菌的耐药性调查 ······························ 54

一、大肠杆菌的耐药机制 ···································· 54

二、禽源大肠杆菌的耐药性 ·································· 55

主要参考文献 ·· 66

第四章　大肠杆菌的致病毒力因子 / 68

第一节　大肠杆菌的致病因子 ·································· 68

一、菌毛 ·· 69

二、细菌毒素 ·· 70

第二节　大肠杆菌毒力基因 ···································· 74

主要参考文献 ·· 75

第五章　大肠杆菌病的临床症状与病理病变 / 76

第一节　猪大肠杆菌病的临床症状与病理病变 ···················· 76

一、仔猪黄痢 ·· 76

二、仔猪白痢 ·· 78

三、猪水肿病 ·· 79

第二节　禽大肠杆菌病的临床症状与病理病变 ···················· 82

主要参考文献 ·· 90

第六章　大肠杆菌病的诊断 / 91

第一节　流行病学诊断 ·· 91

第二节　实验室诊断的基本方法 ································ 92

一、病理组织学检查 ·· 93

二、微生物学诊断 ·· 93

三、血清学试验 ·· 94

第三节　细菌的分离培养与鉴定 ································ 94

一、分离培养的注意事项 ···································· 94

　　二、分离培养的方法 ·· 95

　　三、细菌的鉴定 ·· 97

第四节　免疫酶技术 ·· 112

　　一、酶联免疫吸附试验(Enzyme-linked imlunosorbentesesy, ELISA) ········ 112

　　二、斑点酶联免疫吸附试验(Dot-ELISA) ······································· 114

　　三、大肠杆菌菌体蛋白质残留量测定法 ·· 115

第五节　聚合酶链反应检测技术 ·· 116

第六节　实时荧光定量 PCR(Real-time quantitative PCR) ···················· 119

　　一、iss 基因 ·· 119

　　二、cva 基因 ··· 120

　　三、cvaA 基因 ·· 120

　　四、cvaB 基因 ·· 120

　　五、cvaC 基因 ·· 121

　　六、cvi 基因 ·· 121

　　七、fimC 基因 ·· 121

　　八、fimD 基因 ·· 121

　　九、fimF 基因 ·· 122

　　十、fimH 基因 ·· 122

　　十一、fimG 基因 ·· 122

　　十二、fimB/fimD 基因 ·· 122

　　十三、uxaA 基因 ·· 123

　　十四、gntP 基因 ·· 123

　　十五、stx2A 亚基基因 ·· 123

　　十六、stx2 B 亚基基因 ·· 123

　　十七、hlyE 基因 ·· 124

　　十八、hlyC 基因 ·· 124

　　十九、hlyA 基因 ·· 124

　　二十、hlyB 基因 ·· 125

　　二十一、hlyD 基因 ·· 125

　　二十二、eae 基因 ··· 125

　　二十三、eatA 基因 ·· 125

　　二十四、eltA-不耐热性肠毒素 A 亚基 ·· 126

　　二十五、eltA-不耐热性肠毒素 B 亚基 ·· 126

　　二十六、toxA 基因 ·· 126

　　二十七、toxB 基因 ·· 127

　　二十八、aggA 基因 ·· 127

　　二十九、aggB 基因 ·· 127

　　三十、aggC 基因 ·· 127

三十一、aggD 基因 ……………………………………………… 128

三十二、aggR 基因 ……………………………………………… 128

三十三、ipaA 基因 ……………………………………………… 128

三十四、ipaB 基因 ……………………………………………… 129

三十五、ipaC 基因 ……………………………………………… 129

三十六、ipaD 基因 ……………………………………………… 129

三十七、tccP 基因 ……………………………………………… 129

三十八、bfpA 基因 ……………………………………………… 130

三十九、bfpB 基因 ……………………………………………… 130

四十、bfpC 基因 ………………………………………………… 130

四十一、bfpD 基因 ……………………………………………… 131

四十二、bfpE 基因 ……………………………………………… 131

四十三、bfpF 基因 ……………………………………………… 131

四十四、bfpG 基因 ……………………………………………… 131

四十五、bfpH 基因 ……………………………………………… 132

四十六、bfpI 基因 ……………………………………………… 132

四十七、bfpJ 基因 ……………………………………………… 132

四十八、bfpK 基因 ……………………………………………… 133

四十九、bfpL 基因 ……………………………………………… 133

五十、bfpM 基因 ………………………………………………… 133

五十一、aafA 基因 ……………………………………………… 133

五十二、aap 基因 ……………………………………………… 134

五十三、shf 基因 ……………………………………………… 134

五十四、capU 基因 ……………………………………………… 134

五十五、virK 基因 ……………………………………………… 135

五十六、pic 基因 ……………………………………………… 135

五十七、cdt-IIIA 基因 …………………………………………… 135

五十八、cdt-IIIB 基因 …………………………………………… 135

五十九、cdt～IIIC 基因 ………………………………………… 136

六十、astA 基因 ………………………………………………… 136

六十一、repI 基因 ……………………………………………… 136

六十二、papB～3 基因 ………………………………………… 136

六十三、afaA 基因 ……………………………………………… 137

六十四、sfaH-3 基因 …………………………………………… 137

六十五、virF 基因 ……………………………………………… 137

六十六、soxS 基因 ……………………………………………… 138

六十七、soxR 基因 ……………………………………………… 138

六十八、cadA 基因 ……………………………………………… 138

　　六十九、*cadB* 基因 ··· 138

第七节　环介导恒温扩增 PCR 法 ······························· 139

第八节　其他 PCR 技术 ··· 140

　　一、多重 PCR 技术 ·· 140

　　二、Tar916-shida PCR ·· 141

　　三、随机扩增 DNA 多态性分型和随机引物 PCR 分型技术 ··········· 141

　　四、低频限制性位点聚合酶链反应 ································· 142

　　五、多位点测序分型 ··· 142

　　六、细菌基因组重复序列 PCR 技术分型 ··························· 143

　　七、PCR 限制性片段长度多态性 ·································· 144

　　八、扩增片段长度多态性 ··· 144

　　九、多位点数目可变串联重复序列指纹图谱分型 ····················· 145

第九节　免疫组织化学方法 ······································· 146

　　一、免疫琼脂扩散法 ··· 146

　　二、乳胶凝集法 ··· 146

　　三、放射免疫法 ··· 147

第十节　其他检测诊断技术 ······································· 147

　　一、免疫印迹技术 ··· 147

　　二、质粒及质粒图谱分型 ··· 148

　　三、染色体 DNA 限制性酶切分析 ·································· 149

　　四、色原或荧光底物及成套鉴定系统 ······························· 150

　　五、核酸探针技术 ··· 150

　　六、核糖体分型 ··· 151

　　七、全细胞蛋白电泳图谱分型 ····································· 152

　　八、高压脉冲场凝胶电泳分型 ····································· 152

主要参考文献 ·· 153

第七章　药物控制研究 / 154

第一节　大肠杆菌病西药防治研究 ································· 154

　　一、泵抑制剂 ··· 154

　　二、单硫酸卡那霉素 ··· 155

　　三、硫酸丁胺卡那霉素 ··· 155

　　四、硫酸阿米卡星 ··· 156

　　五、硫酸安普霉素 ··· 156

　　六、氟喹诺酮药物 ··· 157

　　七、单诺沙星 ··· 158

八、恩诺沙星乳酸盐 ·········· 158

九、氟苯尼考 ·········· 159

十、头孢拉定 ·········· 160

十一、头孢噻呋钠 ·········· 162

十二、喹赛多 ·········· 163

十三、氧氟沙星 ·········· 164

第二节 大肠杆菌病中药防治研究 ·········· 165

一、黄连、连翘、紫花地丁、黄芩和白头翁 ·········· 165

二、银花、黄连、五味子、连翘、大黄、黄芩、黄柏、白头翁 ·········· 165

三、板蓝根 ·········· 165

四、苍术 ·········· 166

五、车前子提取物 ·········· 167

六、大蒜 ·········· 167

七、诃子、五味子、五倍子、黄连、黄芩、苦参 ·········· 168

八、低聚木糖 ·········· 168

九、黄连 ·········· 169

十、黄连解毒散 ·········· 169

十一、黄芩浸出液 ·········· 170

十二、苦参 ·········· 170

十三、乌梅化合物 V ·········· 171

十四、乌梅水煎液 ·········· 172

第三节 大肠杆菌病联合复方药物或联合用药防治研究 ·········· 173

一、黄连组方口服液 ·········· 173

二、连葛口服液 ·········· 174

三、P10B 抗菌肽和硫酸小檗碱 ·········· 174

四、阿莫西林和硫酸黏菌素 ·········· 175

五、肠安之星 ·········· 175

六、天南星、重楼、黄连、郁金、夏枯草、金银花、黄柏、赤芍、川贝、
甘草、栀子 ·········· 175

七、复方氟苯尼考口服液 ·········· 176

八、氟苯尼考与多西环素 ·········· 176

九、氟苯尼考与三甲氧苄啶 ·········· 177

十、复方制剂(氟苯尼考-硫酸黏菌素可溶性粉) ·········· 177

十一、复方白头翁颗粒 ·········· 177

十二、复方白头翁散 ·········· 178

十三、白头翁散+ 卡那霉素 ·········· 178

十四、硫酸阿米卡星复方制剂 ·········· 179

十五、复方磺胺二甲嘧啶钠 ·········· 179

十六、复方盐酸恩诺沙星可溶性粉 ···················· 180

十七、复方中草药超微粉 ····························· 180

十八、复方中草药 ··································· 181

十九、复方中药制剂 A ······························· 181

二十、中草药复方制剂-科力 ·························· 182

二十一、芩榆散 ····································· 183

二十二、禽菌敌 ····································· 184

二十三、舒安林 ····································· 184

二十四、速效畜禽康(复方烟酸诺氟沙星) ················ 185

二十五、细胞破壁中兽药健鸡散 ······················ 186

二十六、泻康宁 ····································· 186

二十七、有效微生物菌群 ····························· 187

二十八、自拟中草药复方 ····························· 188

二十九、中草药方剂 ································· 188

第四节 大肠杆菌病其他药物防治研究 ·················· 189

一、酵母培养物、糖萜素、益生素、甘露寡糖 ············· 189

二、重组抗菌肽 CecropinB ··························· 190

三、抗菌脂肽提取物 ································· 191

四、生物活性肽 ····································· 191

五、枯草芽孢杆菌 E-8 ······························· 192

六、乳酸菌及其培养物 ······························· 193

七、乳酸菌发酵物与中药配伍 ························· 194

八、屎肠球菌 ······································· 195

九、消毒药 ··· 198

十、五加糖肽 ······································· 198

十一、增益素 ······································· 199

主要参考文献 ····································· 201

第八章 动物大肠杆菌病的预防和控制 / 204

第一节 大肠杆菌疫苗研制 ························· 204

一、菌种的分离鉴定 ································· 205

二、疫苗菌株的筛选 ································· 205

三、大肠杆菌菌种候选菌株的传代 ····················· 205

四、大肠杆菌菌种候选菌株的毒力稳定性测定 ············· 205

五、大肠杆菌病灭活疫苗基础菌种的研究 ················ 206

六、大肠杆菌病灭活疫苗的实验室制备 ·················· 206

　　七、稳定性试验 ·· 207
　　八、大肠杆菌灭活疫苗的安全性试验 ························ 207
　　九、大肠杆菌病灭活疫苗对实验动物免疫效力 ············ 208
　　十、大肠杆菌病灭活疫苗效力检验的试验 ·················· 208
　　十一、大肠杆菌病灭活疫苗的免疫期及抗体消长规律试验 ····· 208
　　十二、大肠杆菌母源抗体与试验动物免疫的相关性研究 ······ 208
　　十三、大肠杆菌病灭活疫苗的保存期试验 ·················· 209
第二节　禽大肠杆菌疫苗的研制与应用 ························ 209
第三节　大肠杆菌相关疫苗研发与生产数据 ·················· 215
　　一、已批准文号的大肠杆菌相关疫苗 ······················ 215
　　二、国内新兽药注册的大肠杆菌相关疫苗 ·················· 219
　　三、进口兽药注册的大肠杆菌相关疫苗 ···················· 220
　　四、临床试验审批的大肠杆菌相关疫苗 ···················· 221
第四节　大肠杆菌防制措施 ···································· 221
　　一、灭菌和消毒 ·· 222
　　二、定期免疫 ·· 225
　　三、定期预防投药 ·· 225
　　四、添加剂 ·· 225
　　五、治疗 ·· 226
　　六、加强监控 ·· 226
　　七、实行全进全出制 ·· 227
主要参考文献 ··· 227

后记 / 229

第一章
大肠杆菌简介

第一节 **大肠杆菌的理化特性**

大肠埃希氏菌（*Escherichia coli*，*E. coli*）是 Escherich 在 1885 年发现的一种肠杆菌，埃希氏大肠杆菌属的大肠埃希氏杆菌通常称为大肠杆菌，大肠杆菌在生物学分类属于细菌界（Bacteria）、变形菌门（Proteobacteria）、γ-变形菌纲（Gammaproteobacteria）、肠杆菌目（Enterobacteriales）、肠杆菌科（Enterobacteriaceae）、埃希氏菌属（*Escherichia*）、大肠杆菌种（*E. coli*），学名为 *Escherichia coli*（*T. Escherich* 1885）。大肠杆菌在自然环境中无处不在，无处不有，广泛分布于全球各地。由某些致病性埃希氏大肠杆菌感染引起的一种严重的细菌性传染病称为大肠杆菌病[1-3]。

一、分类与形态

大肠杆菌属于变形菌门，是人和动物肠道内的正常栖息菌，科学家 Escherich 在 1885 年首次研究发现了大肠杆菌。大肠杆菌是一种革兰氏阴性、两端钝圆的中等大杆菌，有时近似球形，一般单独散在，不形成长链条，大小为（1～3）微米×（0.4～0.8）微米。多数大肠杆菌菌株有 5～8 根鞭毛（图 1-1），鞭毛能运动，周身有菌毛（图 1-2）。一般大肠杆菌还具有可见的荚膜（图 1-3），但多数不形成芽孢。大肠杆菌对普通碱性染料着色良好，有时两端着色较深。

大肠杆菌是一种普通的原核生物，是人类和大多数温血动物肠道中的正常栖息菌群。大肠杆菌在相当长的一段时间内一直被当作是非致病菌，属于肠道正常菌群的组成部分。大肠杆菌在婴儿出生后的数小时内随着哺乳进入人的肠道并定植，从此作为肠道中数量最多的兼性厌氧菌与宿主之间相互作用。大肠杆菌存在于许多不同的生态环境，甚至在非生

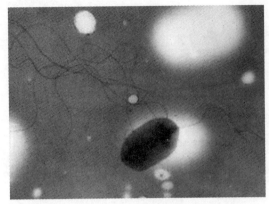

图 1-1　大肠杆菌鞭毛

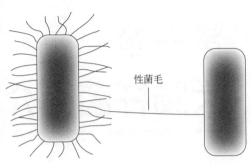

图 1-2　大肠杆菌菌毛

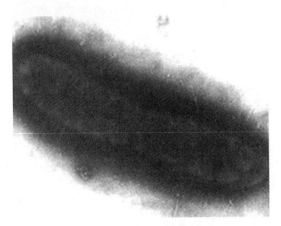

图 1-3　大肠杆菌微荚膜

物环境中也可生存，所以被认为是一个具有高度多样性的物种。

　　直到 20 世纪 40 年代初，才认识到一些特殊血清型的大肠杆菌对人和动物（尤其对婴幼儿和幼畜禽）有致病性，而致病性大肠杆菌与多种临床疾病相关，尤其是与小儿腹泻的暴发有关，常可以引起人和畜禽严重腹泻和败血症。某些血清型的大肠杆菌根据引起腹泻的症状不同以及引起感染的位置，又可以被分为肠内致病性大肠杆菌（intestinal pathogenic *E. coli*，IPEC）和肠外致病性大肠杆菌（extra intestinal pathogenic *E. coli*，ExPEC）。肠内致病性大肠杆菌和肠外致病性大肠杆菌又可细分为不同的类型。肠聚集性大肠杆菌（enteroaggregative *E. coli*，EAEC）、肠出血性大肠杆菌（enterohaemorrhagic *E. coli*，EHEC）、肠侵袭性大肠杆菌（enteroinvasive *E. coli*，EIEC）、致病型大肠杆菌（enteropathogenic *E. coli*，EPEC）、肠产毒素型大肠杆菌（enterotoxigenic *E. coli*，ETEC）、弥散黏附型大肠杆菌（diffuse-adherent *E. coli*，DAEC）和黏附性侵袭性大肠杆菌（adherent invasive *E. coli*，AIEC）七种血清型大肠杆菌属于肠内致病性大肠杆菌。而尿道致病性大肠杆菌（uropathogenic *E. coli*，UPEC）、脑膜炎相关大肠杆菌（meningitis-associated *E. coli*，MNEC）、败血症相关大肠杆菌（septicemia-associated *E. coli*，SEPEC）和禽大肠杆菌（avianpathogenic *E. coli*，APEC）四种血清型大肠杆菌属于肠外致病性大肠杆菌。

产肠毒素大肠杆菌和产志贺毒素大肠杆菌是大肠杆菌中研究最清楚的两种大肠杆菌血清型。人和幼畜腹泻最常见的病原菌主要是产肠毒素大肠杆菌。大肠杆菌的毒力因子有肠毒素和黏附素性菌毛，二者毒力因子密切相关且缺一不可，当只有一种毒力因子存在时发生轻度腹泻或不会引起腹泻。

肠毒素（enterotoxin）是产肠毒素大肠杆菌分泌到胞外的一种蛋白质性毒素。根据对热的耐受性可将肠毒素分为不耐热肠毒素和耐热肠毒素两种。产志贺毒素大肠杆菌是一种可以产生志贺毒素的病原性大肠杆菌。在兽医临床上产志贺毒素大肠杆菌主要引发犊牛出血性结肠炎、猪的水肿病和幼兔腹泻等疾病。

产志贺毒素大肠杆菌有黏附性菌毛和志贺毒素 2 型变异体两类毒力因子。黏附素性菌毛是一类特有菌毛，能黏附于宿主小肠上皮细胞。与菌毛对应的抗原被称作黏附素菌毛抗原。K88、K99、987P 和 F41 以及 F18ac、F42、F17、F165 等因子是动物产肠毒素大肠杆菌的主要黏附素。黏附性菌毛多为 F18ab 菌毛，少数为 K88 等。F18ab 菌毛是一个重要的毒力因子，有助于产志贺毒素大肠埃希氏菌在猪肠黏膜上皮细胞上定居和繁殖。虽然黏附素不是腹泻的直接致病因子，但黏附素是大肠杆菌引发感染的首要毒力因子。产肠毒素大肠杆菌首先黏附于宿主小肠上皮细胞，在肠内定居和大量繁殖，从而增强大肠杆菌的致病性。

仔猪水肿病是一种肠毒血症，引发猪水肿病的大多数大肠杆菌菌株 O139、O141、O138 都有 F18ab 菌毛。志贺毒素 2 型变异体（shiga toxin variant，Stx2e）是一种蛋白质性细胞毒素，是引起猪水肿病的直接毒力因子。仔猪水肿病的发病机制是产志贺毒素大肠杆菌以细菌菌毛黏附于小肠上皮细胞→细菌定居和大量繁殖→在肠内产生 Stx2e 并被吸收→B 亚单位与上皮细胞的 Gb4 受体特异性结合→A 亚单位进入细胞内并造成细胞死亡和组织病变。志贺毒素 2 型变异体可引起血管内皮细胞损伤，从而使血管的通透性改变，导致病猪出现水肿和典型的神经症状，其中神经症状是由脑水肿所导致，而并非是毒素对神经细胞的直接作用。

近年来，致病性大肠杆菌引起的肠道疾病经常被报道。致病性大肠杆菌通过污染饮水、食品以及水体引起疾病暴发流行，病情严重者可危及生命。日本近年来因食物被致病性大肠杆菌污染所导致的数起疾病大暴发，格外引人注目。在美国和加拿大分离的肠道致病菌中，致病性大肠杆菌已排在第二和第三位。大肠杆菌 O157：H7 是致病性大肠杆菌中的肠出血性大肠杆菌的典型血清型。大肠杆菌 O157：H7 可引起腹泻、出血性肠炎。自 1982 年在美国首先发现大肠杆菌血清型 O157：H7 以来，发病日见增加趋势，包括我国等许多国家都有报道。大肠杆菌血清型 O157：H7 极易引起严重的并发症，2%～7% 的病人会发展成溶血性尿毒综合征，特别是儿童与老人最容易出现此病症，死亡率高，所以致病性大肠杆菌对人体健康所造成的影响不容小觑。

二、生长特性

大肠杆菌为需氧或兼性厌氧菌，最适生长温度是 37℃，但能在 15～45℃ 的范围内随意生长，最适生长 pH 值是 7.2～7.4，对营养需求不严格，在普通培养基上均生长良好，在普通琼脂培养基上培养18～24小时，形成凸起、光滑、湿润、乳白色、边缘整齐或不太整齐的中等偏大菌落。在伊红-亚甲蓝琼脂上产生紫黑色金属光泽的菌落。在普通肉汤中，呈均匀混浊生长，极少见形成菌膜，长期培养后，可发现管底有黏性沉淀，培养物常有特殊的粪臭味。

三、生化特性

大肠杆菌能发酵多种糖类产酸、产气，能分解阿拉伯糖、甘露醇、甘油、麦芽糖、木糖、葡萄糖、鼠李糖和山梨醇，但不分解淀粉、肌醇和糊精。少数大肠杆菌菌株需一周才能发酵乳糖，大肠杆菌甲基红试验阳性，V-P试验阴性。大肠杆菌对多种碳水化合物有发酵作用，不产生硫化氢，对尿素不分解，吲哚实验和MR试验呈阳性。

四、抵抗力

大肠杆菌无特殊抵抗力，一般具有中等抵抗力，大肠杆菌对理化因素敏感。热灭活效果取决于时间和温度，37℃需1～2天，或4℃需6～22周可以使细菌数量减少90％。大多数大肠杆菌菌株60～70℃处理2～30分钟内即可灭活，在室温下可存活1～2个月，在土壤和水中可达数月之久，大肠杆菌耐受冷冻并可在低温条件下长期存活。预清除或使用杀菌剂可以增强热灭活作用。改变pH值能完全杀死细菌，但当pH值低于4.5或高于9.0时可以抑制大多数大肠杆菌菌株的繁殖。有机酸比无机酸能更有效地抑制大肠杆菌的生长，同样8.5％的盐浓度也可以抑制大肠杆菌生长，但不能灭活大肠杆菌。大肠杆菌对氯十分敏感，只要能稳定产生二氧化氯的物质均可以用来作为水的高效消毒剂，水中若有0.00002％的游离氯存在，即可杀死大肠杆菌，所以可用漂白粉作饮水清毒。当游离氨存在时可较快灭活大肠杆菌。5％石炭酸、3％来苏儿等5分钟可将大肠杆菌杀死。虽然大肠杆菌对多种药物敏感，但大多数大肠杆菌易产生耐药性，所以作为临床治疗时，应先进行抗生素药敏试验，选择敏感药物进行治疗，提高疗效。湿度较高时灭活较慢，但大肠杆菌对干燥环境的抵抗力很强，附着于动物粪便、垫料、鸡舍内尘埃、孵化器的绒毛以及蛋壳片上，可长期存活，鸡受到大肠杆菌感染的机会是很多的。鸡舍内的灰尘中大肠杆菌的含量为10^5～10^6 CFU/克，这些细菌可以存活很长时间，尤其是在干燥的条件下，连续7天洒水后灰尘中的细菌会减少84％～97％。饲料中也常污染有致病性大肠杆菌，但在饲料的加热过程中可以杀死大肠杆菌。啮齿类动物的排泄物中常含有致病性大肠杆菌。致病性血清型大肠杆菌也可以通过污染的饮水传播给整个鸡群。

五、抗原性

大肠杆菌的抗原性是由菌体抗原O、鞭毛抗原H、荚膜抗原K和菌毛抗原F四部分组成，构造复杂（图1-4），其中O抗原是大肠杆菌分群的基础。根据抗原的差异性可将大肠杆菌分为不同的血清型，目前已确认的至少有180个O抗原、60个H抗原和103个K抗原。

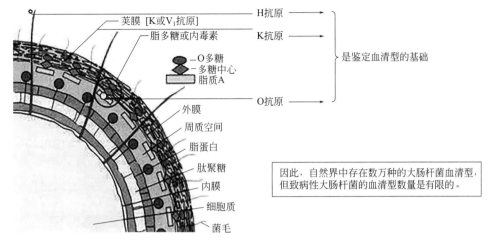

图 1-4　大肠杆菌抗原示意图（来源于网络）

（1）菌体抗原 O　菌体抗原 O 又称菌体抗原，O 抗原是光滑型细菌自溶时释放出的内毒素，为多糖磷脂的复合物，由脂多糖、基核多糖与 O 抗原多糖侧链三部分组成，大肠杆菌 O 抗原种类繁多的原因是由于 O 抗原多糖的种类及排列方式的不同。

（2）鞭毛抗原 H　鞭毛抗原 H 是一种具有良好抗原性的单相蛋白质类抗原，鞭毛抗原 H 与大肠杆菌的致病性无关，加热至 100℃时可破坏鞭毛抗原 H。鞭毛抗原 H 能刺激机体产生一种高效价的凝集素，一种大肠杆菌一般只有一种鞭毛抗原，没有鞭毛或失去鞭毛的大肠杆菌也就变相失去了鞭毛抗原 H。一些大肠杆菌菌株还有存在于菌体表面的菌毛抗原，也被称为表面抗原，表面抗原是一种对热极不稳定的蛋白质类抗原，有特异性黏附于上皮细胞和其他细胞的特性。表面抗原是某些致病性大肠杆菌的重要致病因子。也有将大肠杆菌鞭毛抗原 H 分为 F41、Fmsba 和 Type-1 型等类型。

（3）荚膜抗原 K　荚膜抗原 K 存在于细菌细胞的荚膜中，是一种对热不稳定的荚膜多糖抗原，荚膜抗原 K 是含 2％还原糖的聚合酸，位于大肠杆菌表面，这种抗原与大肠杆菌的毒力有关，有一定的免疫活性。荚膜抗原 K 抗原能抵御活的大肠杆菌或未加热菌液在 O 抗血清中的凝集性。

（4）菌毛抗原 F　菌毛抗原 F 与细胞的黏附作用有关，可将大肠杆菌菌毛抗原 F 抗原划分为甘露糖敏感型和甘露糖耐受型。

可用 O∶K∶H 排列表示大肠杆菌血清型。如：O8∶K23∶H19，表示该大肠杆菌具有 O 抗原 8、K 抗原 23 和 H 抗原为 19。除含 K 抗原外，致人畜腹泻的产肠毒素大肠杆菌还可含有蛋白质性黏附素抗原。对黏附素抗原应并列写于多糖 K 抗原之后，如大肠杆菌 O8∶K87、K88∶H19 中 K88 即为大肠杆菌的黏附素抗原。致病性大肠杆菌的血清型较多，许多国家的调查结果表明，血清型 O1、O2、O35 和 O78 是致病性大肠杆菌的主要血清型，其他大肠杆菌血清型很少被分离到，但某些致病性大肠杆菌分离株不属于已知的血清型范围，属于不能进行分型的大肠杆菌血清型。

大肠杆菌与人体健康

人体的消化道是一个通过食物与外部环境频繁接触的器官，自口腔至直肠都存在大量的微生物。细菌从口腔接近中性的环境进入胃的 pH 2.5～3.5 酸性环境对多数微生物有破坏作用，此时每克消化道内容物中含有 10^3 个微生物，此部位主要是革兰氏阳性的链球菌、乳杆菌和酵母菌为主。在十二指肠这个部位，由于胆汁、胰液等消化液的增加，各种微生物在十二指肠这样的环境中生存非常不利，由于细菌在十二指肠停留时间较短，因此，十二指肠的微生物组成不稳定，仅存在极低数量的微生物。进入空肠和回肠后，微生物的数量开始增加，每克内容物可达到 10^8 个微生物，而且肠道微生物的种类也在不断增加。在小肠末端，除了乳酸菌，尤其是双歧杆菌的数量级增长外，其他一些大肠杆菌等革兰阴性兼性厌氧菌以及拟杆菌和梭杆菌等专性厌氧菌群也开始出现，甚至在回盲部之前严格厌氧微生物已开始出现。严格厌氧微生物的数量在盲肠之后超出兼性厌氧的微生物 100～1000 倍，此时每克内容物可达到 10^{12} 个微生物。成年人的肠道微生物由七个门的细菌组成。这种构成是肠道微生物群与其宿主（人）共同并且双向进化的结果。因此，正常情况下，肠道中菌群的门类在人体成年后都是相对稳定的，只是优势菌"种"存在个体差异。

在正常情况下，宿主的肠道菌群、宿主与外部环境建立起一个动态的生态平衡，而宿主肠道菌群的数量和种类能够保持相对稳定，但肠道菌群的数量和种类易受饮食和生活环境等多种因素的影响而发生改变，从而引发宿主肠道菌群失调，导致人和动物的疾病或者加重病情。肠道菌群的改变导致肠道微生物组成的改变会破坏肠道蠕动的正常生理功能。也就是说，肠道蠕动功能的稳定性与肠道微生物的组成之间存在着紧密的相互依赖关系。饮食、抗生素、感染等因素可能会影响肠道微生物的变化，从而破坏肠道原有微生物的平衡，肠道生理功能的改变会导致肠道菌群的失调。

大肠杆菌是宿主环境寄生菌，人体肠道中定植着复杂而又庞大的微生物丛，肠道微生物一般多不致病，这些微生物丛之间相互作用构成了人体胃肠道的微生物屏障。大肠杆菌作为肠道菌中的重要一员，与人体健康密切相关，一直以来大肠杆菌都被作为科学家们研究的热点。大肠杆菌在健康的人兽消化道内容物中，平均每克有 10^6 个大肠杆菌，对机体是有利的，可合成 B 族维生素和维生素 K 被机体吸收利用。

早在 20 世纪大肠杆菌就被带入实验室进行研究，成为生物学、兽医学、生命科学和医学上重要的生物模型。目前，对大肠杆菌的研究包括细菌接合、基因重组及遗传调节等方面，而以大肠杆菌 K12 菌株作为模型的研究较多。K12 菌株是 1992 年首先从美国的一名康复期的白喉患者的粪便中分离得到的大肠杆菌，但大肠杆菌 K12 并不能完全代表大肠杆菌的所有种类。据不完全统计，大约有超过 10 亿的大肠杆菌存在于一名健康人体的肠道内，在这些栖息菌中，有一些可以引起人体肠道内或者肠外的疾病，包括败血症、肺炎、腹泻、脑膜炎和尿路感染等症状。致病血清型可以感染大多数哺乳动物和禽类，呈全球性分布。

由于大肠杆菌具有广泛的致病性，已经成为世界上引起人类疾病的主要原因之一，每年至少超过两百万人因大肠杆菌所引起的婴儿腹泻和肠道外感染而引发死亡，而造成的膀胱炎的病例可达 150 万例。由于大肠杆菌基因组具有可塑性，大肠杆菌表现出多样化的代谢类型和表型特征，大肠杆菌的遗传多样性由复杂的系统发育结构所决定。

更好地理解大肠杆菌和人体健康之间的关系，使大肠杆菌多样性的研究变得更为有意义。肠道菌群被认为与许多疾病之间存在着密不可分的关系。因此，肠道菌群与健康的话题成为一个热门的话题。Arthur 等在结肠炎相关性结直肠癌中发现，含嫌疑基因的大肠杆菌突变株存在于大部分的结肠癌和肠易激综合征患者体内。研究还发现，虽然肠道微生物多样性总体下降，但大肠杆菌的数量却随着炎症发生而显著增多。

哈尔滨医科大学基因组中心实验分析了年龄和健康状况不同的人群体内的大肠杆菌多样性程度。采用脉冲场凝胶电泳法对从 68 名幼儿园儿童、87 名大学生、15 名癌症患者和 15 名巴马长寿老人的粪便中分离筛选得到的大肠杆菌进行分型。大学生体内的大肠杆菌多样性程度要大于幼儿园儿童和癌症患者体内的多样性，幼儿园儿童和癌症患者体内的大肠杆菌多样性程度较低，而巴马长寿老人体内大肠杆菌多样性的程度最高。人体肠道内的大肠杆菌种类丰富，同一个体内的大肠杆菌种类丰富，不同个体之间的大肠杆菌同样存在差异，并且每个个体内的大肠杆菌优势菌不尽相同。这说明人体肠道内大肠杆菌多样性的差异影响着人体的健康状况，而分析这种多样性对找到与人体健康有重要关系的大肠杆菌是非常有意义的。

由于大肠杆菌是一个非常多样化的群体，可以在不同的环境中生存，也有很高的基因多样性，这种多样性为研究适应与进化、共生菌和致病菌提供了重要的生物模型。因此，探索人体与致病性大肠杆菌或者是共生大肠杆菌之间的相互作用是当前人类健康研究的一个重要方向。目前，转录组学、基因组学和代谢组学等比较先进的技术也有助于更好地理解由大肠杆菌引起的感染以及更好地区分共生菌和致病菌。大肠杆菌的多样性也影响着人类的健康状况，无论是对于大肠杆菌分类的研究、大肠杆菌遗传结构的研究，还是大肠杆菌其他的研究，都是为了能够更好地揭示大肠杆菌与人体健康之间的密切关系，以寻求得到更有益于人体健康的大肠杆菌，或者通过这些研究帮助人类更好地控制由大肠杆菌引发的相关疾病，为人类健康做出贡献[4]。

大肠杆菌导致包括人类在内的许多动物疾病。

（1）肠道外感染　肠道外感染主要为内源性感染，主要以包括尿道炎、膀胱炎、肾盂肾炎在内的泌尿系统感染为主。大肠杆菌也可引起胆囊炎、腹膜炎和阑尾炎等。大肠杆菌可侵入婴儿、慢性消耗性疾病、大面积烧伤和年老体弱患者的血流，引起败血症。早产儿，尤其是生后 30 天内的新生儿易患大肠杆菌性脑膜炎。

（2）急性腹泻　某些血清型大肠杆菌能引起人类腹泻。其中肠产毒性大肠杆菌会引起婴幼儿和旅游者腹泻，出现轻度水泻，也可呈严重的霍乱样症状。婴儿腹泻的主要病原菌是肠致病性大肠杆菌，肠致病性大肠杆菌有高度传染性，严重者可致死。肠致病性大肠杆菌侵入肠道后，主要在十二指肠、空肠和回肠上段大量繁殖。腹泻常为自限性，一般 2～3 天即愈，营养不良者可达数周，也可反复发作。此外，肠出血性大肠杆菌可产生志贺氏毒素样细胞毒素，常常引发散发性和暴发出血性结肠炎。

大肠杆菌 O157：H7 是大肠杆菌的其中一个类型，大肠杆菌 O157：H7 常见于牛等温血动物的肠内。大肠杆菌 O157：H7 会释放一种强烈的毒素，可能出现水泻、带血腹泻、发烧、腹绞痛及呕吐等各种严重的症状。大肠杆菌 O157：H7 患者情况严重时，更可能并发急性肾病。此类大肠杆菌病潜伏期通常为 3～4 日，但有些可长达 9 日。5 岁以下的儿童出现大肠杆菌 O157：H7 并发症的风险较高。若治疗不当，可能会致命。O157：H7 大肠杆菌病可通过饮用受污染的水或进食未熟透的食物而感染。饮用或进食未经消毒的果汁、奶类、芝士、乳酪和蔬菜也可感染大肠杆菌 O157：H7。此外，若个人卫生欠佳，亦可能会通过人传人的途径，或经进食受粪便污染的食物而感染大肠杆菌 O157：H7。支持性治疗是感染大肠杆菌 O157：H7 的主要临床治疗方法。若大肠杆菌 O157：H7 感染患者出现腹泻，补充失去的水分及电解质十分重要。约 50% 有肾并发症的大肠杆菌 O157：H7 感染患者在出现急性症状时需要特别治疗或输血。

● 第三节　动物性食品源大肠杆菌

　　近年来，随着经济全球化进程的加快，食品安全已成为当今世界性公共卫生学研究的热点。引起食源性疾病的首要原因是食源性致病菌，细菌性污染引发的食物中毒在人类的各种畜产品食用中最为常见，而由大肠杆菌引起的食物中毒在食物中毒病例中居于前列。大肠杆菌的血清型和食用者的身体状况共同决定了大肠杆菌对人类的感染程度。出血性大肠杆菌等许多血清型的大肠杆菌可导致宿主产生腹泻等食源性疾病及其他中毒性症状。肠产志贺样毒素大肠杆菌的 1 型与 2 型志贺氏毒素分别由致病性基因 $stx1$ 与 $stx2$ 所编码，肠产志贺样毒素大肠杆菌能引起出血性肠炎、溶血性尿毒综合征、水样腹泻和血小板减少性紫癜等一系列人类的疾病。

　　2010 年 3 月至 11 月，李穗霞等对陕西、河南、四川、北京、上海、广东、广西和福建 8 个省或直辖市的 24 个市/区（西安、宝鸡、渭南、郑州、新乡、洛阳、成都、眉山、邛崃、海淀区、朝阳区、顺义区、浦东区、浦东新区、长宁区、广州、深圳、中山、南宁、玉林、柳州、福州、厦门和泉州）的各超市或农贸市场随机采集的 1152 份鸡肉样品进行大肠杆菌的分离鉴定[5]，采用琼脂稀释法对 15 种抗生素进行药敏试验，旨在了解中国不同地区市售鸡肉源大肠杆菌耐药性和耐药特征，为抗生素的合理使用提供参考。结果发现鸡肉大肠杆菌的总分离率为 65.97%。来自上海、北京和河南的样品大肠杆菌分离率相对较高，分别占 90.28%（130/144）、86.80%（125/144）和 78.47%（113/144）；而来自四川和福建的样品大肠杆菌分离率较低，分别占 45.83%（66/144）和 39.58%（57/144）。分离得到的 760 株鸡肉源大肠杆菌对萘啶酸、环丙沙星、加替沙星、氨苄西林、阿莫西林-克拉维酸、阿莫西林、链霉素、卡那霉素、庆大霉素、阿米卡星、头孢西丁、头孢哌酮、甲氧苄啶-新诺明、四环素和氯霉素 15 种药物具有不同程度的耐药，萘啶酸、阿莫西林-克拉维酸、四环素、甲氧苄啶-新诺明和氨苄西林的耐药率高达 60% 以上；而对加替沙星、头孢哌酮和阿米卡星的抗性均低于 20%。大肠杆菌多重耐药为 70.53%，其中以 8 重耐药最多（10.26%）。整体上看，鸡肉大肠杆菌的耐药模式基本相似，对阿莫西林-克拉维酸、氨苄西林、甲氧苄啶-新诺明、萘啶酸和四环素普遍呈现较高的耐药性，而对阿米卡星、加替沙星和头孢哌酮的耐药性相对较低，但北京、上海、河南的分离菌株耐药率相对偏高。检测与比较陕西、河南、四川、北京、上海、广东、广西和福建8个省（区、直辖市）的24个市/区鸡肉源大肠杆菌的耐药性，有利于监控不同地区鸡肉源大肠杆菌耐药性流行趋势，并为全国各地区对抗生素的规范使用，以减缓细菌耐药性的扩散和传播具有重要的指导意义。

目前，产志贺毒素大肠杆菌鉴定仍主要依靠传统培养鉴定和血清学方法。晚观生等通过非变性条件下，优化多重PCR反应条件及高效液相色谱技术洗脱梯度[6]，建立多重PCR-高效液相色谱技术快速检测食品中产志贺毒素大肠杆菌O111和O157的检测方法，操作简便，特异性强，适用于产志贺毒素大肠杆菌的筛选检测。以基因 $zxO111$ 和 $rfbO157$ 为靶基因，建立多重PCR-高效液相色谱技术快速检测方法，进行特异性和灵敏度测试，同时进行RT-PCR检测比较灵敏度。该方法具有良好特异性，与RT-PCR技术相比，灵敏度达到25CFU/毫升。产气荚膜梭菌、肠炎沙门菌、创伤弧菌、大肠杆菌、肺炎克雷伯菌、福氏志贺氏菌、枯草芽孢杆菌、鼠伤寒沙门菌、阪崎肠杆菌、溶藻弧菌、普通变性杆菌、绿脓杆菌、金黄色葡萄球菌、嗜水气单胞菌、拟态弧菌和阴沟肠杆菌等对照菌未出现 $zxO111$ 和 $rfbO157$ 靶基因阳性信号。由于产志贺毒素大肠杆菌种属之间或与其他大肠杆菌生化反应极为相似，难于分离，不同的"O"血清型之间还存在交叉反应，导致菌株无法准确鉴定。而且进口血清价格昂贵，国产血清效价不稳定，传统培养鉴定方法检测周期长，已无法满足当今食品安全快速检测发展的需求。高效液相色谱技术方法可以稳定准确地从种属菌株水平鉴别微生物，弥补传统生化鉴定方法的缺陷。因此，晚观生等建立的多重PCR-高效液相色谱技术快速检测方法不仅保证与实时荧光定量PCR具有相同的灵敏度，还可以实现高通量检测，而且省去了探针设计的过程，避免了由探针问题造成的假阳性或假阴性的结果，操作过程简单，可更好地适用于食品检测。而且可以以多重PCR-高效液相色谱技术为基础，建立纳米磁珠高效富集结合多重PCR-高效液相色谱技术，进一步解决不同基质对菌体活性的干扰、降解因素难题，提高食品产志贺毒素大肠杆菌的检测效率。

史秋梅等2010年7～9月从河北省的保定、承德、张家口、邯郸、廊坊、石家庄、秦皇岛市等市县超市或农贸市场无菌随机采集了生活用肉、蛋类等105个样品[7]，按照GB/T4789.4—2010国家标准方法和PCR方法对样品进行了大肠杆菌的检测与鉴定。经过检测，从105个食品样品中检测到大肠杆菌19株，大肠杆菌总阳性率18.1%。其中，生鸡肉、生猪肉、生鸡蛋检出大肠杆菌的样品数为5个、12个和2个，大肠杆菌阳性检出率分别为35.3%、23.8%和16.7%，而生羊肉、生牛肉、生鸭蛋、生虾没有检出大肠杆菌。秦皇岛市昌黎县（检出40个样品）和石家庄市藁城县的生猪肉（检出1个样品），秦皇岛市昌黎县的生鸡肉（检出60个样品），石家庄市辛集市的生鸡蛋（检出2个样品）均有大肠杆菌存在。经大肠杆菌16S rRNA基因序列的特异性引物PCR鉴定得出19株食品源大肠杆菌均成功扩增并检测到大肠杆菌16S rRNA基因，与生化鉴定得到的结果一致。

赖婧等采用微量稀释法检测了2007年12月分离自四川省成都市、雅安市、乐山市、眉山市、广元市共15个规模化养殖场健康动物的肛（泄殖腔）拭子样本的143株牛源、286株猪源和371株鸡源大肠杆菌对氨苄西林、头孢唑啉、头孢噻呋、链霉素、庆大霉素、阿米卡星、恩诺沙星、诺氟沙星、多西环素、磺胺异噁唑、阿莫西林、克拉维酸、氯霉素、氟苯尼考、磺胺甲噁唑和甲氧苄啶等13种抗菌药物的敏感性[8]。不同动物来源的800株大肠杆菌耐药率除阿米卡星仅5.9％外，其余药物均超过35％，对氨苄西林、阿莫西林＋克拉维酸（2＋1）、多西环素、氯霉素、氟苯尼考、恩诺沙星、磺胺异噁唑、磺胺甲噁唑＋甲氧苄啶（19：1）的耐药率都高于50％，其中磺胺异噁唑、磺胺甲噁唑＋甲氧苄啶、氨苄西林的耐药率分别为100％、96.6％、75.8％；分离菌株多重耐药情况严重，耐受3种及3种以上药物的菌株占92.6％，比例最大的耐药类型是11耐（11.0％）。常见的耐药谱是氨苄西林-阿莫西林＋克拉维酸-头孢唑啉-头孢噻呋-多西环素-氯霉素-氟苯尼考-庆大霉素-恩诺沙星-诺氟沙星-磺胺异噁唑-磺胺甲噁唑＋甲氧苄啶（8.00％）。阿米卡星敏感率最高（92.5％）。不同地区及不同动物源大肠杆菌耐药水平存在差异。其中以眉山最低，而成都地区耐药性最严重，对其中12种药物的耐药率均大于50％。鸡源大肠杆菌耐药率最高，猪源大肠杆菌耐药率次之，而牛源大肠杆菌耐药率最低。因此，四川省动物源大肠杆菌的耐药现状已不容乐观，有必要加强大肠杆菌耐药性监测，指导兽医临床合理使用抗菌药物。

贺丹丹等于2011年1月至2012年8月从佛山科学技术学院诊断室收集患病动物脏器和盲肠内容物以及从猪场采集健康猪的粪便样品[9]。采用康凯琼脂、伊红美蓝琼脂、LB琼脂、LB肉汤、水解酪蛋白琼脂和水解酪蛋白肉汤等分离鉴定出935株大肠杆菌，包括健康猪源、患病猪源、患病鸡源、患病水禽源（鸭和鹅），分别为606株大肠杆菌、114株大肠杆菌、51株大肠杆菌和164株大肠杆菌。采用琼脂稀释法测定了不同动物来源的大肠杆菌对四环素、氨苄西林、安普霉素、链霉素、庆大霉素、新霉素、阿米卡星、黏菌素、头孢曲松、头孢他啶、头孢西丁、复方新诺明、环丙沙星、氯霉素、氟苯尼考等15种抗菌药物的敏感性，旨在了解畜禽源大肠杆菌的耐药状况。结果发现，大肠杆菌耐药严重，935株分离菌株全部对至少1种药物耐药，多数药物的半数抑菌浓度和90％抑菌浓度水平较高，菌株对大部分药物的耐药率超过70.0％，其中对复方新诺明的耐药率最高（均在96.0％以上），且患病猪源菌株对复方新诺明的耐药率达到了100.0％，而氨苄西林和四环素的耐药率均达到了80.0％以上；仅对头孢西丁、黏菌素和阿米卡星较敏感，但患病水禽源大肠杆菌对阿米卡星的耐药率达到了52.4％，明显高于其他动物。患病水禽源菌株对头孢他啶、黏菌素、四环素、庆大霉素和链霉素的耐药率略低于患病鸡源，对其余抗菌药的耐药率均高于患病鸡源。健康畜禽源大肠杆菌对多数抗菌药的耐药率低于患病畜禽源大肠杆菌，表明抗菌药物的使用增加了病原菌对第3代头孢类药物和氟喹诺酮类药物的耐药率，势必增加临床治疗难度。多重耐药性分析结果表明，其中8株大肠杆菌菌株仅对1种抗菌药物耐药，926株大肠杆菌均表现出对2种或多种抗菌药物有耐药性，1株同时耐15种药物，多数大肠杆菌菌株为耐6种药物、耐7种药物、耐8种药物、耐9种药物和耐10种药物。

OqxAB是近年新发现的一种可同时介导细菌对喹噁啉类药物、喹诺酮类和氯霉素等抗菌药物耐药的多重耐药外排泵。田伟等采用PCR法比较了2007～2009年从广东不同来源动物分离到655株大肠杆菌中的 *oqxAB* 基因分布情况[10]，其中猪源219株大肠杆菌，鸭源205株大肠杆菌和鸡源191株大肠杆菌，并采用琼脂稀释法测定大肠杆菌对庆大霉素、头孢曲松、甲氧苄氨嘧啶、磺胺甲噁唑、环丙沙星、恩诺沙星和氯霉素等10种抗菌药物的敏感性。655 株大肠杆菌 275 株含 $oqxAB$ 基因，总阳性率为 42.0%，所得到的 $oqxAB$ 基因序列与 NCBI 上公布已报道的相应基因具有 100% 的同源性，$oqxAB$ 基因在猪、牛、鸭、鸡源大肠杆菌分布分别有 108、19、124 和 24 株，阳性率分别为 49.3%、47.5%、60.5% 和 12.6%。大肠杆菌对庆大霉素、氨苄西林、复方新诺明、恩诺沙星和四环素耐药率较高，分别达到 68.2%、68.7%、70.4%、77.9% 和 80.8%。但对头孢曲松和阿米卡星的耐药率只有 22.0% 和 22.9%，属于敏感状态。$oqxAB$ 阳性菌和阴性菌对复方新诺明、头孢曲松和四环素的耐药率差别不显著，对庆大霉素的耐药率差别显著，对阿米卡星、氨苄西林、恩诺沙星、氟苯尼考、环丙沙星和氯霉素的耐药率 $oqxAB$ 阳性菌极显著高于阴性菌。田伟等的研究说明，由于国内大量使用喹噁啉类药物，使得中国兽医临床 $oqxAB$ 基因的流行很普遍。

雷连成等比较了 2000~2003 年自兽医临床分离的 393 株大肠杆菌对四环素、庆大霉素、氯霉素、氨苄青霉素、利福平、卡那霉素、呋喃妥因、链霉素和环丙沙星等 9 种常用抗生素的耐药情况[11]。依据大肠杆菌菌株采集时间、菌株来源对菌株耐药性的变化及耐药性产生之间的相关性进行了较全面的统计分析，393 株大肠杆菌分离菌对四环素、庆大霉素、氯霉素、氨苄青霉素、利福平、卡那霉素、呋喃妥因、链霉素和环丙沙星的耐药率分别为 93.89%、57.76%、78.63%、77.86%、92.11%、47.33%、46.82%、76.84% 和 74.81%；按照耐药种类可将大肠杆菌分离菌株分为 8 类，最多耐 9 种药物，而最少耐 2 种药物，约 80% 以上的大肠杆菌菌株耐受 7 种所试药物。猪源大肠杆菌对氨苄青霉素、卡那霉素和庆大霉素的耐药率高，而鸡源大肠杆菌对环丙沙星、链霉素、氯霉素和四环素的耐药率显著高于猪源大肠杆菌。2000 年和 2003 年大肠杆菌分离菌株的耐药率相比，氨苄青霉素的耐药率从 71.29% 上升到 84.81%，链霉素的耐药率从 73.76% 上升到 80.10%，环丙沙星的耐药率从 61.88% 上升到 88.48%，氯霉素的耐药率从 67.33% 上升到 90.58%，庆大霉素的耐药率却从 61.39% 下降到 53.92%。同时，随机选出 39 株典型的多重耐药大肠杆菌菌株观察了对小鼠的致病性。结果显示，95% 的大肠杆菌菌株（37/39）可直接在 72 小时内致死感染小鼠（$2.0×10^7$ CFU/只）。5% 大肠杆菌不能直接致死小鼠，这些菌株经小鼠体内 2~3 次传代后可直接致死感染小鼠。试验表明，兽医临床大肠杆菌分离菌株普遍存在多重耐药性，并随分离时间、寄主种类等耐药率出现动态变化，耐药类型间具有一定的相关性。耐药的大肠杆菌菌株对小鼠仍具有很强的致病性，少数大肠杆菌分离菌株致病性出现暂时减弱，但在小鼠体内几次传代即可恢复致病性。

对人类健康来说，预防大肠杆菌感染主要有以下方法：

（1）保持地方及厨房器皿清洁，并把垃圾妥为弃置。

（2）保持双手清洁，经常修剪指甲。

（3）进食或处理食物前，应用肥皂及清水洗净双手，如厕或更换尿片后亦应洗手。

（4）食水应采用自来水，并最好煮沸后才饮用。

（5）应从可靠的地方购买新鲜食物，不要光顾无牌小贩。

（6）避免进食高危食物，例如未经低温消毒法处理的牛奶，以及未熟透的汉堡扒、碎牛肉和其他肉类食品。

（7）烹调食物时，应穿清洁、可洗涤的围裙，并戴上帽子。

（8）食物应彻底清洗。

（9）易腐坏食物应用盖盖好，存放于雪柜中。

（10）生的食物及熟食，尤其是牛肉及牛的内脏，应分开处理和存放（雪柜上层存放熟食，下层存放生的食物），避免交叉污染。

（11）雪柜应定期清洁和融雪，温度应保持于4℃或以下。

（12）若食物的所有部分均加热至75℃，便可消灭大肠杆菌O157：H7；因此，碎牛肉及汉堡扒应彻底煮至75℃达2～3分钟，直至煮熟的肉完全转为褐色，而肉汁亦变得清澈。

（13）不要徒手处理熟食；如有需要，应戴上手套。

（14）食物煮熟后应尽快食用。

（15）如有需要保留吃剩的熟食，应该加以冷藏，并尽快食用。食用前应彻底翻热。变质的食物应该弃掉。

第四节 动物性食品源大肠杆菌的检验

按照GB 4789.3—2016《食品安全国家标准 食品微生物学检验 大肠菌群计数》的操作指南要求[12]，食品中大肠菌群数系以100毫升（克）检样内大肠菌群最可能数（MPN）表示。

大肠菌群测定的操作细则如下：

GB 4789.3—2016标准代替GB 4789.3—2010《食品安全国家标准 食品微生物学检验 大肠菌群计数》、GB/T 4789.32—2002《食品卫生微生物学检验 大肠菌群的快速检测》和SN/T 0169—2010《进出口食品中大肠菌群、粪大肠菌群和大肠杆菌检测方法》大肠菌群计数部分。

GB 4789.3—2016标准与GB 4789.3—2010相比，主要变化如下：

——增加了检验原理；

——修改了适用范围；

——修改了典型菌落的形态描述；

——修改了第二法平板菌落数的选择；

——修改了第二法证实试验；

——修改了第二法平板计数的报告。

1 范围

GB 4789.3—2016标准规定了食品中大肠菌群（Coliforms）计数的方法。

GB 4789.3—2016标准第一法适用于大肠菌群含量较低的食品中大肠菌群的计数；第二法适用于大肠菌群含量较高的食品中大肠菌群的计数。

2 术语和定义

2.1 大肠菌群 Coliforms

在一定培养条件下能发酵乳糖、产酸产气的需氧和兼性厌氧革兰氏阴性无芽孢杆菌。

2.2 最可能数（Mostprobablenumber，MPN）

基于泊松分布的一种间接计数方法。

3 检验原理

3.1 MPN法

MPN法是统计学和微生物学结合的一种定量检测法。待测样品经系列稀释并培养后，根据其未生长的最低稀释度与生长的最高稀释度，应用统计学概率论推算出待测样品中大肠菌群的最大可能数。

3.2 平板计数法

大肠菌群在固体培养基中发酵乳糖产酸，在指示剂的作用下形成可计数的红色或紫色，带有或不带有沉淀环的菌落。

4 设备和材料

除微生物实验室常规灭菌及培养设备外，其他设备和材料如下：

4.1 恒温培养箱

36℃±1℃。

4.2 冰箱

2～5℃。

4.3 恒温水浴箱

46℃±1℃。

4.4 天平

感量0.1克。

4.5 均质器。

4.6 振荡器。

4.7 无菌吸管

1毫升（具0.01毫升刻度）、10毫升（具0.1毫升刻度）或微量移液器及吸头。

4.8 无菌锥形瓶

容量500毫升。

4.9 无菌培养皿

直径90毫米。

4.10 pH计或pH比色管或精密pH试纸。

4.11 菌落计数器。

5 培养基和试剂

5.1 月桂基硫酸盐胰蛋白胨（laurylsulfatetryptose，LST）肉汤

见A.1。

5.2 煌绿乳糖胆盐（brilliantgreenlactosebile，BGLB）肉汤

见A.2。

5.3 结晶紫中性红胆盐琼脂（violetredbileagar，VRBA）

见A.3。

5.4 无菌磷酸盐缓冲液

见A.4。

5.5 无菌生理盐水

见A.5。

5.6 1 摩尔/升 NaOH 溶液

见 A.6。

5.7 1 摩尔/升 HCl 溶液

见 A.7。

<h2 style="text-align:center">第一法 大肠菌群 MPN 计数法</h2>

6 检验程序

大肠菌群 MPN 计数的检验程序见图 1-5。

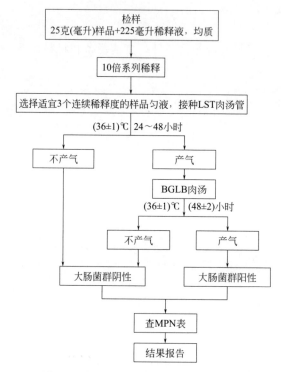

图 1-5 大肠菌群 MPN 计数法检验程序

7 操作步骤

7.1 样品的稀释

7.1.1 固体和半固体样品

称取 25 克样品，放入盛有 225 毫升磷酸盐缓冲液或生理盐水的无菌均质杯内 8000～10000 转/分钟均质 1～2 分钟，或放入盛有 225 毫升磷酸盐缓冲液或生理盐水的无菌均质袋中，用拍击式均质器拍打 1～2 分钟，制成 1∶10 的样品匀液。

7.1.2 液体样品

以无菌吸管吸取 25 毫升样品置盛有 225 毫升磷酸盐缓冲液或生理盐水的无菌锥形瓶（瓶内预置适当数量的无菌玻璃珠）或其他无菌容器中充分振摇或置于机械振荡器中振摇，充分混匀，制成 1∶10 的样品匀液。

7.1.3 样品匀液的 pH 应在 6.5～7.5 之间，必要时分别用 1 摩尔/升 NaOH 或 1 摩尔/升 HCl 调节。

7.1.4 用 1 毫升无菌吸管或微量移液器吸取 1∶10 样品匀液 1 毫升，沿管壁缓缓注入 9 毫升磷酸盐缓冲液或生理盐水的无菌试管中（注意吸管或吸头尖端不要触及稀释液面），振摇试管或换用 1 支 1 毫升无菌吸管反复吹打，使其混合均匀，制成 1∶100 的样品匀液。

7.1.5　根据对样品污染状况的估计，按上述操作，依次制成十倍递增系列稀释样品匀液。每递增稀释 1 次，换用 1 支 1 毫升无菌吸管或吸头。从制备样品匀液至样品接种完毕，全过程不得超过 15 分钟。

7.2　初发酵试验

每个样品，选择 3 个适宜的连续稀释度的样品匀液（液体样品可以选择原液），每个稀释度接种 3 管月桂基硫酸盐胰蛋白胨（LST）肉汤，每管接种 1 毫升（如接种量超过 1 毫升，则用双料 LST 肉汤），（36±1）℃培养（24±2）小时，观察倒置管内是否有气泡产生，（24±2）小时产气者进行复发酵试验（证实试验），如未产气则继续培养至 48±2 小时，产气者进行复发酵试验。未产气者为大肠菌群阴性。

7.3　复发酵试验（证实试验）

用接种环从产气的 LST 肉汤管中分别取培养物 1 环，移种于煌绿乳糖胆盐肉汤（BGLB）管中，（36±1）℃培养（48±2）小时，观察产气情况。产气者，计为大肠菌群阳性管。

7.4　大肠菌群最可能数（MPN）的报告

按 7.3 确证的大肠菌群 BGLB 阳性管数，检索 MPN 表（见附录 B），报告每克（毫升）样品中大肠菌群的 MPN 值。

第二法　大肠菌群平板计数法

8　检验程序

大肠菌群平板计数法的检验程序见图 1-6。

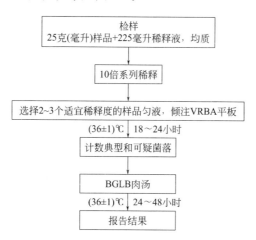

图 1-6　大肠菌群平板计数法检验程序

9　操作步骤

9.1　样品的稀释

按 7.1 进行。

9.2　平板计数

9.2.1　选取 2～3 个适宜的连续稀释度，每个稀释度接种 2 个无菌平皿，每皿 1 毫升。同时取 1 毫升生理盐水加入无菌平皿作空白对照。

9.2.2 及时将 15～20 毫升融化并恒温至 46℃的结晶紫中性红胆盐琼脂（VRBA）约倾注于每个平皿中。小心旋转平皿，将培养基与样液充分混匀，待琼脂凝固后，再加 3～4 毫升 VRBA 覆盖平板表层。翻转平板，置于（36±1）℃培养 18～24 小时。

9.3 平板菌落数的选择

选取菌落数在 15～150CFU 之间的平板，分别计数平板上出现的典型和可疑大肠菌群菌落（如菌落直径较典型菌落小）。典型菌落为紫红色，菌落周围有红色的胆盐沉淀环，菌落直径为 0.5 毫米或更大，最低稀释度平板低于 15CFU 的记录具体菌落数。

9.4 证实试验

从 VRBA 平板上挑取 10 个不同类型的典型和可疑菌落，少于 10 个菌落的挑取全部典型和可疑菌落。分别移种于 BGLB 肉汤管内，（36±1）℃培养 24～48 小时，观察产气情况。凡 BGLB 肉汤管产气，即可报告为大肠菌群阳性。

9.5 大肠菌群平板计数的报告

经最后证实为大肠菌群阳性的试管比例乘以 9.3 中计数的平板菌落数，再乘以稀释倍数，即为每克（毫升）样品中大肠菌群数。例：10^{-4} 样品稀释液 1 毫升，在 VRBA 平板上有 100 个典型和可疑菌落，挑取其中 10 个接种 BGLB 肉汤管，证实有 6 个阳性管，则该样品的大肠菌群数为：$100 \times 6/10 \times 10^4 /$ 克（毫升）$= 6.0 \times 10^5$ CFU/克（毫升）。若所有稀释度（包括液体样品原液）平板均无菌落生长，则以小于 1 乘以最低稀释倍数计算。

附录 A

培养基和试剂

A.1 月桂基硫酸盐胰蛋白胨（LST）肉汤

A.1.1 成分

胰蛋白胨或胰酪胨	20.0 克
氯化钠	5.0 克
乳糖	5.0 克
磷酸氢二钾（K_2HPO_4）	2.75 克
磷酸二氢钾（KH_2PO_4）	2.75 克
月桂基硫酸钠	0.1 克
蒸馏水	1000 毫升

A.1.2 制法

将上述成分溶解于蒸馏水中，调节 pH 至 6.8±0.2。分装到有倒置小玻璃管的试管中，每管 10 毫升。

121℃高压灭菌 15 分钟。

A.2 煌绿乳糖胆盐（BGLB）肉汤

A.2.1 成分

蛋白胨	10.0 克
乳糖	10.0 克

牛胆粉（oxgall 或 oxbile）溶液	200 毫升
0.1%煌绿水溶液	13.3 毫升
蒸馏水	800 毫升

A.2.2　制法

将蛋白胨、乳糖溶于约 500 毫升蒸馏水中，加入牛胆粉溶液 200 毫升（将 20.0 克脱水牛胆粉溶于 200 毫升蒸馏水中，调节 pH 至 7.0～7.5），用蒸馏水稀释到 975 毫升，调节 pH 至 7.2±0.1，再加入 0.1%煌绿水溶液 13.3 毫升，用蒸馏水补足到 1000 毫升，用棉花过滤后，分装到有倒置小玻璃管的试管中，每管 10 毫升。121℃高压灭菌 15 分钟。

A.3　结晶紫中性红胆盐琼脂（VRBA）

A.3.1　成分

蛋白胨	7.0 克
酵母膏	3.0 克
乳糖	10.0 克
氯化钠	5.0 克
胆盐或 3 号胆盐	1.5 克
中性红	0.03 克
结晶紫	0.002 克
琼脂	15～18 克
蒸馏水	1000 毫升

A.3.2　制法

将上述成分溶于蒸馏水中，静置几分钟，充分搅拌，调节 pH 至 7.4±0.1。煮沸 2 分钟，将培养基融化并恒温至 45～50℃倾注平板。使用前临时制备，不得超过 3 小时。

A.4　无菌磷酸盐缓冲液

A.4.1　成分

| 磷酸二氢钾（KH_2PO_4） | 34.0 克 |
| 蒸馏水 | 500 毫升 |

A.4.2　制法

贮存液：称取 34.0 克的磷酸二氢钾溶于 500 毫升蒸馏水中，用大约 175 毫升的 1 摩尔/升氢氧化钠溶液调节 pH 至 7.2±0.2，用蒸馏水稀释至 1000 毫升后贮存于冰箱。稀释液：取贮存液 1.25 毫升，用蒸馏水稀释至 1000 毫升，分装于适宜容器中，121℃高压灭菌 15 分钟。

A.5　无菌生理盐水

A.5.1　成分

| 氯化钠 | 8.5 克 |
| 蒸馏水 | 1000 毫升 |

A.5.2　制法

称取 8.5 克氯化钠溶于 1000 毫升蒸馏水中，121℃高压灭菌 15 分钟。

A.6　1 摩尔/升 NaOH 溶液

A.6.1　成分

NaOH　　　　　　　　　　　　40.0 克

蒸馏水　　　　　　　　　　　　1000 毫升

A.6.2　制法

称取 40 克氢氧化钠溶于 1000 毫升无菌蒸馏水中。

A.7　1 摩尔/升 HCl 溶液

A.7.1　成分

HCl　　　　　　　　　　　　90 毫升

蒸馏水　　　　　　　　　　　　1000 毫升

A.7.2　制法

移取浓盐酸 90 毫升，用无菌蒸馏水稀释至 1000 毫升。

附录 B

大肠菌群最可能数（MPN）检索表

每克（毫升）检样中大肠菌群最可能数（MPN）的检索见表 1-1。

表 1-1　大肠菌群最可能数（MPN）检索表

阳性管数			MPN	95％可信限	
0.10	0.01	0.001		下限	上限
0	0	0	<3.0	—	9.5
0	0	1	3.0	0.15	9.6
0	1	0	3.0	0.15	11
0	1	1	6.1	1.2	18
0	2	0	6.2	1.2	18
0	3	0	9.4	3.6	38
1	0	0	3.6	0.17	18
1	0	1	7.2	1.3	18
1	0	2	11	3.6	38
1	1	0	7.4	1.3	20
1	1	1	11	3.6	38
1	2	0	11	3.6	42
1	2	1	15	4.5	42
1	3	0	16	4.5	42
2	0	0	9.2	1.4	38
2	0	1	14	3.6	42
2	0	2	20	4.5	42
2	1	0	15	3.7	42
2	1	1	20	4.5	42

阳性管数			MPN	95％可信限	
0.10	0.01	0.001		下限	上限
2	1	2	27	8.7	94
2	2	0	21	4.5	42
2	2	1	28	8.7	94
2	2	2	35	8.7	94
2	3	0	29	8.7	94
2	3	1	36	8.7	94
3	0	0	23	4.6	94
3	0	1	38	8.7	110
3	0	2	64	17	180
3	1	0	43	9	180
3	1	1	75	17	200
3	1	2	120	37	420
3	1	3	160	40	420
3	2	0	93	18	420
3	2	1	150	37	420
3	2	2	210	40	430
3	2	3	290	90	1000
3	3	0	240	42	1000
3	3	1	460	90	2000
3	3	2	1100	180	4100
3	3	3	＞1100	420	—

注：1. 本表采用3个稀释度［0.1克（毫升）、0.01克（毫升）和0.001克（毫升）］，每个稀释度接种3管。

2. 表内所列检样量如改用1克（毫升）、0.1克（毫升）和0.01克（毫升）时，表内数字应相应降低为原来的1/10；如改用0.1克（毫升）、0.01克（毫升）和0.001克（毫升）时，则表内数字应相应增高10倍，其余类推。

主要参考文献

[1] 姜琪. 蛋鸡大肠杆菌病的防控要点［J］. 养殖与饲料，2017，6：74～76.

[2] 冯国斌，朱路路，宋东升等. 规模化养鸡场蛋鸡大肠杆菌病的诊断及防控措施［J］. 兽医导刊，2016，12：98～101.

[3] 邹玲，唐栋，刘文华等. 鸡大肠杆菌病病原的分离鉴定及药敏试验［J］中国畜牧兽医，2007，34（2）：119～121.

[4] 刘阳鹏，唐乐，常晓云等. 大肠杆菌遗传多样性与人体健康［J］. 国际遗传学杂志，2016，39（5）：286～289.

[5] 李穗霞，席美丽，王盼盼等. 8省市鸡肉源性大肠杆菌分离鉴定及其耐药性检测［J］. 中国人兽共患病学报，2018，34（2）：158～163.

[6] 晚观生，刘晓玉，郑秋月等. 多重PCR·DHPLC快速检测食品中产志贺毒素大肠杆菌［J］. 工业微生物，2016，46（3）：42～46.

[7] 史秋梅，张艳英，高桂生等. 河北省部分地区肉、蛋食品大肠杆菌污染状况的检测［J］. 河北科技师范学院学报，2012，26（4）：7～11.

[8] 赖婧，刘洋，汪宇等. 800株不同动物源大肠杆菌的耐药性监测［J］. 中国兽医杂志，2011，47（4）：12～14.

[9] 贺丹丹，黄良宗，陈孝杰等.不同动物源大肠杆菌的耐药性调查 [J].中国畜牧兽医，2013，40（10）：211～215.

[10] 田伟，赵静静，邓玉婷等.动物源大肠杆菌多重耐药外排泵 oqxAB 的流行状况调查 [J].中国畜牧兽医，2011，38（10）：156～159.

[11] 雷连成，郑丹，韩文瑜等.动物源性大肠杆菌药物敏感性检测及耐药性分析 [J].中国兽医学报，2005，25（5）：470～473.

[12] GB 4789.3—2016.《食品安全国家标准 食品微生物学检验 大肠菌群计数》[S].国家标准化管理委员会，2016.

第二章
动物大肠杆菌的感染与分离鉴定

大肠杆菌的代谢类型是异养兼性厌氧型，细菌在培养基培养时无需添加生长因子，向培养基中加入伊红美蓝，大肠杆菌的菌落呈深紫色，并有金属光泽，可用于鉴别大肠杆菌是否存在。粪便、组织病料等标本直接接种肠道杆菌选择性培养基。血液需先经肉汤增菌，再转种血琼脂平板。其他标本可同时接种血琼脂平板和肠道杆菌选择性培养基。37℃孵育 18～24 小时后，观察大肠杆菌菌落并涂片染色镜检。采用一系列生化反应进行鉴定。肠致病性大肠杆菌须先作血清学定型试验。

以禽大肠杆菌感染和分离为例，从河南省和河北省各地区鸡群分离大肠杆菌的报道居多，而福建、江西、海南、台湾、广西、新疆、香港、澳门等省/地区报道较少。

第一节　禽源大肠杆菌的分离鉴定

一、河南

2002 年，苏玉贤等报道了平顶山市某养鸡场饲养的伊莎雏鸡发生了以排灰白色糊状稀粪便为特征的传染病[1]。外地购入雏鸡 12000 只，网上育雏，呋喃唑酮、0.1% 高锰酸钾饮水。10 日龄时，雏鸡开始发病，并出现死亡，至 15 日龄时，共发病 4230 只，死亡1458 只，发病率为 32.25%，死亡率为 12.15%。经过临床症状和剖检病理变化、实验室检查等综合诊断确诊为雏鸡大肠杆菌病。

许兰菊等采集河南许昌、济源、兰考、开封、登封、南阳、西华、项城 8 个县市不同发病鸡群疑似为鸡大肠杆菌病的病死鸡病料（心、肝）[2]，麦康凯培养基、生化微量鉴定管、革兰氏染色和镜检，共分离鉴定出 8 株鸡大肠杆菌。经大肠杆菌 O 因子血清鉴定，大多数鸡大肠杆菌血清型为 O78，占 75%，而少数为鸡大肠杆菌血清型 O119，占 25%。

8 株鸡大肠杆菌分离菌对雏鸡具有不同程度的致病作用，接种 6 日龄罗曼蛋公雏后最早 6 小时开始发病，12 小时开始出现鸡只死亡，雏鸡接种后 120 小时内死亡较多，其中以兰考株和南阳株致病力最强，可使接种雏鸡 100％ 发病死亡，其次是西华株和登封株，致死率均速 75％，而从许昌和济源分离到的鸡大肠杆菌的致死率仅为 25％。

卢晓辉等从河南省北部的新乡、焦作、安阳、濮阳、鹤壁、济源 6 个地市 139 家养鸡场的典型的鸡大肠杆菌病病变特征的病死鸡或濒死鸡中分离大肠杆菌[3]，经常规方法培养、纯化、镜检，从肉仔鸡、育成鸡和产蛋鸡的病料中分离出符合 147 株大肠杆菌培养特性和形态特征的菌株，大肠杆菌的分离率为 78.62％。仔鸡分离率最高，为 81.7％；育成鸡次之，分离率为 79.17％；产蛋鸡最低，分离率为 76.38％。经生化鉴定，其结果也符合本菌特性。经大肠杆菌 O 因子血清玻片凝集试验鉴定出 111 株大肠杆菌的血清型，27 株未定型，9 株有自凝现象，共分出 18 个大肠杆菌血清型：O1、O2、O35、O76、O78、O88、O115、O101、O111、O141、O147、O161、O97、O138、O86、O149、O139 和 O125。主要血清型是 O141、O147、O149、O88、O78、O1、O2、O111 和 O115 等，其中 20 株大肠杆菌血清型 O141，占定型菌株的 18.02％；血清型 O88 和 O78 各 12 株大肠杆菌，各占定型菌株的 10.81％；O147、O149 和 O15 各 8 株，各占定型菌株的 7.27％；7 株大肠杆菌血清型 O2，6 株大肠杆菌血清型 O111，6 株大肠杆菌血清型 O115，分别占定型菌株的 6.31％、5.41％ 和 5.41％。用 88 株大肠杆菌分离菌株接种供 15 日龄 AA 肉鸡试雏鸡后。发病症状及剖检病变均符合大肠杆菌病特征。高致病性菌株、中度致病菌株和低致病性大肠杆菌菌株分别为 44 株、23 株和 21 株，分别占 50％、26.14％和 23.86％。

致病性大肠杆菌均携带毒力岛基因 ChuA，黄宗梅等采用 PCR 法检测了从周口、新郑、漯河、开封、许昌、郑州、安阳和焦作等地区临床分离得到的 60 株鸡大肠杆菌的 ChuA 基因[4]。结果发现致病性大肠杆菌均可产生 279bp 长度的 ChuA 基因 PCR 产物，说明有 31 株属于致病性大肠杆菌，大肠杆菌分离总阳性率为 51.67％。

2014 年，常照锋等对洛阳某封闭式管理模式的规模化蛋鸡场发生的以雏鸡腺胃发黑为剖检特征的病例进行调查[5]，5000 羽鸡苗，雏鸡 3 日龄时开始发病出现死亡，至 6 日龄时，共发病 361 羽，死亡 62 羽，发病率为 7.22％，死亡率为 17.2％。以 75 毫克/升的氟苯尼考饮水，同时饲料中加入 65 毫克/千克的恩诺沙星进行治疗，病情未见好转。采集病死雏鸡的肝脏、肺脏、脾脏等组织，利用 SS 琼脂培养基、麦康凯培养基、三糖铁培养基进行细菌分类培养，革兰染色镜检和生化鉴定，结合发病情况、病理剖检变化、血清学试验、病毒学实验室以及动物试验等方法综合判断引起雏鸡腺胃发黑的病原为致病性大肠杆菌。

郭浩从河南省驻马店、新郑、郸城、中牟、杞县、汝州、广武、睢县、濮阳、开封 10 个地区发病鸡场有大肠杆菌病典型症状的病例（鸡）采集鸡肝脏、脾脏等脏器病料[6]，经伊红美蓝培养基分离培养、革兰氏染色镜检形态观察，共分离得到 10 株禽源大肠杆菌。

二、河北

石玉祥等采用自然沉降法采集河北邢台、邯郸、石家庄地区的 12 个鸡舍空气中的细菌[7]，分析致病性大肠杆菌对河北省南都规模化鸡舍空气的污染情况。根据康凯培养基、伊红美蓝培养基、选择培养基、光学显微镜等进行细菌分离培养和形态学特性、生化试验、动物试验、肠杆菌标准抗 O 血清玻板凝集试验进行致病性大肠杆菌的鉴定。从 12 个试验鸡舍中的 9 个鸡舍分离出致病性大肠杆菌，共分离鉴定出 26 株致病性大肠杆菌，其中从 1 个试验鸡舍最多能分离到 5 株致病性大肠杆菌；共分离出 7 个大肠杆菌血清型，大肠杆菌血清型 O78 占所分离致病菌株的比例最高。将 26 株致病性大肠杆菌肉汤培养物分别注射入小白鼠腹腔，感染的小白鼠均死亡。

卢国民等对河北某大型孵化场 60 只雏鸡卵黄囊进行病料采集[8]，利用普通营养琼脂、麦康凯琼脂培养基及大肠杆菌显色培养基进行细菌分离、培养特性、革兰氏染色镜检、生化试验等对病原进行了细菌分离鉴定，共分离出 12 株大肠杆菌。

左玉柱等从河北省保定地区部分肉鸡和蛋鸡饲养场疑似大肠杆菌病的病鸡中[9]，麦康凯琼脂、伊红美蓝琼脂、三糖铁琼脂、糖类发酵及柠檬酸盐培养基等鉴定分离到致病性大肠杆菌 54 株，采用大肠杆菌抗 O 型抗原标准血清 54 株对大肠杆菌进行血清型鉴定，除了 6 株未能定型外，其余大肠杆菌分离株的 O 血清型共有 8 个，定型率为 88.9%，分别为大肠杆菌血清型 O1、O2、O5、O18、O78、O26、O76 和 O88，其中 O78、O26、O1 为主要血清型，分别占鉴定菌株的 39.6%、27.1% 和 16.7%。

张召兴从秦皇岛地区不同鸡养殖场 83 份患病鸡组织分离鉴定出 56 株大肠杆菌[10]，分离率为 67.5%，其中 46 株分离株为致病性大肠杆菌，占分离菌株的 82.1%。用大肠杆菌特定的 16S rRNA 基因保守区的引物对分离菌株进行 PCR 鉴定，分离菌株与大肠杆菌参考株同源性在 99.4%～100.0% 之间。采用玻片凝集试验检测的 46 株致病性大肠杆菌属于 11 种血清型，42 株大肠杆菌定型，定型大肠杆菌菌株数占致病菌株的 89.1%，4 株大肠杆菌出现自凝。以大肠杆菌 O78、O89、O142 和 O1 为优势血清型。分别占定型大肠杆菌分离株的 23.8%、16.7%、14.3% 和 11.9%。PCR 检测 46 株致病性大肠杆菌携带 Vat、$papC$、$fimC$、$irp2$、$fuyA$、$ompT$、Iss^a、$iucD^a$、$iutA$、$iroN$、$hlyF$、Ler、$eaeA$、$Colv$ 和 tsh 等 16 种不同毒力基因分布情况。46 株致病性大肠杆菌分离株携带 14 种不同毒力基因，PCR 扩增产物回收进行测序，测序结果与 GenBank 数据库中参考株序列同源性在 97.7%～100% 之间。其中 $irp2$、$fuyA$、$ompT$、Iss^a、$iucD^a$ 和 $iutA$ 毒力基因在大肠杆菌中的检出率最高为 100%；$iroN$ 和 $hlyF$ 在大肠杆菌中的检出率均为 89.1%；其余的毒力基因的检出率在 22%～72% 之间；Ler 和 $eaeA$ 两种毒力基因未检出。根据大肠杆菌分离菌株的动物致病性试验、血清型及毒力基因携带情况，筛选出了致病性最强优势血清型地方流行株 QH1（O78）。大肠杆菌 QH1 对 1、14 和 49 日龄健康海兰灰雏鸡的 LD_{50} 分别为 $3.16×10^6$ CFU/毫升、$1.07×10^7$ CFU/毫升和 $5×10^8$ CFU/毫升。典型的"三包炎"的症状，无菌采集病鸡脏器，分离到了大肠杆菌。

三、黑龙江

徐旺烨等研究从鸡泄殖腔取样分离得到 34 株菌株符合大肠杆菌（HL 1-34）的培养特性[11]。将分离得到的 34 株大肠杆菌与从中国兽药监察所购买的 4 株鸡大肠杆菌（CVCC 1533、CVCC 1562、CVCC 1568 和 CVCC1551）分别接种鸡胚进行致死试验，对致病力进行分析，6 株大肠杆菌致死率为 0，5 株大肠杆菌致死率为 10%，5 株大肠杆菌致死率为 20%，3 株大肠杆菌致死率为 30%，6 株大肠杆菌致死率为 40%，5 株大肠杆菌致死率为 50%，4 株大肠杆菌致死率为 60%，2 株大肠杆菌致死率为 70%，2 株大肠杆菌致死率为 80%，对照 PBS 组、未注射组均无死亡。数据处理软件 SPSS 分析 90% 置信区间，其中 19 株大肠杆菌为致病力较强菌株（致死率大于上限 38.4%），16 株大肠杆菌为致病力较弱或无致病力菌株（致死率小于下限 25.1%），3 株大肠杆菌为中等致病力菌株（致死率在上限和下限之间）。通过套式 PCR 对 38 株菌的 iss 基因（increased serum survival gene，iss）进行检测，阳性率为 100%，iss 基因是大肠杆菌的重要毒力因子，能够增强大肠杆菌在血清中的存活能力，38 株鸡大肠杆菌均检测出 iss 基因，但致病力大小不同，故推测致病力大小可能与 iss 基因的存在无关，但 iss 基因及其序列差异对细菌毒力存在很大影响。

四、山东

张莉平等从山东省部分地区的 60 个鸡场采集了 116 份病死鸡内脏病料（心、肝、脾和肾）[12]，结合培养特性对其进行了细菌的分离和生化鉴定，经涂片、革兰氏染色、镜检、麦康凯琼脂培养基和三糖铁斜面培养基培养等生化试验、动物致病性试验进行分离鉴定。分离到 95 株符合大肠埃希氏菌特征的肠杆菌的生化试验：能发酵葡萄糖、乳糖、麦芽糖、甘露醇，产生气泡，不分解尿素，硝酸盐，吲哚，MR 试验均为阳性，VP 试验为阴性。95 株大肠杆菌腹腔接种健康雏鸡后，7 天内试验组雏鸡全部死亡，且从死亡鸡心、肝回收到接种菌，共分离到致病大肠杆菌 76 株，占总大肠杆菌菌株 80%（76/95）。

齐凤云等从滨州地区各养殖场及养殖户送检的病、死鸡，临床剖检有典型心包炎、肝周炎、气囊炎或卵黄性腹膜炎[13]，疑似为大肠杆菌病的发病鸡中分离出大肠杆菌，经营养琼脂、营养肉汤、麦康凯琼脂常规方法培养、纯化、镜检及微量生化发酵管的生理生化鉴定，分离出 18 株鸡致病大肠杆菌，采用大肠埃希氏菌因子血清平板凝集试验鉴定出 12 株分离株血清型，6 株大肠杆菌未定型，血清型主要有 O78、O35、O36、O1、O2、O5、O18。其中大肠杆菌血清型 O78 共有 4 株占 33.3%，大肠杆菌血清型 O35 共有 3 株占 25% 为滨州的优势血清型。

李贵萧等从山东聊城市活禽市场无菌采集鸡粪便[14]，通过伊红美蓝培养基、麦康凯琼脂培养基、营养肉汤培养基、普通营养琼脂、革兰氏染色、镜检、糖发酵培养基、三糖铁琼脂、生化试验鉴定管等试验、分离、纯化得到 34 株符合大肠杆菌的培养特性的菌株。

五、西藏

贡嘎等 2015 年 9 月从西藏林芝某农户家采集藏鸡新鲜无污染粪便样品 50 份[15]，组织样品 10 份，藏鸡群发生了严重腹泻并伴有血便现象，严重者为死亡。其中 1 日龄经用抗生素治疗后效果不佳。经普通琼脂平板、麦康凯琼脂平板、伊红亚甲蓝平板分离鉴定细菌，60 份样品中分离鉴定出 10 株藏鸡大肠杆菌。

六、湖南

李先磊等从湖南省岳阳市周边 17 个乡镇、35 个自然村的 8 个中小型养鸡场收集病料（肝脏、气囊、脾脏、心血和心包等）[16]，采用涂布培养法、生化鉴定等方法从中分离出 169 株大肠埃希氏菌，分离率为 87.1%。血清型鉴定结果表明，岳阳市周边鸡源性大肠杆菌的主要血清型为：O78、O1、O2、O55 分别为 41 株、35 株、22 株、16 株，分别占供鉴定菌株总数的 24.26%、20.71%、13.02% 和 9.47%，鸡源性大肠杆菌 O78、O1、O2、O55 血清型共占总待检菌株的 67.4%，占定型菌株的 80.85%，未定型 28 株鸡源性大肠杆菌，占 16.58%。将鸡源性大肠杆菌分离菌株接种雏鸡绝大多数在 24～48 小时内死亡，表现出肝周炎、腹膜炎、败血症等症状，全部回收到大肠杆菌；对照组鸡生长正常，没有获得致病菌。同时，鸡死亡越早，分离到的大肠杆菌在培养基上的光泽越明显。

魏麟等从湖南西部地区怀化、中方、安江、芷江、新晃、麻阳、辰溪、溆浦、洞口、隆回、武冈和绥宁 12 县市 12 个养鸡场采集鸡泄殖腔拭子、饲料和水、垫料和尘土[17]，以分析湖南西部地区鸡大肠杆菌的血清型分布。经麦康凯琼脂培养基、三糖铁琼脂培养基、普通琼脂斜面分离得到 147 株鸡源大肠杆菌，总分离率为 70.00%，其中怀化、中方、安江、芷江、新晃、麻阳、辰溪、溆浦、洞口、隆回、武冈、绥宁的分离率分别为 81.8%、85.7%、67.6%、81.3%、71.4%、80.0%、82.4%、65.2%、64.3%、44.4%、66.7% 和 45.5%。经大肠杆菌 O 型单价阳性血清进行血清型鉴定，共得到的 8 个血清型，其中 O6、O22、O8 和 O4 血清型分离率最高，分别为 17.7%、12.2%、11.6% 和 10.2%，为优势血清型。血清型 O1、O159、O2、O96、O16、O88、O12、O83、O77、O91、O13、O3、O36 和 O9 的分离率分别为 8.8%、8.8%、7.5%、6.1%、4.1%、3.4%、2.0%、2.0%、1.4%、1.4%、0.7%、0.7%、0.7% 和 0.7%。

李娜等在 2006 年 10 月至 2012 年 12 月对湖南省常德地区及周边区域 3 个鸡场病料进行采集[18]，患病鸡症状主要表现败血症、气囊炎、心包炎、肝周炎、滑膜炎、输卵管炎和眼炎等。无菌采集病死鸡的心包、心血、肝、脾、气管、腹水和卵黄囊内明显病变的组织，共获得病鸡的脏器 105 份，采用普通琼脂平板培养基、三糖铁琼脂培养基、伊红美蓝琼脂培养基和麦康凯琼脂培养基以及生化试验微量发酵管分离鉴定出致病性大肠杆菌 60 株。采用肠道致病性大肠杆菌诊断血清玻板凝集法进行了 O 抗原血清型鉴定。30 株鉴定出抗 O 血清型，其余 30 株没有定型，主要优势血清型为 O55、O111、O78，为 5 株、9 株和 15 株，分别占总菌株 16.67%、30%、50%，3 种优势血清型占总定型大肠杆菌菌株的 96.67%（29/30）。此外还鉴定出了 1 株 O127a 血清型大肠杆菌。

七、云南

黄超等从昆明某养殖场提供的 50 只病死鸡和 50 只濒死鸡进行大肠杆菌的分离鉴定[19]。按照常规的解剖技术解剖已死亡或濒死鸡。无菌取病鸡肝脏、脾脏组织，分别接种于营养琼脂平板、伊红美蓝琼脂、麦康凯平板进行病原菌的分离培养，同时进行致病细菌的革兰氏染色镜检观察。细菌形态符合大肠杆菌的形态特征。

八、江苏

张金玉等从江苏省海安县兽医站门诊及 12 个大型养殖场剖检采集具有疑似大肠杆菌病变的病死鸡的心血、肝、腹水、脾和气囊等病料[20~22]，经麦康凯斜面进行病原菌分离、生化试验和玻板凝集试验血清型鉴定，从疑似大肠杆菌病的 252 只病死鸡中，分离鉴定出大肠杆菌 226 株，定型 198 株，共测出 23 个血清型，O78 共 32 株大肠杆菌，占定型菌株 16.16%；O18 为 26 株大肠杆菌，占 13.13%；O2 为 21 株大肠杆菌，占 10.61%；O88 为 17 株大肠杆菌，占 8.59%；O1 为 13 株大肠杆菌，占 6.57%；O11 为 10 株大肠杆菌，占 5.05%。另外还有 O3、O5、O22、O26、026、O35、O45、O65、O66、O71、O86、O97、O107、O111、O132、O154 和 O157 等不同血清型大肠杆菌菌株。其中大肠杆菌 O78、O18、O2、O88、O1、O11 等 6 种为优势血清型，分别为 32 株、26 株、21 株、17 株、13 株和 10 株。

九、湖北

周斌等报道了湖北樊附近某家养殖场蛋鸡发生大肠杆菌病[23]，活鸡的外部症状其表现为精神沉郁、呆立、昏睡闭眼、共济失调、下痢。剖检可见心外膜、冠状脂肪出血，蛋鸡卵子有大量的血斑、出血、水肿。无菌采集养殖场病死鸡的肝脏、心脏、脾、十二指肠等样本，经血液培养基、麦康凯培养基、普通培养基、细菌生化鉴定管、肠杆菌科细菌生化常规微量鉴定管等分离鉴定出一株致病性大肠杆菌。

十、宁夏

韩梅英等报道了一起产蛋鸡以肿头为主要症状的大肠杆菌病病例[24]。2000 年 9 月 14 日，宁夏中卫市沙坡头区东园乡新滩村 2 队马某饲养的 860 只 210 日龄海赛克斯商品蛋鸡中，个别鸡精神不振，16 日出现脸部肿胀现象，且发病数在逐渐增多，死亡不断。自购药物治疗无效后于 19 日前来诊断。经赴现场调查，发病 98 只，发病率 11.38%，死 63 只，死亡率 7.33%。经实验室涂片检查、病原分离及鉴定，诊断为大肠杆菌病。经采取隔离病鸡、药物治疗、消毒、加强鸡舍内通风和加强饲养管理等措施，很快控制了疾病的继续发生，产蛋率在 7 天后开始恢复。

十一、甘肃

王亮等 2012 年从甘肃省 14 个市州采集 388 份病鸡、病死鸡或有临床症状鸡的肝脏、脾脏等病料[25]，经 7% 马血巧克力琼脂和生化试验进行细菌分离培养鉴定，共分离出 28 株致病性埃希氏大肠杆菌。在 28 株大肠杆菌中，继发于其他疫病的有 25 株大肠杆菌，其中血清型 O78 占 53.57%、血清型 O1 占 35.71%，表明血清型 O1 和 O78 是甘肃省鸡源性致病性大肠杆菌的优势血清型。

十二、广东

陈鲜花等从广东省21个地级市不同规模的养鸡场病死鸡分离到115株为禽致病（死）性大肠杆菌进行氟喹诺酮类药物的耐药性分析[26]，115株鸡致病（死）性大肠杆菌中，对诺氟沙星、环丙沙星、左氧氟沙星、氧氟沙星、氟罗沙星和恩诺沙星6种氟喹诺酮类药物的平均敏感率为11.4%，中敏率16.1%，耐药率达到72.2%，其中对环丙沙星、左氧氟沙星、氧氟沙星、诺氟沙星、氟罗沙星和恩诺沙星的耐药率分别为79.1%、37.4%、63.5%、76.5%、89.6%和87.0%，中敏率分别为8.7%、45.2%、20.0%、12.2%、3.5%和7.0%，敏感率分别为12.2%、17.4%、16.5%、11.3%、7%、6.1%和11.7%。43株禽致病（死）性大肠杆菌对6种氟喹诺酮类药物均出现耐药性，占37.4%；49株、6株和5株禽致病（死）性大肠杆菌分别对5种、4种和3种氟喹诺酮类药物出现耐药性，耐药率分别占42.6%、5.2%和4.4%；有12株禽致病（死）性大肠杆菌对6种氟喹诺酮类药物均为敏感或中度敏感，占10%。耐药性交叉率统计结果显示，对恩诺沙星耐药的大肠杆菌对其他受试氟喹诺酮类药物表现出不同程度的耐药，对氟罗沙星交叉耐药率最高，达到99%，对左氟沙星的耐药率相对低些，但也有43%。

十三、贵州

申子平等从贵阳、遵义的规模鸡场无菌采集53只病鸡或病死鸡的病料（心脏和肝脏）[27]，营养琼脂、麦康凯琼脂、生化鉴定管试验、大肠杆菌O抗原诊断血清玻片凝集试验进行病原菌分离及鉴定，得到39株细菌符合大肠杆菌的特性，经血清型鉴定出31株大肠杆菌、8株未定型，发现该地区流行的鸡大肠杆菌病的优势血清型为O78（9/31）、O15（4/31）和O45（4/31），分别占29.03%、12.90%和12.90%。给7日龄健康雏鸡接种分离到的大肠杆菌菌株后，雏鸡开始发病，并陆续出现了死亡。雏鸡最早在接种10小时时出现了精神不振、呼吸困难、腹泻等症状。15～48小时时出现死亡高峰，尤其是接种鸡大肠杆菌的雏鸡死亡最快。病死鸡主要病变为肝肿大、心包积液等；典型病变是肝周炎、纤维素性心包炎和气囊炎。有两组接种细菌的雏鸡刚开始有食欲下降的症状，但随后又恢复正常，所以认为这两个血清型大肠杆菌菌株是非致病菌。

十四、重庆

丁红雷等报道了2004年3月重庆市北碚区某鸡场送检的疑似大肠杆菌病的病死鸡若干只[28]，已死亡鸡只死亡时间不超过12小时。对病死鸡的心脏、肝、脾、肾进行病原菌的分离、鉴定、生化试验，得到符合大肠杆菌生化特征的分离菌株。经小鼠和17日龄罗曼蛋鸡的动物致病性试验，大肠杆菌分离菌株具有较强的致病力。分离的大肠杆菌对阿米卡星、氟苯尼考、链霉素和庆大霉素敏感，对环丙沙星中度敏感，对痢特灵和诺氟沙星不敏感，而氨苄西林、红霉素、青霉素和头孢唑啉钠对分离菌完全没有抑制作用。新诺明的抑菌效果有待进一步证实，大肠杆菌分离菌对其不敏感的一个可能原因是药物已接近其使用期限。

十五、青海

文英报道了青海省某县个体养鸡场所饲养雏鸡的大肠杆菌病[29]，23日龄雏鸡开始突然发病，死亡30只，后连续发病死亡，第五天达到死亡高峰，共发病1027只。总共3000只雏鸡，发病率为34.2%，发病1027只全部死亡，致死率为100%。无菌采取病死雏鸡肝、脾、肺等脏器。通过普通营养琼脂平板、伊红美蓝琼脂平板、鲜血琼脂平板、生化鉴定进行病原的分离培养与鉴定，结合流行病学、临床症状、病理变化以及昆明系小鼠动物致病性试验，确诊为大肠杆菌病。

十六、山西

王敏霞等对山西某地3个鸡场[30]疑似为大肠杆菌病的6只病死鸡，无菌采取典型病料心、肝、脾，鉴定出6株鸡大肠杆菌。将分离菌株分别接种试验动物，6株鸡大肠杆菌对小白鼠致死率分别为100%、100%、100%、66.7%、33.3%和100%。

十七、吉林

李沐森调查了吉林城区近几年多次流行的鸡大肠杆菌病[31]。从吉林城区的丰满、船营、龙潭、昌邑及吉林经济开发区5个区10个鸡场采取病料，通过细菌分离培养、生化试验、动物试验、血清学试验分离鉴定出致病性大肠杆菌18株。大肠杆菌感染病鸡主要表现为急性败血症、出血性肠炎、输卵管腹膜炎、脐炎、关节炎等病症。用中国兽药监察所提供的鸡致病性大肠杆菌抗"O"抗原标准阳性血清进行血清型分型，分别为血清型O1、O2、O5、O9、O20、O24、O3和O70，其中血清型O8、O2、O9和O24共占定型大肠杆菌菌株的77.8%，为吉林城区的优势血清型。船营、丰满、龙潭、昌邑和吉林经济开发区的鸡大肠杆菌病鸡数分别为12只、8只、14只、2只和6只，共42只。船营、丰满、龙潭、昌邑和吉林经济开发区的鸡大肠杆菌病鸡检出数分别为8只、5只、7只、2只和4只，共26只。船营、丰满、龙潭、昌邑和吉林经济开发区的鸡大肠杆菌的分离率分别为66.7%、62.5%、50%、100%和66.7%，总分离率为61.9%。小白鼠致病性试验结果显示，船营、丰满、龙潭、昌邑和吉林经济开发区的致病性鸡大肠杆菌分别为5株、4株、5株、2株和2株。船营、丰满、龙潭、昌邑和吉林经济开发区的致病性鸡大肠杆菌的百分率分别为62.5%、80%、71.4%、100%和50%。

十八、天津

李海花等为了解天津矮脚鸡、苏秦绿壳蛋鸡、大围山微型鸡和泰和乌骨鸡4种引进的特色家禽致病性大肠埃希菌的流行情况[32]，对来自天津某农业生态园的 4 个品种患腹泻病鸡的 23 份病料（心、肝、脾等组织），进行细菌学检验和药敏试验，经分离培养、染色镜检、生化试验、血清学试验和动物试验，共分离出 9 株鸡大肠埃希菌。经毒力基因 *ChuA* 鉴定（正向引物 GACGAACCAACGGTCAGGA，反向引物 TGCCGCCAGTAC-CAAAGACA），其中从 5 株中能够检出 *ChuA* 毒力基因。60 只 1 日龄普通海兰褐蛋鸡商品代公雏动物试验结果表明，携带 *ChuA* 基因的 5 株大肠杆菌菌均具有致病性，且大肠杆菌毒力不同，其中从矮脚鸡分离的大肠杆菌毒株毒力最强，致死率为 100％。

十九、辽宁

李玉文等于 2001～2005 年从 14 市的病死禽和死胚的 3215 份病料中分离大肠杆菌[33]，以了解辽宁省致病性禽大肠埃希氏菌血清型分布的情况。采用康凯琼脂平板、糖类发酵试验及生化反应鉴定分离得到 226 株禽大肠杆菌分离菌株，采用平板凝集试验方法筛选血清型 105 株，其中禽大肠杆菌分离菌株血清型 O78 型占 29.52％（31/105）、禽大肠杆菌分离菌株血清型 O109 型占 10.48％（11/105）、禽大肠杆菌分离菌株血清型 O1 型占 5.71％（6/105）、禽大肠杆菌分离菌株 O142 型占 5.71％（6/105）、禽大肠杆菌分离菌株血清型 O88 型占 5.71％（6/105）、禽大肠杆菌分离菌株血清型 O93 型占 4.76％（5/105）、禽大肠杆菌分离菌株血清型 O74 型占 4.76％（5/105）、禽大肠杆菌分离菌株血清型 O2 型占 4.76％（5/105）、禽大肠杆菌分离菌株血清型 O68 型占 3.81％（4/105）、禽大肠杆菌分离菌株血清型 O65 型占 3.81％（4/105）、禽大肠杆菌分离菌株血清型 O4 型占 3.81％（4/105）、禽大肠杆菌分离菌株血清型 O161 型占 3.81％（4/105）、禽大肠杆菌分离菌株血清型 O45 型占 2.86％（3/105）、禽大肠杆菌分离菌株血清型 O26 型占 2.86％（3/105）、禽大肠杆菌分离菌株血清型 O33 型占 1.90％（2/105）、禽大肠杆菌分离菌株血清型 O141 型占 1.90％（2/105）、禽大肠杆菌分离菌株血清型 O20 型占 1.90％（2/105）、禽大肠杆菌分离菌株血清型 O6 型占 1.90％（2/105）、禽大肠杆菌分离菌株血清型 O5 型占 1.90％（2/105）、禽大肠杆菌分离菌株血清型 O4 或 O18 或 O142 型占 1.90％（2/105）、禽大肠杆菌分离菌株血清型 O39 型占 0.95％（1/105）、禽大肠杆菌分离菌株血清型 O56 型占 0.95％（1/105）、禽大肠杆菌分离菌株血清型 O102 型占 0.95％（1/105）、禽大肠杆菌分离菌株血清型 O87 型占 0.95％（1/105）、禽大肠杆菌分离菌株血清型 O95 型占 0.95％（1/105）、禽大肠杆菌分离菌株血清型 O131 型占 0.95％（1/105）、禽大肠杆菌分离菌株血清型 O107 型占 0.95％（1/105）、禽大肠杆菌分离菌株血清型 O21 型占 0.95％（1/105）、禽大肠杆菌分离菌株血清型 O120 型占 0.95％（1/105）、禽大肠杆菌分离菌株血清型 O91 型占 0.95％（1/105）、禽大肠杆菌分离菌株血清型 O32 型占 0.95％（1/105）、禽大肠杆菌分离菌株血清型 O80 型占 0.95％（1/105）、禽大肠杆菌分离菌株血清型 O157 型占 0.95％（1/105）、禽大肠杆菌分离菌株血清型 O11 型占 0.95％（1/105）、禽大肠杆菌分离菌株血清型 O23 型占 0.95％（1/105）和禽大肠杆菌分离菌株血清型 O25 型占 0.95％（1/105）。结果证明禽大肠杆菌分离菌株 O78 和 O109 血清型是流行于本省致病性禽大肠埃希氏菌的绝对优势血清型。1 日龄无特定病原微生物雏鸡致病性试验研究证明，禽大肠杆菌分离菌株 O109 型禽大肠杆菌对鸡的致病性强于血清型 O1、

O2、O78，居第一位。用 2001 年分离的优势菌株的 11 个血清型大肠杆菌蜂胶苗和大肠杆菌新城疫二联蜂胶苗对鸡免疫，从 2005 年分离的优势菌株中选禽大肠杆菌分离菌株 O78、O109、O1、O142、O93 型菌分别以致死量进行攻毒，保护率均达 100％。免疫鸡与发病鸡同居感染试验，100％健康存活。田间试验结果显示，污染场肉仔鸡不接种大肠杆菌苗成活率 73％，接种大肠杆菌蜂胶精的鸡成活率 92％以上，出栏重增加 0.4～0.8 千克/只，药费降低 0.5 元/只。某无公害蛋鸡场，用大肠杆菌蜂胶精对鸡进行免疫，配合微生态制剂应用，不投其他药物，蛋鸡 1 日龄至淘汰时成活率达 92％以上，产蛋率提高 3％左右。

二十、浙江

陆新浩等调查和分析了余姚市禽畜病防治研究所送检的 21 个县/市/区 20742 个发病禽群（鸡、鸭和鹅）[34]，以得出浙江宁波及其周边县市 3853 万羽家禽重要疫病的发病现状、特点和流行规律。通过临床症状和病理剖检观察特征性病变进行鉴别诊断，同时结合实验室检查如镜检、胶体金、实时荧光定量 RT-PCR、血凝/血凝抑制试验、酶联免疫吸附试验以及病原分离鉴定等进行确诊。通过对 10479 个发病鸭群病理的分析发现，鹅大肠杆菌病全年均有发生，但在 2～6 月和 10～12 月各有一个发病高峰。鸭大肠杆菌病的发病率为 36.44％。鹅鸭疫里默氏杆菌病 7～9 月较少发病。通过对 7457 个发病鸡群病例的分析发现，常见鸡病有 23 种，每年 8～12 月为鸡病高发季节，其中 9 月和 10 月为发病高峰。鸡大肠杆菌病的发病率为 15.38％，鸡大肠杆菌病全年均有发生，8～9 月为高发期。通过对 2806 个发病鹅群病例的分析发现，常见鸡病有 13 种，每年 11 月至次年 6 月为鸡病高发季节。鹅大肠杆菌病的发病率为 32.86％，鸡大肠杆菌病全年均有发生，但在 2～6 月和 10～12 月各有一个发病高峰。

吴海港等收集皖北地区界首、太和、临泉、亳州等 10 个县市 42 个鸡场送检的病鸡[35]，从病死鸡心血、肝脏、脾脏等组织病料中分离获得 34 株大肠杆菌，根据血清学鉴定结果，共有 10 个血清型，以血清型 O2、O78、O26、O22 和 O1 为主，这 5 种血清型合计菌株 26 株，占定性菌株的 80.4％。鸡致病性大肠杆菌 O1 检出菌株数为 3 株，占定性大肠杆菌菌株比例为 8.4％；鸡致病性大肠杆菌 O2 检出菌株数为 10 株，占定性大肠杆菌菌株比例为 32.4％；鸡致病性大肠杆菌 O22 检出菌株数为 3 株，占定性大肠杆菌菌株比例为 8.4％；鸡致病性大肠杆菌 O26 检出菌株数为 4 株，占定性菌株比例为 12.6％；鸡致病性大肠杆菌 O50 检出菌株数为 2 株，占定性大肠杆菌菌株比例为 7.1％；鸡致病性大肠杆菌 O55 检出菌株数为 3 株，占定性大肠杆菌菌株比例为 3.1％；鸡致病性大肠杆菌 O77 检出菌株数为 1 株，占定性大肠杆菌菌株比例为 3.1％；鸡致病性大肠杆菌 O78 检出菌株数为 6 株，占定性大肠杆菌菌株比例为 18.7％；鸡致病性大肠杆菌 O107 检出菌株数为 1 株，占定性大肠杆菌菌株比例为 3.1％；鸡致病性大肠杆菌 O119 检出菌株数为 1 株，占定性大肠杆菌菌株比例为 3.1％。

二十一、四川

陶勇等从四川 10 个规模化鸡场分离并经生化鉴定、动物回归试验获得 46 株鸡致病性大肠杆菌[36]。对 46 株鸡致病性大肠杆菌进行了耐药性、血清型鉴定和质粒 DNA 分析的研究。鸡致病性大肠杆菌易产生耐药性，且多为多重耐药。鉴定出 36 株大肠杆菌的 O 血清型共 16 种，占鉴定菌株的 78.3%。10 株鸡致病性大肠杆菌未能定型，占鉴定鸡致病性大肠杆菌菌株的 21.7%，可能是其 O 血清型已超出了试验用的大肠杆菌单因子血清范围。鸡致病性大肠杆菌 O89、O141、O119、O127 和 O131 是主要流行的血清型，共 22 株鸡致病性大肠杆菌，占定型大肠杆菌菌株的 61.6%，鸡致病性大肠杆菌血清型多，各地血清型种类差异大。质粒得率为 100%，来源相同的菌株有相同或相似的质粒图谱和酶切图谱，来源不同的菌株质粒图谱一般不同，同一血清型可以有不同的质粒图谱。

二十二、陕西

黄建文等调查了陕西某种鸡场病死鸡的大肠杆菌血清型[37]，采用麦康凯琼脂、普通营养琼脂、营养肉汤、大肠杆菌标准血清（O1、O2、O4、O6、O8、O9、O11、O15、O17、O20、O22、O78、O107、O154 和 O161）鉴定等分离鉴定得到 20 株鸡大肠杆菌，定型 12 株鸡大肠杆菌，其中 O2 型 5 株大肠杆菌、O6 型 3 株大肠杆菌、O78 型 4 株大肠杆菌，未定型 8 株大肠杆菌，表明鸡场的大肠埃希菌有了新的流行菌株 O6 出现。用定型的分离菌株研制的自家灭活菌苗免疫接种雏鸡，7 天后可检测到抗体，14 天产生免疫保护力，但 6 个月后，抗体水平已在 5 log2 以下，失去保护力。雏鸡免疫大肠杆菌血清型 O2、O6 和 O78 自家大肠杆菌灭活疫苗 7 天后的抗体水平分别为（2.36±0.183）log2、（2.65±0.312）log2 和（2.52±0.254）log2。雏鸡免疫 O2、O6 和 O78 自家大肠杆菌灭活疫苗 14 天后的抗体水平分别为（5.16±0.243）log2、（5.40±0.287）log2 和（5.28±0.320）log2。雏鸡免疫 O2、O6 和 O78 自家大肠杆菌灭活疫苗 28 天后的抗体水平分别为（7.61±0.452）log2、（7.85±0.321）log2 和（7.45±0.275）log2。雏鸡免疫 O2、O6 和 O78 自家大肠杆菌灭活疫苗 42 天后的抗体水平分别为（7.76±0.268）log2、（7.80±0.156）log2 和（7.63±0.356）log2。雏鸡免疫 O2、O6 和 O78 自家大肠杆菌灭活疫苗 70 天后的抗体水平分别为（6.35±0.215）log2、（6.41±0.273）log2 和（6.25±0.293）log2。雏鸡免疫 O2、O6 和 O78 自家大肠杆菌灭活疫苗 104 天后的抗体水平分别为（5.65±0.368）log2、（5.63±0.347）log2 和（5.36±0.156）log2。雏鸡免疫 O2、O6 和 O78 自家大肠杆菌灭活疫苗 164 天后的抗体水平分别为（7.82±0.253）log2、（7.85±0.315）log2 和（7.68±0.362）log2。雏鸡免疫 O2、O6 和 O78 自家大肠杆菌灭活疫苗 194 天后的抗体水平分别为（7.15±0.312）log2、（7.25±0.264）log2 和（7.07±0.138）log2。雏鸡免疫 O2、O6 和 O78 自家大肠杆菌灭活疫苗 224 天后的抗体水平分别为（6.23±0.380）log2、（6.36±0.250）log2 和（6.10±0.264）log2。雏鸡免疫 O2、O6 和 O78 自家大肠杆菌灭活疫苗 254 天后的抗体水平分别为（5.35±0.265）log2、（5.43±0.368）log2 和（5.20±0.312）log2。雏鸡免疫 O2、O6 和 O78 自家大肠杆菌灭活疫苗 284 天后的抗体水平分别为（3.65±0.365）log2、（3.88±0.412）log2 和（3.60±0.486）log2。通过 2002～2005 年 3 年应用 12.6 万羽份，场种鸡大肠杆菌病的平均死亡率由 6.7% 下降至 1.6%，雏鸡死亡率由 4.2% 下降至 1.8%，而种蛋孵化率提高了 2.8%，脐炎和卵黄炎发病率有所降低，健雏率提高了 3%。

二十三、内蒙古

方武等从内蒙古包头市、乌兰察布市、通辽市和赤峰市四个盟市 26 个肉仔鸡场采集 185 份病料[38]，采用普通琼脂、麦康凯琼脂、伊红美蓝琼脂、普通肉汤、鲜血琼脂平板、生化试验和血清型鉴定等方法分离到 22 个肉仔鸡致病性大肠杆菌血清型，其中有 10 种优势血清型（O1、O35、O54、O55、O103、O68、O5、O20、O2 和 O78），对优势致病性大肠杆菌进行生物学特性研究，电镜观察均具有菌毛，形态不完全一致；有的还可见到有鞭毛生长。溶血试验表明优势致病性大肠杆菌均无溶血性，而红细胞凝集试验也显示优势致病性大肠杆菌对 1%、3% 和 5% 鸡红细胞悬液均可产生明显的凝集作用（＋＋＋～＋＋＋），大肠杆菌血清型 O1、O2、O35、O54、O103 和 O55 表现出"＋＋＋＋"反应，而大肠杆菌血清型 O68、O5、O20 和 O78 表现出"＋＋＋"反应。加入甘露糖后，D-甘露糖血凝抑制试验大肠杆菌 O1、O35、O54、O55、O103 和 O68 表现为"＋"凝集作用，而 O5、O20、O2 和 O78 则表现为抑制作用。所有血清型盐凝集阳性（SAT＋）。刚果红摄入试验中，10 株肉仔鸡致病性大肠杆菌经 37℃ 培养 24 小时和 48 小时，室温下观察，菌落均呈深红色，即均为阳性（＋）。所测试 10 株肉仔鸡致病性大肠杆菌 37℃ 培养 72 小时后均无溶血现象，因此，肉仔鸡致病性大肠杆菌都能摄入刚果红染料。

二十四、福建

杨立军等研究检测了 2015 年分离自福建省龙岩市的 139 株禽致病性大肠杆菌的血清型、毒力因子分布及耐药性，并对血清型与耐药性、毒力因子分布和耐药性之间的相关性进行分析[39]。大肠杆菌 O1、O2 和 O78 单因子血清对 139 株分离菌株的血清型检测结果表明，O1 血清型、O2 血清型和 O78 血清型的大肠杆菌菌株数分别为 11 株、14 株和 14 株，占全部大肠杆菌菌株的 28%；对分离大肠杆菌菌株毒力基因 *phoA*（正向引物 CGATTCTGGAAATGGCAAAAG，反向引物 CGATTCTGGAAATGGCAAAAG，PCR 扩增大小 720bp）、*RfbO1*（正向引物 CGATGTTGAGCGCAAGGTTG，反向引物 CATTAGGTGTCTCTGGCACG，PCR 扩增大小 263bp）、*RfbO2*（正向引物 CGATGTTGAGCGCAAGGTTG，反向引物 GATAAGGAATGCACATCGCC，PCR 扩增大小 355bp）、*RfbO78*（正向引物 CGATGTTGAGCGCAAGGTTG，反向引物 TAGGTATTCCTGTTGCGGAG，PCR 扩增大小 623bp）、*aatA*（正向引物 CATAGGCGTTTCTCTTTCCGAT，反向引物 CCTGTCGTTCATACAGATTCGTT，PCR 扩增大小 1226bp）、*papC*（正向引物 GCTGATATCACGCAGTCAGT，反向引物 GTCAACAAGAAGACGTGTTCC，PCR 扩增大小 1226bp）、*tsh*（正向引物 GTCTGTCAGACGTCTGTGTTTC，反向引物 ATAGGATGACAGGCTACCGAC，PCR 扩增大小 598bp）、*vat*（正向引物 TCCATGCTTCAACGTCTCAGAG，反向引物 CTGTTGTCAGTGTCGTGAACG，PCR 扩增大小 939bp）、*cva/cvi*（正向引物 TCCAAGCGGACCCCTTATAG，反向引物 CGCAGCATAGTTCCATGCT，PCR 扩增大小 598bp）、*iss*（正向引物 ATCACATAGGATTCTGCCG，反向引物 CAGCGGAGTATAGATGCCA，PCR 扩增大小

309bp）、*iucD*（正向引物 GAAGCATATGACACAATCCTG，反向引物 CAGAGT GAAGTCATCACGCAC，PCR 扩增大小 613bp）和 *irp2*（正向引物 CTGATGAACT CACTCGCTATCC，反向引物 AGCATCTCCTGGCTCTGCTC，PCR 扩增大小 440bp）的检测结果表明，4％和 7.1％的大肠杆菌菌株检测到 *papC* 基因和 *vat* 基因，14.3％和 19.3％的大肠杆菌菌株检测到 *aatA* 基因和 *cva/cvi* 基因。而 *iucD*（82％）、*tsh*（59％）、*iss*（55％）和 *irp2*（44.6％）基因在大肠杆菌分离菌株中具有较高的检出率。药敏实验结果表明，大肠杆菌分离株存在多重耐药性，99％以上大肠杆菌分离菌株对克林霉素、红霉素和利福平耐受，86％的大肠杆菌分离菌株对 10 种以上抗生素耐受，57.3％的大肠杆菌菌株对 13 种药物都耐受；对血清型、耐药性与致病性之间的分析结果表明，分离的 O1、O2 和 O78 血清型的大肠杆菌菌株，其中 50％的大肠杆菌菌株是含有 5 种以上毒力基因的强毒株，且在分离的含有 5 种以上毒力基因的强毒株中，50％的菌株对 13 种抗生素耐受，90％的菌株对 10 种以上药物耐受。

▶ 第二节　禽大肠杆菌的混合感染

　　正常情况下，健康鸡是具有完整的防御体系的，足以抵抗大肠杆菌甚至某些强菌株的自然感染。绝大部分大肠杆菌的感染发病，主要原因是鸡体受到外界因素的刺激、诱导，如免疫抑制病和病毒病的发生，使机体的免疫系统受损；二重、三重甚至四重细菌病的混合感染；寄生虫的感染，毒素和营养不良，外在环境和内在生理环境的应激等因素，所导致机体本身的防御和抵抗力遭到破坏，增加大肠杆菌的继发、混合感染的概率。传染性疾病协同致大肠杆菌病的发生较常见，包括支原体、病毒和细菌。

　　大肠杆菌和吸入的空气一同直接到达气囊内定植、增殖，经过气囊炎发展成为败血症。鸡群的疾病几乎都是混合感染，必须在病理解剖过程中，抓住主要的元凶病变特征，例如新城疫、低致病性禽流感、传染性鼻炎等特有的病变，才能做出准确判断，实施最佳治疗方案，控制住病情，缩短病程，减少经济损失。

　　如霉形体和病原性较弱的病毒感染时，多呈现以大肠杆菌为首的各种微生物混合感染，因大肠杆菌的感染使其病情变坏的例子很多。冯国斌等列举了增加大肠杆菌发病的病原微生物，包括腺病毒、传染性贫血病毒、出血性肠炎病毒、传染性支气管炎病病毒、传染性法氏囊病毒、传染性喉气管炎病病毒、禽流感病毒、马立克氏病病毒、新城疫病毒、呼肠孤病毒、禽 J 亚群白血病病毒、网状内皮组织增生症病毒、鸡蛔虫、布氏艾美耳球虫、柔嫩艾美耳球虫、贝氏隐孢子虫、组织滴虫、禽波氏杆菌病、多杀性巴氏杆菌、空肠弯曲菌、产气荚膜梭状杆菌、鸡毒支原体、滑液囊支原体、副鸡嗜血杆菌、沙门氏菌、支原体、衣原体、副嗜血杆菌，引起呼吸道炎症，黏膜表面的生理性排除异物机能下降，助长了大肠杆菌在气管、肺及气囊中定居繁殖[40]。

一、支原体与大肠杆菌混合感染

　　鸡支原体病是鸡和火鸡的一种以呼吸道症状为主的接触性、慢性呼吸道病，由支原体所引起。寒冷的冬春季节或气候突变时多发生鸡支原体病。呼吸道及其黏膜炎症病理变化是鸡支原体病的主要症状。鸡毒支原体与大肠杆菌有很好的协同作用，大肠杆菌能促使鸡毒支原体的发病加剧，单独感染支原体鸡群中少有或没有死亡，如并发大肠杆菌感染，病情加重，出现较严重的呼吸道症状和气囊炎病变。王守君等于 2004 年报道了鸡西 2 个养鸡户饲养的 7000 羽新罗曼褐蛋鸡支原体和大肠杆菌混合感染病例[41]。9 日龄陆续出现呼吸道症状，恩诺沙星治疗 3 天未有好转，且有加重趋势，随后用庆大霉素联用卡那霉素 2 天，呼吸道症状有所缓解，但整群鸡并未完全好转，死亡率达 20%～30%。根据剖检变化和实验室检验结合发病情况及临床症状，确诊为支原体和大肠杆菌混合感染。用支原净 140 毫克/千克和强力霉素 400 毫克/千克，饮水，连饮 6 天；维他力 500 饮水，连饮 5 天，用绿威霸一号 301 饮水与喷雾交替消毒并隔离重症雏鸡，加强鸡舍通风、保温，尽量减少昼夜温差。用药第 3 天雏鸡呼吸道症状明显得到缓解，鸡群精神状况明显好转，采食量有所回升，第 6 天采食、饮水恢复正常。

二、新城疫混合大肠杆菌感染

新城疫是威胁我国养鸡业的主要传染病，近几年来大肠杆菌病与非典型新城疫的混合感染在养鸡场中广泛流行，鸡新城疫伴有大肠杆菌感染是目前制约养殖业发展的主要问题之一，肝周炎和心包炎是新城疫混合大肠杆菌感染发病鸡病理变化最明显的表现症状，易被误诊为单纯的大肠杆菌病，单纯使用抗菌药往往出现用药期临床症状有所减轻，但伴发零星死亡，随病程的延长死亡率增加的情况。因致病毒株的不同，新城疫表现的严重程度不同。新城疫病毒强毒感染破坏淋巴组织，法氏囊、胸腺和脾脏受害严重，造成严重的免疫抑制。同样，新城疫疫苗毒株单纯感染和混合感染均可诱发大肠杆菌病。

李圣菊等报道了泰安郊区某肉鸡场的 AA 肉鸡的非典型性新城疫与大肠杆菌混合感染的典型病例[42]。25 日龄 5000 只鸡出现精神萎靡、羽毛松乱、减食、呼吸困难、拉黄绿色稀粪等症状，死亡 15 只。根据对发病鸡群临床症状、病理变化以及直接涂片镜检、细菌分离培养、生化试验、药敏实验、抗体检测、鸡胚接种试验等一系列实验室诊断方法确诊为大肠杆菌和新城疫感染，该养殖场使用的新城疫免疫程序已有 5 年多时间，只在其开始养鸡的时候连续发生过 2 次新城疫，以后再也没有发生，说明该程序及免疫方式是适合该养殖场的。

李丙彦等综合分析了河南省荥阳地区一例非典型新城疫继发感染大肠杆菌病病例[43]。选用庆大霉素、复方新诺明、氟哌酸、红霉素、羧苄青霉素、先锋 V、青霉素 G、氯霉素、氨苄青霉素、丁胺卡那霉素作为分离菌株的药敏试验药物，大肠杆菌菌株对绝大多数药物有较大的耐药性，仅对庆大霉素、头孢氨苄、丁胺卡那霉素 3 种药物敏感。2015 年 8 月，蒋磊报道宿州市埇桥区某养鸡场引进育成蛋鸡 5200 余只[44]，鸡群健康状况良好，并按照疫苗规划进行了新城疫、传染性法氏囊炎、传支二联苗的常规免疫。但在 11 月底少数鸡只突然发病，3 天后，发病及死亡的病例开始增多，7 天内出现发病的鸡为 1476 只，发病率约为 28%，其中死亡 63 只，死亡率约为 12%，饲养员使用多种防治药物仍无法控制发病状况。其他鸡舍未出现发病现象，产蛋率无影响。通过观察临床症状、病理剖检、病毒和细菌分离等实验室诊断，与国标 GB 16550—1996 新城疫检疫规范所述极为相似，基本确诊为鸡新城疫并发大肠杆菌病。因此，制定科学的免疫程序是预防新城疫的主要措施，有条件的可以根据抗体的免疫监测情况及消长规律为设计科学的适合该鸡群的免疫程序提供了理论依据。

三、传染性喉气管炎病毒混合大肠杆菌感染

传染性喉气管炎是鸡的一种急性呼吸道疾病，气管黏膜和黏膜下层见淋巴细胞和浆细胞浸润，由传染性喉气管炎病毒引起，传染性喉气管炎常继发大肠杆菌感染，鸡气管的病理变化更加明显。于洋等报道了某养殖场饲养的蛋鸡传染性喉气管炎并发大肠杆菌病[45]：8月龄3000只蛋鸡突然发病，开始有呼噜声，第2天死亡22只，第3天死亡48只，用高效金刚烷胺等药物治疗不见效，继续死亡并逐渐增多，每天死亡60只左右。采集病死鸡肝脏、脾脏组织经革兰氏染色镜检、细菌分离、生化试验、新城疫HI检验、琼脂扩散试验和动物实验，诊断为鸡传染性喉气管炎并发大肠杆菌病。采用以下中西医方法结合治疗：①水中添加达氟沙星；②环丙沙星和病毒唑混饲饲料内；③添加清热解毒、解热镇静、祛痰平喘、止咳消炎的中药，将板蓝根、贝母、干草、连翘、金银花、射干、山豆根、蒲公英、血芷和菊花等均匀拌入饲料内，每天上午和下午两次集中喂服，连用3天；④为提高机体抗病力，可在饲料内添加多种维生素；⑤将病鸡喉头黏膜上的伪膜用小镊子剥离，然后将少许"喉症散"或"六神丸"粉吹向病灶，每天1次，连用3天即可，同时每天用绿威霸对鸡舍内外环境消毒1次，连续7天。通过采取以上综合性防制措施，病鸡食欲基本恢复正常，3天后临床症状消失，5天后鸡群基本恢复健康，产蛋率回升明显。2015年，张会峰报道泊头市某养鸡场7000只鸡传染性喉气管炎病毒和大肠杆菌的混合感染[46]：120日龄发病，病鸡出现食欲减少或废绝，呼吸困难，鸡冠发紫，有的流泪、肿脸，伸脖咳嗽，呼噜，有的"嗝嗝"怪叫，粪池内有绿色粪便，在嘴角和笼子上发现有带血的痰液，鸡群每天死亡7～10只，病程已有3天。取肝脏、脾脏和心脏等病变脏器，接种麦康凯琼脂、普通琼脂、血琼脂和伊红美蓝琼脂进行细菌的分离鉴定，根据形态学和生化特性确定为大肠杆菌。取病鸡的喉头气管以及血色黏液和干酪样物，组织研磨液接种于10日龄鸡胚的绒毛尿囊膜，鸡胚接种96小时后鸡胚开始陆续死亡，解剖发现，在绒毛尿囊膜上可以看到不透明的痘斑，从而确诊该鸡群所患病为鸡传染性喉气管炎病毒和大肠杆菌的混合感染。

四、传染性支气管炎病毒混合大肠杆菌感染

传染性支气管炎是鸡的一种急性呼吸道疾病，由传染性支气管炎病毒引起，气管后端及支气管和肺脏是传染性支气管炎早期的主要病变位，随着病程的延长，出现急性全身性败血症和卵黄性腹膜炎。传染性支气管炎病毒和大肠杆菌是严重危害养鸡业的2种传染病原。2011年5月，福州闽侯某养鸡场饲养的一批三黄鸡突然发病[47]，在32日龄时发现有个别鸡精神不佳，伴有呼吸困难症状，死亡300只鸡，3天后波及全群。采集病死鸡的肝脏组织，经血琼脂平板和麦康凯琼脂平板分离鉴定为大肠杆菌。随后按玻片凝集试验方法进行血清型鉴定。分离的大肠杆菌菌株只与单因子抗O78血清发生明显凝集，表明所

分离细菌的血清型为 O78 型大肠杆菌。同时采用鸡胚进行病毒分离鉴定，PCR 鉴定后确定病毒为传染性支气管炎病毒。因此，结合临床症状观察、病理剖检、病原分离鉴定确诊为传染性支气管炎病毒和 O78 型大肠杆菌混合感染。2015 年 6 月，河北某规模肉鸡场发生疫情[48]，2 周龄的雏鸡出现呼吸困难、咳嗽、喷嚏、排黄绿色稀便，鸡群发生大批死亡。根据流行病学、临床症状、组织抹片（心脏、肺脏、肝脏、气管、脾脏、肾脏、消化道、气管黏液、胸腔积液等，分离细菌可见革兰氏阴性短杆菌）、病理变化（"花斑肾"，腺胃肿大，心包膜混浊，肝脏表面有大量纤维素性渗出物，肾脏、肝脏、心脏及肺脏等有大量炎性细胞浸润和红细胞渗出）及传染性支气管炎病毒 PCR 扩增等，初步诊断为鸡传染性支气管炎病毒和大肠杆菌混合感染。雏鸡的动物致病性实验说明该大肠杆菌分离株具有致病性。O78 因子血清试管凝集试验证实分离得到的大肠杆菌菌株血清型为 O78。药敏试验结果显示，分离大肠杆菌株对呋喃唑酮、丁胺卡那霉素和头孢曲松等药物高度敏感；对氨苄西林、红霉素、氯霉素、头孢噻肟、新霉素、四环素、万古霉素、青霉素等药物产生了极强的耐药性，而对米诺环素、头孢他啶、头孢哌酮、庆大霉素和强力霉素不敏感或中度敏感。

五、球虫与大肠杆菌混合感染

衡江鸿等报道了承德县养殖户李某在自家池塘附近围栏圈场饲养的白羽肉鸡出现了球虫病与大肠杆菌病混合感染的情况[49]，4000 只 AA 白羽肉鸡 35 日龄时发现有几只鸡离群呆立，缩脖趴卧，不愿行走，腹泻，排出混血稀便。经过诊断，根据养殖户的描述以及对鸡场的饲养环境、发病鸡以及附近养禽户进行了全面调查，并对死亡鸡只的临床症状和剖检变化以及实验室的细菌分离和寄生虫分离，结合流行病学等综合分析表明该鸡群发生球虫与大肠杆菌混合感染。对鸡群采取了隔离饲养、消毒和用药等综合性的防治措施，球虫和大肠杆菌同时用药，球痢灵按 0.025％溶液饮水，配合甲硝唑饮水，加氟苯尼考及禽用多种维生素、微量元素拌料饲喂，3 天后鸡群症状减轻，5 天后鸡群病情得到了有效控制。

六、维生素 E 缺乏症并发大肠杆菌

种鸡缺乏维生素 E 一般不表现明显症状，仍继续产蛋，产蛋率也基本正常，但是种蛋的受精率和孵化率较低，孵化时胚胎多为弱胚，所孵出的雏鸡抵抗力差，死亡较多。可见种鸡缺乏维生素 E 而导致了雏鸡的维生素 E 缺乏。脑软化、渗出性素质是雏鸡维生素 E 缺乏症的主要病理变化。2007 年 9 月，张晓剑等报道江苏某养殖场饲养的海兰褐父母代种鸡维生素 E 缺乏并发大肠杆菌感染病例[50]。4000 只 210 日龄海兰褐父母代种鸡所产种蛋的受精率和孵化率下降，3 日龄内雏鸡大量死亡，共死亡 450 只。送检的 20 只病死雏鸡的主要特征是头颈部、胸前、腹下等部位皮下有淡黄色或淡绿色胶冻样渗出。通过现场观察询问、病史和流行病学调查、主要临床症状和剖检病变以及细菌分离和染色镜检、生化试验、药敏试验、病毒学检查等实验室检查综合诊断该养殖场雏鸡死亡的原因为维生素 E 缺乏和大肠杆菌感染。配制全价日粮饲料饲喂鸡群是维生素 E 缺乏症预防的主要措施。

分离的大肠杆菌对阿莫西林、氨苄青霉素、头孢呋肟、羧苄青霉素、青霉素、头孢拉定、头孢噻吩、克林霉素和红霉素不敏感，但对痢特灵和新霉素高度敏感，对阿米卡星、氧氟沙星、恩诺沙星和左氧沙星中度敏感。

七、新城疫与大肠杆菌、支原体混合感染

兽医临床上，新城疫与大肠杆菌、支原体病混合感染并不少见，有的主因是新城疫，继发大肠杆菌、支原体病；有的是因大肠杆菌、支原体病久治不愈，而导致机体免疫力、抵抗力下降而诱发新城疫。因此，新城疫与大肠杆菌、支原体混合感染的发病原因多种多样，诱因也不同，治疗效果也不同。徐尚彬报道了河北沙河市王某饲养10500只36日龄海兰灰蛋鸡发生新城疫与大肠杆菌、支原体病混合感染[51]。大群精神正常，最近3～4天零星出现咳嗽和甩鼻等呼吸道症状，粪便略发干。用泰乐菌素治疗4天仍不见好转。根据发病情况、临床症状、剖检变化，可诊断为新城疫与大肠杆菌、支原体病混合感染。使用治疗大肠杆菌、支原体的药物，如恩诺沙星，连用3天，使鸡群的病情很快得到了控制。

八、H9亚型禽流感病毒混合大肠杆菌感染

禽流感病毒与大肠杆菌的混合感染在禽类中广泛存在，可引起大肠杆菌病的加重，尤其是禽流感病毒、支原体和大肠杆菌病混合感染时引起严重的急性大肠杆菌病，导致较高的死亡率。鸡大肠杆菌和H9亚型禽流感病毒混合感染造成不同的死亡率和生产性能下降，致病机理可能是在鸡体内低致病性禽流感病毒（H9）与禽致病性大肠杆菌之间有协同作用，低致病性禽流感病毒H9可以对易感鸡的呼吸道造成损伤，有利于大肠杆菌侵入；还可能与大肠杆菌产生某些蛋白酶，使病毒的血凝素结构发生改变有关。因此，低致病性禽流感病毒常引起的原发感染使得禽类更容易发生大肠杆菌继发感染，导致更严重的经济损失。2014年1月，谭红云等报道了南省建水县某蛋鸡养殖场发生一起大肠杆菌和H9亚型禽流感病毒混合感染的病例[52]，20000羽40周龄京粉蛋鸡以产蛋下降、呼吸困难和急性死亡为特征，剖检表现为肝周炎、气囊炎、卵黄性腹膜炎、支气管黏膜出血、支气管被淡黄色干酪样物质堵塞。剖检采集病死鸡肝脏组织作为细菌分离的材料，经普通营养琼脂、麦康凯琼脂培养基和细菌微量生化反应管进行细菌的分离与鉴定，结果分离得到6株大肠杆菌。禽大肠杆菌标准O因子血清凝集的血清学试验结果显示，分离菌株血清型为O78、O88。采集病死鸡气管、支气管、肺脏作为病毒分离的材料，经绒毛尿囊腔接种10日龄无特定病原的鸡胚，分离得到1株病毒，鸡胚尿囊液HA效价为$8log2～10log2$。血凝抑制试验结果显示，分离病毒的血凝特性能被H9亚型禽流感标准阳性血清所抑制，表明从病料中分离出了H9亚型禽流感病毒。因此，根据发病特点、临床症状、剖检变化、实验室检测综合分析诊断为大肠杆菌与H9亚型禽流感病毒的混合感染。

九、大肠杆菌混合沙门氏菌感染

大肠杆菌病和沙门氏菌病是家禽比较常见的细菌性疾病，临床上大肠杆菌或沙门氏菌

单一感染比较常见，但近年来大肠杆菌混合沙门氏菌感染的病例呈上升趋势。大肠杆菌混合沙门氏菌感染的治疗过程中用药难度较大，发病鸡的死亡率较高，往往会对养鸡业造成一定的经济损失。白春杨报道了一例哈尔滨市双城区某养鸡场饲养蛋鸡大肠杆菌混合沙门氏菌感染的病例[53]，20万羽蛋鸡正处于产蛋高峰期，一周前鸡群开始出现精神沉郁、采食量减退、产蛋率下降、拉稀、粪便呈黄绿色或黄白色，最近三天开始出现鸡死亡现象，发病率为40％，死亡率为0.5％。发病初期饲养员采用氧氟沙星0.02％比例饮水治疗，效果不明显。无菌采集病死蛋鸡肝脏经麦康凯琼脂平板培养基和生化试验鉴定，结合临床表现和病理变化，诊断为大肠杆菌和沙门氏菌的混合感染。张俊等发现一例蛋鸡沙门氏菌与大肠杆菌混合感染病例[54]。病鸡表现为病初腹泻，粪便淡黄或黄白稀薄，有时为绿色。蛋鸡感染大肠杆菌混合沙门氏菌后，表现为羽毛蓬松，采食下降，逐渐消瘦。用药后粪便转干，停药后复发。大肠杆菌混合沙门氏菌感染的病程为3~7天，病鸡死前卧地不起。取新鲜病死鸡的心脏、肝脏和脾脏等组织抹片镜检和SS琼脂进行细菌分离，结合病理剖检判定为大肠杆菌与沙门氏杆菌混合感染。

十、大肠杆菌与葡萄球菌混合感染

鸡葡萄球菌病的主要临床表现为雏鸡脐炎、中雏鸡皮肤坏死和急性败血症、成年鸡骨膜炎和关节炎等。葡萄球菌可经伤口及昆虫叮咬感染鸡群，鸡葡萄球菌病的死淘率一般在3％以上，但严重者可超过10％。鸡致病性葡萄球菌可抑制和破坏鸡免疫器官的发育和功能。致病性葡萄球菌病鸡极易暴发鸡痘、马立克氏病、鸡大肠杆菌病等其他禽类疾病。腹泻、嗜睡、精神状态不佳、关节肿大等是鸡群出现大肠杆菌和葡萄球菌混合感染的主要临床表现，可导致鸡成批死亡，对养鸡场造成巨大的经济损失。陈绍品等对贵州某大型鸡场送检的4只病鸡经血平板培养、革兰氏染色镜检、生化试验、16S rDNA分子序列进行细菌分离鉴定[55]，成功分离到了2株菌落形态不一的菌株，分别为革兰氏阴性杆菌与阳性球菌，根据分离地点和时间将其分别命名为GZHX2016-1和GZHX2016-2。GZHX2016-1分离菌株能利用葡萄糖发酵、赖氨酸脱羧酶、鸟氨酸、乳糖、卫矛醇，试验为阳性；不能利用葡萄糖磷酸盐蛋白胨水、靛基质、尿素、枸橼酸盐，试验为阴性。GZHX2016-2分离菌株能利用尿素、精水、乳糖、甘露糖、蕈糖、甘露醇、果糖，试验为阳性；不能利用蔗糖、木糖、木糖醇、麦芽糖、N-乙酰葡糖胺、蜜二糖、VP、山梨醇，试验为阴性。采用纸片法分析分离菌株对卡那霉素、四环素、庆大霉素、头孢噻肟、青霉素、氧氟沙星、两性霉素B、痢特灵的药敏情况。结果显示，大肠杆菌GZHX2016-1具有多重耐药性，对卡那霉素、四环素、青霉素、氧氟沙星、两性霉素B、庆大霉素、头孢噻肟、痢特灵均耐药。葡萄球菌GZHX2016-2对多种常用抗生素耐药，对氧氟沙星、卡那霉素、四环素、庆大霉素耐药，对头孢噻肟、青霉素、痢特灵中度敏感，对两性霉素B敏感。目的条带测序得到GZHX2016-1菌株与GZHX2016-2菌株16S rDNA大小分别为945bp和946bp。GZHX2016-1菌株的16S rDNA与大肠杆菌（GenBank登录号：CP007442.1、CP014667、KT156725等）同源性达99.5％，GZHX2016-2菌株与葡萄球菌（GenBank登录号：HM140412.1、AM944030.1、KM877513.1等）同源性达97.9％。小鼠体内接种GZHX2016-1与GZHX2016-2两株菌株对小鼠都有致病性，GZHX2016-1和GZHX2016-2

菌株对小鼠的最小致死量分别为 1.12×10^8 CFU 和 3.20×10^7 CFU，且从病死小鼠和 10 天处死小鼠肝脏分离到了感染细菌。该鸡场鸡群存在大肠杆菌与葡萄球菌混合感染的情况，且该鸡场感染细菌对氧氟沙星、卡那霉素、四环素等多种抗生素耐药，因此，在养鸡过程中应采取有效措施控制细菌在鸡群中的污染，限制抗生素的使用以减少细菌耐药性的产生，从而保障鸡肉和鸡肉制品的食品安全。

十一、传染性法氏囊病混合大肠杆菌病

传染性法氏囊病病毒侵入鸡体后，先在肠道巨噬细胞和淋巴细胞中增生，然后入血进入肝脏和法氏囊，并在法氏囊定居繁殖。法氏囊中 B 淋巴细胞是传染性法氏囊病毒的主要靶细胞。传染性法氏囊病毒破坏鸡的 B 细胞，引起法氏囊萎缩，抑制抗体产生，从而导致机体体液免疫失败。传染性法氏囊病毒的临床和亚临床感染引发的免疫抑制是继发感染大肠杆菌性呼吸道疾病的主要因素。传染性法氏囊病毒影响宿主细胞和体液免疫应答，从而增加宿主对大肠杆菌的易感性。传染性法氏囊病与鸡肠杆菌病相互感染会导致病鸡的内脏产生严重的病变，引发肝周炎、气囊炎、关节滑膜炎以及纤维素性心包炎等炎症，而且在传染性法氏囊病的基础上感染的鸡大肠杆菌后可加重病鸡症状，从而提高病鸡的发病率和死亡率[56]。从开始养殖到发病时间隔只有 10 天，而且首先是 1 只鸡开始发病，出现闭目打盹、嗜睡、两翅下垂、拥挤聚堆、极度怕冷、羽毛蓬乱逆立、饮水量增加、拉水样稀粪并粘连在肛门周围羽毛上等症状。其他鸡群随后开始出现病症，并且疾病传染性特别强。大概在 2～3 周后鸡群开始出现死亡。鸡皮下肌肉干涩，脱水严重，心包积液，心外膜增厚。肝脏肿大、输尿管内有大量的尿酸盐沉积；出现花斑样肾和尿酸盐沉积，肾脏肿胀，气囊厚且混浊，盲肠扁桃体肿大出血，腺胃与肌胃交界处有刷状出血，腿部肌肉、胸肌有出血斑或出血点。法氏囊的病变是传染性法氏囊病的主要特征性病变，法氏囊呈黄色胶冻状样出血肿大[57]。

十二、马立克病混合大肠杆菌病感染

马立克病是鸡常见的一种淋巴组织增生性肿瘤病，其特征为法氏囊、胸腺萎缩以及骨髓和各内脏器官的变性损害。马立克病出现外周神经淋巴样细胞浸润和增大，引起肢（翅）麻痹，以及性腺、虹膜、各种脏器、肌肉和皮肤肿瘤病灶。马立克病是商品蛋鸡中较常见的免疫抑制病，感染后大大增加了对大肠杆菌病的易感性。

十三、网状内皮组织增生症继发大肠杆菌病

网状内皮增生病是由网状内皮组织增生症病毒引起的一种传染病。免疫抑制是网状内皮组织增生症的早期感染特征。接种了被网状内皮组织增生症病毒污染的活疫苗也可引发免疫抑制。崔治中研究表明，在 1 日龄时感染了网状内皮组织增生症病毒，不需要接种大肠杆菌就能一定比例地发生"心包""肝包"，并从中分离到了大肠杆菌和沙门氏菌，这也证明了感染网状内皮组织增生症病毒免疫抑制病后，可直接诱发继发大肠杆菌病。

十四、鸡 J 亚群白血病继发大肠杆菌感染

鸡 J 亚群白血病感染可引起鸡的肿瘤病，主要发病于 18～25 周龄前后的肉用型鸡群。鸡 J 亚群白血病还可造成鸡群明显的生长迟缓，特别严重的可引起鸡群中枢性免疫器官胸腺和法氏囊萎缩，从而引发免疫抑制，进一步提高了继发大肠杆菌病的易感性。

十五、鸡传染性贫血继发大肠杆菌感染

鸡传染性贫血主要导致再生障碍性贫血、全身淋巴组织萎缩，造成免疫抑制，可引起继发大肠杆菌感染。鸡传染性贫血和传染性法氏囊病毒同时感染时，会加重骨髓和胸腺细胞的破坏，导致继发大肠杆菌病等细菌病的发生。鸡传染性贫血和网状内皮组织增生症病毒具有协同致病作用，可引起更为严重的免疫抑制，易继发大肠杆菌感染造成严重的发病和死亡。杨德全等调查了浦东某鸡场三黄肉鸡发生疑似鸡传染性贫血的病因[58]，三黄肉鸡 30 日龄发病，鸡表现精神委顿、食欲不振、消瘦、发育迟缓、羽毛蓬松、贫血，皮肤黏膜、肉冠苍白，全身可见点状出血，死淘率高达 70%。病鸡肌肉苍白，贫血，血液稀薄，不易凝固。采集鸡群相应病料，经 Columbia 羊血琼脂平板、康凯琼脂、伊红美蓝琼脂、三糖铁琼脂、SS 琼脂和 ITEK-32 全自动细菌鉴定仪等进行细菌分离鉴定，确定有大肠杆菌感染。对病料进行鸡传染性贫血病毒的 PCR 检测，3 份病料接种鸡胚，收获的尿囊液 PCR 检测均为鸡传染性贫血病毒阳性。药敏试验显示，分离的大肠杆菌对头孢噻呋、大观霉素敏感，对庆大霉素表现为中度敏感，对阿米卡星、阿莫西林、氨苄西林、恩诺沙星、氯霉素、氧氟沙星、卡那霉素、强力霉素、新霉素、诺氟沙星、环丙沙星、头孢他啶和磺胺甲氧嘧啶等 13 种药物均表现出一定的耐药。

十六、呼肠孤病毒病继发大肠杆菌感染

雏鸡先感染呼肠孤病毒明显增强对大肠杆菌的易感性。呼肠孤病毒和大肠杆菌等病原共同感染可引发吸收障碍综合征。

主要参考文献

[1] 苏玉贤，赵拥军，卫怀德等.雏鸡大肠杆菌病的诊治 [J].中国家禽，2002，24（14）：14.

[2] 许兰菊，张书松，潘学营等.河南省部分地区鸡源致病性大肠杆菌生物学特性的研究 [J].中国家禽，2004，26（11）：14～16.

[3] 卢晓辉，李祥瑞，孙清莲等.河南省部分地区鸡源大肠杆菌分离及其生物学特性 [J].畜牧与兽医，2009，41（2）：69～72.

[4] 黄宗梅，陈红英，崔沛等.60 株大肠杆菌的分离与致病性鉴定 [J].中国畜牧兽医，2011，38（5）：217～219.

[5] 常照锋，李小康，王臣等.雏鸡大肠杆菌病的病原分离鉴定 [J].畜牧与兽医，2014，46（2）：91～93.

[6] 郭浩.10 株禽源大肠杆菌的分离鉴定和耐药性分析 [J].畜禽业，2018，9：124.

[7] 石玉祥，王绥华，张永英等.规模化鸡场空气致病性大肠杆菌的分离鉴定及耐药性观察 [J].河南农业科学，2014，43（2）：126～128.

[8] 卢国民，韩明宝，陈书文等.12株雏鸡大肠杆菌的分离鉴定及药敏试验 [J].兽医导刊，2017，10：205.

[9] 左玉柱，范京惠，赵国先等.保定市鸡源致病性大肠杆菌的流行病学及药敏试验 [J].畜牧与兽，2010，42（6）：84～86.

[10] 张召兴.复方中草药超微粉防治鸡致病性大肠杆菌病的研究 [D].秦皇岛：河北科技师范学院，2017.

[11] 徐旺烨，樊琛，乔薪瑗等.34株鸡大肠杆菌的分离鉴定及致病力分析 [J].中国动物传染病学报，2016，24（4）：41～47.

[12] 张莉平，王春民，张西雷.规模化鸡场大肠杆菌的分离鉴定及耐药性监测 [J].家畜生态学报，2006，27（1）：73～76.

[13] 齐凤云，孙少丽.滨州地区鸡大肠杆菌的分离鉴定及药敏试验 [J].山东畜牧兽医，2012，33：4-6.

[14] 李贵萧，高霞，李碚等.活禽市场鸡源大肠杆菌的分离与鉴定 [J].湖北农业科学，2016，55（2）：428～429.

[15] 贡嘎，益西措姆，扎西拉姆等.藏鸡大肠杆菌分离鉴定及耐药性研究 [J].中国畜牧兽医文摘，2016，32（7）：55～56.

[16] 李先磊，吕点点，刘立超等.湖南省岳阳市鸡源性大肠杆菌血清型鉴定 [J].安徽农业科学，2009，37（26）：12574，12591.

[17] 魏麟，黎晓英，刘胜贵等.湖南西部地区鸡大肠杆菌血清型分布及耐药性分析 [J].安徽农业科学，2009，37（28）：13615～13617.

[18] 李娜，张保平，王文彬等.常德地区鸡场致病性大肠杆菌血清型鉴定 [J].江苏农业科学，2014，42（6）：171～172.

[19] 黄超，吴海斌，杨娟等.大肠杆菌病患鸡肝、脾结构的病理学研究 [J].畜牧与饲料科学，2016，37（6～7）：134～136.

[20] 刘明生，甘辉群，陆桂平等.海安县鸡大肠杆菌病病原的分离鉴定及多价灭活苗防治效果 [J].江苏农业科学，2010，6：365～366.

[21] 张金玉，周兴忠.蛋鸡场大肠杆菌病防治效果分析 [J].中国家禽，2015，37（21）：77～78.

[22] 韩梅英，刘国华.蛋鸡肿头型大肠杆菌病1例 [J].畜牧与兽医，2002，34（4）：29.

[23] 周斌，杜俊成.蛋鸡致病性大肠杆菌的分离与药敏试验 [J].四川畜牧兽医，2010，9：26～27.

[24] 韩梅英，刘国华.蛋鸡肿头型大肠杆菌病1例 [J].畜牧与兽医，2002，34（4）：29.

[25] 王亮，罗莉宁.甘肃省鸡大肠杆菌病血清型调查及药敏试验 [J].国外畜牧学——猪与禽，2013，194（5）：69～70.

[26] 陈鲜花，李跃龙，张健骓等.广东鸡致病性大肠杆菌对氟喹诺酮类药物的敏感性分析 [J].中国兽药杂志，2004，38（11）：10～12.

[27] 申子平，董载勇.贵州省部分地区鸡源大肠杆菌血清型鉴定及药敏试验 [J].湖南畜牧兽医，2018，207（5）：20～22.

[28] 丁红雷，王豪举，杨红军等.鸡大肠杆菌病病原的分离鉴定 [J].动物医学进展，2005，26（8）：111～113.

[29] 文英.鸡大肠杆菌病病原的分离与鉴定 [J].畜牧业，2007，215：8～9.

[30] 王敏霞，郑明学，王彦辉.鸡大肠杆菌病的病原分离鉴定与药敏试验 [J].畜牧业，2007，219：11～12.

[31] 李沐森.吉林城区鸡致病性大肠杆菌的分离鉴定 [J].畜牧与兽医，2009，41（1）：72～73.

[32] 李海花，白朋勋，张莉等.天津4种特色引进家禽大肠埃希菌的分离鉴定及药敏试验 [J].动物医学进展，2016，37（8）：112～115.

[33] 李玉文，李惠兰，张鹏等.辽宁省禽大肠杆菌血清型分布与大肠杆菌病防治措施研究 [J].中国家禽，2008，30（4）：22～24.

[34] 陆新浩，陈秋英，刘鸿等.近三年宁波及周边县市禽病发生与流行规律的调查 [C].中国畜牧兽医学会会议论文集，北京，2012：189～190.

[35] 吴海港，张文建，王春梅.皖北地区鸡致病性大肠杆菌的分离鉴定及药敏实验 [J].中国饲料，2011，1：11～12.

[36] 陶勇，王红宁，刘亮亮.四川规模化鸡场鸡致病性 E. coli 血清型、耐药性和质粒图谱的研究 [J].中国兽药杂志，2001，35（4）：9～13.

[37] 黄建文，高云英.陕西某种鸡场大肠埃希菌血清型调查及灭活苗研制 [J].动物医学进展，2006，27（4）：

80～83.

[38] 方武，周维武，周晓利等.内蒙古部分地区肉仔鸡致病性大肠杆菌生物学特性的研究［J］.内蒙古农业大学学报，2001，22（2）：86～89.

[39] 杨立军，韩先干，尹会方等.福建省龙岩市禽致病性大肠杆菌的血清型、毒力因子及耐药研究［J］.中国动物传染病学报，2016，24（6）：24～29.

[40] 冯国斌，朱路路，宋东升等.规模化养鸡场蛋鸡大肠杆菌病的诊断及防控措施［J］.兽医导刊，2016，12：98～101.

[41] 王守君，单艳君，温学静等.雏鸡支原体与大肠杆菌混合感染的诊治［J］.黑龙江畜牧兽医，2004，3：57.

[42] 李圣菊，张彬，徐长海等.非典型性新城疫与大肠杆菌混合感染的诊治［J］.中国兽药杂志，2006，40（10）：52～54.

[43] 李丙彦，牛新河，王磊等.非典型新城疫继发感染大肠杆菌病病例分析［J］.中国畜牧兽医，2010，37（3）：215～217.

[44] 蒋磊.例鸡新城疫并发大肠杆菌病的诊治［J］.养殖与饲料，2016，12：71～72.

[45] 于洋，李敬双.鸡传染性喉气管炎并发大肠杆菌病的诊治［J］.中国畜牧兽医，2007，34（7）：109～110.

[46] 张会峰.1起鸡传染性喉气管炎病毒和大肠杆菌混合感染的诊治［J］.畜牧与兽医，2016，06：148.

[47] 陈珍，施少华，林廷等.传染性支气管炎病毒和大肠杆菌混合感染三黄鸡的诊断［J］.中国畜牧兽医，2013，40（1）：196～198.

[48] 张东超，林静，杨宁宁等.鸡传染性支气管炎继发感染大肠杆菌病的鉴别诊断［J］.中国家禽，2016，38（2）：56～59.

[49] 衡江鸿，李桂平，耿慧娟.白羽肉鸡球虫与大肠杆菌混合感染的诊治［J］.中国家禽，2013，35（5）：49～51.

[50] 张晓剑，黄维嘉，周守长等.雏鸡VE缺乏症并发大肠杆菌感染的诊治［J］.中国家禽，2008，30（14）：49～50.

[51] 徐尚彬.雏鸡新城疫与大肠杆菌、支原体混合感染的诊治［J］.北方牧业，2018，18：21～22.

[52] 谭红云，张汝，常志顺等.蛋鸡大肠杆菌和H9亚型禽流感病毒混合感染的诊治［J］.云南畜牧兽医，2014，4：8～9.

[53] 白春杨.鸡大肠杆菌与沙门氏菌混合感染的诊疗措施.国外畜牧学——猪与禽.2016，36（5）：88～89.

[54] 张俊，吴继峰，陈晓祥.蛋鸡沙门氏菌与大肠杆菌混合感染诊治［J］.兽医临床科学，2018，11：142～143.

[55] 陈绍品，温贵兰，张升波.贵州某鸡场大肠杆菌与葡萄球菌混合感染病原的分离鉴定［J］.中国畜牧兽医，2017，44（5）：1468～1476.

[56] 庞玉荣，丁勇.鸡传染性法氏囊炎病毒与大肠杆菌混合感染的诊治［J］.养殖与饲料，2017，5：87～88.

[57] 邱文全.鸡传染性法氏囊病与大肠杆菌病混合感染的治疗对策［J］.畜牧兽医科学，2018，10：109～110.

[58] 杨德全，王建，沈莉萍等.鸡传染性贫血病毒与大肠杆菌混合感染的诊治［J］.畜牧与兽医，2015，47（10）：112～113.

第三章
动物大肠杆菌的耐药性

⊙ 第一节 药敏试验

抗生素、磺胺类药物、喹诺酮类药物、呋喃类药物和中草药等各类抗菌药物均在畜禽类传染病的临床治疗中发挥着极其重要的作用。但是，如果抗菌药物应用不当，不仅可产生耐药菌株，而且会干扰机体内肠道正常菌群的有益作用，给机体带来种种不良影响。因此，通过药敏试验来检测细菌对抗菌药物的敏感性，以选择临床上最有效的药物进行治疗疾病，对于防治畜禽病、减少无效药物的应用均具有非常重要的实践意义。

纸片法、试管法和挖洞法等是常用的药敏试验方法，现分别介绍如下。

一、纸片法

纸片法是将含有药物的纸片置于已接种待测菌的固体培养基上，抗菌药物通过向培养基内的扩散，抑制敏感菌的生长，从而出现抑菌环（图3-1）。由于药物扩散的距离越远，达到该距离的药物浓度越低，故可根据抑菌环的大小，判断细菌对测试药物的敏感度。纸片法是生产中最常应用的药敏试验，它操作简便，容易掌握，但纸片法只用于定性。

（1）试验材料
① 普通琼脂培养基或特殊培养基。

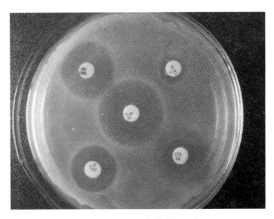

图 3-1　纸片法药敏试验

② 药敏纸片　各类药敏纸片可由市场购买或自制（表 3-1）。

③ 简易药敏纸片的制备

a. 滤纸片　选定性滤纸，用打孔机打成直径为 6 毫米的小圆纸片，根据需要将所需纸片装入小瓶内，瓶口用棉塞塞紧或用牛皮纸包扎。高压灭菌后，置 37℃ 温箱中数天，使其完全干燥。

表 3-1　常用药敏纸片的制备及含药浓度

药物	剂型	制备方法	药液浓度/（微克/毫升）	纸片含量/微克
青霉素	注射用粉剂	20 毫克加 pH 6.0 的磷酸盐缓冲液 10 毫升	2000	20
	注射用粉剂	20 毫克加 pH 7.8 的磷酸盐缓冲液 8 毫升		
氯霉素	注射用粉剂	以 pH 6.0 的磷酸盐缓冲液稀释	2500	25
	口服粉剂	20 毫克加水 20 毫升溶解	1000	10
土霉素	口服粉剂或片剂	25 毫克 2.5 摩尔盐酸 15 毫升溶解后，以水稀释	1000	10
四环素	注射用粉剂	以生理盐水稀释	1000	10
新霉素	口服片剂	以 pH 8.2 的磷酸盐缓冲液解后，以水稀释	1000	10
红霉素	注射用粉剂	以水溶解，pH 7.8 的磷酸盐缓冲液稀释	1000	10
金霉素	口服粉剂	以 pH 3.0 溶解后，以 pH6.0 磷酸盐缓冲液稀释	1000	10
卡那霉素	注射用针剂	以 pH 7.8 的磷酸盐缓冲液稀释	3000	30
庆大霉素	注射用针剂	以 pH 7.8 的磷酸盐缓冲液稀释	1000	10
痢特灵	片剂	以二甲基甲酰胺或丙酮溶解，以 pH 6.0 磷酸盐缓冲液稀释	10000	100
磺胺嘧啶钠	粉剂或针剂	以水稀释	10000	100
磺胺二甲基嘧啶	针剂	以水稀释	10000	100
磺胺 5-甲氧嘧啶	片剂	100 毫克加盐酸 1 毫升溶解后以 pH 6.0 磷酸盐缓冲液稀释	10000	100
环丙沙星	2.5%针剂或口服剂	以水稀释 100 倍	250	2.5
恩诺沙星	2.5%针剂或口服剂	以水稀释 100 倍	250	2.5

b. 药液的配制　常用药物的配制方法及所用的浓度见表 3-1。

c. 含药纸片的制备　将灭菌滤纸片装入无菌小青霉素瓶内，以每张滤纸片饱和吸水量 0.01 毫升计，每 50 张滤纸片需加药液 0.5 毫升，翻动纸片使其充分浸透药液。然后将滤纸片摊于 37℃ 温箱中烘干，或者将瓶放入加有干燥剂的玻璃真空干燥器内，以真空泵抽气，使瓶内纸片迅速干燥，干燥后的纸片，应立即装入无菌小青霉素瓶内加塞，置干燥器内或 -20℃ 冰箱保存备用。

④ 被试细菌　从待检病料中分离出细菌作为被试细菌菌株。

（2）试验方法

① 用灭菌接种环挑取待试细菌的纯培养物，以划线接种方式将挑取的细菌涂布到普

通琼脂平板上或其他特殊培养基平板上（越密越好，且浓度要均匀），37℃培养 16～18 小时。或者挑取待试细菌于少量灭菌生理盐水中制成细菌混悬液，混匀后与菌液比浊管比浊。以有黑字的白纸为背景，调整浊度与比浊管（0.5 麦氏单位）相同。

② 用灭菌棉拭子蘸取菌液涂布到培养基平板上，在管壁上挤压去掉多余菌液。用棉拭子涂布整个水解酪蛋白培养基表面，反复几次，尽可能涂布得致密而均匀，每次将平板旋转 60°，最后沿周边绕两圈，保证涂均匀。

③ 待平板上的水分被琼脂完全吸收后再贴纸片。用尖头镊子，镊取已制备好的各种药敏纸片分别密贴到上述已接种好细菌的培养基表面。为了使药敏试片与培养基表面密贴。可用镊子轻轻按压纸片。一个直径 90 毫米的平皿可贴 5～6 个药敏纸片，每张纸片间距不少于 24 毫米，纸片中心距平皿边缘不少于 15 毫米，纸片一贴就不可再拿起。每个药敏纸片上应有标记，或每贴一种纸片后，在平皿底背面标记上其药物种类。在菌接种后 15 分钟内贴完纸片。

④ 将贴好药敏纸片的平皿底部朝下，孵育 18～24 小时后取出，用游标卡尺测量抑菌圈直径，从平板背面测量最接近的整数毫米数并记录。抑菌环的边缘以肉眼见不到细菌明显生长为限。

⑤ 每次药敏试验必须用 ATCC 25922 大肠杆菌做质控。只有当质控菌株的抑菌圈直径在允许范围内，测试菌株的结果才可以报告。

0.5 麦氏比浊管配制方法如下：

0.048 摩尔/升　　　　$BaCl_2$(1.17 毫克/100 毫升　　$BaCl_2 \cdot 2H_2O$)　　　　0.5 毫升
0.36 摩尔/升　　　　H_2SO_4(1%，体积分数)　　　　　　　　　　　　99.5 毫升

将二液混合，置螺口试管中，放室温暗处保存。用前混匀。有效期为 6 个月。

（3）注意事项

① 制备水解酪蛋白琼脂平板应用直径 90 毫米平皿，在水平的实验台上倾注。琼脂厚为（4±0.5）毫米（约 25～30 毫升培养基），琼脂凝固后塑料包装放 4℃保存，在 5 日内用完，使用前应在 37℃培养箱烤干平皿表面水滴。倾注平皿前应用 pH 计测 pH 值是否正确（pH 应为 7.3）。pH 过低会导致氨基糖苷类、大环内酯类失效，而青霉素活力增强。

② 药敏纸片长期储存应于－20℃，日常使用的小量纸片可放在 4℃下，但应置于含干燥剂的密封容器内。使用时从低温中取出后，放置平衡到室温后才可打开，用完后应立即将纸片放回冰箱内的密封容器内。过期纸片不能使用，应弃去。

③ 不稳定药物如亚胺培南、头孢克洛、克拉维酸复合药等，应冷冻保存，最好在－40℃以下。

④ 保证质控菌株不变异的简便方法：将新得到的冻干菌株接种含血的水解酪蛋白平板复活，然后每株细菌接种 10 支高层琼脂管，放置于冰箱保存。每月取出一支，传出细菌供常规用。待用剩至最后一支，可传种在水解酪蛋白平板上，再接种一批高层琼脂管备用。如此可保证原始菌种永不接触抗生素。

（4）质量控制　质量控制方法是用与常规实验相同的操作方法，测定质控菌株的抑菌环。应使用新鲜传代的菌种。接种菌液的涂布方法等均同常规操作，测定的抗生素种类也应与常规测定的种类相同。

（5）观察结果与判定标准

① 经培养后，凡对被试细菌有抑制作用的药物，在其纸片周围出现一个无菌生长区，称为抑菌圈（环）。可用直尺测量抑菌圈的大小，抑菌圈越大，说明该药物对被试菌的抑制杀灭作用越强，反之越弱。若无抑菌圈，则说明该菌对此药具有较强的耐药性。

② 判定结果时，应按抑菌圈直径大小作为判定敏感度高低的标准。一般常用药物对细菌的敏感度高低标准见表 3-2。

③ 经药敏试验后，应首先选择高敏药物进行治疗，也可选用两种药物协助应用，以提高疗效，减少耐药菌株的产生。

表 3-2　药敏试验（纸片法）判定标准

抗生素	纸片含量	抑菌环直径		
		敏感	中度敏感	耐药
青霉素类				
氨苄西林	10 微克	≥17	14～16	≤13
哌拉西林	100 微克	≥21	18～20	≤17
美西林	10 微克	≥15	12～14	≤11
羧苄西林	100 微克	≥23	20～22	≤19
美洛西林	75 微克	≥21	18～20	≤17
替卡西林	75 微克	≥20	15～19	≤14
β-内酰胺/β-内酸胺酶抑制剂复合物				
阿莫西林/克拉维酸	20 或 10 微克	≥18	14～17	≤13
氨苄西林/舒巴坦	10 或 10 微克	≥15	12～14	≤11
哌拉西林/他唑巴坦	100 或 10 微克	≥21	18～20	≤17
替卡西林/克拉维酸	75 或 10 微克	≥20	15～19	≤14
头孢类				
头孢唑啉	30 微克	≥18	15～17	≤14
头孢噻吩	30 微克	≥18	15～17	≤14
头孢吡肟	30 微克	≥18	15～17	≤14
头孢噻肟	30 微克	≥23	15～22	≤14
头孢曲松	30 微克	≥21	14～20	≤13
头孢替坦	30 微克	≥16	13～15	≤12
头孢西丁	30 微克	≥18	15～17	≤14
头孢呋辛（注射）	30 微克	≥18	15～17	≤14
头孢呋辛（口服）	30 微克	≥23	15～22	≤14
头孢他啶	30 微克	≥18	15～17	≤14
头孢孟多	30 微克	≥18	15～17	≤14
头孢美唑	30 微克	≥16	13～15	≤12
头孢尼西	30 微克	≥18	15～17	≤14
头孢哌酮	75 微克	≥21	16～20	≤15

抗生素	纸片含量	抑菌环直径		
		敏感	中度敏感	耐药
头孢唑肟	30 微克	≥20	15～19	≤14
拉氧头孢	30 微克	≥23	15～22	≤14
氯碳头孢	30 微克	≥18	15～17	≤14
头孢克洛	30 微克	≥18	15～17	≤14
头孢地尼	5 微克	≥20	17～19	≤16
头孢克肟	5 微克	≥19	16～18	≤15
头孢泊肟	10 微克	≥21	18～20	≤17
头孢丙烯	30 微克	≥18	15～17	≤14
头孢他美	10 微克	≥18	15～17	≤14
头孢布烯	30 微克	≥21	18～20	≤17
碳青霉烯类				
厄他培南	10 微克	≥19	16～18	≤15
亚胺培南	10 微克	≥16	14～15	≤13
美洛培南	10 微克	≥16	14～15	≤13
单环内酰胺类				
氨曲南	30 微克	≥22	16～21	≤15
氨基糖苷类				
庆大霉素	10 微克	≥15	13～14	≤12
妥布霉素	10 微克	≥15	13～14	≤12
阿米卡星	30 微克	≥17	15～16	≤14
卡那霉素	30 微克	≥18	14～17	≤13
奈替米星	30 微克	≥15	13～14	≤12
链霉素	10 微克	≥15	12～14	≤11
四环素类				
四环素	30 微克	≥15	12～14	≤11
多西环素	30 微克	≥14	11～13	≤10
米诺环素	30 微克	≥16	13～15	≤12
氟喹诺酮类				
环丙沙星	5 微克	≥21	16～20	≤15
左氧氟沙星	5 微克	≥17	14～16	≤13
洛美沙星	10 微克	≥22	19～21	≤18
氧氟沙星	10 微克	≥16	13～15	≤12
诺氟沙星	5 微克	≥17	13～16	≤12
依诺沙星	10 微克	≥18	15～17	≤14
加替沙星	5 微克	≥18	15～17	≤14

抗生素	纸片含量	抑菌环直径		
		敏感	中度敏感	耐药
吉米沙星	5 微克	≥20	16～19	≤15
格帕沙星	5 微克	≥18	15～17	≤14
氟罗沙星	5 微克	≥19	16～18	≤15
喹诺酮类				
西诺沙星	100 微克	≥19	15～18	≤14
萘啶酸	30 微克	≥19	14～18	≤13
叶酸代谢途径抑制剂				
甲氧嘧啶/磺胺甲噁唑	1.25/23.75 微克	≥16	11～15	≤10
磺胺药	250 或 300 微克	≥17	13～16	≤12
甲氧嘧啶	5 微克	≥16	11～15	≤10
酚类				
氯霉素	30 微克	≥18	13～17	≤12
磷霉素类				
磷霉素	200 微克	≥16	13～15	≤12
硝基呋喃类				
呋喃妥因	300 微克	≥17	15～16	≤14

二、试管法

试管法比纸片法操作复杂，但试验结果准确可靠。因此，不仅用于药物对细菌敏感性的测定，也用于定量测定。

（1）试验材料

① 普通营养肉汤。

② 各类药物原液。

③ 被试细菌。

④ 试管、吸管等。

（2）试验方法

① 取灭菌试管 10 支排于试管架上。

② 用吸管吸取营养肉汤 1.9 毫升于试管中，其余 9 管各 1 毫升。

③ 吸取配好的药物原液 0.1 毫升加入第一试管，混匀后，吸取 1 毫升移入第 2 试管，混合后，再由第 2 管吸取 1 毫升于第 3 管中，以此类推，直至第 9 试管，吸取 1 毫升弃掉，第 10 药液作对照。

④ 然后于各管内加入幼龄被试菌液 0.05 毫升（培养 18 毫升的菌液作 1∶1000 稀释），于 37℃下培养 18～24 小时，观察结果。

（3）结果观察与判定标准

① 培养 18～24 小时后，凡无菌生长的药物最高稀释管，即为该菌对此药物的敏感

度。若由于药物本身混浊，肉眼不易观察时，可将各稀释管再接种到新的培养基或涂片镜检。

② 判定结果时，应以每毫升肉汤中所含药物的微克数（微克/毫升）作为判定敏感度高低的标准。

三、常量肉汤稀释法测定抗菌药物最低抑菌浓度

（1）抗菌药物贮存液制备　抗菌药物贮存液浓度不应低于1000微克/毫升（如1280微克/毫升）或10倍于最高测定浓度。溶解度低的抗菌药物可稍低于上述浓度。抗菌药物直接购自厂商或相关机构。所需抗菌药物溶液量或粉剂量可用公式进行计算。例如：配制100毫升浓度为1280微克/毫升的抗生素贮存液，所用抗生素为粉剂，其药物的有效力为750微克/毫克。用分析天平精确称取抗生素粉剂的量为182.6毫克，根据公式计算所需稀释剂用量为：（182.6毫克×750微克/毫克）/（1280微克/毫升）＝107.0毫升，然后将182.6毫克抗生素粉剂溶解于107.0毫升稀释剂中。配制好的抗菌药物贮存液应贮存于−60℃以下环境，保存期不超过6个月。

（2）药敏试验用抗菌药物浓度范围　根据美国临床和实验室标准协会抗菌药物敏感性试验操作标准，药物浓度范围应包含耐药、中度敏感和敏感分界点值，特殊情况例外。

（3）培养基　美国临床和实验室标准协会推荐使用Mueller-Hinton（MH）水解酪蛋白肉汤，pH 7.2～7.4。需氧菌及兼性厌氧菌在此培养基中生长良好。在测试葡萄球菌对苯唑西林的敏感性时，应在肉汤中加入2毫克/100毫升氯化钠，按制造厂家的要求配制需要量的水解酪蛋白肉汤。嗜血杆菌属使用HTM肉汤，肺炎链球菌和其他链球菌使用含2%～5%溶解马血的水解酪蛋白肉汤。

（4）接种物的制备　有2种方法配制接种物，一是细菌生长方法，用接种环挑取形态相似待检菌落3～5个，接种于4～5毫升水解酪蛋白肉汤中，35℃孵育2～6小时。增菌后的对数生长期菌液用生理盐水或水解酪蛋白肉汤校正浓度至0.5麦氏比浊标准，含$(1～2)×10^8$CFU/毫升。二是直接菌落悬液配制法，对某些苛养菌，如流感嗜血杆菌、淋病奈瑟菌和链球菌及甲氧西林耐药的葡萄球菌等菌株，推荐直接取培养18～24小时的菌落调配成0.5麦氏比浊标准的菌悬液。用水解酪蛋白肉汤将上述菌悬液进行1∶100稀释后备用。注意应在15分钟内接种完配制好的接种物，并取一份接种物在非选择性琼脂平板上传代培养，以检查接种物纯度。

（5）稀释抗菌药物的制备及菌液接种　取无菌试管（13毫米×100毫米）13支，排成一排，除第1管加入1.6毫升水解酪蛋白肉汤外，其余每管加入水解酪蛋白肉汤1毫升，在第1管加入抗菌药物原液（如1280微克/毫升）0.4毫升混匀，然后吸取1毫升至第2管，混匀后再吸取1毫升至第3管，如此连续倍比稀释至第11管，并从第11管中吸取1毫升弃去，第12管为不含药物的生长对照。此时各管药物浓度依次为256微克/毫升、128微克/毫升、64微克/毫升、32微克/毫升、16微克/毫升、8微克/毫升、4微克/毫升、2微克/毫升、1微克/毫升、0.5微克/毫升、0.25微克/毫升。然后在每管内加入上述制备好的接种物各1毫升，使每管最终菌液浓度约为$5×10^5$CFU/毫升。第1管至第11管药物浓度分别为128微克/毫升、64微克/毫升、32微克/毫升、16微克/毫升、8微

克/毫升、4微克/毫升、2微克/毫升、1微克/毫升、0.5微克/毫升、0.25微克/毫升和0.125微克/毫升。

（6）孵育　将接种好的稀释管塞好塞子，置35℃普通空气孵箱中孵育16～20小时；嗜血杆菌和链球菌在普通空气孵箱中孵育20～24小时；对可能的耐甲氧西林葡萄球菌和耐万古霉素肠球菌应持续孵育满24小时。

（7）结果判断与解释　在读取和报告所测试菌株的最小抑菌浓度前，应检查生长对照管的细菌生长情况是否良好，同时还应检查接种物的传代培养情况以确定其是否污染，质控菌株的最小抑菌浓度值是否处于质控范围。以肉眼观察，药物最低浓度管无细菌生长者，即为受试菌的最小抑菌浓度。甲氧苄胺嘧啶或磺胺药物的肉汤稀释法的终点判断标准为：与阳性生长对照管比较抑制80%细菌生长管的药物浓度为受试菌最小抑菌浓度。

根据美国临床和实验室标准协会推荐的分界点值标准，判断耐药（resistant，R）、敏感（susceptible，S）或中度敏感（intermediate，I）。S表示被测菌株所引起的感染用该抗菌药物的常用剂量治疗有效，禁忌症除外。R指该菌不能被抗菌药物的常用剂量在组织液内或血液中所达到的浓度所抑制，或具有特定耐药机理（如β-内酰胺酶），所以临床治疗效果不佳。I是指最小抑菌浓度接近药物的血液或组织液浓度，疗效低于敏感菌，还表示被测菌株可以通过提高剂量（如β-内酰胺类药物）被抑制，或在药物生理性浓集的部位（如尿液）被抑制。另外，中度敏感还作为"缓冲域"，以防止由于微小的技术因素失控，所导致较大的错误解释。

四、平板挖洞法

挖洞法也称琼脂孔法，是在接种的琼脂平板上打孔，然后把药液放在孔内。该法适用于中草药煎剂、浸剂或不易溶解的药物。

（1）试验材料
① 普通琼脂平板或特殊琼脂平板。
② 中草药原药。
③ 被试细菌。

（2）试验方法
① 药物的准备　有水煎剂和粉剂两种，均配成1克/毫升的溶液，即取一定量的原药，加5～10倍量的水。若体积较大时，水量以浸没药物为准。煮沸1小时，滤渣再加同量水煮沸1小时，滤过。将两次药液混合，加热浓缩至每毫升1克生药的浓度，经8磅压力15分钟，即为中草药原液，置冰箱中备用。
② 取被试菌的幼龄培养物均匀地涂布在琼脂平板上。
③ 以打孔器在培养基上打孔（直径90毫米的可打孔5～6个），挑去孔内琼脂，并于孔底加一滴溶化的灭菌琼脂，以密封孔底。
④ 加药液于孔内，加满为止。
⑤ 将平皿置37℃温箱中，培养24～48小时。
⑥ 观察结果时，可按纸片法测量抑菌圈的大小。

五、微量肉汤稀释法测定抗菌药物最低抑菌浓度

（1）抗菌药物贮存液制备　抗菌药物贮存液浓度不应低于1000微克/毫升（如1280微克/毫升）或10倍于最高测定浓度。溶解度低的抗菌药物可稍低于上述浓度。抗菌药物直接购自厂商或相关机构。所需抗菌药物溶液量或粉剂量可用公式进行计算。例如：配制100毫升浓度为1280微克/毫升的抗生素贮存液，所用抗生素为粉剂，其药物的有效力为750微克/毫克。用分析天平精确称取抗生素粉剂的量为182.6毫克。根据公式计算所需稀释剂用量为：（182.6毫克×750微克/毫克）/（1280微克/毫升）＝107.0毫升，然后将182.6毫克抗生素粉剂溶解于107.0毫升稀释剂中。配制好的抗菌药物贮存液应贮存于−60℃以下环境，保存期不超过6个月。

（2）药敏试验用抗菌药物浓度范围　根据美国临床和实验室标准协会抗菌药物敏感性试验操作标准，药物浓度范围应包含耐药、中度敏感和敏感分界点值，特殊情况例外。

（3）培养基　美国临床和实验室标准协会推荐使用 Mueller-Hinton（MH）水解酪蛋白肉汤，pH7.2～7.4。需氧菌及兼性厌氧菌在此培养基中生长良好。在测试葡萄球菌对苯唑西林的敏感性时，应在肉汤中加入2毫克/100毫升氯化钠，按制造厂家的要求配制需要量的水解酪蛋白肉汤。嗜血杆菌属使用 HTM 肉汤，肺炎链球菌和其他链球菌使用含2％～5％溶解马血的水解酪蛋白肉汤。

（4）最小抑菌浓度板制备　无菌操作，将倍比稀释后不同浓度的抗菌药物溶液分别加到灭菌的96孔聚苯乙烯板中，第1至第11孔加药液，每孔10微升，第12孔不加药作为生长对照，冰冻干燥后密封，−20℃以下保存备用。

（5）接种物制备　将用生长法或直接菌悬液法制备的浓度相当于0.5麦氏比浊标准的菌悬液，经 MH 肉汤1∶1000稀释后，向每孔中加100微升，密封后置35℃普通空气孵箱中，孵育16～20小时判断结果。当试验嗜血杆菌属、链球菌属时，孵育时间为20～24小时，试验葡萄球菌和肠球菌对苯唑西林和万古霉素的药敏试验时孵育时间必须满24小时。此时，第1孔至第11孔药物浓度分别为128微克/毫升、64微克/毫升、32微克/毫升、16微克/毫升、8微克/毫升、4微克/毫升、2微克/毫升、1微克/毫升、0.5微克/毫升、0.25微克/毫升、0.125微克/毫升。

（6）结果判断　以在小孔内完全抑制细菌生长的最低药物浓度为最小抑菌浓度（表3-3）。当阳性对照孔（不含抗生素）内细菌明显生长时试验才有意义。当在微量肉汤稀释法中出现单一的跳孔时，应记录抑制细菌生长的最高药物浓度。如出现多处跳孔，则不应报告结果，需重复试验。通常对革兰阴性杆菌而言，微量肉汤稀释法测得的最小抑菌浓度与常量肉汤稀释法测得的结果相同或低一个稀释度（1孔或2倍）。

表3-3　抗生素最小抑菌浓度判定标准

抗生素	最小抑菌浓度/（微克/毫升）		
	敏感	中度敏感	耐药
青霉素类			
氨苄西林	≤8	16	≥32
哌拉西林	≤16	32～64	≥128

抗生素	最小抑菌浓度/(微克/毫升)		
	敏感	中度敏感	耐药
美西林	≤8	16	≥32
羧苄西林	≤16	32	≥64
美洛西林	≤16	32～64	≥128
替卡西林	≤16	32～64	≥128
β-内酰胺/β-内酸胺酶抑制剂复合物			
阿莫西林/克拉维酸	≤8/4	16/8	≥32/16
氨苄西林/舒巴坦	≤8/4	16/8	≥32/16
哌拉西林/他唑巴坦	≤16/4	32/4～64/4	≥128/4
替卡西林/克拉维酸	≤16/2	32/2～64/2	≥128/2
头孢类			
头孢唑啉	≤8	16	≥32
头孢噻吩	≤8	16	≥32
头孢吡肟	≤8	16	≥32
头孢噻肟	≤8	16～32	≥64
头孢曲松	≤8	16～32	≥64
头孢替坦	≤16	32	≥64
头孢西丁	≤8	16	≥32
头孢呋辛（注射）	≤8	16	≥32
头孢呋辛（口服）	≤4	8～16	≥32
头孢他啶	≤8	16	≥32
头孢孟多	≤8	16	≥32
头孢美唑	≤16	32	≥64
头孢尼西	≤8	16	≥32
头孢哌酮	≤16	32	≥64
头孢唑肟	≤8	16～32	≥64
拉氧头孢	≤8	16～32	≥64
氯碳头孢	≤8	16	≥32
头孢克洛	≤8	16	≥32
头孢地尼	≤1	2	≥4
头孢克肟	≤1	2	≥4
头孢泊肟	≤2	4	≥8
头孢丙烯	≤8	16	≥32
头孢他美	≤4	8	≥16
头孢布烯	≤8	16	≥32

抗生素	最小抑菌浓度/(微克/毫升)		
	敏感	中度敏感	耐药
碳青霉烯类			
厄他培南	≤2	4	≥8
亚胺培南	≤4	8	≥16
美洛培南	≤4	8	≥16
单环内酰胺类			
氨曲南	≤8	16	≥32
氨基糖苷类			
庆大霉素	≤4	8	≥16
妥布霉素	≤4	8	≥16
阿米卡星	≤16	32	≥64
卡那霉素	≤16	32	≥64
奈替米星	≤8	16	≥32
链霉素	—	—	—
四环素类			
四环素	≤4	8	≥16
多西环素	≤4	8	≥16
米诺环素	≤4	8	≥16
氟喹诺酮类			
环丙沙星	≤1	2	≥4
左氧氟沙星	≤2	4	≥8
洛美沙星	≤2	4	≥8
氧氟沙星	≤2	4	≥8
诺氟沙星	≤4	8	≥16
依诺沙星	≤2	4	≥8
加替沙星	≤2	4	≥8
吉米沙星	≤0.25	0.5	≥1
格帕沙星	≤1	2	≥4
氟罗沙星	≤2	4	≥8
喹诺酮类			
西诺沙星	≤16	32	≥64
萘啶酸	≥16	—	≤32
叶酸代谢途径抑制剂			
甲氧嘧啶/磺胺甲噁唑	≤2/38	—	≥4/76
磺胺药	≤256	—	≥512
甲氧嘧啶	≤8	—	≥16

抗生素	最小抑菌浓度/(微克/毫升)		
	敏感	中度敏感	耐药
酚类			
氯霉素	≤8	16	≥32
磷霉素类			
磷霉素	≤64	128	≥256
硝基呋喃类			
呋喃妥因	≤32	64	≥128

第二节 禽大肠杆菌的耐药性调查

随着抗生素及各种化学合成药物在畜牧养殖业中的广泛使用,过量不合理的抗生素和抗菌药物通过物质循环和能量流动以及气候的变化进入到环境中,使得养殖环境中的耐药谱不断扩大。大肠杆菌极容易产生耐药性,而且各类耐药大肠杆菌菌株其耐药谱广泛,菌株变异速度增加,导致现在临床常用的抗生素治疗效果不佳甚至无效。常清利等对河南部分地区分离得到的215株大肠杆菌进行耐药基因检测发现[1],对氨苄西林的耐药率最高,可以达到84.8%,对阿莫西林、庆大霉素和头孢呋辛等也高达70%左右的耐药率。方雨玲等对湖北地区231株大肠杆菌临床分离株进行药敏试验研究发现[2],大肠杆菌对氨苄青霉素、强力霉素和卡那霉素等药物具有较高耐药性,对四环素类药物已经完全耐药。目前,多重耐药大肠杆菌株十分普遍,这使得临床使用抗生素治疗大肠杆菌病的困难加大,细菌性疾病严重影响畜禽的生产性能,所以必须要加强畜牧业生产中对抗生素使用的管制[3]。

一、大肠杆菌的耐药机制

(1) 大肠杆菌对 β-内酰胺类药物的耐药机制　主动外排泵和产生 β-内酰胺水解酶是大肠杆菌对 β-内酰胺类药物耐药的主要两种方式,产生 β-内酰胺水解酶是最主要的机制。β-内酰胺水解酶能够水解 β-内酰胺类抗生素,破坏抗生素的分子结构,使 β-内酰胺类药物不能发挥作用。

(2) 大肠杆菌对氨基糖苷类药物的耐药机制　大肠杆菌对氨基糖苷类药物有三种耐药机制:一是改变细胞壁的通透性,这使得少量药物能进入菌体,无法达到足够杀灭病原体的药量,导致细菌出现耐药性;二是改变作用靶位点,氨基糖苷类药物的结合位点在细菌30S核糖体亚单位的16S rRNA解码区的A部位,影响细菌蛋白质的合成,大肠杆菌能够使16S rRNA发生甲基化,从而改变解码区A部位的结构和位置,使得氨基糖苷类药物不能结合作用位点而失去效果;三是氨基糖苷类钝化酶的产生,产生钝化酶是细菌最主要的耐药机制,细菌可以产生氨基糖苷磷酸转移酶、氨基糖苷核苷转移酶和氨基糖苷乙酰转移酶 3 种钝化酶，经过钝化酶对抗生素的修饰和水解作用破坏氨基糖苷类药物活性。

（3）大肠杆菌对磺胺类药物的耐药机制　叶酸对蛋白质、核酸的合成及各种氨基酸的代谢具有重要作用，缺乏叶酸可使细菌由于代谢功能紊乱而造成死亡。磺胺类药物结构与对氨基苯甲酸结构相似，当前者浓度在菌体内远大于后者时，可在二氢叶酸合成中取代对氨基苯甲酸的位置而阻断二氢叶酸的合成，这导致大肠杆菌的叶酸合成受阻造成细菌死亡。之所以革兰氏阴性菌能够产生耐药性，主要与 sul 1、sul 2 和 sul 3 这三种耐药基因有关，这三种耐药基因的主要作用就是编码二氢叶酸合成酶的蛋白结构，使其能够不受磺胺类药物的干扰而与正常的对氨基苯甲酸结合，产生二氢叶酸，从而介导细菌产生耐药性。研究显示，sul 族类基因能够定位在 Tn21 家族的转座子中，同时与其他一些耐药基因连接导致耐药性。

（4）大肠杆菌对喹诺酮类药物的耐药机制　喹诺酮类药物作用于细菌的 DNA 旋转酶和拓扑异构酶，进而阻断细菌 DNA 复制，引起细菌死亡。大肠杆菌基因突变导致 DNA 旋转酶和拓扑异构酶的结构和功能发生改变，还会改变药物作用的靶位点，使喹诺酮类药物不能结合 DNA 旋转酶和拓扑异构酶，从而不会对细菌生长起到抑制作用。

（5）大肠杆菌对四环素类药物的耐药机制　大肠杆菌对四环素类药物的耐药机制为主动外排作用。大肠杆菌基因组中含有 tet 外排泵基因，它能够编码一种大小为 46ku 的膜结合外排泵蛋白 Tet 蛋白，Tet 蛋白是外排系统的主要功能蛋白，外排系统将扩散进细菌中的抗菌药物泵出菌体外，导致大肠杆菌产生耐药性。

二、禽源大肠杆菌的耐药性

郭浩检测了 10 个地区发病鸡场分离到的 10 株禽源大肠杆菌对 17 种抗生素的耐药性[4]，结果表明 17 种药物中有 15 种药物的耐药性超过 70%，其中对阿奇霉素、阿莫西林、氨苄西林、强力霉素、头孢哌酮、利福平、青霉素和万古霉素 8 种药物耐药性均达 90%，对硫酸新霉素、克林霉素 2 种药物敏感的禽源大肠杆菌菌株为 0，耐药性达 100%。

卢国民等对河北某大型孵化场雏鸡卵黄囊分离得到的 12 株大肠杆菌进行安普霉素、多西环素、恩诺沙星、氟苯尼考、卡那霉素、林可霉素、头孢噻呋钠、头孢喹肟、新霉素和替米考星的耐药性检测[5]，发现 12 株大肠杆菌均为多耐菌株，对安普霉素、恩诺沙星、头孢喹肟和新霉素 4 种抗菌药物敏感率超过 60%。其中 3 个 2 耐大肠杆菌菌株，4 个 3 耐大肠杆菌菌株，1 个 4 耐大肠杆菌菌株，1 个 5 耐大肠杆菌菌株，2 个 6 耐大肠杆菌菌株，1 个 7 耐大肠杆菌菌株。

苑丽等采用 2 倍稀释法研究了 2007 年 6 月～2007 年 8 月从河南省不同地区不同养殖场病死鸡临床分离的 30 株鸡大肠杆菌对阿莫西林/克拉维酸、氨苄西林、头孢噻呋、头孢噻呋、头孢哌酮、舒巴坦、他唑巴坦、恩诺沙星、加替沙星、克林沙星、氨曲南、磷霉素、庆大霉素、阿米卡星、多西环素、氟苯尼考、磺胺甲噁唑/三甲氧嘧啶等常见药物的耐药性[6]，按临床实验室标准化协会的操作和判读标准进行表型筛选和确证试验检测产超广谱 β-内酰胺酶（ESBLs）的情况，并分别用 TEM、SHV 和 CTX-M 3 种通用引物进行 PCR 扩增以确定大肠杆菌的基因型。初筛试验中有 26 株大肠杆菌检测为疑似产超广谱 β-内酰胺酶菌株，经确证试验，26 株疑似菌株中有 23 加克拉维酸后的抑菌圈直径与单药的抑菌圈直径差大于5毫米，为产ESBLs菌株，阳性率为76%～76.7%。PCR扩增表明TEM、CTX-M、SHV阳性率分别为73.9%、43.5%和0，产超广谱β-内酰胺酶的鸡大肠杆菌对常见药物的耐药率与其基因型之间的关系显示，有7株同时检测出TEM和CTX-M基因（占30.4%），3株未检测出TEM、CTX-M和SHV 3种基因（占13.0%）。药敏试验结果显示产ESBLs大肠杆菌对药物的多重耐药性明显比非产酶大肠杆菌严重，产超广谱β-内酰胺酶菌株对氨苄西林和头孢噻呋的耐药率最高，为95.7%，对氨基糖苷类、恩诺沙星和复方新诺明的耐药率均高于78%，氨苄西林和三代头孢与酶抑制剂联用或2种不同种类的药物联用均能明显增强抗菌活性。以上结果表明河南省76.7%的临床分离鸡大肠杆菌为产超广谱β-内酰胺酶菌株，其基因型主要是TEM和CTX-M，尚无SHV型，23株产超广谱β-内酰胺酶菌株对三代头孢菌素的耐药率并非100%，β-内酰胺类与酶抑制剂联用或不同种类药物联用是防治鸡产酶大肠杆菌感染也将是一种值得推广的有效用药措施之一。

苑丽等报道了2008～2009年从河南省17个不同养鸡场临床分离到的49株鸡大肠杆菌鸡的OXA型β-内酰胺酶的分布情况[7]，用OXA-1、OXA-2、OXA-10 3对特异性引物对细菌进行PCR检测。结果显示49株大肠杆菌中共21株携带OXA基因，检出率为42.86%，其中5株产OXA-1大肠杆菌、9株产OXA-10大肠杆菌。7株以上大肠杆菌同时产OXA型β-内酰胺酶，其中5株大肠杆菌同时产OXA-1和OXA-10 β-内酰胺酶，1株大肠杆菌同时产OXA-2和OXA-10 β-内酰胺酶，1株大肠杆菌同时产OXA-1、OXA-2和OXA-10 β-内酰胺酶。

新型耐药基因传播元件ISCR及其上游相关序列与多种耐药基因的捕获和传播，与多药耐药表型的形成有密切关系，其中ISCR1是其中研究较为深入的亚型之一。ISCR1和int1基因和细菌多种类耐药表型有密切联系，对大肠杆菌进行ISCR1和int1基因检测是一种预测和监测多药耐药菌的简便和可靠的方法。陈霞等研究了2014年6月分离自山东省某大型肉鸡养殖场37日龄待屠宰肉鸡源大肠杆菌ISCR1和int1基因的流行及耐药情况[8]。采用单纯随机抽样方法，按照1∶50比例进行随机泄殖腔拭子采样，每一区域内采样肉鸡数量为80羽，共得到肉鸡粪便样本400份，经分离共得到483株非重复性样本菌株，其中大肠埃希菌为373株，占77.2%。采用微量肉汤稀释法测定大肠杆菌菌株对头孢唑林、头孢他啶、亚胺培南、美罗培南、氯霉素、哌拉西林、左氧氟沙星、四环素、阿米卡星和哌拉西林/他唑巴坦8类10种抗菌药物的最低抑菌浓度；并对ISCR1和int1基因进行PCR扩增和测序；比较携带两种基因的大肠埃希菌耐药程度差异。结果373株鸡源大肠杆菌菌株中，共检测到携带int1基因的大肠埃希菌为336株，占90.1%，携带ISCR1基因的大肠埃希菌为48株，占12.9%，而携带int1和ISCR1基因的菌株共有48株，即携带ISCRI基因的大肠杆菌同时携带int1基因。耐多药大肠埃希菌为361株，37株鸡源大肠杆菌同时不携带ISCR1和int1基因的大肠埃希菌耐受0～2、3～5、6～8类药物的比例分别为13.5%（5株）、78.4%（29株）和8.1%（3株），288株鸡源大肠杆菌仅携带int1基因的大肠埃希菌耐受0～2、3～5、6～8类药物的比例分别为2.4%（7株）、74.7%（215株）和22.9%（6株），两者差异有统计学意义。此项研究结果表明int1和ISCR1基因在大肠埃希菌中的检出率较高，两类基因同时存在可介导更高程度的耐多药表型。

左玉柱等对河北省保定地区部分肉鸡和蛋鸡饲养场疑似大肠杆菌病的病鸡中分离到的54株致病性大肠杆菌进行20种临床常用的抗菌药物的药物敏感性试验[9]，药敏纸片包括氨苄青霉素、链霉素、红霉素、氯霉素、新霉素、四环素、土霉素、卡那霉素、强力霉素、庆大霉素、头孢噻呋、头孢噻肟、痢特灵、氟哌酸、复方新诺明、林可霉素、阿莫西林、恩诺沙星、阿米卡星和环丙沙星。所用的20种抗菌药物中，分离致病性大肠杆菌菌株对阿莫西林、氨苄青霉素、红霉素和四环素具有很高的耐药性，而对阿米卡星、头孢噻呋和头孢噻肟则较为敏感，特别是对头孢噻呋的敏感率较高，可达94.5%。

齐凤云等对滨州地区各养殖场及养殖户送检的病死鸡分离到的18株鸡致病大肠杆菌进行红霉素、环丙沙星、青霉素、氟苯尼考、链霉素、庆大霉素、氟哌酸、丁胺卡那霉素、强力霉素、新霉素等的药敏试验[10]。发现对丁胺卡那霉素、氟苯尼考、新霉素和庆大霉素表现出不同程度的敏感，对环丙沙星、青霉素、强力霉素和诺氟沙星中度敏感，而鸡致病大肠杆菌对红霉素和链霉素产生了一定的耐药性。

郝智慧等利用麦康凯琼脂、普通营养琼脂、MH肉汤、枸橼酸盐琼脂、伊红美蓝琼脂等和微量糖发酵管等从山东省9个地区不同鸡场病死鸡分离大肠杆菌201株[11]，从河北省青县不同鸡场分离大肠杆菌28株，从辽宁省本溪市不同鸡场分离大肠杆菌35株，按照纸片琼脂扩散法（KB法）对分离得到的264株大肠杆菌进行恩诺沙星、环丙沙星、左氧氟沙星、沙拉沙星、诺氟沙星、大观霉素、庆大霉素、新霉素、罗红霉素、头孢曲松钠、链霉素、安普霉素、阿奇霉素、磷霉素、泰乐霉素、泰妙霉素、硫酸黏菌素、多西环素、甲砜霉素硫酸替米卡星、阿莫西林、氨苄西林、阿米卡星、氟苯尼考、头孢噻肟、磺胺类、土霉素、金霉素和甲磺酸达氟沙星等29种抗菌药的耐药性试验。结果显示，从山东、河北和辽宁3个省份不同肉鸡养殖场所分离的大肠杆菌对受试的大部分抗菌药有不同程度的耐药性，3个区域中以山东省鸡大肠杆菌的耐药种类最多，为29种，辽宁省最少，为23种；3个地区的致病大肠杆菌菌株对阿莫西林、氨苄西林钠、磺胺甲氧嘧啶、土霉素和酒石酸泰乐菌素5种药物的耐药率均达到了90.0%以上；另外，山东和辽宁两地分离菌株对硫酸链霉素和盐酸金霉素、山东和河北致病大肠杆菌分离株对甲砜霉素、河北和辽宁分离株对恩诺沙星和磷霉素钠、辽宁分离株对甲磺酸达氟沙星和延胡索酸泰妙菌素的耐药率几乎均达到了80.0%以上。3个区域的鸡大肠杆菌对大部分临床常用抗菌药产生了耐药性，但耐药种类和耐药程度有一定的差异。这种地区性耐药程度的差异表明，耐药性与临床上不同地区使用抗菌药的种类、剂量和使用频率有密切关系。

贡嘎等2015年9月从西藏林芝某农户家采集藏鸡新鲜无污染粪便分离鉴定出10株藏鸡大肠杆菌[12]，采用世界卫生组织推荐的Kirby-Bauer纸片法测定它们对常用抗菌药物的敏感性。这些大肠杆菌菌株对头孢曲松、头孢他啶、头孢哌酮、头孢噻肟、头孢呋辛、氨苄西林、头孢噻肟、阿米卡星、妥布霉素、氧氟沙星、卡那霉素、链霉素、庆大霉素、头孢西丁和哌拉西林15种抗菌药物产生了不同程度的耐药，其中对氨苄西林和头孢噻肟耐药率最高，达100%，对头孢哌酮、头孢噻肟、头孢呋辛、妥布霉素、链霉素和哌拉西林耐药率较高，达80%，对头孢曲松、头孢唑啉耐药率为70%，对阿米卡星、氧氟沙星和卡那霉素耐药率为60%，对庆大霉素耐药率为50%，但耐药菌株对头孢西丁和头孢他啶敏感性较高，达90%。多重耐药现象较重，最少为6种，最多为15种。11耐大肠杆菌菌株所占总菌株比例最大为40%；其次是6耐为20%；10耐、12耐、14耐、15耐菌株均占总菌株的 10%。结果表明，藏鸡大肠杆菌分离株对常用抗菌药存在着一定的耐药现象。兽医临床用药应根据药敏试验结果，有针对性地使用抗菌药物，而且必须经常更换抗菌药种类，以免产生新的耐药菌株，同时较好地治疗畜禽大肠杆菌病，只有这样才能有针对性地选用敏感药物。

2014 年，常照锋等从洛阳某封闭式管理的规模化蛋鸡场发生的腺胃发黑的病死雏鸡分离到致病性大肠杆菌[13]。采用药敏实验研究环丙沙星、庆大霉素、卡那霉素、红霉素、青霉素、链霉素、甲氧嘧啶、四环素、恩诺沙星和氟苯尼考对分离菌株的耐药性情况，结果发现鸡源致病性大肠杆菌对环丙沙星、卡那霉素、庆大霉素高度敏感，对红霉素中度敏感，对链霉素、青霉素、恩诺沙星等产生耐药性。建议饮水中加 45 毫克/升的环丙沙星进行治疗，同时对发病鸡舍、用具进行彻底消毒，发病严重的和死亡雏鸡进行无害化处理；加强饲养管理，注意通风换气，降低饲养密度，做好卫生消毒，减少鸡群应激反应。

张金玉等从江苏省海安县兽医站门诊及 12 个大型养殖场剖检采集具有疑似大肠杆菌病变的病死鸡的心血、肝、腹水、脾和气囊等病料分离鉴定出大肠杆菌 226 株[14]，采用 Kirby-Bauer 纸片扩散法对分离菌株进行药敏分析，包括头孢噻呋、头孢噻肟、阿米卡星、氧氟沙星、环丙沙星、沙拉沙星、诺氟沙星、多黏菌素 B、氟苯尼考、强力霉素、恩诺沙星、阿莫西林、林可霉素、四环素、庆大霉素、链霉素、复方新诺明、头孢氨苄 18 种常见的药物。分离的大肠杆菌菌株对所试药物均有不同程度的耐药现象，其中多数菌株对头孢噻呋、头孢噻肟、阿米卡星、氧氟沙星、环丙沙星、沙拉沙星敏感性较高，而对诺氟沙星、多黏菌素 B、氟苯尼考、强力霉素、恩诺沙星、阿莫西林、林可霉素中敏，对四环素、庆大霉素、链霉素、复方新诺明、头孢氨苄不敏感。

谭红云等从云南省建水县某蛋鸡养殖场 20000 羽 40 周龄京粉蛋鸡大肠杆菌和 H9 亚型禽流感病毒混合感染的病鸡分离到一株大肠杆菌[15]，药敏试验结果显示，大肠杆菌分离株对丁胺卡那霉素、环丙沙星等敏感，对庆大霉素、恩诺沙星、氧氟沙星、强力霉素、妥布霉素中度敏感，对头孢氨苄、新霉素、青霉素、链霉素、红霉素、阿莫西林、罗红霉素不敏感，这说明大肠杆菌对头孢氨苄、强力霉素、新霉素等药物有耐药性，

周斌等从湖北樊附近某家蛋鸡养殖场分离鉴定出一株致病性大肠杆菌[16]，检测了致病性大肠杆菌对氧氟沙星、氨苄西林、乙酰甲喹、庆大霉素、丁胺卡那、氟苯尼考、阿莫西林、头孢噻肟钠、头孢塞呋、链霉素、环丙沙星、卡那霉素、强力霉素、替米考星、黏菌素、诺美沙星、恩诺沙星、泰乐菌素等常用药物的敏感性。致病性大肠杆菌菌株对氧氟沙星、丁胺卡那、恩诺沙星、氟苯尼考、庆大霉素、黏菌素高度敏感，对乙酰甲喹、环丙沙星、卡那霉素、阿莫西林、头孢塞呋有较强的耐药，对泰乐菌素、头孢噻肟钠、强力霉素、链霉素、替米考星、氨苄西林耐药。这些结果与何敏等报道的河南地区致病性大肠杆菌的耐药性差异较大，其得到的致病性大肠杆菌对头孢噻呋、黏菌素仍较敏感，这可能与不同地区的饲养管理、药物的经验性使用及饲养环境不同有有关。

姚彩霞等采集自峨眉山市某养殖基地的峨眉黑鸡直肠拭子为分离并鉴定得到的大肠杆菌[17]，采用 Kirby-Bauer 法对细菌菌株进行头孢唑啉、头孢噻肟、头孢曲松、头孢哌酮、庆大霉素、卡那霉素、链霉素、阿米卡星、妥布霉素、诺氟沙星、环丙沙星、恩诺沙星、氧氟沙星、氯霉素、氟苯尼考、复方新诺明、利福平和强力霉素 18 种抗生素的药敏试验，旨在分析峨眉黑鸡粪源大肠杆菌对常用抗菌药物的耐药性。峨眉黑鸡粪源大肠杆菌对环丙

沙星和复方新诺明具有极强的耐药性，对四环素类的强力霉素和酰胺醇类的氟苯尼考具有较强的耐药性，而对已禁用的诺氟沙星和氯霉素的敏感性较高。峨眉黑鸡粪源大肠杆菌对18种常用抗菌药物具有耐药性的占22.2%，而具有敏感性的鸡粪源大肠杆菌占77.7%，其中高度敏感的鸡粪源大肠杆菌占11.1%，中度敏感的鸡粪源大肠杆菌占22.2%，低度敏感的鸡粪源大肠杆菌占44.4%。

褚福勇等采用世界卫生组织推荐的纸片法（Kirby-Bauer法）检测了来源于新疆畜牧科学院动物医院临床分离的96株鸡致病性大肠杆菌的药物敏感情况[18]，旨在利用大量的试验数据可以建立适合本地区的防治鸡大肠杆菌的经验性用药方法。选择不明成分和含量的抗菌药物复方制剂为研究对象，以5倍的制剂溶水量稀释药物，以pH 6.8（较为接近新疆大多数地区饮水条件）、0.01摩尔/升的无菌磷酸盐缓冲液为溶剂，分别以无菌操作方式配制兽药抗菌制剂的纸片制备用药液。但由于鸡大肠杆菌药敏率较低，因此临床上盲目的经验性用药会大大增加鸡大肠杆菌的耐药性和用药成本。此外，标示成分及含量相同的不同抗菌制剂（包括同一厂家生产）的药敏试验结果差异很大，提示主成分相同的不同抗菌制剂对同一株病菌的抗菌效力差异很大。进一步说明用药敏试验结果指导临床选择用药的科学性和必要性。

张雅为等对33株来源于辽宁省阜新某鸡场分离的大肠埃希菌分离株进行四环素（纯度86.4%）、土霉素（纯度93.3%）、多西环素（纯度76.3%）、金霉素（纯度73.3%）、强力霉素（纯度82.3%）、脱氧土霉素（纯度86.6%）6种临床常用的四环素类药物敏感性试验[19]，分析该场大肠埃希菌对四环素类药物的耐药情况。微量肉汤稀释法测定结果显示，大肠埃希菌分离株对土霉素和脱氧土霉素高度耐药，耐药率分别为90.9%和84.8%；对四环素和多西环素中度耐药，耐药率分别为63.6%和30.3%；对金霉素和强力霉素敏感，耐药率分别为18.2%和12.1%。同时，根据药敏试验结果，设计四环素类药物耐药基因特异性引物，提取大肠埃希菌分离株基因组DNA，PCR结果显示33株大肠埃希菌分离株中检测出tetB、tetC、tetM、tetK、tetL 5种四环素耐药基因，未检出tetA基因，tetK基因检出率最高。其中6株tetB阳性大肠杆菌菌株、5株tetC阳性大肠杆菌菌株、5株tetM阳性大肠杆菌菌株、11株tetK阳性大肠杆菌菌株、9株tetL阳性大肠杆菌菌株，各基因的检出率分别为0（0/36）、16.7%（6/36）、13.9%（5/36）、13.9%（5/36）、30.6%（11/36）、25%（9/36）。携带0～3种耐药基因的大肠杆菌菌株分别占21.2%（7/33）、54.5%（18/33）、18.2%（6/33）、6.1%（2/33），携带1种耐药基因的大肠杆菌菌株占比最多，其次为未携带耐药基因的大肠杆菌菌株，同时携带3种耐药基因的大肠杆菌分离株占比最少。研究为该地区大肠杆菌病治疗及耐药性机理筛查奠定了基础。

王亮等对2012年从甘肃省14个市州采集的388份病鸡、病死鸡或有临床症状鸡的肝脏、脾脏等病料分离的28株致病性埃希氏大肠杆菌进行药物敏感试验[20]，包括头孢唑林、新霉素、阿米卡星、头孢拉定、庆大霉素、卡那霉素、氟苯尼考、强力霉素、土霉素、氨苄青霉素、复方新诺明和乙酰螺旋霉素12种抗菌药物，对大肠杆菌敏感性最强的是阿米卡星和头孢唑啉，敏感大肠杆菌菌株均占78.6%（22/28）；其他依次为头孢拉定、新霉素和庆大霉素，敏感大肠杆菌菌株分别占75.00%（21/28）、75.00%（21/28）和67.8%（19/28）。

陈鲜花等从广东省 21 个地级市不同规模的养鸡场采集病死鸡的心血和肝脏[21]，经普通斜面培养基培养和麦康凯培养基培养和生化试验，共分离到细菌 313 株。同时，肌内注射感染 30 日龄非免疫黄鸡进行动物感染试验，有 138 株对试验鸡有致病（死）性，占分离大肠杆菌的 44%。经生化试验，在 138 株致病（死）性菌中，有 115 株为禽致病（死）性大肠杆菌，占 83.3%。

张莉平等从山东省部分地区的 60 个鸡场采集了 116 份病死鸡内脏病料，分离到 95 株符合大肠埃希氏菌特征的肠杆菌[22]，其中 76 株为致病性大肠杆菌。按照世界卫生组织推荐的 Kirby-Bauer 琼脂扩散法进行青霉素、氯霉素、链霉素、红霉素、四环素、庆大霉素、氟哌酸、卡那霉素、丁胺卡那霉素、利福平、氨苄青霉素和利福平新药 12 种药物的敏感性试验。76 株致病性大肠杆菌对 12 种抗生素均产生了不同程度的耐药性，尤其是青霉素 100%耐药。12 种抗生素抑菌作用最强的为利福平复合新药，76 株致病性大肠杆菌敏感，占 64.5%（耐药率仅为 1.3%），其次为丁胺卡那霉素，敏感致病性大肠杆菌菌株占 63.2%（耐药率为 11.8%），氟哌酸（55.3%）也有良好的抑菌作用。1～4 耐 18 株致病性大肠杆菌占 24.4%，5～7 耐 32 株致病性大肠杆菌占 42.4%，8～10 耐 26 株致病性大肠杆菌占 33.2%，而 7 耐致病性大肠杆菌菌株所占比例最大为 18.8%，其次为 8 耐（14.5%）、5 耐（14%）。

石玉祥等采用自然沉降法采集河北邢台、邯郸、石家庄地区的 12 个鸡舍空气中分离鉴定的 26 株致病性大肠杆菌[23]。按 Kirby-Bauer 纸片法测定 26 株致病性大肠杆菌对氟苯尼考、阿米卡星、头孢噻肟钠、头孢噻呋、阿莫西林、羧苄青霉素、多西环素、环丙沙星、恩诺沙星、氟哌酸、替米考星、卡那霉素 12 种抗菌药物的敏感性，分离鉴定的 26 株致病性大肠杆菌中，对头孢噻肟钠高度敏感菌株占分离菌株的比例最高，为 73.08%；对羧苄青霉素低敏的致病性大肠杆菌菌株占分离菌株的比例高达 100%；对头孢噻肟钠、头孢噻呋、阿莫西林头孢类药物的敏感性较高，对氟哌酸、多西环素、卡那霉素的敏感性较低。对卡那霉素、阿米卡星、头孢噻肟钠、头孢噻呋、阿莫西林、羧苄青霉素、多西环素、环丙沙星、恩诺沙星、氟哌酸、替米考星、氟苯尼考高度敏感的致病性大肠杆菌菌株分别为 6 株（占 23.08%）、12 株（占 46.15%）、19 株（占 73.08%）、18 株（占 69.23%）、12 株（占 46.15%）、0 株、5 株（占 19.23%）、6 株（占 23.08%）、9 株（占 34.62%）、5 株（占 19.23%）、12 株（占 46.15%）和 13 株（占 50.00%）。而对卡那霉素、阿米卡星、头孢噻肟钠、头孢噻呋、阿莫西林、羧苄青霉素、多西环素、环丙沙星、恩诺沙星、氟哌酸、替米考星、氟苯尼考低度敏感的致病性大肠杆菌菌株分别为 17 株（占 65.38%）、10 株（占 38.46%）、4 株（占 15.38%）、5 株（占 19.23%）、10 株（占 38.46%）、26 株（占 100.00%）、18 株（占 69.23%）、12 株（占 46.15%）、10 株（占 38.46%）、14 株（占 53.85%）、9 株（占 34.62%）和 12 株（占 46.15%）。

李庆周等于 2013 年 9 月至 2015 年 12 月采集 20 个规模化鸡场粪便样品 396 份、苍蝇样品 238 份，经伊红美蓝选择性培养基培养、革兰氏染色镜检和 16S rDNA 菌种鉴定[24]，分离出大肠杆菌 549 株，分离率 86.6%，其中粪样中致病性大肠杆菌 367 株，分离率 92.7%，苍蝇样品中致病性大肠杆菌 182 株，分离率 76.5%。调查规模化鸡场中产 CMY-2 大肠杆菌耐药基因与毒力基因的流行现状及共转移情况，将 549 株来源于鸡场粪样和苍蝇的大肠杆菌接种于含有 8 微克/毫升头孢西丁的营养琼脂培养基，同时进行 *blaCMY-2*

PCR 检测，共检测到 33 株产 CMY-2 大肠杆菌，阳性率为 6.0%（33/549）；其中粪便样品中 21 株致病性大肠杆菌，检出率为 5.7%，苍蝇样品中 12 株致病性大肠杆菌，检出率为 6.5%。经脉冲场凝胶电泳分型得出 33 株菌株整体相似性较低，其中来自于具有垂直传播关系的三个鸡场分离的 5 株菌相似性大于 90%，属于同一克隆，其他 28 株菌相似性均小于 90%。用 Kirby-Bauer 纸片法检测产 CMY-2 大肠杆菌阳性菌株对阿莫西林、氨苄西林、头孢他定、复方新诺明、氟苯尼考、头孢噻肟、环丙沙星、诺氟沙星、强力霉素、头孢替坦、阿米卡星、两性霉素 B 和亚胺培南 13 种抗菌药物的耐药性。产 CMY-2 大肠杆菌阳性菌株对氨苄西林及阿莫西林克拉维酸耐药率较高（100%/100%），对多黏菌素和亚胺培南耐药率较低（6.1%/0），且所有产 CMY-2 大肠杆菌均表现为多重耐药，其中，25.0% 的致病性大肠杆菌菌株表现六重耐药，36.1% 的致病性大肠杆菌菌株表现七重耐药，25.0% 的致病性大肠杆菌菌株表现八重耐药。采用 PCR 方法检测 blaTEM、blaSHv、blaOXA、blaCTX-M、tetA、tetC、sull、sul2、sul3、qnrABCDS、aac (6′)-Ib-cr、qepA、oqxA、rmtB 和 floR 15 种耐药基因和 iutA、traT、fyuA、hlyA、VagC、papC、papEF、papAH、katP、stxl、stx2、eae、espP 和 kpsMTIII 14 种毒力基因，共检测出 15 种耐药基因，其中 β-内酰胺类耐药基因 blaTEM-1，四环素耐药基因 tetA，磺胺类耐药基因 sull、sul2 及 floR 基因检出率较高，分别为 84.8%（28/33）、72.7%（24/33）、75.7%（25/33）、81.8%（27/33）和 90.9%（30/33）。所有阳性菌株至少携带四种耐药基因，包括 26 个不同的多重耐药基因组合，最为普遍的组合为 blaCMY-2、blaTEM-l 和 floR（n=28，84.5%）。毒力基因是导致细菌致病性的一个重要因素，可以与耐药基因共存于细菌中，增加细菌危害。检测出 iutA、traT、VagC 和 fyuA 四种毒力基因，检出率依次为 traT（29/33，87.9%）、iutA（18/33，54.5%）、VagC（24/33，72.7%）和 fyuA（11/33，33.3%）。97%（32/33）的阳性大肠杆菌菌株至少携带一种毒力基因，其中，18.2%（6/33）的阳性菌株同时携带四种毒力基因。采用含头孢西丁（8 微克/毫升）和利福平（400 微克/毫升）双抗平板的膜接合法进行细菌接合转移试验和检测转移质粒的类型。共筛选到 21 株 blaCMY-2 阳性接合子，接合转移效率为 $10^{-8} \sim 10^{-3}$，其中 18 株定位于 lncIl 质粒、3 株定位于 lncA/C 质粒、11 株接合子同时携带 blaTEM-1、blaCTX-M-55、tetA、sul2、aac (6′)-Ib-cr 和 floR 基因中的一种或几种，3 种毒力基因 iutA、traT 和 VagC 分别在 7 株、2 株和 1 株接合子中被检测到，值得注意的是，8 株接合子同时携带多种耐药基因和毒力基因。该研究中苍蝇源大肠杆菌 blaCMY-2 基因的检出，是首次在中国鸡场报道，证实了苍蝇已成为耐药基因的一个重要储存库。

申子平等从贵阳、遵义的规模鸡场无菌采集 53 只病鸡或病死鸡的病料（心脏和肝脏），分离得到 39 株大肠杆菌[25]，应用纸片法对上面分离到的致病性菌株进行药敏试验。试验的药物有阿莫西林、头孢曲松、庆大霉素、头孢噻肟、阿米卡星、丁胺卡那霉素、头孢唑啉、新霉素、氟苯尼考、氧氟沙星、氨苄青霉素、链霉素、罗红霉素、恩诺沙星和阿奇霉素 15 种药物，高敏率分别为 9.68%、70.97%、29.03%、70.97%、90.32%、64.52%、67.74%、35.48%、19.35%、25.80%、0、38.71%、3.23%、9.68% 和 29.03%，而耐药率分别为 64.52%、12.90%、25.80%、25.80%、3.23%、19.35%、25.58%、29.03%、32.56%、38.71%、54.84%、61.29%、77.42%、67.74% 和

41.94%。因此，该地区优先选用阿米卡星、丁胺卡那霉素、头孢曲松、头孢噻肟和头孢唑啉治疗鸡源大肠杆菌病。

贾青辉等采用 PCR 方法检测 2013～2016 年从河北省秦皇岛、唐山、保定、邢台等地区不同养鸡场分离的 104 株鸡源致病性大肠杆菌的 *irp2*、*fyuA*、*ompT*、*iucDa*、*colv*、*tsh*、*iroN*、*fimC*、*papC*、*hlyF*、*ECs370*、*ECs3737*、*iucA*、*astA*、*vat*、*iss*、*Ler*、*eaeA* 和 *sfa* 19 种毒力基因[26]，从 104 株鸡源致病性大肠杆菌中检出 16 种不同的毒力基因，毒力基因总检出率为 84.2%（16/19），其中毒力基因 *irp2*、*fyuA*、*ompT*、*iucDa*、*colv*、*tsh* 的检出率均在 90% 以上，毒力基因 *iroN*、*fimC*、*papC*、*hlyF*、*ECs370*、*ECs3737* 的检出率在 62.5%～88.5%，*iucA*、*astA*、*vat* 和 *iss* 毒力基因的检出率相对较低，在 34%～62.5% 之间，LEE 毒力岛 *Ler*、*eaeA* 毒力基因和黏附素 *sfa* 毒力基因未检出。河北地区分离的 104 株鸡源致病性大肠杆菌离株中携带的毒力基因较复杂，不同种类的毒力基因与 GenBank 参考株序列同源性为 95.7%～99.5%。另外，采用 Kirby-Bauer 纸片法分析了 104 株鸡源致病性大肠杆菌对庆大霉素、丁胺卡那霉素、新霉素、大观霉素、链霉素、红霉素、氨苄西林、阿莫西林、头孢曲松、头孢噻肟、氟苯尼考、复方新诺明、磺胺甲氧异噁唑、四环素、多西环素、多黏菌素、诺氟沙星、环丙沙星、左氧氟沙星和恩诺沙星的耐药性情况，分离菌株对 20 种抗菌药物具有不同程度的耐药性。其中对氨苄西林、阿莫西林、复方新诺明和四环素的耐药率最高达 90% 以上，分别为 92.31%、96.15%、91.35% 和 99.04%。其次，对磺胺甲氧异噁唑、链霉素、多西环素、环丙沙星、诺氟沙星、恩诺沙星、新霉素和红霉素的耐药率也较高，达 60% 以上，分别为 85.58%、78.85%、75.96%、74.04%、68.27%、60.58%、60.58% 和 60.58%。对其余 8 种抗生素的耐药率也均达 20% 以上。而仅对丁胺卡那霉素、大观霉素、头孢噻肟、左氧氟沙星相对比较敏感，敏感率分别为 58.65%、48.08%、47.12% 和 44.23%。多重耐药分析显示，2013～2016 年河北省分离的鸡源致病性大肠杆菌菌株均呈现多重耐药，其中 2013 年和 2014 年分离的菌株最高对 16 种抗生素耐药，2015 年分离的大肠杆菌菌株最高对 18 种抗生素耐药，2016 年分离的大肠杆菌菌株最高对 18 种抗生素耐药。其中耐 11～14 种抗生素最多，占总分离大肠杆菌菌株的 50.96%（53/104）。经分析显示分离的 104 株鸡源致病性大肠杆菌携带的毒力基因和耐药性两者之间不存在明显的相关性，为河北省地区鸡源致病性大肠杆菌的防治提供了科学依据。

谢榕等进行了 2012 年 2～5 月从河北省 31 个鸡场病死鸡的心脏或肝脏中分离到的 83 株鸡源大肠杆菌分离株的药敏试验[27]，药物包括青霉素、头孢曲松钠、头孢噻肟、头孢拉定和氨苄青霉素舒巴坦。83 株大肠杆菌对头孢菌素药物耐药严重，其中对青霉素的耐药率为 100%，对第一代头孢类抗生素头孢拉定的耐药率也高达到 77.1%，而对第三代头孢类抗生素头孢曲松、头孢噻肟的耐药率依次为 61.4% 和 60.2%，虽较第一代降低，但仍大于 60%。说明河北地区禽源致病性大肠杆菌对头孢类抗生素已普遍产生耐药性。同时，采用 PCR 方法检测了 83 株大肠杆菌的 *iroN*、*iutA*、*iss*、*hlyT* 和 *ompT* 毒力基因及超广谱 β-内酰胺酶（Extended-spectrum β-lactamase，ESBLs）基因 *blaCTX*、*blaOXA*、*blaTEM*、*blaCMY* 和 *blaSHV* 的分布情况。83 株菌中有 66 株为毒力基因阳性，占 79.5%，而 17 株不含任一所测毒力基因，占 20.5%。83 株鸡源大肠杆菌毒力基因阳性率由高到低为 *iroN*（54 株，65.06%）、*iutA*（51 株，61.45%）、*iss*（37 株，44.58%）、

$hlyT$（28株，33.73%）和$ompT$（9株，10.84%），$iroN$、$iutA$的阳性率均大于60%，说明二者是河北禽源致病性大肠杆菌致病力的关键所在。其中4株禽源致病性大肠杆菌含有所测的5种毒力基因，占4.8%；分布最广的为$iroN$、$iutA$、iss型，有14株禽源致病性大肠杆菌，占16.9%。有17株禽源致病性大肠杆菌未检测到所测毒力基因的存在，但临床也表现为败血症，可能涉及其他毒力基因，需进一步探讨。β-内酰胺酶抗性基因型检测方面，83株禽源致病性大肠杆菌中有62株产β-内酰胺酶抗体基因，阳性率为74.4%，其中$blaCTX$、$blaOXA$、$blaTEM$和$blaCMY$的阳性率依次为66.3%、25.3%、18.1%、4.8%和0，但未检测到$blaSHV$基因的存在，说明河北地区致病性大肠杆菌产ESBLs的主要为$blaCTX$、$blaOXA$，34株禽源致病性大肠杆菌仅携带1种β-内酰胺类药物耐药基因，占所有菌株的41.0%。有28株禽源致病性大肠杆菌同时携带两种以上基因，其中23株禽源致病性大肠杆菌携带2种β-内酰胺类药物耐药基因，占所有菌株的27.7%；5株禽源致病性大肠杆菌携带3种β-内酰胺类药物耐药基因，占所有菌株的6.0%。该项研究初步明确了河北禽源致病性大肠杆菌的分子流行现状。

2010年3~5月从河南省部分地区鸡场有大肠杆菌病典型症状的病例（鸡）采集病料（肝脏、脾脏等脏器）[28]，其中驻马店4例、郑州8例、洛阳1例、漯河1例、焦作2例、平顶山1例。养琼脂平板、麦康凯琼脂、伊红美蓝琼脂培养基培养，革兰氏染色镜检和生化鉴定共分离出禽源性大肠杆菌17株，其中驻马店4株、郑州8株、洛阳1株、漯河1株、焦作2株、平顶山1株。常规纸片法检测17株禽源性大肠杆菌对氯霉素、红霉素、青霉素、链霉素、阿奇霉素、头孢曲松、头孢噻肟、诺氟沙星、环丙沙星、庆大霉素、阿米卡星、氨苄西林、四环素、万古霉素、多西环素、强力霉素、恩诺沙星、氟苯尼考、硫酸新霉素、氧氟沙星、头孢哌酮、头孢唑啉、泰乐菌素及自制4号注射液24种抗生素的耐药性。24种药物中有21种药物的耐药率大于70%，其中链霉素、青霉素、阿奇霉素、万古霉素、氯霉素、环丙沙星、诺氟沙星、恩诺沙星、四环素、泰乐菌素10种药物的耐药性达90%，青霉素、阿奇霉素、氟霉素、泰乐菌素4种药物的耐药性达100%。无菌株对这些药物敏感；而敏感率大于20%的仅有阿米卡星和4号注射液。驻马店地区分离出的4株禽源大肠杆菌有75%的菌株对阿米卡星和4号注射液高敏，50%的菌株对阿奇霉素高敏，25%的菌株对庆大霉素、多西环素高敏。郑州地区分离出的8株禽源大肠杆菌有37.5%的菌株对阿米卡星高敏，25%的菌株对4号注射液高敏，12.5%的禽源致病性大肠杆菌菌株对氟苯尼考、硫酸新霉素和头孢曲松高敏。焦作地区分离出的2株禽源大肠杆菌有100%的菌株对阿米卡星、头孢唑啉、氟苯尼考高敏。50%的禽源致病性大肠杆菌菌株对硫酸新霉素、头孢曲松、诺氟沙星、氧氟沙星高敏。洛阳1株禽源致病性大肠杆菌对头孢噻肟高敏，对头孢哌酮中敏。漯河1株禽源致病性大肠杆菌对头孢唑啉、氨苄西林、4号注射液高敏，对硫酸新霉素、头孢噻肟、阿奇霉素中敏。平顶山地区1株禽源致病性大肠杆菌对阿米卡星、4号高敏，对硫酸新霉素、阿奇霉素中敏。

从河南中北部11个地区多个规模化鸡场粪便、肛门拭子、病死鸡采集病料[29]，经麦康凯琼脂平板、大肠杆菌显色培养基鉴定，共分离、保存157株鸡源大肠杆菌，采用二倍肉汤稀释法检测了大肠杆菌对氨苄西林、阿莫西林/克拉维酸、头孢唑啉、头孢噻吩、链霉素、庆大霉素、阿米卡星、卡那霉素、大观霉素、安普霉素、四环素、强力霉素、氯霉素、氟苯尼考、磺胺甲噁唑、磺胺异噁唑、环丙沙星、恩诺沙星、诺氟沙星、达氟沙星、洛美沙星、利福平、多黏菌素 E 23 种抗菌药物的药物敏感性。耐药性监测结果表明，鸡源大肠杆菌对阿莫西林/克拉维酸、头孢噻呋和阿米卡星相对较为敏感，耐药率分别为 40.8%、59.9% 和 56.7%，对氨苄西林、卡那霉素、四环素、磺胺异噁唑、磺胺甲噁唑、环丙沙星、恩诺沙星、诺氟沙星、洛美沙星、达氟沙星、多黏菌素 E 等高度耐药，耐药率均大于 95.0%。该研究数据一方面为本地区的用药提供了一定的参考价值，另一方面，也显示出本地区鸡源大肠杆菌的耐药性极其严重，有必要对本地区畜禽源细菌的耐药性进行跟踪监测。

卢晓辉等从河南省北部的新乡、焦作、安阳、濮阳、鹤壁、济源 6 个地市 139 家养鸡场具典型鸡大肠杆菌病病变特征的病死鸡或濒死鸡中分离出 147 株大肠杆菌[30]，采用 Kirby-Bauer 纸片扩散法检测了 147 株大肠杆菌对氟苯尼考、先锋杆灭、广安、先锋 V、阿米卡星、谱净、复方新诺明、氟哌酸、四环素、青霉素 G、链霉素、庆大霉素、肠治久安、氨苄青霉素、卡那霉素、菌必治、氧氟沙星、新生霉素、氨苄青霉素、利福平、氨曲南、林可霉素、阿奇霉素、红霉素、强力霉素、泰乐菌素、先锋 VI 和环丙沙星 28 种抗菌药物的耐药性。147 株分离菌株对新生霉素、杆菌肽、复方新诺明、氟哌酸、链霉素、四环素、氨苄青霉素、羧苄青霉素和红霉素等都有很高的耐药性，耐药率分别为 100%、100%、86.39%、86.39%、85.71%、83.67%、83.00%、80.27% 和 80.27%。此外，青霉素 G（74.83%）、利福平（74.83%）、环丙杀星（74.83%）、林可霉素（72.11%）、庆大霉素（57.82%）、泰乐菌素（57.14%）、卡那霉素（51.70%）、氧氟杀星（50.34%）的耐药菌株也十分普遍。只有先锋杆灭（1.36%）、广安（4.08%）、谱净（7.48%）、氟苯尼考（12.93%）、常欢（14.29%）、菌必治（21.77%）的耐药率较低。在 147 株分离的大肠杆菌菌株中，只有两株表现出对 15 种抗菌药物极敏，一般都表现出对多种抗菌药物的耐药性，18 耐仅有 2 株大肠杆菌，只占 1.36%；而 33 耐的更少，仅 1 株大肠杆菌，约占 0.68%；24 耐的大肠杆菌菌株数最多，有 28 株，占 19.05%；其次是 21 耐 17 株大肠杆菌（11.57%）、26 耐 16 株大肠杆菌（10.88%）。

许兰菊等从河南许昌、济源、兰考、开封、登封、南阳、西华、项城 8 个县市不同发病鸡群疑似鸡大肠杆菌病的病死鸡中分离鉴定出 8 株鸡大肠杆菌[31]，采用 Kirby-Bauer 纸片扩散法检测了 8 株大肠杆菌对痢特灵、氟苯尼考、头孢曲松、头孢噻呋、阿米卡星、头孢唑啉、氯霉素、新霉素、卡那霉素、庆大霉素、氨苄西林、链霉素、氧氟沙星、环丙沙星 14 种药物的耐药性，各地区分离的大肠杆菌菌株均对头孢类药物和阿米卡星、卡那霉素、氟苯尼考、氯霉素敏感，大多数大肠杆菌菌株对氧氟沙星、环丙沙星、氨苄西林及链霉素等耐药。即使是同一血清型也存在着明显的差异，这说明耐药性与血清型无关。

魏麟等从湖南西部地区怀化、中方、安江、芷江、新晃、麻阳、辰溪、溆浦、洞口、隆回、武冈、绥宁 12 县市 12 个养鸡场分离得到 147 株鸡源大肠杆菌[32]。按美国临床和实验室标准协会推荐的纸片扩散法测定了 147 株鸡源大肠杆菌对头孢噻肟、头孢噻吩、头孢曲松、氨苄西林、新诺明、萘啶酸、氧氟沙星、诺氟沙星、环丙沙星、链霉素、庆大霉素、卡那霉素、氯霉素和四环素 14 种抗菌药物的敏感性。结果表明，细菌耐药性严重，氨苄西林、新诺明、萘啶酸、氧氟沙星、诺氟沙星、环丙沙星、氯霉素、四环素等耐药性强，耐药率均达到 62% 以上。鸡源大肠杆菌对氨苄西林、新诺明、萘啶酸、氧氟沙星、诺氟沙星、环丙沙星、链霉素、庆大霉素、卡那霉素、氯霉素和四环素的耐药率分别为

62.6％、81.0％、85.0％、77.6％、68.7％、66.7％、38.1％、25.9％、24.5％、53.1％
和96.6％，但鸡源大肠杆菌对头孢噻肟、头孢噻吩、头孢曲松较为敏感，其耐药率分别
为2.0％、8.2％和2.7％，为有效防治湖南西部地区鸡大肠杆菌病提供了有价值的参考
资料。

文英报从青海省某县个体养鸡场所饲养雏鸡中的大肠杆菌病雏鸡分离到大肠杆菌[33]。
采用纸片法分析了分离菌对12种抗生素的耐药性，鸡大肠杆菌对头孢唑啉、氟哌酸、妥
布霉素、头孢他啶、庆大霉素、新霉素等抗生素高度敏感，对头孢呋新中度敏感，而对羧
苄青霉素、呋喃妥因、复合磺胺、链霉素、丁胺卡那等抗生素耐药。

王敏霞等从山西某地3个鸡场疑似为大肠杆菌病的6只病死鸡分离得到6株鸡大肠杆
菌[34]。分析了分离的鸡源大肠杆菌菌株对阿莫西林、庆大霉素、土霉素、卡那霉素、双
黄连、磺胺嘧啶钠、泰乐菌素、乙酰甲喹、板蓝根、诺氟沙星和多丙环素的耐药性，6个
菌株表现出相似的药物敏感性，对庆大霉素、卡那霉素、诺氟沙星敏感，对土霉素、双黄
连、多西环素、板蓝根、泰乐菌素耐药。

李海花等从矮脚鸡、苏秦绿壳蛋鸡、大围山微型鸡和泰和乌骨鸡的23份病料（心、
肝、脾等组织）共分离出9株鸡大肠埃希菌[35]，PCR鉴定显示5株中能够检出ChuA毒
力基因，分离鉴定的5株致病性大肠埃希菌对链霉素、磷霉素、阿莫西林/克拉维酸、庆
大霉素、环丙沙星、头孢唑啉和氨苄西林7种药物出现不同程度的耐药性。7种药物中耐
药率最大的为庆大霉素80％（4/5）、头孢唑啉80％（4/5）、头孢唑啉80％（4/5）和氨苄
西林80％（4/5），最小的为阿莫西林/克拉维酸0％（0/5）和链霉素0％（0/5），为敏感
药物，其他的耐药率分别为磷霉素40％（2/5）和环丙沙星40％（2/5）。

吴海港等从皖北地区界首、太和、临泉、亳州等10个县市42个鸡场送检的病死鸡心
血、肝脏、脾脏等组织病料中分离获得34株大肠杆菌[36]，药敏试验结果显示，分离的大
肠杆菌对强力霉素、氟苯尼考、丁胺卡那霉素、培氟沙星高度敏感，对氧氟沙星、恩诺沙
星、新霉素、氨苄青霉素中度敏感，对环丙沙星、利福平、氟哌酸、链霉素、红霉素、土
霉素不敏感。对培氟沙星敏感、中度敏感和耐药的鸡致病性大肠杆菌的株数分别为26株、
7株和1株，分别占总菌株的76.47％、20.59％和2.94％。对丁胺卡那霉敏感、中度敏感
和耐药的鸡致病性大肠杆菌的株数分别为31株、3株和0株，分别占总菌株的91.18％、
8.82％和0。对利福平敏感、中度敏感和耐药的鸡致病性大肠杆菌的株数分别为2株、2
株和30株，分别占总菌株的5.88％、8.82％和88.24％。对氟苯尼考敏感、中度敏感和
耐药的鸡致病性大肠杆菌的株数分别为29株、4株和1株，分别占总菌株的85.29％、
11.76％和2.94％。对诺氟沙星敏感、中度敏感和耐药的鸡致病性大肠杆菌的株数分别为
0株、1株和33株，分别占总菌株的0、2.94％和97.06％。对环丙沙星敏感、中度敏感
和耐药的鸡致病性大肠杆菌的株数分别为2株、3株和29株，分别占总菌株的5.88％、
8.82％和84.30％。对氨苄西林敏感、中度敏感和耐药的鸡致病性大肠杆菌的株数分别为
1株、19株和14株，分别占总菌株的2.94％、55.88％和41.18％。对链霉素敏感、中度
敏感和耐药的鸡致病性大肠杆菌的株数分别为3株、5株和26株，分别占总菌株的
8.82％、14.71％和76.47％。对氧氟沙星敏感、中度敏感和耐药的鸡致病性大肠杆菌的
株数分别为4株、18株和12株，分别占总菌株的11.76％、52.94％和35.3％。对恩诺沙
星敏感、中度敏感和耐药的鸡致病性大肠杆菌的株数分别为3株、20株和11株，分别占

总菌株的 8.82％、58.82％和 32.36％。对红霉素敏感、中度敏感和耐药的鸡致病性大肠杆菌的株数分别为 1 株、2 株和 31 株，分别占总菌株的 2.94％、5.88％和 91.18％。对土霉素敏感、中度敏感和耐药的鸡致病性大肠杆菌的株数分别为 2 株、6 株和 26 株，分别占总菌株的 5.88％、17.65％和 76.47％。对强力霉素敏感、中度敏感和耐药的鸡致病性大肠杆菌的株数分别为 32 株、2 株和 0 株，分别占总菌株的 94.13％、5.88％和 0。对新霉素敏感、中度敏感和耐药的鸡致病性大肠杆菌的株数分别为 4 株、20 株和 10 株，分别占总菌株的 11.76％、58.82％和 19.42％。

主要参考文献

[1] 常清利，张丽娜.215 株大肠埃希菌的分布及耐药性分析 [J].国际检验医学杂志，2011，32 (19)：2262～2263.

[2] 方雨玲，李复中.231 株仔猪腹泻大肠杆菌对 18 种抗菌药物敏感性测定 [J].湖北畜牧兽医，1992，2：1～6.

[3] 赫鸣睿.大肠杆菌毒力因子及耐药机制研究进展 [J].现代畜牧科技，2018，45 (9)：4～5.

[4] 郭浩.10 株禽源大肠杆菌的分离鉴定和耐药性分析 [J].畜禽业，2018，9：124.

[5] 卢国民，韩明宝，陈书文等.12 株雏鸡大肠杆菌的分离鉴定及药敏试验 [J].兽医导刊，2017，10：205～205.

[6] 苑丽，刘建华，胡功政等.30 株鸡大肠杆菌 ESBLs 基因型检测及耐药性分析 [J].中国预防兽医学报，2009，31 (6)：438～443.

[7] 苑丽，莫娟，胡功政等.49 株鸡大肠杆菌 OXA 型 β-内酰胺酶的检测 [J].江西农业学报 2009，21 (8)：1～3.

[8] 陈霞，车洁，赵晓菲等.483 株肉鸡源大肠埃希菌和肺炎克雷伯菌中 ISCR1 及 int1 基因的流行及耐药情况 [J].中华预防医学杂志，2017，51 (10)：886～889.

[9] 左玉柱，范京惠，赵国先等.保定市鸡源致病性大肠杆菌的流行病学及药敏试验.畜牧与兽，2010，42 (6)：84～86.

[10] 齐凤云，孙少丽.滨州地区鸡大肠杆菌的分离鉴定及药敏试验 [J].山东畜牧兽医，2012，33：4～6.

[11] 郝智慧，肖希龙，邱梅等.不同区域鸡大肠杆菌对抗菌药的耐药性比较 [J].中国兽医科学，2009，39 (01)：84～88.

[12] 贡嘎，益西措姆，扎西拉姆等.藏鸡大肠杆菌分离鉴定及耐药性研究 [J].中国畜牧兽医文摘，2016，32 (7)：55～56.

[13] 常照锋，李小康，王臣等.雏鸡大肠杆菌病的病原分离鉴定 [J].畜牧与兽医，2014，46 (2)：91～93.

[14] 张金玉，周兴忠.蛋鸡场大肠杆菌病防治效果分析 [J].中国家禽，2015，37 (21)：77～78.

[15] 谭红云，张汝，常志顺等.蛋鸡大肠杆菌和 H9 亚型禽流感病毒混合感染的诊治 [J].云南畜牧兽医，2014，4：8～9.

[16] 周斌，杜俊成.蛋鸡致病性大肠杆菌的分离与药敏试验 [J].四川畜牧兽医，2010，9：26～27.

[17] 姚彩霞，廖娟，谢玉梅等.峨眉黑鸡粪源大肠杆菌的耐药性分析试验研究 [J].四川畜牧兽医，2017，320 (4)：34～35.

[18] 褚福勇，黄中华，龚新辉等.防治鸡大肠杆菌抗菌药物的临床选择 [J].畜牧兽医科技信息，2010，9：1～3.

[19] 张雅为，高锋，刘耀川等.阜新某鸡场大肠埃希菌四环素类药物敏感性试验及耐药基因检测 [J].动物医学进展。2017，38 (10)：118～121.

[20] 王亮，罗莉宁.甘肃省鸡大肠杆菌病血清型调查及药敏试验 [J].国外畜牧学-猪与禽，2013，194 (5)：69～70.

[21] 陈鲜花，李跃龙，张健骅等.广东鸡致病性大肠杆菌对氟喹诺酮类药物的敏感性分析 [J].中国兽药杂志，2004，38 (11)：10～12.

[22] 张莉平，王春民，张西雷等.规模化鸡大肠杆菌的分离鉴定及耐药性监测 [J].家畜生态学报，2006，27 (1)：73～76.

[23] 石玉祥，王绥华，张永英等.规模化鸡场空气致病性大肠杆菌的分离鉴定及耐药性观察.河南农业科学，2014，43 (2)：126～128.

[24] 李庆周，马素贞，孔令汉等.规模化鸡场中产 CMY-2 大肠杆菌耐药基因与毒力基因的调查及共转移研究 [J].四

川大学学报（自然科学版），2017，54（2）：417～422.

[25] 申子平，董载勇.贵州省部分地区鸡源大肠杆菌血清型鉴定及药敏试验［J］.湖南畜牧兽医，2018，207（5）：20～22.

[26] 贾青辉，张召兴，李蕴玉等.河北地区鸡源致病性大肠杆菌毒力基因检测与耐药性分析［J］.中国预防兽医学报，2018，40（5）：401～405.

[27] 谢榕，李玉荣，李成会等.河北禽源致病性大肠杆菌耐药性、毒力基因及超广谱 β-内酰胺酶分析［J］.中国家禽，2017，39（17）：57～60.

[28] 李昆明，姚惠霞，刘晓琳等.河南部分地区 17 株禽源大肠杆菌的耐药性分析［J］.安徽农业科学，2010，38（31）：17733～17735.

[29] 杜向党，焦显芹，陈玉霞等.河南地区鸡猪源大肠杆菌的耐药性监测［J］.江西农业大学学报，2008，30（6）：957～960.

[30] 卢晓辉，李祥瑞，孙清莲等.河南省部分地区鸡源大肠杆菌分离及其生物学特性［J］.畜牧与兽医，2009，41（2）：69～72.

[31] 许兰菊，张书松，潘学营等.河南省部分地区鸡源致病性大肠杆菌生物学特性的研究［J］.中国家禽，2004，26（11）：14～16.

[32] 魏麟，黎晓英，刘胜贵等.湖南西部地区鸡大肠杆菌血清型分布及耐药性分析［J］.安徽农业科学，2009，37（28）：13615～13617.

[33] 文英.鸡大肠杆菌病病原的分离与鉴定［J］.畜牧业，2007，215：8～9.

[34] 王敏霞，郑明学，王彦辉.鸡大肠杆菌病的病原分离鉴定与药敏试验［J］.畜牧业，2007，219：11～12.

[35] 李海花，白朋勋，张莉等.天津 4 种特色引进家禽大肠埃希菌的分离鉴定及药敏试验［J］.动物医学进展，2016，37（8）：112～115.

[36] 吴海港，张文建，王春梅.皖北地区鸡致病性大肠杆菌的分离鉴定及药敏实验［J］.中国饲料，2011，1：11～12.

第四章
大肠杆菌的致病毒力因子

由于大肠杆菌致病菌能携带毒力基因的一个或者多个大的 DNA 片段，这些片段称为致病性岛。在细菌进化期间通过水平基因转移而获取致病性岛，可导致大肠杆菌致病性。肠致病性大肠杆菌拥有的致病性岛 DNA 的大小为 35～170kb，它包含了几个共栖大肠杆菌所缺乏的毒力基因。在病原菌致病性岛中最好例子就是携带基因的毒力与蛋白分泌有关。革兰氏阴性菌的蛋白分泌路径类型存在从 Ⅰ 到 Ⅴ 五种类型。目前已证实，大肠杆菌的蛋白分泌路径为五种类型中的第 Ⅲ 类型，称为第 Ⅲ 类分泌系统。细菌通过 Ⅲ 类分泌系统路径可以将毒力蛋白分泌或注入到宿主细胞内。由 Ⅲ 类分泌系统基因编码的蛋白可能引起宿主肠内皮细胞微丝肌纤蛋白的构象变化，其结果是在感染的宿主细胞表面形成杯状突起物，以利于大肠杆菌紧密连接感染的宿主细胞。另外，研究资料显示，大肠杆菌的致病力与凝集豚鼠红细胞的特性呈正相关关系。一般有致病力的细菌能凝集豚鼠和鸡红细胞，不过对牛、猪、羊和兔的红细胞凝集作用呈不规则的特性。目前，对致病性大肠杆菌致病机理的研究主要集中在脂多糖 LPS、菌毛、鞭毛、荚膜、外毒素、外膜蛋白 OMP、铁转运系统等，还包括 ColV 质粒和 R 质粒等方面。大肠杆菌各种因子在侵袭宿主组织并引起发病的过程中起着相互协调和共同发挥的作用。

目前，使用抗菌药和疫苗是控制鸡大肠杆菌病的主要方式，但由于耐药菌株泛滥和药物残留，抗菌药的使用仍然存在很大问题。现行大肠杆菌疫苗的研制是以菌体抗原血清为基础进行，由于菌体抗原血清学分型是根据菌体表面单一抗原表位，不能反映鸡大肠杆菌分离株的遗传多样性，以菌体抗原血清型为基础的疫苗免疫效果不是很理想。

第一节 大肠杆菌的致病因子

大肠杆菌具有很多毒力因子，包括内毒素、荚膜、黏附素、外毒素和 Ⅲ 型分泌系统等[1～4]。

一、菌毛

大肠杆菌的菌毛是引发大肠杆菌病的首要因素之一，因此，菌毛（pilus 或 fimbria）是大肠杆菌的重要致病因子，有些菌毛又称为定植因子（colonization factor）。在大多数情况下，大肠杆菌菌毛能够通过宿主体表的特定接受体产生作用，这种作用不仅仅有助于大肠杆菌吸附在宿主细胞上，而且能够迅速开始进行复制。菌毛蛋白（pilin）被认为是菌毛的主要成分，大肠杆菌菌毛的黏附作用具有选择性，这种选择性主要与宿主细胞表面的特殊受体有关。大肠杆菌的菌毛抗原主要包括 I 型菌毛和 P 型菌毛两种。I 型菌毛能介导菌体对很多种动物的红细胞、酵母细胞及其他细胞的特异性吸附，D-甘露糖可抑制这种吸附作用，因此，把这种菌毛又称甘露糖敏感血凝性（MSHA）菌毛。大肠杆菌表达的甘露糖敏感血凝性菌毛可吸附于鸡的气管和喉头上皮细胞，对血清杀菌作用有抗性。Dozois 等研究显示，表达的 I 型菌毛可以吸附于宿主的器官上皮，而 P 型菌毛不能特异性地吸附，因此，认为 I 型菌毛在致病性大肠杆菌的呼吸道定居方面发挥着重要作用，而 P 型菌毛只是在大肠杆菌的进一步致病过程中发挥作用。*PaP*、*Pts* 及相关基因簇编码 P 型菌毛，Gal-a（1～4）是大肠杆菌 P 型菌毛吸附的上皮细胞受体，该受体凝血特性对甘露糖不敏感，亦称甘露糖抵抗血凝性（MRHA）菌毛。致病性大肠杆菌能与上皮细胞膜上特异性碳水化合物受体相结合。

大肠杆菌进入动物呼吸道以后，利用大肠杆菌菌毛使菌体与呼吸道上皮细胞粘连，这个黏附过程为整个大肠杆菌侵入机体提供了可行性。体外吸附试验和体内气管内感染的电镜观察结果显示，含菌毛的大肠杆菌均可黏附于动物气管黏膜上皮细胞，并引起明显的病理变化。Gyiamach 等认为大肠杆菌对气管上皮粘连的过程主要包括两个步骤。首先是大肠杆菌非特异性短暂地以一种十分松散的形式结合到上皮细胞，然后细菌黏附因子以一种高度特异性的"一锁一钥"式诱导契合的方式相互结合宿主上皮细胞膜上互补的受体。大肠杆菌与上皮细胞上特异的碳水化合物受体相结合是致病性大肠杆菌完成气管上皮黏附作用的重要方式。大肠杆菌 O1 和 O78 菌株的表面含有甘露糖特异性菌毛，这种菌毛可与宿主气管上皮细胞膜表面的甘露糖受体结合。大肠杆菌在宿主细胞定植以后开始大量繁殖，随后大肠杆菌可产生大量的肠毒素、黏附素等毒力因子，同时，这些肠毒素和内毒素可进一步破坏肠道完整性，通过大肠杆菌自身的侵袭作用大量进入血液，从而形成菌血症。大肠杆菌产生的肠毒素与肠道上皮细胞结合后环腺苷酶可被激活，进而细胞内大量积聚环磷酸腺苷，造成重碳酸和钠的交换增加，使很多细胞内的水向肠腔内渗透，从而引发宿主脱水。

大肠杆菌的菌毛抗原属于一类特异的蛋白质。一般情况下，多数菌毛抗原可分别由质粒 DNA 和定位于染色体上基因编码。Suwanichrul 等于 1986 年报道了致病力较强的大肠杆菌 O1、O2 和 O78 血清型的菌毛生物学和免疫学特性，结果显示每种大肠杆菌血清型只表达一种类型的菌毛。三种血清型大肠杆菌所表达的菌毛既含有部分共同抗原成分，又含有各自独特的抗原。许多研究表明，菌毛可能起源于同一基因，而同一起源基因突变导致菌毛间的差异性。同时，这种机制很可能是病原菌逃避宿主免疫应答的一种共同机制。Gyiamah 等利用菌毛含有部分共同抗原成分这一特性，将 O1、O2 和 O78 型大肠杆菌菌毛制成单价和多价菌毛乳剂疫苗，免疫结果证明这些疫苗对同源大肠杆菌菌株感染鸡气囊表现出有效的保护作用。

二、细菌毒素

毒素是微生物的代谢产物，它的致病性主要是通过毒素物质作用于宿主细胞从而达到改变宿主细胞正常代谢，导致正常的代谢活动无法正常进行。大肠杆菌病发生的另外一个重要原因就是细菌毒素，外毒素和内毒素是大肠杆菌的细菌毒素（Bacterial toxin），这些毒素都是重要致病因子。毒素往往是微生物的代谢产物，这些产物大多是具有比较大的毒性的。

（1）外毒素 致病性大肠杆菌的外毒素主要有 Vero 毒素、大肠杆菌素、肠毒素、溶血素等。Vero 毒素能特异性裂解真核细胞 28S rRNA，从而抑制细胞蛋白合成过程中肽链的延伸，致使细胞死亡。大肠杆菌素能产生溶细胞作用，同时还能对细胞内的一些位点如核糖体发起攻击，或者干扰细胞所需能量的合成。22.5%的鸡大肠杆菌分离株可以产生外毒素。肠毒素能导致细胞内水、碳酸氢钾、氯、钠等过度分泌至肠腔，使得宿主出现腹泻。

① 大肠杆菌素 ColB、ColEI、Col2、Coil 和 CoiV 等不同质粒编码大肠杆菌素（eolicin）。一些大肠杆菌素与敏感靶细菌细胞包膜上的特殊受体连接，产生细胞胞溶作用，同时，大肠杆菌素可攻击细胞内的一些位点如核糖体，或者大肠杆菌素直接搅乱细胞所需能量形成。由此可见，大肠杆菌素 ColV 在致病性鸡大肠杆菌的毒力因子中的作用是非常重要的。Emery 等报道在鸡大肠杆菌分离株中产大肠杆菌素的菌株的致病力往往较强，64%的鸡大肠杆菌分离株及 61%的火鸡大肠杆菌分离株产生大肠杆菌素，其中大肠杆菌素 ColV 在鸡大肠杆菌分离株中的比例达到 51%，而在火鸡大肠杆菌分离株中的比例只有42%。陆善勇等也发现国内大肠杆菌分离株有 64.7%的菌株产生大肠杆菌素。

② 肠毒素 不耐热肠毒素和耐热肠毒素是大肠杆菌的两种肠毒素，这两种肠毒素均由质粒介导。以往认为鸡大肠杆菌的菌株不产生肠毒素，但近些年发现大肠杆菌的有些菌株也可产生不耐热肠毒素和/或耐热肠毒素。目前，对于不耐热肠毒素的基本组成的研究相对清楚，一个 A 亚基和 5 个 B 亚单位（A-5B）共同组成了大肠杆菌不耐热肠毒素。不耐热肠毒素又可分不耐热肠毒素-Ⅰ和不耐热肠毒素-Ⅱ两型。A 亚单位是不耐热肠毒素的活性部位，而不耐热肠毒素 B 亚单位与肠黏膜上皮细胞表面的神经节苷脂（ganglioside，GM1）结合后，使 A 亚单位穿越细胞膜与腺苷化酶作用，令胞内腺苷三磷酸转化为环磷酸腺苷，致使胞内的环磷酸鸟苷含量增多。细胞内环磷酸腺苷水平增加，导致细胞内水、碳酸氢钾、氯、钠等过度分泌至肠腔，出现腹泻。与不耐热肠毒素的作用机制不同，耐热肠毒素通过激活肠黏膜细胞上的鸟苷环化酶，使胞内的环磷酸鸟苷水平增加，从而引起腹泻。可将耐热肠毒素分为耐热肠毒素 a 和耐热肠毒素 b 两型。其中，只有不耐热肠毒素-Ⅱ型和热肠毒素 b 型源自于动物大肠杆菌菌株。根据肠毒素的生物学特点，制备的疫苗可通用于各种大肠杆菌菌株。1993 年，Aitken R 等将编码耐热肠毒素 1 前体蛋白（perST1，53 肽）的基因片段与不耐热肠毒素 B 亚单位基因的 3′末段相融合，制备了不耐热肠毒素和耐热肠毒素大肠杆菌菌株的双价疫苗，发现产生的耐热肠毒素 1 和不耐热肠毒素 B 融合

蛋白具有较好的耐热肠毒素 1 和不耐热肠毒素 B 亚单位免疫原性，而不具有耐热肠毒素 1 的生物毒性。

③ Vero 毒素　产 Vero 毒素的大肠杆菌于 1982 年被美国学者在人类中首先发现，产 Vero 毒素的大肠杆菌也称为大肠出血性大肠杆菌。1992 年，Emery 等在研究鸡大肠杆菌和火鸡大肠杆菌的致病因子时发现，5.7% 的火鸡大肠杆菌分离株和 7.5% 的鸡大肠杆菌分离株产生不耐热肠毒素，对 Y-1 细胞有细胞毒性作用。Vero 毒素就是指能使 Vero 细胞产生病变的毒素，Emery 等的研究也发现 11.4% 的火鸡大肠杆菌分离株和 22.5% 的鸡大肠杆菌分离株产 Vero 毒素，对 Vero 细胞有细胞毒性作用。由于 Vero 毒素可被志贺抗毒素完全中和，因此，又可将 Vero 毒素称为志贺样毒素。与不耐热肠毒素一样，Vero 毒素也是由一个 A 亚基和 5 个 B 亚单位组成，即可表示为 A-5B。Vero 毒素 B 亚单位可结合宿主靶细胞受体，即细胞特异糖脂；而 Vero 毒素 A 亚单位则可裂解成两个分子 A1 与 A2，其中，A1 片段作用于 28S rRNA 上 4324 位腺嘌呤，使核糖体灭活，从而终止蛋白质合成。

④ 溶血素　一些大肠杆菌菌株可产生一种辅助毒力因子，称为溶血素，细菌的溶血性往往与大肠杆菌菌株的毒力呈正相关，有溶血性的菌株毒力较强，溶血后可产生足够的铁离子以供细菌生长，有利于大肠杆菌侵入性感染。

（2）内毒素　细菌的内毒素（endotoxin）也就是脂多糖（LPS），在某些条件下革兰氏阴性菌细胞壁中的脂多糖组分会对宿主细胞产生毒性。只有当菌体裂解后才可释放出脂多糖，同时，发现抗生素也可诱发内毒素的释放。脂多糖是一种致热原，可使得细菌感染机体导致发热或急性死亡现象。给 10～16 周龄的鸡注射细菌内毒素以检测小血管的通透性，结果发现以出血坏死和血管内凝血为特征的病理变化。何威勇等研究发现给予内毒素后纤维蛋白原和红细胞数降低，可增加血清白蛋白含量。内毒素 LPS 的毒素成分是脂蛋白，称为类脂 A。于艳辉等将大肠杆菌类脂 A 注入动物体内，比较皮下和静脉免疫大肠杆菌类脂 A 模型的抗体的产生情况，证明了大肠杆菌类脂 A 具有免疫原性。大肠杆菌内毒素毒性多种多样，对动物有不同程度的致病作用。内毒素的致热性易使机体出现发热、激活补体活化途径、产生过敏性毒素引起血小板黏附、触发凝血系统，导致弥漫性血管内凝血。内毒素进入动物体内可损伤破坏宿主心肌、肝脏、肺脏和肾脏等脏器。内毒素通过与靶细胞作用诱导这些细胞产生一系列炎症介质和细胞因子而表现出各种生物学效应。内毒素诱导产生的炎症介质和细胞因子有肿瘤坏死因子-α、一氧化氮和凝血因子等。鸡源大肠杆菌内毒素对鸡有致病作用，可以引起心脏和肝脏淋巴细胞浸润，后期还可见心肌变性、肝细胞坏死，血管内皮肿胀、变性、坏死和脱落。内毒素可以引起鸡的急性炎症，导致小静脉通透性升高，这一反应可能由 5-羟色胺、缓激肽和组织胺等炎症介质介导引起。与哺乳类动物的炎症不同，大量嗜碱性细胞浸润是内毒素所引发炎症反应的一个明显特征。

（3）黏附素　细菌黏附素是大肠杆菌在宿主中定植的基础，也是大肠杆菌致病感染的先决条件。具有黏附作用的细菌结构成分都属于黏附素，如菌毛和某些外膜蛋白 OMP[5]，一般都是细菌表面的一些大分子结构成分。研究结果显示，外膜蛋白 A 在大肠杆菌对机体的黏附、侵袭、发挥毒性作用等过程中发挥着重要作用，是一种重要的细菌毒力因子。在体液免疫中，脂多糖 LPS 与外膜蛋白 OMP 存在一定关系。有研究表明，脂多糖 LPS 是外膜蛋白 OMPA 蛋白作为 Toll 样受体所必需的。高松等报道了外膜蛋白 OMP 是大肠杆菌的主要免疫保护性抗原，可诱导高免疫保护作用，因此，可以得出微量脂多糖 LPS 可能对外膜蛋白 OMP 起免疫佐剂作用，或与外膜蛋白 OMP 抗原决定簇形成 LPS-OMP 复合物，维护抗原的天然构型。脂多糖 LPS 与外膜蛋白 OMP 同水平人工感染鸡，抗脂多糖 LPS 抗体高峰提前于抗外膜蛋白 OMP 抗体，并且脂多糖 LPS 抗原性更强，证明外膜蛋白 OMP 在鸡大肠杆菌病致病因素中，具有良好的免疫原性并与致病机制相关。从荧光显微镜可以观察到外膜蛋白 OMP 的免疫血清能阻止大肠杆菌对 Hela 细胞的黏附。因此，外膜蛋白 OMP 主要通过以下 2 个途径发挥致病作用：①外膜蛋白可以协助细菌逃避机体的免疫防御，使细菌拥有抵抗血清杀菌作用的功能，通过细菌的外膜蛋白 OMP 抗吞噬、抗补体及抵抗血清杀菌作用而增强细菌的致病作用；②外膜蛋白 OMP 有助于细菌对宿主细胞的吸附。

由大肠杆菌质粒编码的外膜蛋白 OMP 在其致病过程中起重要的作用。可能是由于遗传因素而导致细菌外膜蛋白 OMP 的改变，从而造成了致病性大肠杆菌菌株与非致病性大肠杆菌菌株毒力的不同点。1994 年，Fantiatti F 等通过外膜蛋白 OMP 的十二烷基硫酸钠-聚丙烯酰胺凝胶电泳发现，非致病性的大肠杆菌菌株缺少两种主要外膜蛋白 OMP，并且认为这两种外膜蛋白 OMP 可能在大肠杆菌致病过程中起重要作用。

① 外膜蛋白 A 的理化性质　外膜蛋白是镶嵌在革兰氏阴性菌外膜层中多种蛋白质的统称。外膜蛋白 A 是外膜中的保守成分，分子质量为 34～36ku，外膜蛋白 A 具有 4 个由 8 折叠组成的细胞外环状结构。外膜蛋白 A 又称热修饰蛋白，高于 50℃经十二烷基硫酸钠加热后，聚丙烯酰胺凝胶电泳时，泳动速度显著降低，富含 8 折叠结构，自然条件下不形成对十二烷基硫酸钠抵抗的寡聚体。加热时，分子构象改变，导致不对称性增加。外膜蛋白 A 可分为两个功能区域，N 端功能区嵌入外膜中，C 端功能区暴露于周质间隙。按外膜蛋白在细胞中的拷贝数高低区分为主要蛋白（包括外膜蛋白 A、微孔蛋白、脂蛋白等）和微量蛋白（约存在 20 种）。外膜蛋白 A 亦能参与对异丙醇、乙醇、苯酚消毒剂的耐受，并且参与对卡那霉素的耐受。

② 外膜蛋白 A 生物学功能　外膜蛋白在维持菌株外膜结构、形态，参与代谢调控，作为噬菌体受体，参与因子结合，作为大肠菌素，保证物质运输、新陈代谢、营养物质摄取等方面有显著作用。外膜蛋白可反映致病性大肠杆菌分离株的遗传标志，且与大肠杆菌的致病机理和免疫保护机理相关。外膜蛋白 A 的主要作用是维持外膜的完整，可作为噬菌体的受体等，并参与病原体对宿主的防御屏障及逃避宿主的免疫防御。大肠杆菌 OmpA 能增强致病菌的致病性。外膜蛋白 A 普遍存在于大肠杆菌菌体外膜中，是大肠杆菌重要的毒力因子，参与大肠杆菌对宿主细胞的黏附作用与侵袭功能。外膜蛋白 OmpA 阳性大肠杆菌菌株对脑微血管内皮细胞的侵袭力比 OmpA 阴性大肠杆菌菌株高 40 倍左右，多克隆微量外膜蛋白 OmpA 抗体能抑制外膜蛋白 OmpA 阳性大肠杆菌菌株对血脑屏障的侵袭。研究结果发现，以大肠杆菌 K12 外膜蛋白 A 基因的核苷酸序列设计引物，从鸡大肠杆菌 O2、O78 血清型及其融合株中均能扩增到外膜蛋白 A 基因，进一步进行序列测定及分析，结果显示 3 个鸡大肠杆菌菌株的外膜蛋白均由 2276bp 组成，核苷酸序列完全相同。禽大肠杆菌 O2、O78 血清型菌株的外膜蛋白具有良好的交叉免疫保护性。

③ 外膜蛋白 A 介导的侵袭作用　大肠杆菌 K1 侵袭人脑微血管内皮细胞（HBMEC）

的过程中，通过与外膜蛋白 A 受体 Ecgp（内皮细胞糖蛋白）的相互作用，选择性上调内皮细胞的细胞间黏附分子-1 表达。细胞间黏附分子-1 的这种表达升高并不是由于人脑微血管内皮细胞自身在细菌刺激下分泌细胞因子所引发的。在大肠杆菌介导的人脑微血管内皮细胞表达细胞间黏附分子-1 过程中，NF-κB 的活化起到转化刺激信号的作用，P13K 亚单位 p85 和 PKC-α 的显性阴性形式的过表达，能显著抑制 NF-κB 的活化，并且人脑微血管内皮细胞过表达细胞间黏附分子-1 能增强人单核细胞（THP-1）对人脑微血管内皮细胞的黏附。

外膜蛋白 A 能参与阪崎肠杆菌（ES）对人脑微血管内皮细胞的侵袭过程，研究结果显示，缺失外膜蛋白 A 的突变阪崎肠杆菌菌株比野生 ES 菌株侵袭人脑微血管内皮细胞的能力弱，并且外膜蛋白 A-阪崎肠杆菌菌株在人脑微血管内皮细胞中不增殖。在阪崎肠杆菌侵袭人脑微血管内皮细胞的过程中，P13K 和 PKC-α 均被激活，阪崎肠杆菌菌株对人脑微血管内皮细胞的侵袭作用呈负调控，并且阪崎肠杆菌菌株与大肠杆菌 K1 菌株的外膜蛋白 A 蛋白存在 88% 同源性。外膜蛋白 A 阳性大肠杆菌菌株能诱导人脑微血管内皮细胞中肌动蛋白聚集，外膜蛋白 A 阴性大肠杆菌菌株则不能。外膜蛋白 A 阳性菌株的侵袭程度与外膜蛋白 A 阴性大肠杆菌菌株相比，相差 25~50 倍。

外膜蛋白 A 在大肠杆菌进化中高度保守，主要通过增强血清抗性实现大肠杆菌的致病性。研究结果显示，外膜蛋白 A 主要通过外膜蛋白 A N 端的环状结构和人脑微血管内皮细胞表面糖蛋白分子 GIeNAq31、4-Glc-NAc 表位相互作用完成大肠杆菌侵袭人脑微血管内皮细胞过程。外膜蛋白 A 的环状域 1 和环状域 2 与细胞表面分子模型 GlcNAc、4-GIc-NAc 结合后能以较高能级水平和构象存在。大肠杆菌对脑微血管内皮细胞的侵袭只是局限在海马齿状回等部分脑组织，而人类脐静脉内皮细胞、大动脉内皮细胞和回肠内皮细胞等其他内皮细胞均无此侵袭现象。细菌外膜层中外膜蛋白 A 在细菌侵袭人脑微血管内皮细胞过程中起着非常重要的作用，IbeA、IbeB、TraJ、CNF 等其他细菌致病因子在大肠杆菌侵袭人脑微血管内皮细胞中也起着重要作用。外膜蛋白 A 阳性菌株在侵袭人脑微血管内皮细胞中能引起细胞中肌动蛋白重排，这种重排作用能够被外膜蛋白 A 受体 GleNAci31、4GlcNAc 类似物彻底抑制。

④ 外膜蛋白 A 受体　内皮细胞糖蛋白被膜（Ecgp）是一层位于内皮细胞腔面的由蛋白多糖、葡聚糖和糖蛋白组成的多功能层。糖蛋白被膜的脱落可增加微血管内皮细胞对生物大分子的通透性，从而介导、参与多种疾病过程。当糖蛋白被膜功能正常时，细胞间黏附分子和抗凝血酶等活性分子都包绕在糖蛋白被膜，糖蛋白被膜可感知血管中的剪切力，通过激活内皮细胞一氧化氮合成酶，促进一氧化氮的释放，维持血管壁的正常功能。当各种致病因素作用糖蛋白被膜时，被膜容易脱落，从而破坏血管屏障作用，导致血浆蛋白渗出。

部分内皮细胞糖蛋白被膜结构的 N 端氨基酸序列与肿瘤抑制抗原、gp96 蛋白和 Hsp90 氨基酸序列有一定的同源性。内皮细胞糖蛋白被膜可被裂解成 65ku 和 30ku 大小的两个片段，与此同时 gp96 蛋白也能裂解成一个 65ku 的小片段，并被当作 SBP，抗 SBP 抗体也同样抗内皮细胞糖蛋白被膜。内皮细胞糖蛋白被膜的降解肽段 65ku N 端序列可与外膜蛋白 A 结合，与 SBP 的同源性超过 70%。

⑤ 外膜蛋白 A 介导的免疫抑制反应　外膜蛋白 A 在巨噬细胞对细菌的吞噬过程中扮

演着重要角色。大肠杆菌 K1 能进入鼠科动物和人类巨噬细胞系和人类外周血单核细胞，并在各种细胞中存活、复制，这种侵入并不依赖免疫球蛋白 IgG 和补体的调理作用及抗体依赖的、细胞介导的细胞毒性作用（ADCC）作用。此外，外膜蛋白 A 能够结合一种典型补体液相调节器，即 CAb 结合蛋白。受限制的补体 C4 结合蛋白仍然可以裂解补体 C4b 成 C4c 和 C4d，从而终止补体激活的各个途径，阻断级联反应。外膜蛋白 A 阳性大肠杆菌菌株感染中补体 C3 和补体 C5、膜攻击复合体（MAC）明显比外膜蛋白 A 阴性大肠杆菌菌株的沉积水平低。但是嗜中性粒细胞可以通过颗粒成分弹性酶以大肠杆菌 K1 表面外膜蛋白 A 为靶裂解目标，对细菌造成杀伤作用。

当前由于鸡源大肠杆菌不同血清型菌株之间缺乏完全保护，大肠杆菌菌株之间的免疫原性也存在差异，同时菌体的多种成分决定大肠杆菌菌株的免疫原性，因此，找到一种理想的疫苗能对不同大肠杆菌菌株具有免疫保护变得非常困难。所以，研制出含有多价保护性抗原的新型疫苗成为鸡大肠杆菌病防制的关键。外膜蛋白 A 能刺激机体产生体液免疫和细胞免疫，还可加快巨噬细胞对抗原的递呈作用，对不同血清型大肠杆菌分离株有交叉保护作用，因此外膜蛋白 A 在预防大肠杆菌病方面有很大潜力。在获得保护力强的疫苗中，可采用表达不同外膜蛋白的大肠杆菌作为亲本进行菌株融合，培育出外膜蛋白丰富的融合大肠杆菌菌株，为开发鸡大肠杆菌高效疫苗作铺垫，并为鸡大肠杆菌病的防制提供新方法和新途径。

（4）铁 铁是细菌代谢过程中所必需的营养因子，而且在调节细菌相关毒力因子方面也发挥着重要作用。引起蜂窝炎的禽大肠杆菌分离株中都存在 2～5 种铁元素参与调节的外膜蛋白，这些外膜蛋白均与血清抗性有关。动物体内的铁主要与铁的结合蛋白紧密结合，细菌环境中游离铁的浓度非常低，不能满足细菌生长繁殖的需要。因此，具有特殊的铁转运系统的细菌生存能力强。产生铁结合性复合物和溶血素是大肠杆菌摄取铁的两种机制。产气杆菌素在将运载的铁释放入细胞内后，还可循环利用。因此，产气杆菌素的产生与鸡大肠杆菌的致病性存在必然的联系。Langgood 等发现 89% 的鸡大肠杆菌分离株产生产气杆菌素。

第二节 大肠杆菌毒力基因

近年来，随着 DNA 测序技术和基因分析技术的迅速发展，许多物种的 DNA 序列都得到测序，肠致病性大肠杆菌、肠产毒性大肠杆菌、肠侵袭性大肠杆菌、肠出血性大肠杆菌、肠黏附性大肠杆菌和弥散黏附性大肠杆菌的基因组序列均已公布，根据已有的报道[6,7]，大肠杆菌毒力基因主要包括 *iss*、*cva*、*cvaA*、*cvaB*、*cvaC*、*cvi*、*fimC*、*fimD*、*fimF*、*fimH*、*fimG*、*fimB/fimD*、*uxaA*、*gntP*、*stx2 A*、*stx2 B*、*hlyE*、*hlyC*、*hlyA*、*hlyB*、*hlyD*、*eae*、*eatA*、*eltA*-不耐热性肠毒素 A 亚基、*eltA*-不耐热性肠毒素 B 亚基、*toxA*、*toxB*、*aggA*、*aggB*、*aggC*、*aggD*、*aggR*、*ipaA*、*ipaB*、*ipaC*、*ipaD*、*tccP*、*bfpA*、*bfpB*、*bfpC*、*bfpD*、*bfpE*、*bfpF*、*bfpG*、*bfpH*、*bfpI*、*bfpJ*、*bfpK*、*bfpL*、*bfpM*、*aafA*、*aap*、*shf*、*capU*、*virK*、*pic*、*cdt-IIIA*、

cdt-$IIIB$、cdt-$IIIC$、$astA$、$repI$、$papB$-3、$afaA$、$sfaH$-3、$virF$、$soxS$、$soxR$、$cadA$、$cadB$ 等基因。

主要参考文献

[1] 苏建青，褚秀玲，付本懂等.鸡大肠杆菌致病机制研究 [J].中兽医医药杂志，2010，1：72～74.

[2] 郝葆青，严丹红，农向等.鸡大肠杆菌病致病因素及其研究进展 [J].西南民族大学学报·自然科学版，2005，31（6）：924～928.

[3] 叶力源.鸡大肠杆菌病致病因素及其研究进展 [J].农业开发与装备，2017，5：48.

[4] 吴美芹，孟祥庆.鸡大肠杆菌病致病因素及其研究进展 [J].兽医导刊，2018，10：142.

[5] 宋舟，陈伟，张立艳等.大肠杆菌外膜蛋白A研究进展 [J].中国畜牧兽医，2012，39（5）：199～202.

[6] 王凯，刘琪琦.致泻性大肠杆菌毒力基因及检测方法研究进展 [J].军事医学，2013，37（3）：234～238.

[7] 魏财文，郑明.致病性大肠杆菌毒力基因调控的研究进展 [J].中国兽医杂志，2001，35（2）：42～47.

第五章

大肠杆菌病的临床症状与病理病变

猪大肠杆菌病的临床症状与病理病变

猪的大肠杆菌病是一类急性传染病，多发生于仔猪，常见的是仔猪黄痢、仔猪白痢和猪水肿病 3 种类型，有时亦可见断奶仔猪腹泻、出血性肠炎和猪败血性血症等其他病型[1]。

一、仔猪黄痢

仔猪黄痢又叫早发性大肠杆菌病，是由一定血清型的大肠杆菌引起的初生仔猪的一种急性、致死性传染病。主要症状以排出黄色稀粪和急性死亡为特征。剖检有肠炎和败血症变化，有的无明显病变。这些菌株大多数能形成肠毒素，可以引起仔猪发病和死亡。一般是初生 1 周内的仔猪所发生的一种急性、致死性肠道传染病，以急性胃肠炎、激烈腹泻、排黄色或黄白色稀粪、迅速脱水为特征。仔猪黄痢的发病率和死亡率都很高。

（1）临床症状

① 精神状态与行为 仔猪出生时还健康，快者数小时后突然发病和死亡。病仔猪不愿吃奶、很快消瘦、脱水，最后因衰竭而死亡。

② 尸体 尸体呈严重脱水状态，消瘦，皮肤干燥，黏膜和肌肉苍白。

③ 粪便 肛门哆开（图 5-1），拉黄痢，粪大多呈黄色水样，内含凝乳小片，顺肛门流下，其周围多不留粪迹，易被忽视。下痢重时，后肢被粪液沾污，从肛门冒出稀粪。下痢重时，后肢被粪液沾污，从肛门冒出稀粪，肛门周围及股部常有黄白色稀粪污染。急者不见下痢，身体软弱，倒地昏迷死亡。

（2）病理病变

① 胃　急性卡他性胃肠炎是仔猪黄痢最显著的病理变化。胃膨胀，充满酸臭的白色、黄白色或混有血液的凝乳块（图5-2）。胃壁水肿，胃底和幽门部黏膜潮红并有出血点或出血斑，黏膜上覆盖多量黏液。胃黏膜上皮细胞变性、坏死或脱落，黏膜细胞肿大，固有层水肿并有少量炎性细胞浸润。

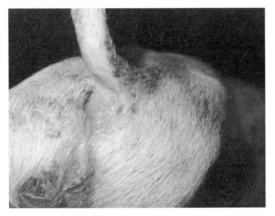

图5-1　肛门哆开，有黄色稀粪

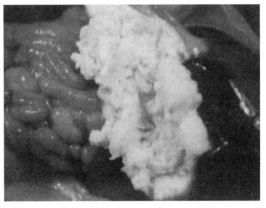

图5-2　胃膨胀，有黄白色凝乳块

② 肠道　出血性肠炎是仔猪黄痢显著的病理变化。十二指肠病变最严重，空肠、回肠次之，而结肠较轻微。十二指肠膨满，肠壁变薄（图5-3），呈半透明状，肠黏膜呈淡红色或暗红色，湿润而富有光泽。肠腔内充满腥臭、黄白色或黄色稀薄的内容物，有的混有血液、凝乳块和气泡。空肠、回肠及大肠大多膨胀（图5-4），其内也见大量黄白色或黄色糊糊状内容物。肠绒毛袒露，黏膜上皮细胞变性肿胀或脱落。肠腺部分萎缩，大部分被破坏，仅留下空泡状腺管轮廓。肠黏膜下层充血、水肿、有少量炎性细胞浸润。

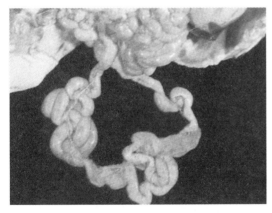

图5-3　肠腔膨满，肠壁变薄（一）

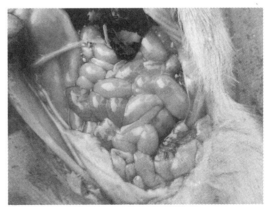

图5-4　肠腔膨满，肠壁变薄（二）

③ 肠系膜淋巴结　肠系膜淋巴结充血、肿大，切面多汁，色泽变淡，有弥漫性小出血点。

④ 脾　脾淤血、肿大。

⑤ 心脏　心脏表现不同程度的变性并散布小出血点。

⑥ 肝脏　肝脏表现不同程度的变性并散布小出血点，常见小的凝固性坏死灶。

⑦ 肾脏　肾脏表现不同程度的变性并散布小出血点，常见小的凝固性坏死灶。

⑧ 脑部　脑充血或有小出血点。

二、仔猪白痢

仔猪白痢又称仔猪迟发型大肠杆菌病，是 10～30 日龄仔猪多发性一种急性肠道传染病，以急性卡他性胃肠炎、排腥臭的乳白色或灰白色的糊糊状粪便为主要特征。仔猪白痢的发病率较高，而死亡率却低。本病发生于 10～30 日龄仔猪，以 2～3 周龄仔猪多见：一窝仔猪中陆续或同时发病；有的仔猪窝发病多，有的发病少或不发病。一年四季均可发生，但以严冬、炎热及阴雨连绵季节发生较多；每当气候突然变坏（如下大雪、寒流等）时，发病数显著增多；母猪饲养管理和卫生条件不良，如圈舍潮湿阴寒、缺乏垫草、粪便污秽、温度不定等，饲料品质差、配合不当、突然更换饲料、缺乏矿物质和维生素、母猪泌乳过多、过浓或不足等都可促进本病的发生和增加严重程度。引起仔猪白痢的大肠杆菌血清型主要是 O8：K88、O5：K88、O60、O115 和 O141，其次是 O147 血清型，有的地方与仔猪黄痢、猪水肿病的血清型相同。临诊上以下痢、排出灰白色粥状粪便为特征。剖检主要为肠炎变化。仔猪白痢在我国各地猪场均有不同程度的发生，对养猪业的发展有相当大的影响。

（1）临床症状

① 尸体　尸体消瘦、脱水，外表干燥。

② 粪便　肛门周围、尾根部和腹部常黏着灰白色带腥臭的稀粪。

（2）病理病变

① 胃　病程短的几乎不见胃肠炎的病变，病程稍长的病例呈现轻度卡他性胃肠炎的变化，胃内有凝乳块（图 5-5）。胃黏膜尤其是幽门部黏膜充血水肿，有的可见出血点。有的胃因充满酸臭的气体而扩张。

② 肠道　小肠肠腔扩张（图 5-6），黏膜充血（图 5-7），其内有灰白色糊糊状的内容物并混有气体（图 5-8），气味腥臭。小肠绒毛上皮细胞高度肿胀，部分坏死脱落，固有层血管扩张充血，中性粒细胞和巨噬细胞浸润。部分肠管绒毛萎缩。肠黏膜上皮细胞表面常见大肠杆菌附着。

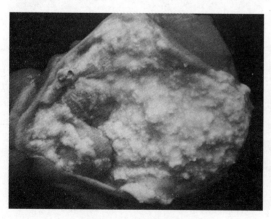

图 5-5　胃内凝乳块

图 5-6　肠腔扩张，肠变薄

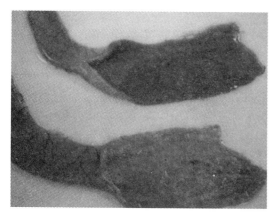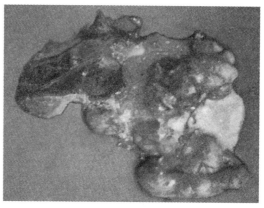

图 5-7　黏膜充血，肠腔内有灰白色糨糊状　　　　图 5-8　肠腔内有灰白色糨糊状
　　　　　腥臭内容物　　　　　　　　　　　　　　　　　腥臭内容物

③ 肠系膜淋巴结　肠系膜淋巴结轻度肿胀（图 5-9）。

图 5-9　肠系膜淋巴结肿大，出血

④ 实质器官　实质器官病变不明显或仅呈轻度变性，有时可继发肺炎。

三、猪水肿病

　　猪水肿病是断奶前后仔猪的一种急性肠毒血症、浮肿病、胃水肿，以突然发病，病程短促，头部和胃壁、肠及肠系膜和其他某些部位发生水肿，共济失调、惊厥和麻痹为主要特征。猪水肿病发病率低，但死亡率高。常见的病原菌有 O2、O8、O138、O139、O141 等群。

　　（1）临床症状

　　① 精神状态与行为　猪大多数营养状况良好，病猪突然发病，精神沉郁，食欲减少或废绝，口流白沫。卧地、肌肉震颤，不时抽搐，四肢动作似游泳状，呻吟，站立时拱腰，发抖。前肢如发生麻痹，则站立不稳，后肢麻痹，则不能站立。四肢运动障碍，后躯无力，摇摆和共济失调，步态摇摆不稳，走路蹒跚，形态如醉，有的病猪作盲目前进或作圆圈运动，突然猛身前跃。各种刺激或捕捉时，触之惊叫，叫声嘶哑，倒地，四肢乱动，似游泳状。倒地后肌肉震颤，严重的全身抽搐。有的病猪前肢跪地，两后肢直立，突然猛

向前跑，很快出现后肢麻痹、瘫痪，卧地不起。

② 体温　体温不高，大多正常，一般无明显变化。有些体温降到常温以下。

③ 粪便　病前 1～2 天有轻度腹泻，后便秘。有的病猪出现便秘或腹泻。

④ 呼吸系统　呼吸初快而浅，后来慢而深，最后因间歇性痉挛和呼吸极度困难、衰竭而死亡。

⑤ 循环系统　心跳疾速，加快。

⑥ 头部　眼睑苍白，水肿是本病的特殊症状，常见于脸部、眼睑、结膜、齿龈的皮下，水肿如鱼肉状，其中耳朵水肿最为明显，重者延至颜面、颈部，头部变胖。口吐白沫。但 65 日龄病猪水肿不明显。

⑦ 颈部皮下　颈部皮下水肿。

⑧ 腹部皮下　腹部皮下水肿。

⑨ 皮肤　触诊皮肤异常敏感，皮肤发绀、发亮，指压有窝，重症猪水肿时上下眼睑仅剩一小缝隙。

⑩ 病程　通常是在敏感猪群中出现一头或几头，见不到明显症状，几小时即死亡，被感染的猪只大多很健壮，吃得饱长得快。病程短的仅仅数小时，一般为 1～2 天，也有长达 7 天以上的。病死率约 90%。

（2）病理病变

① 胃　胃壁是水肿常发部位，水肿最为明显。胃内充满食物，黏膜潮红，有时出血，胃底区黏膜下有厚层的透明水肿，有带血的胶冻样水肿浸润，胃贲门区及尾底部因水肿而明显增厚，严重时水肿液可使黏膜层和肌层分离。水肿严重的厚度可达 2～3 厘米以上，严重的可波及贲门区和幽门区。水肿部位的水肿液常含大量的蛋白、少量红细胞和炎性细胞。胃底黏膜有少量出血点。

② 肠道　肠及肠系膜也是水肿常发部位，胃壁和肠系膜水肿最为明显。出血性肠炎变化常见。结肠肠系膜淋巴结水肿，肠系膜的水肿主要发生在结肠肠系膜，呈透明的胶冻状（图 5-10）。大小肠黏膜有少量出血点。部分病例病初不表现明显的胃及肠系膜水肿（图 5-11 和图 5-12），而呈现急性胃肠炎，先下痢，随后逐渐出现水肿。水肿部位的水肿液常含大量的蛋白、少量红细胞和炎性细胞。

图 5-10　肠系膜（空肠、结肠袢）水肿，
透明胶冻样

图 5-11　肠壁变薄

③ 头部　眼睑和脸部及颌下淋巴结水肿特征病变是水肿（图5-13），常见于耳、鼻、唇、眼眶等部位，有时波及颈部、前肢和腹部皮下。有些病例还可以见喉头水肿。水肿部位的水肿液常含大量的蛋白、少量红细胞和炎性细胞。

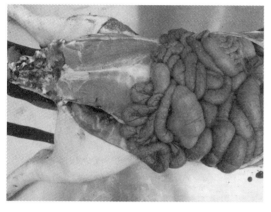

图 5-12　肠管膨大

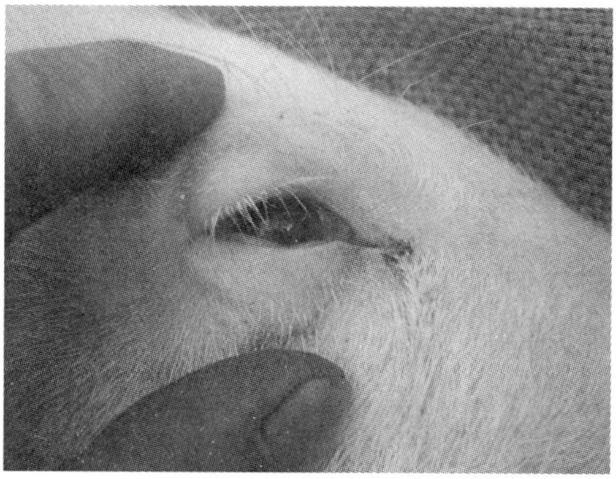

图 5-13　眼水肿

④ 胆囊　胆囊壁也可以发生水肿。
⑤ 腹腔　腹腔中有多量的渗出液，内含纤维素，暴露在空气则凝成胶冻状。
⑥ 胸腔　胸腔中有多量的渗出液，内含纤维素，暴露在空气则凝成胶冻状。
⑦ 心脏　心肌纤维变性，心内外膜有少量出血点（图5-14），心包腔中有多量的渗出液，内含纤维素。
⑧ 淋巴结　全身淋巴结呈不同程度的充血、出血、水肿，以颈部淋巴结和肠系膜淋巴结最为明显。
⑨ 膀胱　膀胱黏膜轻度出血。
⑩ 皮肤　病变皮肤和黏膜肿胀、苍白。皮肤水肿，与肌层分离（图5-15）。

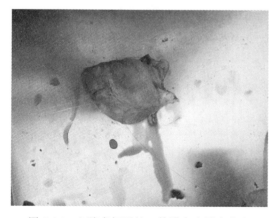

图 5-14　心脏有坏死灶，外膜有少量出血点

图 5-15　皮肤水肿，与肌层分离

⑪ 脑部　部分病例在脑干部有对称性的脑软化。脑干部常有水肿和软化灶，软化灶中神经细胞变性，神经纤维排列紊乱。
⑫ 动脉血管　全动脉炎，可见于全身各组织，以水肿部位最为严重。最初动脉血管

内皮细胞变性、肿胀，进而发展到中膜平滑肌细胞纤维素样坏死，外膜水肿，周围有巨噬细胞和嗜酸性粒细胞浸润。

⑬ 肺脏　肺呈现不同程度的水肿（图5-16）。

⑭ 肝脏　肝脏淤血（图5-17），质脆。肝小叶中央或周边细胞坏死。

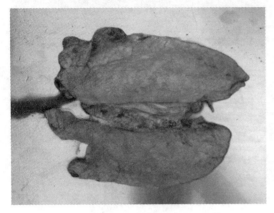 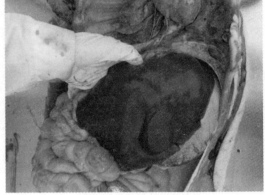

图5-16　肺部水肿　　　　　　　　　图5-17　肝脏暗黑色

⑮ 肾脏　肾包膜水肿。肾小管上皮细胞颗粒变性、透明滴状变化等。

⑯ 脾脏　脾脏有梗死（图5-18）。

⑰ 关节　关节一般变化不明显（图5-19），但有些关节腔亦有黄色液体。

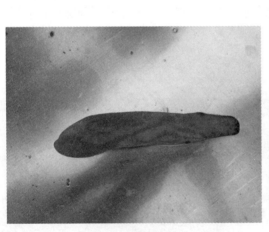 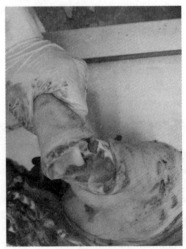

图5-18　脾脏梗死　　　　　　　　　图5-19　病猪关节

第二节　禽大肠杆菌病的临床症状与病理病变

目前我国蛋鸡饲养业迅速发展，为养殖户提供了可观的经济效益，但是在具体养殖过程中，蛋鸡易受疾病影响，从而导致产蛋量下降甚至出现死亡情况，不利于养殖业发展。

而在具体饲养过程中，大肠杆菌病发病率较高，日渐成为威胁蛋鸡饲养的主要疾病之一。大肠杆菌病主要包括由致病性大肠杆菌引起的败血症、腹膜炎、输卵管炎、脐炎、滑膜炎、气囊炎、肉芽肿、眼炎等多种疾病。鸡大肠杆菌病全年均可发病，尤以冬末春初发病率较高，大肠杆菌病在各个阶段的鸡群中均有发病的可能性，且不同阶段鸡群发病特征不尽相同，但以幼鸡感染发生率最高，尤其 20～45 日龄幼鸡发病率最高。鸡的大肠杆菌病的主要病变见于肠管的少，而多见于呼吸道感染，在气囊内形成主要病变，不久则侵害到各个脏器。同时此疾病发病与饲养环境存在密切关系，通常情况下饲养密度大、饲养不规范或通风较差的鸡舍容易爆发此疾病。此外该疾病具有较高的传染性，主要通过病鸡污染的饲料、水源传播，同时病鸡排泄物或飞沫也会造成传染，并且感染后的产蛋鸡产下的蛋中同样会携带病菌，导致孵化雏鸡携带病毒，进而导致垂直传播[2]。

大肠杆菌也是蛋鸡机体内肠道中长期定居的菌群，在健康的蛋鸡体内，肠道中10％～15％的大肠杆菌属潜在的致病菌，同一只蛋鸡，肠道内菌株和肠道外菌株的血清型并不一定相同。致病性大肠杆菌普遍存在于垫料、粉尘、饲料、饮水中，通风不良、饲养密度大、卫生条件差、饲料营养不佳、鸡体受应激时更易导致发病。本病一年四季均可发生，但以冬末春初较为多见。各种日龄的鸡均可发病，幼雏和中雏发生较多，发病较早的有 4 日龄、7 日龄和 10 日龄的雏鸡，一般 1 月龄前后发病的幼鸡较多，日龄较大的鸡也常有发生，可造成严重的经济损失。各品种家禽对大肠杆菌病较易感，尤其是鸡。

尽管大肠杆菌的血清型非常多，但从鸡的大肠杆菌病所分离的大肠杆菌的血清型仅限于几个，以 O2、O78、O1 等为主（占 80％以上）[3]。

大肠杆菌病的表现包括大肠杆菌型败血症、大肠杆菌型卵黄性腹膜炎、大肠杆菌型输卵管炎、大肠杆菌型生殖器官病、大肠杆菌型气囊炎、大肠杆菌型肠炎、大肠杆菌型肉芽肿、大肠杆菌型关节及关节滑膜炎、大肠杆菌型蛋黄囊炎和脐炎、大肠杆菌型全眼球炎、大肠杆菌型脑病、大肠杆菌型肿头综合征、肠杆菌型蜂窝织炎、大肠杆菌型腹泻、大肠杆菌型骨髓炎、大肠杆菌型脊椎炎、大肠杆菌型胸骨滑囊炎等多种病型[4～20]。

（1）临床症状

① 精神状态与行为　病鸡不见症状突然死亡，或症状不明显，初生雏鸡患病较高，发病年龄多以 30 日龄左右较为常见，病初多无明显症状，仅有个病鸡羽毛松乱，精神萎靡不振，食欲下降，采食减少或不食，饮欲增加，翅膀下垂，呆立，不能站，不愿走动或跛行，有些伏于笼内，零星出现行走困难，离群呆立或蹲伏不动（图 5-20），闭目昏睡，有的尖叫不安，卧地不起，畏寒怕冷。2～3 天后病例迅速增加，后期精神沉郁，食欲废绝，闭目缩颈，羽毛松乱，站立不稳，两腿发软，最后表现卧地不起，或侧卧双脚划动，个别被其他鸡只踩压致死。病鸡多数营养不良，迅速消瘦，体重不达标，有些最终消瘦而死。多在晚间或早晨突然死亡。

② 产蛋　蛋鸡一般产蛋率下降但幅度不大，有些严重者产蛋停止，大肠杆菌型输卵管炎病鸡群所产的鸡蛋畸形和内含大肠杆菌的带菌蛋，蛋壳颜色变浅、变薄，呈沙粒壳状等（图 5-21）。

③ 头部　头部发烧，鸡冠潮红，或冠髯呈青紫色，眼虹膜呈灰白色，眼眶周围、脸部、肉髯及下颌肿胀，严重者沿下颌蔓延至颈部。头面部皮下水肿，无色渗出物增多，口腔、鼻窦、食道、气管黏膜充满或流出黏稠性液体。单侧性头面部肿胀，并伴有鸡冠萎缩

图 5-20　病鸡蹲伏，不能站

图 5-21　蛋壳颜色变浅

情况。在高氨环境下使淋巴组织产生炎性反应，可导致头部毛细血管损伤，感染大肠杆菌而引起大肠杆菌型肿头综合征，表现为头部、眼周围、颌下、肉垂及颈部上 1/2 水肿。

④ 眼部　鸡舍内空气中大肠杆菌浓度较高，可感染幼雏鸡引起眼球炎，或一般发生于大肠杆菌型败血症的后期，主要引起病鸡一侧或两侧性眼球炎，以单侧眼发炎居多，食欲减少或废绝，呆立。病初表现眼结膜潮红，眼皮、眼睑肿胀（图 5-22），眼前房内有浆液性分泌物，眼睑肿胀严重时上下眼帘粘连，随后分泌物形成黄白色干酪样，去除眼内干酪样内容物后可见眼球发炎，经常流泪，眼前房积脓，角膜浑浊，眼角膜变成白色不透明，上有黄色米粒大的坏死灶，严重的可造成眼失明。

⑤ 粪便　排出黄白色、绿色或蛋清样稀便或灰白色水样便，泄殖腔污秽，沾满粪便，有的泄殖腔红肿突出外翻、充血。有的糊肛，肛门周围羽毛粘有绿色或黄白色稀粪，有些混有血液。也有雏鸡伴有土样粪便情况。病程稍长的雏鸡剧烈腹泻。大肠杆菌型肠炎主要表现为下痢，排黄绿色黏液性或水样稀便（图 5-23）。

图 5-22　病鸡眼部肿胀

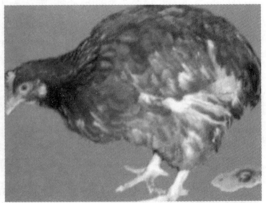

图 5-23　病鸡腹泻

⑥ 神经症状　大肠杆菌型脑病幼雏和产蛋鸡多发，发现的主要血清型为 O22、O53 和 O86 等。大肠杆菌能突破鸡的血脑屏障进入脑部，引发鸡脑膜炎、脑炎和脑室炎，导

动物大肠杆菌病及其防控方法

致有的病鸡出现瘫痪和较轻微的神经症状，少数病雏鸡还出现频频点头、阵发性痉挛、抽搐、角弓反张、转圈、仰头、共济失调、歪头斜颈等神经症状，病鸡昏迷，最后衰竭而死。最急性型无明显症状即突然死亡。

⑦ 脐部　大肠杆菌型脐炎的主要并发部位。可发生在卵内，也可发生在雏鸡出壳后。卵内感染是指种蛋受到外界大肠杆菌的污染或种母鸡本身患有大肠杆菌性输卵管炎或卵巢炎时，大肠杆菌便侵入蛋内感染鸡胚，使孵化率降低，鸡胚出壳后弱雏增多，表现为腹部膨大，脐孔及肚脐周围皮肤会出现泛红、发紫情况，红肿，呈褐色，部分伴有水肿。出壳不久的雏鸡多济孔闭合不全，排绿色和灰白色粪便，有的死于脐炎。感染大肠杆菌的蛋孵化时出现死胚、出壳时死亡或出壳后陆续死亡。

⑧ 关节　多表现为关节滑膜炎（成年鸡），跗关节表现一侧或两侧肿胀（图 5-24 和图 5-25），触摸有热感。

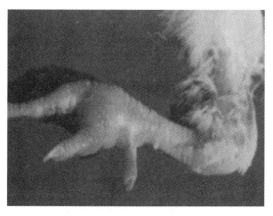

图 5-24　病鸡关节肿胀（一）　　　　　图 5-25　病鸡关节肿胀（二）

⑨ 腹部　腹部轻微下垂，有的腹部出现膨胀，呈青紫色。病鸡下蹲，腹部着地。急性死亡病例膈体丰满。

⑩ 呼吸系统　当病鸡感染呼吸道疾病时常常会继发感染大肠杆菌病。有打喷嚏、咳嗽、呼吸困难等呼吸障碍，后期呼吸加快，陆续死亡。有的病鸡夜晚有呼噜音，夜深人静时更为明显，倒提时可自口中流出多量酸臭液体。同时，患病鸡大多会出现腹水综合征，临床表现为呼吸衰竭而死亡。此时的病鸡一般没有治疗价值。

⑪ 体温　除病初有轻微体温升高外，整个病程无体温变化。

⑫ 病程　病程视环境条件和治疗情况为 2～3 周不等，总结现有的资料，分析各个案例的特点发现，鸡群大肠杆菌病的发病率为 15%～65%，病禽病死率一般处于 6%～25%，有时发病鸡的致死率高达 40.5%～90.2%。

（2）病理变化

① 全身　外观消瘦，全身发绀，消瘦，皮肤干涩。

② 皮下　蜂窝织炎是指皮下组织的炎性过程，特征性病变主要是皮下组织和肌间有纤维性及干酪样蚀斑。病变产生很快，6 小时就可见到炎性渗出物。一般病变部位发生于腹部和大腿单侧，皮肤颜色正常或红色或红褐色，炎症部位有时出现水肿、渗出物或肌肉出血。病程稍长者的皮下、浆膜和黏膜有大小不等的出血点。鸡冠、面部和下颌部，以及

颈部皮下有淡黄色或灰白色胶胨样物，稀薄或黏稠。

③ 肌肉　病死鸡肌肉淤血。

④ 嗉囊　嗉囊积食，伴有酸臭样液体。

⑤ 鼻腔　鼻腔内有较多黏液（图 5-26），鼻甲骨黏膜潮红，眼结膜发炎。

⑥ 心脏　心脏扩张变圆，尤其是右心房，心肌柔软，色泽暗淡，心包积液，扩张。心包膜增厚、混浊，心包积液增多，心包腔有淡黄色液体，纤维素性心包炎，胸腔内及心包上有浆液性-纤维素性蛋白渗出物附着，使心外膜、胸腔粘连在一起。心脏出血，尤以心耳和心冠状沟为甚。

⑦ 气囊　若空气被大肠杆菌污染，吸入鸡机体后即可引起发病，多侵害胸气囊，也能侵害腹气囊，表现为胸腹部气囊壁浑浊、肿胀（图 5-27），气囊壁不均匀增厚，气囊不透明，表面附有片状黄白色纤维素样渗出干酪样物。早期的显微变化为水肿及异嗜性粒细胞浸润，在干酪样渗出物中有多量成纤维细胞增生和大量的坏死性异嗜性粒细胞积聚。

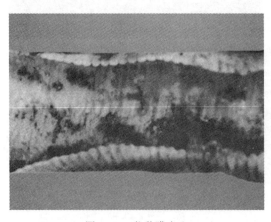
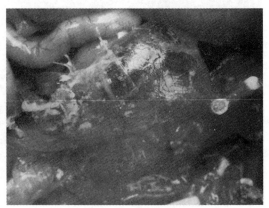

图 5-26　喉黏膜出血　　　　　　　图 5-27　胸腹部气囊壁浑浊

⑧ 胸腔　胸腔内有淡红色的泡沫。

⑨ 腹腔　腹腔内有多量腹水，积有半透明黄色液体。部分病例腹水混浊、黏稠，纤维蛋白呈絮状和干酪样附着于腹壁及腹腔器官周围。有时腹腔内有淡黄色腥臭的浑浊液体。大肠杆菌型卵黄性腹膜炎是笼养蛋鸡常见的一种疾病，病鸡的输卵管因感染大肠杆菌而产生炎症，炎症导致输卵管粘连，排卵时不能打开，卵泡不能排入输卵管内而排入腹腔内引发大肠杆菌病，以急性死亡、纤维素性渗出和游离的卵黄为特征，由于卵黄落入腹腔内，进一步发展成为卵黄性腹膜炎。

⑩ 蛋黄囊　蛋黄囊炎主要发生的原因及症状：鸡蛋产出后被粪便或含大肠杆菌的脏物污染，或者产蛋母鸡患有大肠杆菌性卵巢炎或输卵管炎，致使种蛋被污染。受感染的卵黄囊内容物，从黄绿色黏稠物变为干酪样物质，或变为黄棕色水样物（图 5-28）。也有的鸡胚在出壳后数天内才陆续死亡，耐过不死亡的幼雏鸡表现为卵黄吸收不良与生长不良；镜检，受感染的卵黄囊壁呈现水肿，卵黄囊的外层为结缔组织，接着是含有异染性细胞和巨噬细胞的炎性细胞层，随后则是一层巨细胞。

⑪ 卵黄　卵黄囊不吸收或吸收不良，比正常的增大 1～2 倍，卵黄囊充血、出血，卵

泡膜充血、出血、变形，内容物黄绿色、黏稠或稀薄水样，严重者卵黄内有脓、血样渗出物、脐孔开张红肿。有的卵泡皱缩、破碎（图5-29），黏附在肠管浆膜面，呈灰褐色，散发出特有的恶臭味道。

 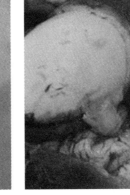

图 5-28　未出壳病死雏鸡　　　　　　　　图 5-29　卵泡破碎

⑫ 卵黄膜　部分鸡见有卵黄性腹膜炎，卵黄膜薄而易碎，卵黄囊破裂后卵黄流入腹腔，卵黄呈干酪样或变为黄棕色水样的残留卵黄。

⑬ 卵泡　产蛋鸡卵泡发育不良，偶有大卵泡，卵泡液稀薄，卵泡充血、出血、变形和破裂，个别鸡出现卵黄性腹膜炎。大肠杆菌型生殖器官患病母鸡卵泡膜充血。卵泡变形，局部或整个卵泡红褐色，有的硬变，有的卵泡变稀，有的卵泡破裂，输卵管黏膜有出血斑和黄色絮状或块状的干酪样物；公鸡睾丸膜出血，交配器官充血、肿胀。从述器官均可分离到致病性大肠杆菌。

⑭ 输卵管　大肠杆菌型输卵管炎多发生于产蛋期母鸡，输卵管明显增粗，输卵管黏膜充血、出血、肿胀，糜烂变薄，质地变脆，内有多量分泌物。管壁极度扩张变薄、坏死，严重者输卵管内有大量恶臭液体或鸡蛋大小的干酪样物。输卵管外观呈条索状或块状，并可随时间的延长而增大，有的卵黄凝固，质地硬，在输卵管内形成栓塞。

⑮ 肺脏　肺淤血水肿，气囊混浊，肋弓压痕消失，肺绿色、液化。

⑯ 胆囊　胆囊肿大（为正常胆囊的1.5～2倍，有的甚至为5～6倍），有些胆囊充盈，其周边肝组织黄绿色，但较多胆囊收缩，胆汁少而黏稠。

⑰ 肠管　产肠毒型大肠杆菌、肠出血性大肠杆菌、肠致病性大肠杆菌和肠侵袭性大肠杆菌等都可引发家禽发生大肠杆菌型腹泻和脱水，临床可见肠道苍白、膨胀、有液体积聚，可见黏液和渗出物的斑块；尤其是盲肠充满白褐色的液体和气体。大肠杆菌型肠炎主要病变为肠黏膜充血、出血、坏死（图5-30），严重时在浆膜面上可见到密集的小出血点，肌肉、皮下结缔组织、心肌和肝脏多有出血斑点。肠道空虚、肠壁变薄、出现空泡（图5-31），主要在空肠段；肠黏膜呈浆液性-卡他性炎症。肠管内充满气体，肠上皮黏膜脱落，剪开该肠段，空泡处内容发黄，肠黏膜毛细血管呈树枝状出血、条片状出血或呈弥漫性出血性炎症变化，肠内容物呈灰白色或黄白色水样黏液，有的肠管与腹膜粘连在一起。肠系膜上附有大量黄色干酪样渗出物。

⑱ 膀胱　膀胱积尿。

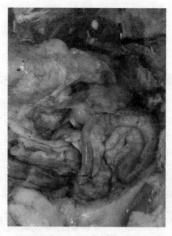

图 5-30　肠严重出血，坏死　　　　　　　　图 5-31　肠道出血

⑲ 肝脏　纤维素性肝周炎，表现为肝脏不同程度地肿大（为正常肝脏的 1～1.5 倍），边缘变钝，质脆弱易碎，淤血，呈紫红色或黑红色，有红褐色淤血性条纹分布，有些肝脏质地变硬，表面有小坏死灶（图 5-32），多数病例有大小不等的灰白色或黄白色坏死点。肝表面被纤维素性渗出物覆盖，形成明显的黄白色纤维膜（即"包肝"现象）（图 5-33），甚至与肝脏包膜粘连在一起，不易剥离。肝包膜肥厚、浑浊，呈纤维素肝周炎的典型病理变化。在显微镜下，肝脏组织的病理学变化主要体现在以下几个方面：肝组织发生水肿，表现为肝细胞索排列紊乱，失去原有的正常结构，肝脏窦间隙增大，肝细胞破裂，细胞核溶解；肝组织发生凝固样坏死，表现为肝细胞发生崩解，染色深，切面粗糙，无光泽，呈颗粒状；病变严重区域发生玻璃样变，表现为组织发生完全崩解，形成匀质结构。

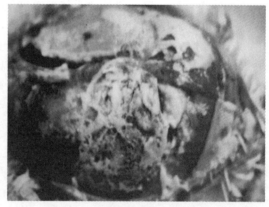

图 5-32　肝脏坏死，出血　　　　　　　图 5-33　肝脏表面被纤维素性
　　　　　　　　　　　　　　　　　　　　　　　　　　渗出物覆盖

⑳ 脾脏　脾脏肿大，被膜紧张，表面有大小不等的黄白色坏死点，质脆，淤血，呈紫红色或黑红色（图 5-34）。在显微镜下，脾组织的病理学变化主要体现在：脾脏组织发生水肿，表现为脾脏组织间隙增大，脾脏淋巴细胞稀疏；脾组织中间质细胞发生增生，出现大量长杆状细胞；脾组织中淋巴细胞出现皱缩，吞噬细胞数量增多。

㉑ 关节　大肠杆菌型关节及关节滑膜炎多为大肠杆菌性败血症的一种后遗症，呈散发型。病禽行走困难，跛行，关节周围呈竹节状肥厚。剖检可见关节液浑浊，有脓性或干酪样渗出物蓄积，跗关节发热、肿大（图5-35），关节腔内有深黄色或红褐色的积液流出。关节周围组织充血水肿。

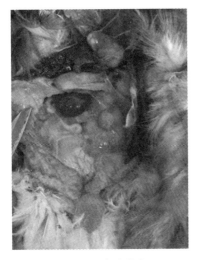

图 5-34　脾脏肿大

图 5-35　关节腔有关节液

㉒ 肌胃　鸡肌胃内壁多呈黄色鲜亮，有的还伴有肌胃溃疡。

㉓ 腺胃　腺胃黏膜有出血点，有些胃变薄、变软，乳头不出血。

㉔ 头部　大肠杆菌型肿头综合征病鸡可见头部、眼部、下颌和颈部有黄色胶状样渗出物。

㉕ 脑部　大肠杆菌型脑病脑膜充血、出血，脑实质水肿，脑膜易剥离，脑壳软化，大脑半球后侧有一处小米粒大小的灰白色坏死灶。

㉖ 眼球　眼窝内有蜂窝织炎。眼结膜充血、出血，眼房水及角膜逐渐混浊。

㉗ 肉髯　肉髯增厚。

㉘ 肉芽肿　雏鸡和成年鸡的大肠杆菌型肉芽肿以心脏、肠系膜、胰脏、肠管多发（图5-36）。在盲肠、直肠和回肠的浆膜上出现大小不等的土黄色脓肿或肉芽肿结节，肠粘连不能分离。眼观，在这些器官可发现粟粒大小的肉芽肿结节。肠系膜除散发肉芽肿结节外，还常因淋巴细胞与粒细胞增生、浸润而呈油脂状肥厚。结节的切面呈黄白色，略现放射状、环状波纹或多层性。镜检结节

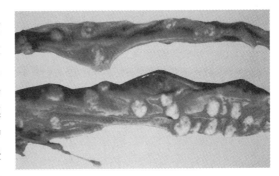

图 5-36　病鸡肉芽肿

中心部含有具大量核碎屑的坏死灶。由于病变呈波浪式进展，故聚集的核碎屑物呈轮层状。坏死灶周围环绕上皮样细胞带，结节的外围可见厚薄不等的普通肉芽组织，其中有异染性细胞浸润。

主要参考文献

[1] 马学恩，王凤龙.家畜病理学（第五版）[M].北京，中国农业出版社：2016.

[2] 徐大伟，王娜.蛋鸡大肠杆菌病防治分析 [J].吉林畜牧兽医，2018，8：26.

[3] 姜琪.蛋鸡大肠杆菌病的防控要点 [J].养殖与饲料，2017，6：74～76.

[4] 黄超，吴海斌，杨娟等.大肠杆菌病患鸡肝、脾结构的病理学研究 [J].畜牧与饲料科学，2016，37（6～7）：134～136.

[5] 万江虹，马龙，谢礼裕.大肠杆菌内毒素引起肉鸡腹水症的诊治 [J].湛江海洋大学学报，2001，21（4）：57～58.

[6] 吴忻.大肠杆菌引起的鸡跗关节滑膜炎的诊治 [J].中国畜牧兽医，2006，33（9）：G14～G15.

[7] 刘艳阳.蛋鸡大肠杆菌病的发病原因及防治措施 [J].湖北畜牧兽医，2015，36（6）：47～48.

[8] 刘文天.蛋鸡大肠杆菌病的防控措施 [J].中国畜牧兽医文摘，2017，33（10）：161.

[9] 姜琪.蛋鸡大肠杆菌病的防控要点 [J].养殖与饲料，2017，6：74～76.

[10] 梁永刚.蛋鸡大肠杆菌病的防治 [J].兽医导刊，2017，05：31～32.

[11] 邢昌波，杨磊，修雪玲.蛋鸡大肠杆菌病防治 [J].中国畜禽种业，2017，12：134～135.

[12] 宋晓娜，任景乐，刘萌萌等.蛋鸡大肠杆菌感染的诊断 [J].畜牧与兽医，2016，48（5）：143～144.

[13] 张雪平.蛋鸡沙门氏菌病和大肠杆菌诊断与防控 [J].中国畜禽种业，2018，7：140～141.

[14] 张俊，吴继峰，陈晓祥.蛋鸡沙门氏菌与大肠杆菌混合感染诊治 [J].兽医临床科学，2018，11：142～143.

[15] 张玉杨，尹凤阁，刘文惠等.蛋鸡输卵管炎型大肠杆菌病的诊治 [J].河南农业科学，2001，01：29.

[16] 韩梅英，刘国华.蛋鸡肿头型大肠杆菌病1例 [J].畜牧与兽医，2002，34（4）：29.

[17] 褚福勇，黄中华，哈力旦木等.防治鸡大肠杆菌抗菌药物的临床选择 [J].畜牧兽医科技信息，2010，9：1～3.

[18] 李丙彦，牛新河，王磊等.非典型新城疫继发感染大肠杆菌病病例分析 [J].中国畜牧兽医，2010，37（3）：215～217.

[19] 李圣菊，张彬，徐长海等.非典型性新城疫与大肠杆菌混合感染的诊治 [J].中国兽药杂志，2006，40（10）：52～54.

[20] 李成虎.鸡大肠杆菌病的病因及防治 [J].畜牧兽医科技信息，2018，3：124～125.

第六章

大肠杆菌病的诊断

第一节　流行病学诊断

　　大肠杆菌病可发生在一年四季，但在寒冷的冬季和闷热的夏季两个季节多见，并且大肠杆菌病病鸡的死亡率也相对较高。如果养殖场场地设施落后、养殖密度较大，并且生产环境达不到正常标准时可大大升高大肠杆菌病的发生率。大肠杆菌感染是一种人畜共患病。凡是体内有肠出血性大肠杆菌感染的病人、带菌者和家畜、家禽等都可传播大肠杆菌。动物也是重要的传染源，牛、鸡、羊、狗、猪等动物传播大肠杆菌较为常见，也有从鹅、马、鹿、白鸽的粪便中分离出 O157∶H7 大肠杆菌的报道。其中以牛的带菌率最高，大肠杆菌的传播率可达 16％，而且牛一旦感染大肠杆菌，至少需要一年的排菌时间。患病或带菌动物往往是动物来源食品污染的根源，如牛肉、奶制品的污染大多来自携带大肠杆菌的牛，带菌鸡所产的鸡蛋、鸡肉制品也可造成大肠杆菌传播。带菌动物在其活动范围内也可通过排泄的粪便污染当地的食物、草场、水源或其他水体及场所，造成交叉污染和感染，危害极大。

　　猪大肠杆菌病主要是出生后数小时至 5 日龄以内仔猪发病，以 1～3 日龄最为多见，一周以上的仔猪很少发病，育肥猪、肥猪、成年公母猪不会发生大肠杆菌病。在产仔季节常常可使很多窝仔猪发病，每窝仔猪发病率最高可达 100％；以第一胎母猪所产仔猪发病率最高，死亡率也高。猪大肠杆菌病的主要传染源是带菌母猪和病猪，病猪通过粪便排出大肠杆菌并污染饮水、饲料以及猪乳头和皮肤，病菌经口进入易感仔猪的小肠。但正常仔猪小肠前段的生理环境并不适合大肠杆菌的繁殖。但环境卫生不良、气候反常多变以及母猪饲养管理不当、仔猪生后哺乳过晚、乳质低劣、初乳缺乏、乳汁含脂过高使仔猪吃后不易消化等诱因可降低仔猪抵抗力，改变小肠内环境，为大肠杆菌的定植创造了条件，进而诱发新生仔猪的大肠杆菌病。半月龄仔猪体内母源抗体已降至很低，而仔猪的自动免疫系统尚未发育成熟，因此仔猪的免疫力相对较低。另外，仔猪生长过程中需要大量的营养，而母乳量在产后半个月时已大大降低，特别是当母猪营养不良或罹患疾病时更影响乳汁的质量和数量。故当大于 10 日龄的仔猪发生营养缺乏，特别是微量元素不足时，易导致仔猪肠道内微生态失调，从而为致病大肠杆菌菌株的入侵、定居、繁殖创造了条件，导致发生仔猪白痢。

猪水肿病主要发生于断乳仔猪，小至数日龄，大至 4 月龄都有发生。生长快、体况健壮的仔猪发生猪水肿病最为常见，瘦小仔猪少发生。一年四季均可发生猪水肿病，但以春秋季为多见。携带大肠杆菌的母猪传播给仔猪，呈地方性流行，常限于某些猪场和某些窝的仔猪。气候变化，饲料饲养方法改变，饲料单一，被污染后的水、环境和用具等均可导致大肠杆菌病发生概率的增加和症状加重。如初生得过黄痢的仔猪，一般不发生猪水肿病。

禽病和隐性感染禽为大肠杆菌的主要传染源，其排泄物、分泌物污染饮水、饲料及周围环境。致病性大肠杆菌经呼吸道、消化道、交配、人工授精等途径进入易感禽体中，也可由种蛋垂直传播而感染，但呼吸道是主要感染途径。致病性大肠杆菌进入机体呼吸道后在外膜蛋白的辅助下，以大肠杆菌菌毛黏附在呼吸道黏膜上皮细胞定居、繁殖，并进入上皮细胞引起变性、坏死。致病性大肠杆菌可选择性地到达靶器官定居和繁殖，致病菌产生的外毒素、菌体裂解后释放出的内毒素等，引起靶器官的细胞发生变性、坏死，血管通透性增高及炎症，还可以侵入血管，最后常常发展为菌血症和败血症。

因此，对于流行病学的诊断，需要了解大肠杆菌病的主要传播途径[1]：

（1）消化道　畜禽的日常饮用水和饲料被大肠杆菌污染，尤其以水源被污染引起的发病较常见。规模化养殖场水线管内壁滋生细菌导致污染容易被疏忽，近几年人们开始重视。

（2）呼吸道　粘有大肠杆菌的粉尘被畜禽吸入后，进入畜禽下呼吸道侵入血流而引发大肠杆菌病。

（3）交配　患有大肠杆菌病的公、母畜禽与易感畜禽交配或人工授精过程中可以传播本病。

（4）外伤　大肠杆菌从伤口感染引起局部或全身性炎症。

（5）其他传播媒介　与带大肠杆菌畜禽、苍蝇、其他野禽的接触或采食了苍蝇的幼虫和其他带菌虫子而发大肠杆菌病。

（6）蛋壳穿透　对于蛋鸡，种蛋产出后经粪便等脏物污染，在蛋温降至环境温度的过程中，蛋壳表面污染的大肠杆菌很容易穿透蛋壳进入蛋内，这种种蛋会引起孵化后期的鸡胚死亡或刚孵出的雏鸡感染引发大肠杆菌病。

（7）经蛋垂直传播　患有大肠杆菌性输卵管炎的母鸡，在鸡蛋形成的过程中大肠杆菌菌就进入蛋内，就造成了大肠杆菌病的垂直传播。

◉ 第二节　实验室诊断的基本方法

在大肠杆菌病诊断中，根据流行病学分析、临床症状及病理剖检变化，一般只能做出初步诊断或确定出疫病的大致范围[2-8]，确切诊断必须依赖实验室诊断方法。当前已建立了多种大肠杆菌检测方法，主要包括传统培养基法、病原微生物分离鉴定、形态学鉴定、自动化鉴定方法、酶联免疫技术、核酸探针技术、核酸扩增（聚合酶链反应）技术等。

一、病理组织学检查

采取病死畜禽的典型组织器官，将其剪成 1.5～3.5 毫升大小，浸泡在 10％福尔马林溶液或 95％酒精中进行固定。将固定好的病料切片染色，在显微镜下检查病理组织学变化及其他病变。

二、微生物学诊断

用微生物学的方法进行病原体检查是确诊畜禽传染病的重要依据。但其检验结果的正确与否与被检材料的采取、保存和运送是否正确有很大关系。故正确采取病料是微生物学诊断的基本环节。

（1）病料的采取

① 注意事项　病料应新鲜、有代表性，死亡禽夏季不应超过 6 小时、冬季不应超过 12 小时。在取材时应无菌操作，尽可能减少污染，所用的器械和容器必须事先灭菌；剖开腹腔后，首先应采取微生物学检验材料，之后再进行病理学检查；病料采取后，如不能立刻进行检验，应马上存放于冰箱中。

② 采取方法

a.实质脏器　肝、脾、肾等实质脏器可直接采取适当大小置于灭菌的容器内。如有细菌分离培养条件，首先以烧红的铁片烫烙脏器表面，用接种环自烫烙的部位插入组织中缓缓转动，钓取少量组织作涂片镜检或接种在培养基上（图 6-1）。

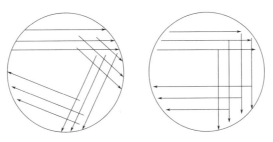

图 6-1　平板划线斜线法接种培养基

b.液体材料　血液、胆汁、渗出液和脓汁等，可用灭菌吸管或注射器经烫烙部位插入，吸取内部液体材料，然后注入灭菌试管中，塞好棉塞或胶塞送检。

c.全血　无菌采取心脏血液或翅下静脉血液，置于试管或三角瓶内，加入适量的抗凝剂（0.1 毫升 4％柠檬酸钠液/毫升血液）。

d.血清　无菌采取血液注入灭菌试管中，摆成斜面，待血液凝固析出血清后，吸出血清。若血清用量小，可用塑料管引流采血法，即用针头刺破翅下静脉，随即用塑料管置于刺破处引流血液至 6～8 厘米长度，在酒精灯火焰上将管一端或两端封闭，置 37℃温箱中 2 小时，待凝固析出血清后，以 1000 转/分钟离心 5 分钟，剪断塑料管，弃去血凝块端，血清端可重新封口保存。

e.肠道及肠内容物　肠道只需选择病变最明显的部分，将其中的内容物去掉，用灭菌水轻轻冲洗，然后放入盛有灭菌的30％甘油磷酸缓冲液瓶中送检。采取肠内容物，可先将肠管表面烧烙消毒，用吸管扎穿肠壁，从肠腔内吸取内容物；或者将带有粪便的肠管两端结扎，从结扎处剪断送检。

f.皮肤及羽毛　皮肤病料要选择病变最明显区的边缘部分，采取少许放入容器中；羽毛也应在病变明显部分采取，用刀将羽毛及其根部皮屑刮取少许置于容器中送检。

（2）常用的方法　微生物学诊断常用的方法有以下几种。

① 涂片镜检　采取病料进行涂片，经染色后镜检。该法对一些具有特征性形态和染色特性的病原微生物，如巴氏杆菌、葡萄球菌、链球菌等具有较为重要的诊断意义，但对大多数传染病来说，只能提供进一步检查的依据或参考。

② 分离培养和鉴定　用人工培养的方法将病原微生物从病料中分离出来，再根据形态学、染色特性、培养特性、生化试验、动物接种试验及血清学试验的结果进一步进行鉴定。

③ 动物接种试验　选择对该种传染病病原微生物最敏感的易感动物进行人工感染试验。根据被接种试验动物的临床症状、病理变化以及病原微生物的分离与鉴定进一步确定诊断。

三、血清学试验

利用抗原和抗体特异性结合的血清学反应进行诊断的一种方法。因其具有严格的特异性和较高的敏感性，可应用已知的抗原来测定被检血清中的特异性抗体，也可用已知的血清来测定被检材料中的抗原。

由于抗原的性质不同，再加上参与反应的其他成分也不一样，可呈现多种不同的血清学反应现象。因此，血清学试验也有多种，常用的有玻片凝集试验等。

⊙ 第三节　细菌的分离培养与鉴定

无论是应用细菌学方法诊断传染病，还是利用细菌材料进行有关的试验研究，都必须首先获得细菌的纯培养物并鉴定之。因此，细菌的分离培养及鉴定技术是一般实验室人员必须掌握的一项重要的基本操作技能。

一、分离培养的注意事项

（1）严格的无菌操作　为了得到正确的分离培养结果，无论是被检材料的采取，还是培养基的制备及接种，都必须严格遵守无菌操作的要求。

（2）选择适合细菌生长发育的条件　应根据待检病料中所分离细菌的特性或根据推测在待检材料中可能存在的细菌的特性来考虑和准备细菌生长发育所需要的条件。

① 选择适宜的培养基　根据所估计的细菌种类选择适合其生长发育的培养基与鉴别

培养基。大肠杆菌应选用普通培养基、普通肉汤、SS琼脂培养基、麦康凯或远藤氏培养基、鲜血琼脂培养基和伊红-美蓝琼脂培养基。对性质不明的细菌初次分离培养时，一般尽可能多接种几种培养基，包括普通培养基和特殊培养基（如含有特殊营养物质的培养基、适合厌氧菌生长的培养基等）。

② 要考虑细菌生长所需的环境　对于性质不明的细菌材料应多接种几份培养基，分别置于普通大气、无氧环境或含有 $5\%\sim10\%$ CO_2 培养箱中培养。

③ 要考虑培养温度和时间　一般于 $37℃$，温箱内，经 $24\sim72$ 小时培养后，大多数大肠杆菌都可以生长出来。

二、分离培养的方法

（1）细菌的分离法　分离细菌最常应用的方法是固体培养基分离法。即取少量待检病料在普琼、血琼平板上或其他特殊固体培养基表面，逐渐稀释分散，使成单个细菌细胞，经培养后形成单个菌落，从而得到细菌的纯培养物，以便观察菌落性状及进一步鉴定。具体操作方法有多种，如平板划线法、平板倾注法、斜面分离法等，其中平板划线法最为简便实用（图6-2）。

图 6-2　细菌接种和分离工具

1—接种针；2—接种环；3—接种钩；4，5—玻璃涂棒；6—接种圈；7—接种锄；8—小解剖刀

① 平板划线法　将病料（头部水肿液、肝脏、脾脏、关节腔渗出液、心脏、心血）分别划线接种于普通肉汤、营养琼脂平板、麦康凯琼脂平板、鲜血琼脂平板和伊红-美蓝琼脂平板，37℃培养24小时。以接种环钓取待检病料少许，左手打开平皿盖，使盖与底约成30°角。将病料先涂在培养基平板上的一边，作为第一阶段划线。然后将接种环置于酒精灯火焰上灭菌，待冷却后，再以该接种环于平板的第一阶段划线处相交接，划线数次，为第二阶段划线。再如上法灭菌，接种划线，依次划至最后一段（如图6-3所示）。

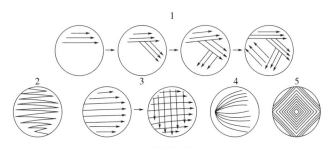

图 6-3　平板划线分离法

1—斜线法；2—曲线法；3—方格法；4—放射法；5—四格法

这样每一段划线内的细菌数逐渐减少，即能获得单个菌落。划线间的距离宽窄要适宜，一般相距 0.3～0.5 厘米，最后一段线不能与第一段线相交。接种完毕，盖好平皿盖，倒置于 37℃ 温箱中培养。涂布法培养后形成的菌落只出现在琼脂表面。

②平板倾注法　平板倾注法的基本操作见图 6-4。先往培养皿中倾注一定量的菌液，然后再加入培养基，快速混匀，培养基凝固后，放入培养箱中培养。取数管已溶化的深层琼脂，用记号笔标记顺序后，置 50℃ 恒温水箱中，以灭菌接种环或微量移液器取少量大肠杆菌加入试管或玻璃瓶中，将试管放于两手掌中搓转片刻使大肠杆菌在培养基中混合均匀。取灭菌平皿，将含大肠杆菌的琼脂倾入相应的平皿中，并使之均匀分布。待凝固后将平皿翻置于温箱中培养。此法不仅用于分离培养，而且可用于材料中活菌的计数。倾注法的菌落将出现在琼脂的各个部位，包括底层和中层。

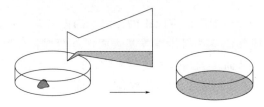

图 6-4　平板倾注法示意图

③斜面分离法　向容器内加入所需水量的一部分，按照培养基的配方，称取各种原料，依次加入使其溶解，最后补足所需水分。对蛋白胨、肉膏等物质，需加热溶解，加热过程所蒸发的水分，应在全部原料溶解后加水补足。配制固体培养基时，先将上述已配好的液体培养基煮沸，再将称好的琼脂加入，继续加热至完全融化，并不断搅拌，以免琼脂糊底烧焦。在实验台上放 1 支长 0.5～1 米的木条，厚度为 1 厘米左右。将试管头部枕在木条上，使管内培养基自然倾斜，凝固后即成斜面培养基（图 6-5 和图 6-6）。

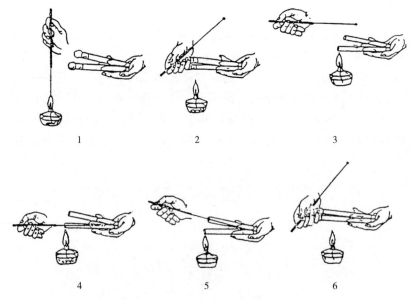

图 6-5　斜面接种时的无菌操作步骤
1—接种灭菌；2—开启棉塞；3—管口灭菌；4—挑起菌苔；5—接种；6—塞好棉塞

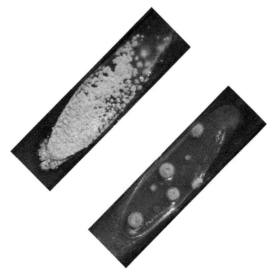

图 6-6　细菌斜面培养结果

（2）细菌的培养　根据被检材料和培养目的的不同，采取不同的培养方法。一般来说，大肠杆菌，37℃、24小时均可生长。

三、细菌的鉴定

对得到的细菌纯培养物，可应用多种方法进行鉴定。

（1）菌落性状的观察　细菌的菌落在不同培养基上有不同的生长特性。观察时，可用肉眼或放大镜朝向光亮处观察。应注意菌落的大小、形状、边缘、表面构造、隆起度、透明度及颜色。

①普通肉汤　可见肉汤均匀混浊，管底有少许沉淀。

②普通营养琼脂　普通营养琼脂培养基上形成圆形、凸起、光滑、湿润、边缘整齐的灰白色菌落（图6-7）。

③血液琼脂平板　血液琼脂平板生长出圆形、隆起、光滑、湿润、灰白色菌落，直径2.5～3.0毫米，一般呈β溶血。

④营养琼脂培养基　营养琼脂培养基可见长出边缘整齐、表面光滑隆起、湿润、灰白、透明、直径1～2毫米的菌落。

⑤伊红-美蓝琼脂培养基　伊红-美蓝琼脂培养基可见淡紫色或紫黑色、隆起、表面湿润的菌落，发蓝，有绿色的金属光泽。

⑥麦康凯培养基　麦康凯培养基可见中等大小，直径2～3毫米，生长出圆形、湿润、露珠样、光滑、隆起、大小均一的粉红色或砖红色菌落（中央稍深）（图6-8）。

（2）涂片镜检　先于载玻片上滴加少量灭菌生理盐水，再钓取纯培养物少许与生理盐水混匀，涂抹适当大小，晾干，用火焰固定（将涂有材料的一面向上，在火焰上来回通过数次，手触摸之稍有热烫感）或用甲醇固定（滴加适量甲醇，作用1～2分钟）。根据情况可选用革兰氏染色法、美蓝或瑞氏染色法及其他特殊染色法进行染色、镜检，以观察细菌

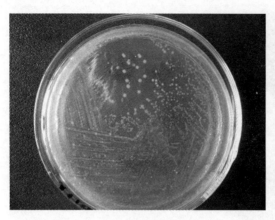

图 6-7　大肠杆菌在普通营养琼脂的形态

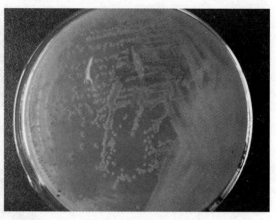

图 6-8　大肠杆菌在麦康凯培养基琼脂的形态

的形态、大小、染色特性及排列方式。革兰氏染色后镜检可见中等大小的革兰氏阴性杆菌。取病死鸡组织（头部水肿液、肝脏、脾脏、关节腔渗出液、心脏、心血）直接涂片，革兰氏染色，镜检见两端钝圆、单个或成对排列的革兰氏阴性短杆菌。组织触片和分离菌涂片经革兰氏染色后，镜检均可见红色、短小、两端钝圆的杆菌，大小约（1~3）微米×（0.4~0.7）微米，多单个散在，少成双排列，无芽孢，革兰氏染色呈阴性（图 6-9）。

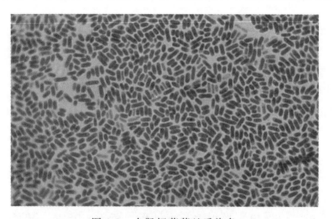

图 6-9　大肠杆菌革兰氏染色

　　(3) 生化试验　各种细菌均含有自己独特的酶系统，在代谢过程中产生的分解产物及合成产物，也具有各自的特性。故可利用此种特性以生化试验的方法来鉴别细菌。生化试验甚多，如糖（苷）发酵试验、淀粉水解试验、靛基质形成试验、甲基红试验、VP 试验等，可视检验的需要选择进行。利用分离培养菌落作生化试验，大肠杆菌可发酵葡萄糖、乳糖、麦芽糖、甘露醇，产酸产气，不发酵蔗糖，不产生 H_2S，不分解尿素，不液化明胶，吲哚试验和 MR 试验均为阳性，VP 试验阴性，阿拉伯糖阳性。

　　① 糖类发酵（分解）试验

　　a.原理　细菌含有分解不同糖（醇、苷）类的酶，因而分解各种糖（醇、苷）类的能力也不一样。有些细菌分解某些糖（醇、苷）产酸（符号：＋）、产气（符号：○），培养基由蓝变黄（指示剂溴麝香草酚蓝遇酸由蓝变黄的结果），并有气泡；有些产酸，仅培养基变黄；有些不分解糖类（符号：—），培养基仍为蓝色。

b.适用于需氧菌的方法　从琼脂斜面的纯培养物上，用接种环取少量被检细菌接种于糖发酵管培养基中（如为半固体，应穿刺），在 37℃ 培养，一般观察 2～3 天，观察时用上述符号标记之。

需要如下培养基：

用邓亨氏（Dunham）蛋白胨水溶液（蛋白胨 1 克，氯化钠 0.5 克，水 100 毫升，pH 7.6，按 0.5%～1% 的比例分别加入各种糖），每 100 毫升加入 1.2 毫升的 0.2% 溴麝香草酚蓝（或用 1.6% 溴甲酚紫酒精溶液 0.1 毫升）作指示剂。分装于试管（每一个试管事先都加有一枚倒立的小发酵管），10 磅高压灭菌 10 分钟。

如在培养基中加入琼脂达 0.5%～0.7%，则成半固体，可省去倒立的小发酵管。

0.2% 溴麝香草酚蓝溶液配法：

溴麝香草酚蓝	0.2 克
0.1 摩尔/升 NaOH	5 毫升
蒸馏水	95 毫升

c.适用于厌氧菌的方法　将厌氧菌的培养物用穿刺接种法接种于上述培养基的深部，于 37℃ 培养。结果观察同需氧菌。

需要如下培养基：

蛋白胨	20 克
氯化钠	5 克
琼脂	1 克
1.6% 溴甲酚紫酒精溶液	1 毫升
糖	10 克
硫乙醇酸钠	1 克
蒸馏水	1000 毫升

将胨、盐、硫乙醇酸钠、琼脂和水放于烧瓶内，加热使融化，再加入所需的糖，调整 pH 到 7.0，加入指示剂，分装试管，在 10 磅高压灭菌 15 分钟后，做成斜面琼脂。

② VP 试验（二乙酰试验）

a.原理　细菌能从葡萄糖→丙酮酸→乙酰甲基甲醇（Acetymethyl carbinol）→2,3-丁烯二醇（2,3-bytaylene cylycol），在有碱存在时氧化成二乙酰，后者和胨中的胍基化合物起作用，产生粉红色的化合物。其反应式为：

$$2CH_3COCOOH \longrightarrow CH_3COCHOHCH_3 + 2CO_2$$
丙酮酸　　　　　乙酰甲基甲醇

$$CH_3CHOHCHOHCH_3 \xrightarrow{KOH} CH_3COCOCH_3$$
2,3-丁烯二醇　　　　丁二酮（二乙酰）

$$\underset{\text{丁二酮}}{\overset{\text{乙酰甲基甲醇}}{O=C-CH_3 \atop O=C-CH_3}} + \underset{\text{胍基}}{HN=C\begin{array}{c}NH_2\\NH_2\end{array}} \longrightarrow \underset{\text{红色化合物}}{HN=C\begin{array}{c}N=C-CH_3\\ |\\N=C-CH_3\end{array}} + H_2O$$

b. O'Meara's 法　试剂：40 克氢氧化钾溶于 100 毫升蒸馏水中，加入 0.3 克肌酐即成。

将被检细菌接种于葡萄糖蛋白胨水培养后，于 35～37℃培养 48 小时，于每毫升培养物中加入 0.1 毫升，猛烈摇振混合。

c. Baritt's 法　试剂：6% α-奈酚酒精溶液为甲液，40%氢氧化钾为乙液。

同上法接种培养细菌，于 2 毫升培养液内加入甲液 1 毫升和乙液 0.4 毫升，摇振混合。

d. 试验时强阳性者约于 5 分钟后，可产生粉红色反应（长时间无反应，置室温过夜），次日不变者为阴性。

e. 培养基　含葡萄糖、K_2HPO_4、蛋白胨各 5 克，完全溶解于 1000 毫升水中后，分装试管内，间歇灭菌或 10 磅 10 分钟灭菌。

③ 甲基红（MR）试验

a. 原理　细菌在糖代谢过程中生成丙酮酸，有的甚至进一步被分解为甲酸、乙酸、乳酸等，而不是生成 V-P 试验中的二乙酰，从而使培养基的 pH 下降至 4.5 或以下（V-P 试验的培养物 pH 常在 4.5 以上），故加入甲基红试剂呈红色。本试验常与 V-P 试验一起使用，因为前者呈阳性的细菌，后者通常为阴性。

b. 方法　接种细菌于培养液中，37℃培养 2～7 天后，于培养物中加入几滴试剂，变红色者为阳性反应。

c. 培养基　同 VP 试验培养基。

甲基红指示剂：0.1 克甲基红溶于 300 毫升 95%酒精中，再加入蒸馏水 200 毫升。

④ 淀粉水解试验

a. 原理　细菌如产生淀粉酶可将淀粉分解为糖类，在培养基上滴加碘液，可在菌落周围出现透明区。

b. 方法　将细菌划线接种于上述平板上，在 37℃培养 24 小时。生长后取出，在菌落处滴加革兰氏碘液少许，观察。

c. 结果　培养基呈深蓝色，能水解淀粉的细菌及其菌落周围有透明的环。

d. 淀粉琼脂培养基

pH 7.6 的肉浸汤琼脂	90 毫升
无菌羊血清（只对不易生长的细菌才加）	5 毫升
无菌 3%淀粉溶液	10 毫升

将琼脂加热融化，冷却到 45℃，加入淀粉溶液及羊血清，混匀后，倾注平板。

⑤ 枸橼酸盐利用试验

a. 原理　当细菌利用铵盐作为唯一氮源，并利用枸橼酸盐作为唯一碳源时，可在枸橼酸盐培养基上生长，生成碳酸钠，并同时利用铵盐生成氢，使培养基呈碱性。

b. 方法 1　Simmons 氏培养基：

柠檬酸钠	1 克
K_2HPO_4	1 克
硫酸镁	0.2 克
氯化钠	5 克

琼脂（洗过）	20 克
NH_4H_2PO_4	1 克
1‰溴麝香草酚蓝酒精溶液	10 毫升
蒸馏水	加至 1000 毫升

调整 pH 至 6.8，15 磅 15 分钟高压灭菌后制成斜面。

将上述培养基中的琼脂省去，制成液体培养基，同样可以应用。将被检细菌少量接种到培养基中，37℃培养 2～4 日，培养基变蓝色者为阳性，不变者为阴性。

c. 方法 2　Christenten 氏培养基：

柠檬酸钠	5 克
KH_2PO_4	1 克
葡萄糖	0.2 克
氯化钠	5 克
酚红	0.012 克
半胱氨酸	0.1 克
琼脂	15 克
酵母浸膏	0.5 克
蒸馏水加至	1000 毫升

有的配方尚加枸橼酸铁铵 0.4 克，硫代硫酸钠 0.08 克。

pH 不必调整。高压灭菌后做成短厚的斜面。

接种时先划线后穿刺，孵育于 37℃观察 7 天。阳性者培养基变红色，阴性者培养基仍为黄色。

⑥ 吲哚试验

a. 原理　细菌分解蛋白胨中的色氨酸，生成吲哚（靛基质），经与试剂中的对位二甲基氨基苯甲醛作用，生成玫瑰吲哚。

b. 方法　以接种环接种待试细菌的新鲜斜面培养物于邓亨氏蛋白胨溶液中，37℃培养 24～48 小时后（可延长 4～5 天）。于培养液中加入戊醇或二甲苯 2～3 毫升，摇匀，静置片刻后，沿试管壁加入试剂 2 毫升。在戊醇或二甲苯下面的液体变红色者为阳性反应。

也可将一指头大的脱脂棉，滴上两滴欧立希氏试剂，再在同处加滴两滴高硫酸钾（$K_2S_2O_4$）饱和水溶液，置于含培养液的被检试管中，离液面约半寸，置烧杯内水浴煮沸为止，脱脂棉上出现红色为阳性。此法略繁，但省试剂且准确，因为将试剂加到液体中，吲哚和粪臭素均呈阳性，而用此法，只是吲哚（它能挥发）呈阳性反应。

亦可以滤纸片浸湿1％的二甲基苯丙烯甲醛的10％浓 HCl 溶液，然后以接种环刮取一环琼脂的纯培养物涂布于该滤纸上。

细菌涂印周围呈蓝色者为阳性，细菌涂印周围无色泽变化或淡黄色者为阴性。

c.培养基　用邓亨氏（Dunham）蛋白胨水溶液（蛋白胨1克，氯化钠0.5克，水100毫升，pH 7.6，按0.5％～1％的比例分别加入各种糖），每100毫升加入1.2毫升的0.2％溴麝香草酚蓝（或用1.6％溴甲酚紫酒精溶液0.1毫升）作指示剂。分装于试管（每一个试管事先都加有一枚倒立的小发酵管），10磅高压灭菌10分钟。

如在培养基中加入琼脂达0.5％～0.7％，则成半固体，可省去倒立的小发酵管。

0.2％溴麝香草酚蓝溶液配法：

溴麝香草酚蓝	0.2克
0.1摩尔/升 NaOH	5毫升
蒸馏水	95毫升

d.试剂　常用下述两种。

欧立希氏（Ebrlich's）吲哚试剂：

对位二甲基氨基苯甲醛（P-dimethyl aminobenzaldehyde）	1克
纯乙醇	95毫升
浓盐酸	20毫升

先以乙醇溶解试剂，后加盐酸，要避光保存。

Kovacs试剂：

对位二甲基氨基苯甲醛	5克
戊醇（聚异戊醇）	75克
浓盐酸	25毫升

⑦ 硫化氢试验

a.原理　细菌能分解含硫氨基酸，产生硫化氢（H_2S），H_2S会使培养基中的醋酸铅或氯化铁形成黑色的硫化铅或硫化铁。

b.方法1　醋酸铅琼脂法。

用接种针蘸取纯培养物，沿管壁作穿刺，孵育于37℃ 1～2天后观察，必要时可延长5～7天。培养基变黑色者为阳性。

或将细菌培养于肉汤、肝浸汤琼脂斜面或血清葡萄糖琼脂斜面，在试管的棉花塞下方挂一约6.5厘米×0.6厘米的浸蘸饱和醋酸铅溶液（10克醋酸铅溶于50毫升沸蒸馏水中即成）且已干燥的滤纸条，于37℃培养，观察7天，纸条变黑者为阳性结果。

所需如下培养基：

肉汤琼脂	100毫升
10％硫代硫酸钠溶液（新配）	2.5毫升
10％醋酸铅溶液	3毫升

三种成分分别高压灭菌，前二者混合后待凉至 60℃，加入醋酸铅溶液，混合均匀，无菌分装试管达 5～6 厘米高，立即浸入冷水中，使冷凝成琼脂高层。

方法：

c. 方法 2　三氯化铁明胶培养基法。

穿刺接种，培养于 37℃观察 7 天，培养基变黑色者为阳性。

所需如下培养基：

硫胨（Thiopeptone）	25 克
明胶	120 克
牛肉膏	7.5 克
氯化钠	5 克
蒸馏水加至	1000 毫升

上述成分灭菌后趁热加入 5 毫升灭菌的 10%氯化铁溶液。立即以无菌操作分装试管，达 5～6 厘米高，迅速冷凝成高层。

⑧ 硝酸盐还原试验

a. 原理　细菌能把硝酸盐还原为亚硝酸盐，而亚硝酸盐能和对氨基苯磺酸作用生成对重氮基苯磺酸，且对重氮基苯磺酸与 α-萘胺作用能生成红色的化合物 *N*-α-萘胺偶氮苯磺酸，其反应式为：

对氨基苯磺酸　　对重氮基苯磺酸

α-萘胺　　*N*-α-萘胺偶氮苯磺酸

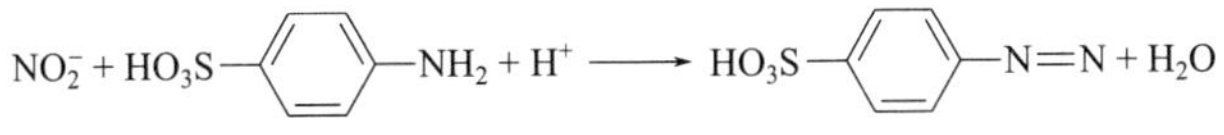

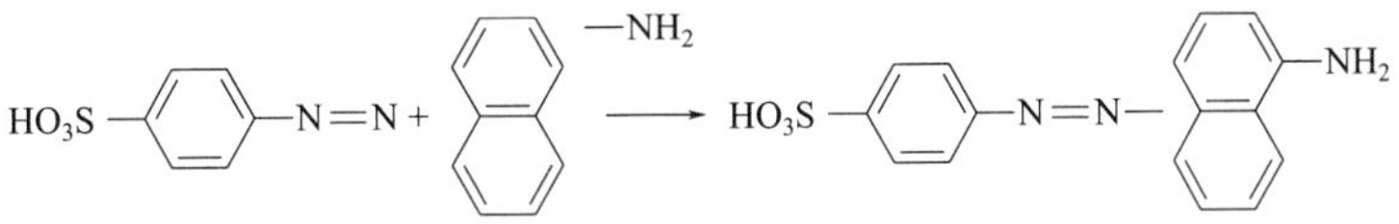

b. 适用于需氧菌的方法　接种细菌后 37℃培养 4 天，沿管壁加入甲液二滴与乙液二滴，当时观察。阳性者立刻呈红色。

需如下培养基：

硝酸钾（不含 NO^{2-}）	0.2 克
蛋白胨	5 克
蒸馏水	1000 毫升

溶解，调节 pH 至 7.4，分装试管。每管约 5 毫升，15 磅高压灭菌 15 分钟。

试剂有甲液和乙液。

甲液

对位氨基苯磺酸	0.8 克
5 摩尔/升醋酸溶液	100 毫升

乙液

α-萘胺	0.5 克
5 摩尔/升醋酸溶液	100 毫升

c.厌氧菌硝酸盐培养基法　接种后作厌氧培养，试验方法和结果观察同上法，但培养1～2日即可。

需如下培养基：

硝酸钾（不含 NO^{2-}，化学纯）	1克
磷酸氢二钠	2克
葡萄糖	1克
琼脂	1克
蛋白胨	20克
蒸馏水	1000毫升

加热溶解，调整pH至7.2，过滤，分装试管，15磅高压灭菌15分钟。

⑨ 石蕊牛乳试验

a.原理　紫乳培养基中的主要成分为干酪素、乳糖及指示剂等。由于各种细菌对这些成分的作用不同，引起培养基的变化也有不同，观察的主要变化如下。

产酸：主要从乳糖产生酸，指示剂变酸色（石蕊为红色，溴甲酚紫为黄色）。

酸凝或酸凝加产气：产酸，并有牛乳的凝固（pH 4.7以下）；如有气体形成，则凝块中有裂隙，在魏氏梭菌则呈"暴烈发酵"。

凝乳酶产生：很少或无酸产生，牛乳凝固。

胨化：部分或大部分牛奶变清亮。

产碱：细菌产生蛋白酶可将干酪素分解产生胺或氨，使培养基的pH进一步升高，呈深紫色。

b.方法　将细菌接种于紫乳培养基中，37℃培养1～7天后观察结果，根据细菌的种类不同，可呈现上述一种或几种现象。

c.培养基　加石蕊的酒精饱和溶液于新鲜脱脂牛奶中，使达浅紫色，分装于小试管，用流动蒸汽灭菌，每天1次，每次1小时，共3天。接种细菌后，培养及观察一周。

石蕊酒精溶液的制备：8克石蕊在30毫升40%乙醇中研磨，吸出上清液，再如此用乙醇操作两次。加40%乙醇到总量为100毫升，并煮沸1分钟。取用上清液，必要时可加几滴1摩尔/升盐酸使达艳紫色。现在多应用溴甲酚紫代替石蕊，即于100毫升脱脂乳中加入1.2毫升1.6%溴甲酚紫的乙醇溶液。

⑩ 凝固血清液化试验

a.原理　细菌产生胞外酶，可使凝固的血清液化，借此鉴别细菌。

b.方法　将纯培养物在斜面上作划线接种，于37℃培养1周，观察培养基有无液化。

c.培养基　吕氏血清培养基。

1%葡萄糖肉汤（pH 7.6）100毫升，无菌羊（牛、猪）血清300毫升，混合后，分装于无菌试管，每管5～7毫升，在血清凝固器内摆成斜面，间歇灭菌。

第一天，80℃ 1小时，于37℃过夜；第二天，85℃ 1小时，于37℃过夜；第三天，90℃ 1小时，于37℃过夜。弃去有污染的管。

⑪ 肉渣消化试验

a.原理　细菌能够产生蛋白酶，消化肉渣。

b.方法　用无菌毛细玻管或接种环接种细菌后，用蜡笔于培养基的肉渣层上缘划一横线作标记，在 37℃ 培养几天，观察管内肉渣的高度有无变化，即可判定肉渣是否已被部分消化。

c. 熟肉基　即于 pH 7.4～7.6 的牛肉汤中，于分装试管前，加入半指高的肉渣。液面上加少量凡士林或液体石蜡，15 磅高压灭菌 30 分钟。

⑫ 明胶液化试验

a. 原理　有些细菌能产生分泌于细胞外的明胶酶，分解明胶为氨基酸，使半固体的明胶培养基成为液体。

b. 方法 1　明胶琼脂平板法可于普通琼脂加入 1％ 明胶倾注平板后，分为四个区，每个区分别划线接种一种被检菌，经 24～48 小时培养后，于培养基表面注入氯化汞溶液（氯化汞 12 克，蒸馏水 80 毫升，浓盐酸 16 毫升），如细菌液化明胶，则在菌落周围出现透明带。

c. 方法 2　将被检菌穿刺接种于明胶培养基，于 20℃ 培养 7 天，逐日观察明胶液化现象。如室温高，培养基自行溶化时，可于冰箱内放置 30 分钟，然后取出观察结果，不再凝固时为阳性。

d. 培养基　明胶培养基

NaCl	5 克
蛋白胨	10 克
牛肉膏	3 克
明胶	120 克
蒸馏水	1000 毫升

在水浴锅中将上述成分溶化，不断搅拌。溶化后调 pH 7.2～7.4，121℃ 灭菌 30 分钟。

⑬ 尿素酶试验

a. 原理　细菌能产生尿素酶，将尿素分解，产生 2 个分子的氨，使培养基变为碱性，酚红呈粉红色。尿素酶不是诱导酶，因为不论底物尿素是否存在，细菌均能合成此酶。其活性最适 pH 为 7.0。

b. 方法　接种细菌时，同时作划线及穿刺，置 37℃ 培养 24 小时后观察，培养基从黄色变红色时为阳性。接种量多，反应快的细菌，数小时即可使培养基变红。阴性者应继续观察 4 天。

c. 培养基　Christenrsen 氏培养基

蛋白胨	1 克
葡萄糖	1 克
氯化钠	5 克
KH_2PO_4	2 克
0.2％ 酚红溶液	6 毫升
琼脂	20 克
蒸馏水加至	1000 毫升

调整 pH 至 6.9。需生长因子的细菌，可加入酵母浸膏 0.1％。

121℃ 高压灭菌 15 分钟，冷却到 55℃ 时加入十分之一的 20％ 尿素液（经滤过法除菌使尿素含量为2%（即每1000毫升中有20克），制成短斜面。可以省去琼脂，将各物（包括20克尿素）溶解后，过滤除菌，无菌分装，培养2日，无菌者应用。

⑭ 触酶试验

a. 原理　触酶又称过氧化氢酶，能将过氧化氢分解为水和氧气：

$$2H_2O_2 \xrightarrow{\text{细胞色素}} 2H_2O + O_2\uparrow$$

b. 方法　将约1毫升3%的H_2O_2倾注于生长物（菌落或菌苔）上，有气泡（O_2）发生者为阳性。亦可于清洁小试管中加入少量的H_2O_2（30%），再用清洁无菌的细玻棒（或火焰封口的毛细玻管或镍铬丝做成的接种环）蘸细菌少许，插入于H_2O_2液面下，有气泡产生者为阳性。不可用铂环取细菌，因为铂有时可使H_2O_2产生气泡。

Daniel Y C 法：将细菌在平皿上划线，于37℃培养24小时。另取一支毛细玻璃管（外径1毫米，长67毫米左右），将其一端浸于3%的H_2O_2液中，使H_2O_2上升到毛细玻管内，高度约达20毫米。将这一支带有H_2O_2的毛细管下端，轻轻接触菌落，毛细管内立即出现"沸腾"者为强阳性，观察时间以10秒钟为限。

c. 培养基　细菌应培养在不含血液的营养琼脂上，因为红细胞含有接触酶。

⑮ 氧化酶试验（Kovac试验）

a. 原理　氧化酶及细胞色素氧化酶。做氧化酶试验时，此酶并不直接与氧化酶试剂起反应，而是首先使细胞色素C氧化，然后此氧化型细胞色素C再使对苯二胺氧化，产生颜色反应。

$$2\text{还原型细胞色素}C + 2H^+ + \frac{1}{2}O_2 \xrightarrow{\text{细胞色素氧化酶}} 2\text{氧化型细胞色素}C + H_2O$$

（四甲基苯二胺）　　　　（Warster蓝盐）

b. 方法1　如细菌在固体培养基上长出菌落，可将试剂直接滴在细菌的菌落上，菌落呈玫瑰红色然后到深紫色者为氧化酶阳性。

c. 方法2　取白色洁净滤纸一角，蘸取试验菌菌落少许，加试剂一滴，阳性者立即呈粉红色，以后颜色逐渐加深。

d. 试剂　1%盐酸四甲基苯二胺水溶液，或1%盐酸二甲基对苯二胺水溶液，配制后盛于棕色瓶中，置冰箱中可保存2周，若冰冻保存可用4～6周。

⑯ DNA酶试验

a. 原理　DNA酶可使DNA链水解成为由几个单核苷酸组成的寡核苷酸链。长链DNA可被酸沉淀，而水解后形成的寡核苷酸，则可溶于酸，于DNA琼脂平板上进行试验，可在菌落周围形成透明环。

b. 方法　将被检菌接种于0.2% DNA琼脂平板上做点状接种，于35～37℃培养18～24小时后，用1摩尔/升盐酸倾注平板。于菌落周围出现透明环为阳性。

c. 培养基　DNA 酶试验培养基

营养琼脂（pH7.2）	100 毫升
脱氧核糖核酸（DNA）	0.2 克
8％ CaCl₂ 水溶液	1 毫升

⑰ 脂酶试验

a. 原理　细菌产生的脂酶可分解脂肪为游离脂肪酸。加在培养基中的维多利亚蓝可与脂肪结合成为无色化合物，如果脂肪被细菌产生的脂肪酶分解，则维多利亚蓝释出，呈现深蓝色。该试验主要用于厌氧菌的鉴定。

b. 方法　将被检细菌接种于脂酶培养基上，于 35～37℃ 培养 24 小时。细菌如有脂酶，则使培养基变为深蓝色，否则培养基不变色（无色或粉红色）。

c. 培养基　脂酶培养基

蛋白胨	10 克
酵母浸膏	3 克
氯化钠	5 克
琼脂	20 克　pH 7.8
维多利亚蓝（1∶1500 水溶液）	100 毫升
玉米油	50 毫升
蒸馏水	900 毫升

⑱ 氨基酸脱羧酶试验

a. 原理　细菌具有脱羧酶，能使氨基酸脱羧（—COOH），生成胺和 CO_2，使培养基的 pH 升高，最常用的氨基酸有赖氨酸、鸟氨酸和精氨酸。

b. 方法　从琼脂斜面上挑取培养物少许接种，上面滴加一层无菌液体石蜡，于 37℃ 培养 4 天，每天观察结果。阳性者培养液先变为黄色，后变为蓝色。阴性者为黄色。

c. 基础培养基。

蛋白胨	5 克
葡萄糖	1 克
0.2％溴麝香草酚蓝溶液	12 毫升
蒸馏水	1000 毫升

调整 pH 到 6.8，每 100 毫升基础培养基，加入所需要测定的氨基酸 0.5 克，所加的氨基酸应先溶解于 NaOH 溶液内。

L-d-赖氨酸 0.5 克＋ 15％ NaOH 溶液 0.5 毫升

L-d-鸟氨酸 0.5 克＋ 15％ NaOH 溶液 0.6 毫升

加入氨基酸后，再调整 pH 至 6.8，分装于灭菌小试管内，每管 1 毫升，121℃ 高压灭菌 10 分钟。

⑲ 苯丙氨酸脱氨酶试验

a. 原理　细菌能将苯丙氨酸脱氨变成苯丙酮酸，酮酸能使三氯化铁指示剂变绿色。变形杆菌及普罗菲登斯菌有苯丙氨酸脱氨酶的活力。

b. 方法　多量接种被检菌，37℃ 孵育 18～24 小时，生长好后，取出注入 0.2 毫升（或 4～5 滴）10％的 $FeCl_3$ 水溶液于生长面上，变绿色者为阳性。

c. 培养基

DL-苯丙氨酸（或 L-苯丙氨酸 1 克）	2 克
氯化钠	5 克
酵母浸膏	3 克
琼脂	12 克
Na_2HPO_4	1 克
蒸馏水	1000 毫升

分装于小试管内，121℃高压灭菌 10 分钟，制成长斜面。

⑳ 氰化钾抑菌试验

a. 原理　氰化钾可以抑制某些细菌的呼吸酶系统、细胞色素、细胞色素氧化酶、过氧化氢酶和过氧化物酶，以铁卟啉作为辅基，氰化钾能和铁卟啉结合，使这些酶失去活性，使细菌生长受到抑制。

b. 方法　将 20～24 小时肉汤培养物，接种一大环到 KCN 培养基中，立即用软木塞塞紧，置37℃培养，连续观察 2 天，有细菌生长时为阳性反应。注意：KCN 为剧毒药，宜在通气橱内操作。

c. 培养基

蛋白胨	10 克
Na_2HPO_4	5.64 克
NaCl	5 克
KH_2PO_4	0.225 克
蒸馏水	1000 毫升

此为基础液。调节 pH 至 7.6，15 磅灭菌 15 分钟，冷却，置冰箱。

于冷基础液中加以 15 毫升 0.5％氰化钾溶液（0.5 克 KCN 溶于 100 毫升冷却的灭菌蒸馏水中），分装于灭菌小试管，每管约 1 毫升，立即用蘸有热石蜡的软木塞塞紧，可于冰箱中保存 2 周。

近年来，随着计算机技术的不断发展，对病原微生物的鉴定技术朝着微量化、系列化、自动化的方向发展，发明了许多自动微生物检测仪，从而开辟了微生物检测与鉴定的新领域。最有代表性的是 Automicrobic（AMS）、Abbott（MS-1）和 Autobac（IDX）微生物自动分析系统，而目前在世界上应用最广泛、自动化程度最高、功能最齐全的鉴定系统为 VITEK-AMS。

AMS 为美国 VITEK 公司的产品，1960 年设计于宇宙空间的微生物研究，1973 年正式用于临床微生物鉴定。我国已有近 60 个以上实验室，世界上有 3000 多个以上的实验应用了这一系统。AMS 属于自动化程度高的仪器，由 7 个部件组成，应用一系列小的多孔的聚苯乙烯卡片进行测试，卡片含有干燥的抗菌药物和生化基质，可用于不同的用途，卡片用后可弃去。

操作时，先制备一定浓度的欲鉴定菌株的菌悬液，然后将菌悬液接种到各种细菌的小卡片上，将其放入具有读数功能的孵箱内，每隔一定时间，仪器会自动检测培养基的发酵情况，并换算成能被计算机所接受的生物编码。最后由计算机判定，打印出鉴定结果。

该套系统检测卡片为 14 种，每一种鉴定卡片要含有 25 种以上的生化反应指标，基本同常规检测鉴定，检测所需时间 4～8 小时，最长不超过 20 小时。

　　(4) 动物试验　取细菌纯培养物悬液或被检病料悬液（实质脏器可剪碎、研磨，制成悬液），接种易感动物，根据试验动物的发病情况、病理变化及采取其病料用其他方法进一步进行鉴定。对不同日龄及不同部位采集的病料分别进行致病力实验。如果采用的分离物来自气囊炎的病变部位，则可以静脉注射 0.1 毫升 24 小时的肉汤培养物于 4 周龄的雏鸡（图 6-10、图 6-11 和图 6-12），该雏鸡应在 3 天内致死；若分离物采集自死胚或病死的雏鸡，则向 1 日龄以内的雏鸡卵黄囊中注射 0.1 毫升 24 小时的肉汤培养物，若采集到的病料带有致病力，则实验雏鸡应在 24 小时内死亡，对未死雏鸡检查看是否有心包炎或脐炎。

图 6-10　大肠杆菌的雏鸡感染试验（卵黄吸收不良）

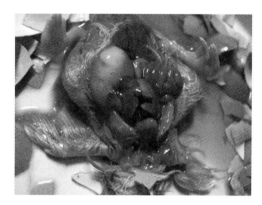

图 6-11　大肠杆菌的雏鸡感染试验（肠道鼓气）

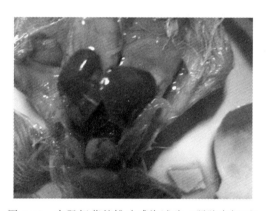

图 6-12　大肠杆菌的雏鸡感染试验（肝脏有坏死）

　　(5) 因子血清试验　大肠杆菌有众多的血清型。因此，在鉴定细菌时，应利用已知血清型的血清或多价血清与细菌纯培养物进行平板凝集试验。根据凝集现象发生与否，来确定细菌所属群别。在洁净玻片上用接种环滴加两滴彼此分离的生理盐水。用接种环挑取 1 环过夜培养的可疑菌落，分别与玻片上的生理盐水混匀。用接种环滴加 1～2 滴血清于玻片上一个菌落与生理盐水的混合液中，另一个菌落与生理盐水的混合液中加入一滴生理盐水作为对照。用接种环分别混匀玻片上的两种混合液。轻轻摇动玻片 1 分钟，观察。于 1 分钟内呈明显凝集者为阳性，呈均匀浑浊者为阴性。一般先选用大肠杆菌 O 抗原多价血清（表 6-1）和大肠杆菌 H 抗原多价血清（表 6-2）进行血清鉴定，然后可用大肠杆菌 O

抗原单价血清和大肠杆菌 H 抗原单价血清进行单个鉴定。大肠杆菌 O 抗原单价血清包括
O1、O2、O3、O4、O5、O6、O7、O8、O9、O10、O11、O12、O13、O14、O15、
O16、O17、O18、O19、O20、O21、O22、O23、O24、O25、O26、O27、O28、O29、
O30、O32、O33、O34、O35、O36、O37、O38、O39、O40、O41、O42、O43、O44、
O45、O46、O48、O49、O50、O51、O52、O53、O54、O55、O56、O57、O58、O59、
O60、O61、O62、O63、O64、O65、O66、O67、O69、O70、O71、O73、O74、O75、
O76、O77、O78、O79、O80、O81、O82、O83、O84、O85、O86、O87、O88、O89、
O90、O91、O92、O95、O96、O97、O98、O99、O101、O101、O102、O103、O104、
O105、O106、O107、O108、O109、O110、O111、O112ab、O113、O114、O115、
O116、O117、O118、O119、O120、O121、O122、O123、O124、O125、O126、O127、
O128、O129、O130、O131、O132、O133、O134、O135、O136、O137、O138、O139、
O140、O141、O142、O143、O144、O145、O146、O147、O148、O149、O150、O151、
O152、O153、O154、O155、O156、O157、O158、O159、O160、O161、O162、O163、
O164、O165、O166、O167、O168、O169、O170、O171、O172、O173、O174、O177
和 O180。大肠杆菌 H 抗原单价血清包括 H1、H2、H3、H4、H5、H6、H7、H8、H9、
H10、H11、H12、H14、H15、H16、H17、H18、H19、H20、H21、H23、H24、
H25、H26、H27、H28、H29、H30、H31、H32、H33、H34、H35、H36、H37、
H38、H39、H40、H41、H42、H43、H44、H45、H46、H47、H48、H49、H51、
H52、H53、H54、H55 和 H56（图 6-13）。

表 6-1　21 种致病性大肠杆菌 O 抗原多价血清

血清名称	检测的血清型
大肠杆菌 O 抗原诊断血清多价 1	O1、O2、O50、O53、O74
大肠杆菌 O 抗原诊断血清多价 2	O3、O23、O28、O38、O115
大肠杆菌 O 抗原诊断血清多价 3	O4、O16、O18、O19
大肠杆菌 O 抗原诊断血清多价 4	O5、O7、O39、O65、O70、O71、O114、O116
大肠杆菌 O 抗原诊断血清多价 5	O6、O9、O30、O55、O57
大肠杆菌 O 抗原诊断血清多价 6	O8、O46、O60、O75、O117、O118
大肠杆菌 O 抗原诊断血清多价 7	O17、O44、O77、O106、O111、O113
大肠杆菌 O 抗原诊断血清多价 8	O12、O15、O25、O26、O40、O62、O68、O73、O78、O87、O92、O96、O102
大肠杆菌 O 抗原诊断血清多价 9	O13、O21、O22、O32、O83、O85、O140
大肠杆菌 O 抗原诊断血清多价 10	O20、O107、O123、O138、O149
大肠杆菌 O 抗原诊断血清多价 11	O86、O88、O90、O127、O128、O141
大肠杆菌 O 抗原诊断血清多价 12	O10、O11、O24、O27、O28、O29、O33、O36、O37、O41、O56
大肠杆菌 O 抗原诊断血清多价 13	O42、O43、O45、O48、O49、O51、O52、O54、O58、O59、O61
大肠杆菌 O 抗原诊断血清多价 14	O63、O64、O66、O69、O76、O79、O80、O81、O82、O112ab、O144、O150
大肠杆菌 O 抗原诊断血清多价 15	O84、O89、O91、O95、O97、O98、O99、O100

血清名称	检测的血清型
大肠杆菌 O 抗原诊断血清多价 16	O108，O109，O110，O119，O120，O121，O124，O125，O126，O130，O131
大肠杆菌 O 抗原诊断血清多价 17	O132，O134，O136，O137，O142，O143，O145，O146，O170，O174
大肠杆菌 O 抗原诊断血清多价 18	O35，O129，O133，O135，O139，O147，O171，O172，O173
大肠杆菌 O 抗原诊断血清多价 19	O151，O152，O153，O154，O155，O156，O157
大肠杆菌 O 抗原诊断血清多价 20	O158，O159，O160，O161，O162，O163，O164
大肠杆菌 O 抗原诊断血清多价 21	O165，O166，O167，O168，O169，O177，O180

表 6-2　10 种大肠杆菌 H 抗原多价血清

血清名称	检测的血清型
大肠杆菌 H 抗原诊断血清多价 1	H1，H2，H3，H12，H16
大肠杆菌 H 抗原诊断血清多价 2	H4，H5，H6，H9，H17
大肠杆菌 H 抗原诊断血清多价 3	H8，H11，H21，H40，H43
大肠杆菌 H 抗原诊断血清多价 4	H7，H10，H14，H15，H18
大肠杆菌 H 抗原诊断血清多价 5	H19，H20，H23，H24，H25
大肠杆菌 H 抗原诊断血清多价 6	H26，H27，H28，H29，H31
大肠杆菌 H 抗原诊断血清多价 7	H30，H32，H34，H36，H41
大肠杆菌 H 抗原诊断血清多价 8	H33，H35，H37，H38，H45，H55
大肠杆菌 H 抗原诊断血清多价 9	H39，H42，H44，H46，H47，H54
大肠杆菌 H 抗原诊断血清多价 10	H48，H49，H51，H52，H53，H56

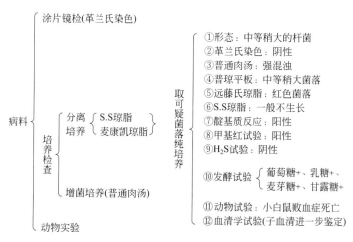

图 6-13　大肠杆菌的分离、培养与鉴定简化程序

第四节 免疫酶技术

免疫酶技术是继免疫荧光技术之后发展起来的又一项免疫标记技术，它是把抗原抗体的特异性反应和酶的高效催化作用相结合而建立的一种诊断方法。通过化学方法将酶与抗原或抗体结合，这些酶的标记物仍保持其免疫学活性和酶活性。然后，将它与相应的抗体或抗原起反应，形成酶标记的抗原抗体复合物，结合在免疫复合物上的酶，在遇到相应的底物时，可催化底物产生水解、氧化或还原反应，而生成有色物质，从而可以鉴定、检测抗原或抗体。在众多的免疫酶技术中，以酶联免疫吸附试验和由其发展起来的斑点酶联免疫吸附试验应用最多。

一、酶联免疫吸附试验（Enzyme-linked imlunosorbentesesy，ELISA）

（1）原理 在合适的载体（如聚苯乙烯塑料板）上，酶标抗体或抗原与相应的抗原或抗体形成酶-抗原-抗体复合物。在一定的底物参与下，复合物上的酶催化底物使其水解、氧化或还原成另一种带色物质。由于在一定的条件下，酶的降解底物和呈现色泽是成正比的。因此，可以应用分光光度计进行测定，从而计算出参与反应的抗原和抗体的含量。

（2）种类 酶联免疫吸附试验试验一般可分为以下几种类型：

① 间接法 用于检测抗体，也可检测抗原（图 6-14）。

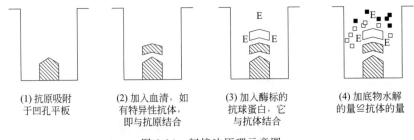

(1) 抗原吸附
于凹孔平板

(2) 加入血清，如
有特异性抗体，
即与抗原结合

(3) 加入酶标的
抗球蛋白，它
与抗体结合

(4) 加底物水解
的量≌抗体的量

图 6-14　间接法原理示意图

② 双抗体夹心法 用于检测大分子抗原（图 6-15）。

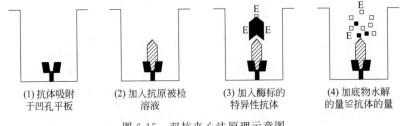

(1) 抗体吸附
于凹孔平板

(2) 加入抗原被检
溶液

(3) 加入酶标的
特异性抗体

(4) 加底物水解
的量≌抗体的量

图 6-15　双抗夹心法原理示意图

③ 竞争法 又称竞争性抑制法，用于测定小分子抗原（图 6-16）。

此外，还有直接法（检测抗原）、非标记抗体酶法（检测抗原或抗体）等。

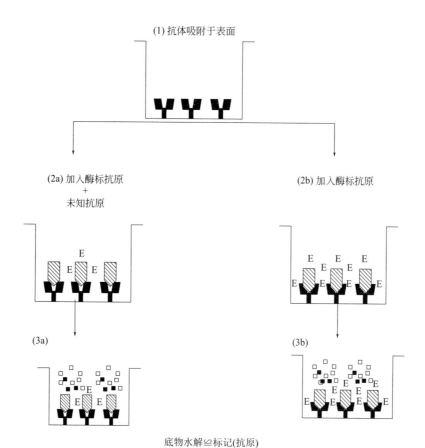

(1) 抗体吸附于表面

(2a) 加入酶标抗原
      ＋
      未知抗原

(2b) 加入酶标抗原

(3a)

(3b)

底物水解≅标记(抗原)
3a和3b的差别≅"未知"(抗原)

图 6-16　竞争法原理示意图

（3）应用实例　以检测鸡大肠杆菌菌毛抗原为例，简述双抗体夹心 ELISA 法。

① 材料

a. 聚苯乙烯塑料微量组织培养板 4×10 孔。

b. 包被液（pH 9.6）　$NaHCO_3$ 2.93 克、Na_2CO_3 1.95 克，加蒸馏水至 1000 毫升，置 4℃保存。

c. 洗涤液（0.01 摩尔/升、pH 7.4 PBS）　NaCl 8 克、KH_2PO_4 0.2 克、$Na_2HPO_4 \cdot 12H_2O$ 2.9 克，KCl 0.2 克，吐温-20 0.5 毫升，加馏水至 1000 毫升。

d. 底物溶液（$OPD-H_2O_2$）　磷酸盐-柠檬酸缓冲液（pH 5.0）100 毫升，邻苯二胺（OPD）40 毫克，30% H_2O_2 0.15 毫升，现用现配。

e. 终止液（2 摩尔/升 H_2SO_4）　浓硫酸 22.2 毫升、蒸馏水 177.8 毫升。

f. 阳性血清　为抗大肠杆菌菌体抗原的血清，琼扩效价在（1∶64）～（1∶128）。

g. 提纯的 IgG　用阳性血清按常规方法提纯 IgG，琼扩效价为 1∶80。

h. 酶标抗体（HRP-IgG）　采用改良过碘酸钠法，用过氧化物酶（HRP）标记抗大肠杆菌菌毛抗原的 IgG 所得的酶-抗体结合物。

i. 待检菌液和标准阳/阴性大肠杆菌　均为 37℃ 20 小时液体培养物。

j. 酶联免疫吸附试验检测仪。

② 双抗体夹心法操作程序

a.包被抗体　包被抗体为提纯的 IgG。用包被液将够稀月至最佳工作浓度，每孔加 0.1 毫升，4℃过夜。

b.洗涤　取出反应板，用洗涤液洗 3 次，每次 3 分钟。

c.加待检菌液和标准阴、阳性菌液　每孔 0.1 毫升，37℃孵育 2.5 小时。

d.洗涤　取出反应板，用洗涤液洗 3 次，每次 3 分钟。

e.加酶标抗体　加工作浓度的酶标抗体，每孔 0.1 毫升，37℃孵育 2.5 小时。

f.洗涤　取出反应板，用洗涤液洗 3 次，每次 3 分钟。

g.加底物溶液　每孔 0.1 毫升置暗盒内室温显色 2 分钟。

h.加终止液　每孔 0.05 毫升。

i.结果判定　用检测仪，于 492 纳米处，测定各孔 OD 值，其 P/N≥3（即待检标本孔 OD 值/阴性对照孔 OD 值），判定为阳性。

二、斑点酶联免疫吸附试验（Dot-ELISA）

斑点酶联免疫吸附试验是近几年创建的一项免疫酶新技术，它不仅保留了常规酶联免疫吸附试验的优点，而且还弥补了抗原和抗体对载体包被不牢等不足，具有敏感性高、特异性强、被检样品量少、节省材料、不需特殊材料、结果容易判定和便于长期保存等优点。因此，该法自问世以来，以其独特优势，广泛应用于抗原、抗体的检测等工作中。

（1）原理　斑点酶联免疫吸附试验的基本原理同酶联免疫吸附试验相似，即将抗原或抗体首先吸附在纤维素薄膜（硝酸或醋酸纤维素膜）表面，通过与相应的抗体或抗原和酶结合物的一系列免疫反应，形成酶-抗原-抗体复合物。加入底物后，结合物上的酶催化底物使其反应生成另一种带色物质，沉着于抗原抗体复合物吸附的部位，呈现肉眼可见的颜色斑点。通过颜色斑点的出现与否和色泽深浅来判定被检样品中是否有抗原或抗体存在及粗略地比较其含量的多少。

（2）种类　斑点酶联免疫吸附试验常用的检测法同酶联免疫吸附试验相同，也有直接法、间接法、双抗体夹心法、竞争法等。

（3）应用实例

① 材料

a.醋酸纤维素膜

b.包被液　0.05M、pH 9.6 的碳酸盐缓冲液。

c.洗涤液　含 0.05%吐温-80 的 0.02 摩尔/升、pH 7.2 的 PBS 液。

d.封闭液　含 0.2%明胶的洗涤液。

e.大肠杆菌 IgG 高免血清　琼扩效价（1∶128）～（1∶256）。

f.大肠杆菌 IgG　采用饱和硫酸铵沉淀法、葡聚糖凝胶和 DEAE 纤维素层析法从大肠杆菌高免血清中提取 IgG。

g.酶标抗体　采用改良过碘酸钠法，用过氧化物酶标记兔抗鸡 IgG 抗体。

h.待检样品的处理　取待检法氏囊剪碎、研磨，制成 5～10 倍稀释的悬液，反复冻融三次，低速离心，取上清液作为待检样品。

② 双抗体夹心斑点酶联免疫吸附试验操作程序

a.压迹　在醋酸纤维素膜的光滑面，用铅笔分成7毫米×7毫米的小格。

b.包被　用0.05摩尔/升碳酸缓冲液将大肠杆菌IgG行50倍稀释，用微量吸样器吸取2微升滴于每个小格中，自然晾干。

c.封闭　将包被好的膜片浸入封闭液中，37℃下封闭30分钟。

d.洗涤　用洗涤液充分冲洗3次，每次2分钟，室温晾干。

e.将反应膜按压迹剪下，光滑面向上置于20孔反应板孔内，每孔加入待检液100微升，37℃下感作30分钟。

f.洗涤　同上。

g.酶标抗体感作　吸取稀释好的酶标抗体100微升于每个反应孔中，37℃作用30分钟。

h.洗涤　同上。

i.显色　每孔加入显色液100微升，室温下避光显色约5分钟，蒸馏水冲洗，终止反应。

j.判定　用肉眼观察，在阴性对照无可见斑点的条件下判定，并依反应色泽深浅记录试验结果：＋＋＋斑点为致密深蓝色（强阳性）；＋＋斑点呈蓝色（阳性）；＋斑点呈淡蓝色（弱阳性）；－无可见斑点（阴性）。

三、大肠杆菌菌体蛋白质残留量测定法

根据2015年版药典采用酶联免疫法测定大肠杆菌表达系统生产的重组制品中菌体蛋白质残留量。

（1）测定法　取兔抗大肠杆菌菌体蛋白质抗体适量，用包被液溶解并稀释成每1毫升中含10微克的溶液，以100微升/孔加至96孔酶标板内，4℃放置过夜（16～18小时）。用洗涤液洗板3次；用洗涤液制备1%牛血清白蛋白溶液，以200微升/孔加至酶标板内，37℃放置2小时；将封闭好的酶标板用洗涤液洗板3次；以100微升/孔加入标准品溶液和供试品溶液，每个稀释度做双孔，同时加入2孔空白对照（稀释液），37℃放置2小时；用稀释液稀释辣根过氧化物酶（HRP）标记的兔抗大肠杆菌菌体蛋白质抗体1000倍，以100微升/孔加至酶标板内，37℃放置1小时，用洗涤液洗板10次，以100微升/孔加入底物液，37℃避光放置40分钟，以50微升/孔加入终止液终止反应。用酶标仪在波长492纳米处测定吸光度，应用计算机分析软件进行读数和数据分析，也可使用手工作图法计算。

以标准品溶液吸光度对其相应的浓度作标准曲线，并以供试品溶液吸光度在标准曲线上得到相应菌体蛋白质含量。

按以下公式计算：

$$供试品菌体蛋白质残留量（\%）=(c \times n)/(T \times 10^6) \times 100$$

式中，c为供试品溶液中菌体蛋白质含量，纳克/毫升；n为供试品稀释倍数；T为供试品蛋白质含量，毫克/毫升。

（注：也可采用经验证的酶联免疫试剂盒进行测定）

（2）试剂

① 包被液（pH 9.6碳酸盐缓冲液） 称取碳酸钠0.32克、碳酸氢钠0.586克，置200毫升量瓶中，加水溶解并稀释至刻度。

② 磷酸盐缓冲液（pH7.4）称取氯化钠8克、氯化钾0.2克、磷酸氢二钠1.44克、磷酸二氢钾0.24克，加水溶解并稀释至500毫升，121℃灭菌15分钟。

③ 洗涤液（pH7.4）量取聚山梨酯20 0.5毫升，加磷酸盐缓冲液至500毫升。

④ 稀释液（pH7.4）称取牛血清白蛋白0.5克，加洗涤液溶解并稀释至100毫升。

⑤ 浓稀释液 称取牛血清白蛋白1.0克，加洗涤液溶解并稀释至100毫升。

⑥ 底物缓冲液（pH 5.0枸橼酸-磷酸盐缓冲液） 称取磷酸氢二钠（$Na_2HPO_4 \cdot 12H_2O$）1.84克、枸橼酸0.51克，加水溶解并稀释至100毫升。

⑦ 底物液 取邻苯二胺8毫克、30%过氧化氢，溶于底物缓冲液20毫升中。临用时现配。

⑧ 终止液 1摩尔/升硫酸溶液。标准品溶液的制备按菌体蛋白质标准品说明书加水复溶，精密量取适量，用稀释液稀释成每1毫升中含菌体蛋白质500纳克、250纳克、125纳克、62.5纳克、31.25纳克、15.625纳克，7.8125纳克的溶液。

（3）供试品溶液的制备 取供试品适量，用稀释液稀释成每1毫升中约含250微克的溶液。如供试品每1毫升中含量小于500微克时，用浓稀释液稀释1倍。

第五节 聚合酶链反应检测技术

聚合酶链反应技术是一种选择性体外扩增DNA或RNA的技术，即根据已知病原微生物的特异性核苷酸序列，设计合成与目的基因5′端同源、3′端互补的两条引物，在体外反应管中加入待检的病原微生物核酸（模板DNA）、引物、dNTP和具有热稳定性的DNA Taq聚合酶，在适当条件下，以变性、复性、延伸三个环节设为一个循环，经过n次循环后，如果待检的病原微生物与已知的引物互补的话，合成的核酸产物的量就会以2^n呈指数增加，扩增产物可通过凝胶电泳、序列测定、特异DNA探针杂交分析、限制性内切酶图谱分析等进行进一步的检测。该技术具有高度的敏感性和特异性，自1985年诞生以来就以惊人的速度得到发展，并已渗透到各生物学分支学科。目前，聚合酶链反应技术已广泛应用于病原微生物的检测、遗传性疾病的诊断、活化癌基因的研究等许多方面。

目前，PCR技术是研究最深入最成熟的分子生物学方法。1983年美国Cetus公司的科学家Mullis首先提出设想一种能在体外获得特定基因或DNA片段的方法，并且在1985年Mullis发明创立了简易的DNA扩增法，称为聚合酶链反应或基因的体外扩增法，以此时间为标志意味着正式宣告PCR技术的诞生。PCR技术对活菌和受损菌以及死菌均可检测，这点与传统的分离培养检测技术有所不同。

直至2013年，PCR技术已经发展到第三代技术。目前，PCR技术已广泛应用于基因分离克隆、核酸序列分析、突变体和重组体的构建、基因多态性的分析、基因表达调控，以及遗传病、传染病的诊断，法医鉴定等多个领域，展现出较为乐观的应用前景。聚合酶链式反应本质上就是一种生物体外的特殊的 DNA 复制的分子生物学技术，它的最大特点是将微量特定的 DNA 片段放大扩增。所以，理论上只要实验室能分离出可检测的 DNA 含量，就可以通过 PCR 技术在体外不断放大，然后与相关对照进行比对分析。

PCR 技术的优点是迅速、高效、准确、灵敏度高，特别是特异性较强，此外 PCR 技术还可检测那些人工无法正常培养得到的微生物。尽管 PCR 技术有这些优点，但在实际应用中 PCR 技术也同时具备了许多缺点或缺陷，比如 PCR 反应灵敏度高，PCR 过程中不严格操作时容易受到外源微生物的污染，出现假阳性结果；若检测样品成分复杂，可能会抑制 PCR 反应，若不能及时排除干扰因素，可能会出现假阴性；虽然对于核酸染料已经在不断地完善，尽量降低对人体的危害，但是包括溴化乙锭在内的许多核酸染料对人体具有较强的致癌性；一般来说，由于食品样品中所含的细菌量比较少，直接对样品进行检测可引发漏检现象。所以很多食品样品检测时需提前增菌，这样往往就增加了整个检测时间；此外，虽然 PCR 技术参数比较简单，但一般人员还无法很顺利地使用，对技术有一定要求。同时，PCR 仪器设备相对也较昂贵。

每种病原微生物都有其特异性的核酸序列，人们可根据已知的某种病原菌核酸序列设计两条与目标核酸片段两端相匹配的引物，应用聚合酶链式反应技术在体外从微量的病原菌中扩增出所需要的目标核酸片段，进而经琼脂糖凝胶电泳后可观察到预期大小的 DNA 片段出现，从而可对目标核酸片段作出初步判断，再通过序列测定等方法即可对其进行进一步的检测。

大肠杆菌是食品和水源污染粪便的指示菌。GENE-TARK 研制出用侵染棒检测大肠杆菌中 16S rRNA 的探针。样品需前增菌处理，以异硫氰荧光素（FITC）标记探针，再用辣根过氧化物酶标记抗 FITC 抗体检测杂交复合物。Hsu 等报道方法特异性（除相近的志贺氏菌外）达 100%，假阳性率为 1.2%（目前使用的 BNM/AOAC 法为 23.4%）。

20 世纪 70 年代人们认识到，大肠杆菌中某些血清型是致病菌，可作为粪便污染的指示菌。用 DNA 探针检测大肠杆菌肠毒素于 1984 年得到美国分析化学家协会 AOAC 的认可。近来研究出用聚合酶链反应法检测不耐热肠毒素的方法，它可以编码不耐热肠毒素基因序列作为引物，用聚合酶链反应法扩增相应的 DNA 片段，不扩增耐热肠毒素基因，检测量为 20 个大肠杆菌/100 微升。Sander 等构建了一个能检测产生与志贺氏菌毒素相同毒素的大肠杆菌菌株（SLTEC）的探针。增菌后能检测牛肉和其他食品中是否存有 SLTEC。1990 年 Fenm P 等研制出大肠杆菌葡萄糖醛酸酶（GUD）基因的探针，葡萄糖醛酸酶（GUD）是美国分析化学家协会认可的 4-甲基伞形酮-β-D 葡萄糖醛酸苷（MUG），现用聚合酶链反应法扩增葡萄糖醛酸酶 GUD 基因，再用 DNA 探针杂交。MUG 试验（即 MUG 在葡萄糖醛酸酶 GUD 作用下释放出甲基伞形酮，在 366 纳米紫外光照射下产生蓝色荧光）存在的问题是大肠杆菌中发现有 MUG 阴性分离物，包括大肠杆菌 O157：H7 血清型的所有菌株，而 DNA 探针证实葡萄糖醛酸酶 GUD 基因存在于所有大肠杆菌，包括 O157：H7 和志贺氏菌菌株。MUG 阴性菌株是由于葡萄糖醛酸酶（GUD）活性受到分解代谢产物的抑制。Kaspar 等报道葡萄糖醛酸酶（GUD）抗体能和 3/4MUG 阴性菌株的提取物反应。这表明某些菌株是能产生葡萄糖醛酸酶（GUD）的，但没有活性，这可能是因为底物无法进入某些菌株细胞内或产物（不能释放到外界中。因此使用葡萄糖醛酸酶

GUD 探针检测大肠杆菌比 MUG 试验准确。

PCR 实验的基本内容可概括如下。

(1) 引物的设计与合成　PCR 扩增的特异性依赖于两条寡核苷酸引物，该引物位于目标 DNA 的两侧并分别和相对的 DNA 链互补。在设计时，应根据已知的病原菌目标核酸片段基因序列（从文献或核酸数据库中检索获取），按照引物设计的原则人工或借助计算机完成设计，引物序列确定之后，一般由专门的生物技术公司用核苷酸合成仪进行合成。

设计引物和选择目的 DNA 序列区域时可遵循下列原则。

① 引物长度约为 16～30bp，太短会降低退火温度影响引物与模板配对，从而使非特异性增高，太长则比较浪费，且难以合成。

② 引物中 G＋C 含量通常为 40％～60％，可按下式粗略估计引物的解链温度 T_m＝4(G＋C)＋2(A＋T)。

③ 四种碱基应随机分布，在 3′端不存在连续 3 个 G 或 C，因这样易引发错误。

④ 引物 3′端最好与目的序列阅读框架中密码子第一或第二位核苷酸对应，以减少由于密码子摆动产生的不配对。

⑤ 在引物内，尤其在 3′端应不存在二级结构。两引物之间尤其在 3′端不能互补，以防出现引物二聚体，减少产量。两引物间最好不存在 4 个连续碱基的同源性或互补性。

⑥ 引物 5′端对扩增特异性影响不大，可在引物设计时加上限制酶位点、核糖体结合位点、起始密码子以及标记生物素、荧光素、地高辛等，通常应在 5′端限制酶位点外再加 1～2 个保护碱基。

(2) 待扩增样品（模板 DNA）的制备　虽然 PCR 具有高度的敏感性，即使单一细胞也可获得阳性结果，因而似乎没有必要为进行 PCR 而专门制备 DNA。但一般情况下仍希望通过首先制备 DNA 以保证其扩增效果，因为反应体系中可利用的 DNA 模板分子越多，则样品间的交叉污染机会越少；此外如果 PCR 扩增专一性或效率不高以及大批细胞中的靶序列含量较低，那么若没有足够的启动 DNA，则扩增产物量不足；最为重要的是，许多样品中可能含有抑制 Taq DNA 聚合酶活性的杂质。因此，须经过适当的处理来消除这种不利的影响因素，以获得有效的待扩增的 DNA 模板。

(3) PCR 扩增　在体外反应管中，加入适量的特异性引物、4 种三磷酸脱氧核苷酸 (dNTP)、Mg^{2+}、模板 DNA、*Taq* DNA 聚合酶、反应缓冲液，于 PCR 扩增仪上进行扩增。扩增过程包括以下三个步骤：

① 变性　模板 DNA 经加热（90～95℃）处理后发生变性，由双链变成单链变性。

② 退火　温度变低时（37～60℃），两条引物分别结合到模板 DNA 两条链的 3′端。

③ 延伸　在 *Taq* DNA 聚合酶合成 DNA 的最适温度（70～75℃）下，引物沿着模板 DNA 链的 3′端向 5′端延伸合成。

由这三个基本步骤组成一轮循环，每一轮循环将使目的 DNA 扩增 1 倍，这些经合成产生的 DNA 又可作为下一轮循环的模板。如此反复循环，使扩增产物以 $2n$ 指数增加。一般情况下需进行 25～40 个循环。

(4) PCR 产物的检测　将扩增产物经琼脂糖凝胶电泳分析、序列测定、特异 DNA 探针杂交分析、限制性内切酶图谱分析等可获得明确的扩增结果并验证其特异性。

虽然普通 PCR 技术操作简单，但该方法操作不严格时非常容易受到污染，造成假阳性现象。同时，包括溴化乙锭在内的各种常用核酸染料对人体具有强烈的致癌性，因此，对于仪器操作人员来说是一个严重的健康安全问题。1996 年，美国 Applied Biosystems 公司推出一种新型 PCR 的技术，这种技术可以实现定量分析。实时荧光定量 PCR 检测技术是采用普通 PCR 技术与液相杂交技术和荧光染料或荧光标记的特异性探针相结合，实时监控 PCR 每一个循环扩增产物相对应的荧光信号，对 PCR 反应过程进行标记跟踪，从而实现样品的定性检测，特别是通过计算机分析能够对产物进行定量分析。

实时荧光定量 PCR 技术弥补了普通 PCR 技术的许多不足之处，普通 PCR 技术需要 2~3 小时，而实时荧光定量 PCR 技术缩短到 10~30 分钟，而且无需对 PCR 产物进行琼脂糖电泳、核酸杂交等后续试验，大大缩短了常规 PCR 技术检测所需的时间，将 PCR 检测技术由以前的定性检测发展为定量检测。更重要的是，实时荧光定量 PCR 技术的操作方法完全是闭管式，这就大大降低了 PCR 过程中污染的可能性，能够准确有效地检测目标基因的拷贝数，从而降低假阳性的发生率，更加完善了普通 PCR 技术本身具有的特异性，而且可以明显提高检测的灵敏度，这种灵敏度的提高是通过计算机自动分析实现对扩增产物进行精确定量来完成的。因此，实时荧光定量 PCR 技术自动化程度高、操作简便、省时省力，适用于临床大样本量的筛查，特别是大的流行病学调查。相对来说，由于实时荧光定量 PCR 技术需要的仪器设备比普通 PCR 还特殊，因此，相对增高的检测费用可能又是限制了实时荧光定量 PCR 技术推广应用的主要因素。

实时荧光定量 PCR 技术可分为荧光标记探针和双链 DNA 特异的荧光染料两大类。①Taqman 探针、分子信标等荧光标记探针都包含两个荧光基团：发光基团（发射荧光的基团）和淬灭基团（接受前者的荧光的基团），荧光共振能量迁移原理是这些探针的两个基团的工作机制，当两个荧光基团靠近时，发光基团将受激发产生的能量转移到相邻的淬灭基团上，通过测定标记在探针上的荧光信号变化间接计算出改变的 PCR 扩增产物数量。②双链 DNA 特异的荧光染料，SYBR Green 和 LC GreenTM 是 2 种常用的荧光染料。这些荧光染料具有结合双链 DNA 分子的能力，在进行 PCR 扩增过程中每一循环的 PCR 产物均与这些荧光染料结合，这些荧光染料可以大大增强荧光信号，因此，通过实时荧光定量 PCR 仪测定荧光信号间接得出 PCR 产物的量。

由此可见，实时荧光定量 PCR 技术只需检测出荧光强度的即时变化就可检测出样品基因的拷贝数，因此，在生物医学领域实时荧光定量 PCR 技术得到广泛应用。

目前，国内外利用实时荧光定量 PCR 技术是医学、食品等方面大肠杆菌检测的发展趋势。以大肠杆菌毒力基因作为临床检测目的基因，常见的毒力基因如下。

一、iss 基因

① 正向：CAATGCTTATTACAGGATG，长度 19bp，退火温度 55℃，GC 含

量 36.8%。

② 反向：CGAAACGAAGAAATGATG，长度 18bp，退火温度 55.6℃，GC 含量 38.9%。

③ 产物长度 101bp。

④ 扩增序列：CAATGCTTATTACAGGATGTGCTCAACAAACGTTTACTGTTG GAAACAAACGACAGCAGTAACACCAAAGGAAACCATCACTCATCATTTCTTCG TTTCG。

二、cva 基因

① 正向：ATTGTGTTTATTACGGCATTTCTG，长度 24bp，退火温度 62.4℃，GC 含量 33.3%。

② 反向：TGACCTCACCACTGACATT，长度 19bp，退火温度 62.5℃，GC 含量 47.4%。

③ 产物长度 79bp。

④ 扩增序列：ATTGTGTTTATTACGGCATTTCTGATGTTCATTATTGTTGGT ACCTATAGCCGCCGTGTTAATGTCAGTGGTGAGGTCA。

三、cvaA 基因

① 正向：AATGATGCTGTTCCTTAT，长度 18bp，退火温度 54.8℃，GC 含量 33.3%。

② 反向：GGAGTCCTGGATATAGTT，长度 18bp，退火温度 55.6℃，GC 含量 44.4%。

③ 产物长度 116bp。

④ 扩增序列：AATGATGCTGTTCCTTATATTTCGGCTGGTGACAAAGTGAAT ATTCGTTATGAAGCCTTCCCCTCAGAAAAATTTGGGCAGTTCTCTGCTACGGTT AAAACTATATCCAGGACTCC。

四、cvaB 基因

① 正向：CGCATAAGTCTTCGTTCA，长度 18bp，退火温度 58.9℃，GC 含量 44.4%。

② 反向：CGGCATTAGCAGATTGAT，长度 18bp，退火温度 59℃，GC 含量 44.4%。

③ 产物长度 108bp。

④ 扩增序列：CGCATAAGTCTTCGTTCACTGATTAACAGTATTTACGGTATT AAAAGAACGCTGGCGAAAATTTTCTGTCTGTCAGTTGTAATTGAAGCAATCAA TCTGCTAATGCCG。

五、cvaC 基因

① 正向：ACTCACAAACCTAATCCT，长度 18bp，退火温度 56.4℃，GC 含量 38.9%。

② 反向：TCCAATTACACAATCTTCC，长度 19bp，退火温度 36.8℃，GC 含量 44.4%。

③ 产物长度 118bp。

④ 扩增序列：ACTCACAAACCTAATCCTGCAATGTCTCCATCCGGTTTAGGGGGAACAATTAAGCAAAAACCCGAAGGGATACCTTCAGAAGCATGGAACTATGCTGCGGGAAGATTGTGTAATTGGA。

六、cvi 基因

① 正向：TTTAGAGGAAAGGACTTT，长度 18bp，退火温度 53.8℃，GC 含量 33.3%。

② 反向：TTTAGAGGAAAGGACTTT，长度 19bp，退火温度 53.6℃，GC 含量 38.9%。

③ 产物长度 137bp。

④ 扩增序列：TTTAGAGGAAAGGACTTTTTATCCATGCATACATTTGCTTCTCTGCATTAATGTCTGCAATATGTTACTTTGTTGGTGATAATTATTATTCAATATCCGATAAGATAAAAAGGAGATCATATGAGAACTCTGACTC。

七、fimC 基因

① 正向：GACTGAGAATACGCTACA，长度 18bp，退火温度 57.2℃，GC 含量 44.4%。

② 反向：GTGGCAACGCTAATTTAG，长度 18bp，退火温度 57.9℃，GC 含量 44.4%。

③ 产物长度 77bp。

④ 扩增序列：GACTGAGAATACGCTACAGCTCGCAATTATCAGCCGCATTAAACTGTACTATCGCCCGGCTAAATTAGCGTTGCCAC。

八、fimD 基因

① 正向：ATGAATCAGGCACGAATA，长度 18bp，退火温度 57.4℃，GC 含量 38.9%。

② 反向：TATAAGCGAGGTTGTAATAGT，长度 21bp，退火温度 57.8℃，GC 含量 33.3%。

③ 产物长度 168bp。

④ 扩增序列：ATGAATCAGGCACGAATATTCAGTTAGTGGGTTACCGT TAT TCGACCAGCGGATATTTTAATTTCGCTGATACAACATACAGTCGAATGAATGGC TACAACATTGAAACACAGGACGGAGTTATTCAGGTTAAGCCGAAATTCACCGAC TATTACAACCTCGCTTATA。

九、*fimF* 基因

① 正向：CGGCTATGTCAGAGATAATG，长度 20bp，退火温度 59.3℃，GC 含量 45%。

② 反向：TCGCACCAATGTTGTTAA，长度 18bp，退火温度 58.9℃，GC 含量 38.9%。

③ 产物长度 104bp。

④ 扩增序列：CGGCTATGTCAGAGATAATGGCTGTAGTGTGGCCGCTGA ATC AACCAATTTTACTGTTGATCTGATGGAAAACGCGGCGAAGCAATTTAACAACA TTGGTGCGA。

十、*fimH* 基因

① 正向：GCGACAGACCAACAACTA，长度 18bp，退火温度 61.1℃，GC 含量 50%。

② 反向：GGCACCACCACATCATTA，长度 18bp，退火温度 61.2℃，GC 含量 50%。

③ 产物长度 78bp。

④ 扩增序列：GCGACAGACCAACAACTATAACAGCGATGATTTCCAG TTTG TGTGGAATATTTACGCCAATAATGATGTGGTGGTGCC。

十一、*fimG* 基因

① 正向：GCGACAGACCAACAACTA，长度 19bp，退火温度 58.5℃，GC 含量 42.1%。

② 反向：GGCACCACCACATCATTA，长度 18bp，退火温度 58℃，GC 含量 44.4%。

③ 产物长度 89bp。

④ 扩增序列：GGCAACACATTGAATACTGGCGCAACCAAAACAGTTC AGGTG GATGATTCCTCACAATCAGCGCACTTCCCGTTACAGGTCAGAGCATT。

十二、*fimB* /*fimD* 基因

① 正向：TTCGCTGATACAACATACA，长度 19bp，退火温度 58℃，GC 含量 36.8%。

② 反向：CGGCTTAACCTGAATAACT，长度 19bp，退火温度 58.7℃，GC 含量 42.1%。

③ 产物长度 75bp。

④ 扩增序列：TTCGCTGATACAACATACAGTCGAATGAATGGCTACAACATC
GAAACACAGGATGGAGTTATTCAGGTTAAGCCG。

十三、uxaA 基因

① 正向：GTGGTCTGTCGTTGAAAG，长度 18bp，退火温度 59.7℃，GC 含量 50%。

② 反向：AGGGTCTGCTGATAGTTAG，长度 19bp，退火温度 59.4℃，GC 含量 47.4%。

③ 产物长度 93bp。

④ 扩增序列：GTGGTCTGTCGTTGAAAGCGTACCAATTCACGAAGATATCAA
AACCCACACTGGCAACTATGAGCAGTGGATTGCTAACTATCAGCAGACCCT。

十四、gntP 基因

① 正向：GTGCTTAACATTCTCTGG，长度 18bp，退火温度 56.8℃，GC 含量 44.4%。

② 反向：GCCACCATTGAATTGATT，长度 18bp，退火温度 57.4℃，GC 含量 38.9%。

③ 产物长度 83bp。

④ 扩增序列：GTGCTTAACATTCTCTGGGTGGTATTCGGCATTGGTCTG AT-
GCTGGTACTGAATTTGAAGTTCAAAATCAATTCAATGGTGGC。

十五、stx2A 亚基基因

① 正向：AGAGGATGGTGTCAGAGT，长度 18bp，退火温度 60.7℃，GC 含量 50%。

② 反向：ATGATGGCAATTCAGTATAACG，长度 22bp，退火温度 60.8℃，GC 含量 36.4%。

③ 产物长度 88bp。

④ 扩增序列：AGAGGATGGTGTCAGAGTGGGGAGAATATCCTTTAATAATA
TATCAGCGATACTGGGGACTGTGGCCGTTATACTGAATTGCCATCAT。

十六、stx2 B 亚基基因

① 正向：CCAAGTATAATGAGGATGA，长度 19bp，退火温度 54.8℃，GC 含

量 36.8％。

② 反向：GATTTGATTGTGACAGTC，长度 18bp，退火温度 54.7℃，GC 含量 38.9％。

③ 产物长度 127bp。

④ 扩增序列：CCAAGTATAATGAGGATGACACATTTACAGTGAAGGTTGACGGGAAAGAATACTGGACCAGTCGCTGGAATCTGCAACCGTTACTGCAAAGTGCTCAGTTGACAGGAATGACTGTCACAATCAAATC。

十七、hlyE 基因

① 正向：AACCTTACTTATGGATAG，长度 18bp，退火温度 51℃，GC 含量 33.3％。

② 反向：TACCTTAATGAGAATGTC，长度 18bp，退火温度 51.8℃，GC 含量 33.3％。

③ 产物长度 160bp。

④ 扩增序列：AACCTTACTTATGGATAGCCAGGATAAGTATTTTGAAGCAACCCAAACAGTGTATGAATGGTGTGGTGTTGCGACGCAATTGCTCGCAGCGTATATTTTTCTATTTGATGAGTACAATGAGAAGAAAGCATCCGCCCAGAAAGACATTCTCATTAAGGTA。

十八、hlyC 基因

① 正向：CAATACAGGCTAACCAATATG，长度 21bp，退火温度 58.2℃，GC 含量 38.1％。

② 反向：GCAATCCAGTCAATGAAC，长度 18bp，退火温度 57.8℃，GC 含量 44.4％。

③ 产物长度 172bp。

④ 扩增序列：CAATACAGGCTAACCAATATGCTTTATTAACCCGGGAT GATTACCCTGTCGCGTATTGTAGTTGGGCTAATTTAAGTTTAGAAAATGAAATTAAATATCTTAATGATGTTACCTCATTAGTTGCAGAAGACTGGACTTCAGGTGATCGTAAATGGTTCATTGACTGGATTGC。

十九、hlyA 基因

① 正向：CCTCTCATTCCTGTCCATT，长度 19bp，退火温度 60.4℃，GC 含量 47.4％。

② 反向：AACTGTCACCATCGTATCC，长度 19bp，退火温度 60.7℃，GC 含量 47.4％。

③ 产物长度 98bp。

④ 扩增序列：CCTCTCATTCCTGTCCATTGCCGATAAGTTTAAACGTGCCAA
TAAAATAGAGGAGTATTCACAACGATTCAAAAACTTGGATACGATGGTGACA
GTT。

二十、hlyB 基因

① 正向：ACGGAATGCGGATAATCA，长度 18bp，退火温度 60.3℃，GC 含量 44.4%。

② 反向：GAGGTGAGACTGCCATAG，长度 18bp，退火温度 60.3℃，GC 含量 55.6%。

③ 产物长度 80bp。

④ 扩增序列：ACGGAATGCGGATAATCAATCTTTCCTGGTGGAATCAGTAAC
GGCGATTAACACTATAAAGCTATGGCAGTCTCACCTC。

二十一、hlyD 基因

① 正向：AATAGAAGACCAGAGACT，长度 18bp，退火温度 55℃，GC 含量 38.9%。

② 反向：GACTAAGAAGATAACTGATTAC，长度 22bp，退火温度 55.3℃，GC 含量 31.8%。

③ 产物长度 161bp。

④ 扩增序列：AATAGAAGACCAGAGACTGGGGCTTGTTTTTAATGTTATTA
TTTCTATTGAAGAGAATGGTTTGTCAACCGGGAATAAAAACATTCCATTAAGC
TCGGGTATGGCAGTCACTGCAGAAATAAAGACAGGTATGCGAAGTGTAATCAG
TTATCTTCTTAGTC。

二十二、eae 基因

① 正向：GTATGAGCAGTATTATGGT，长度 19bp，退火温度 55.2℃，GC 含量 36.8%。

② 反向：AGGAATCGGAGTATAGTT，长度 18bp，退火温度 55.2℃，GC 含量 38.9%。

③ 产物长度 103bp。

④ 扩增序列：GTATGAGCAGTATTATGGTGATAATGTTGCTTTGTTTAATTC
TGATAAGCTGCAGTCGAATCCTGGTGCGGCGACCGTTGGTGTAAACTATACTCC
GATTCCT。

二十三、eatA 基因

① 正向：TTAATAATGGAGGACTGAA，长度 19bp，退火温度 54.2℃，GC 含

量 31.6%。

②反向：ACTTGATTAGCATCTGAA，长度 18bp，退火温度 54.4℃，GC 含量 33.3%。

③产物长度 142bp。

④扩增序列：TTAATAATGGAGGACTGAAAGTCGGTGATGGAACCGTAATTCTGAATCAACGCCCTGATGATAATGGACACAAGCAAGCCTTTAGCTCTATTAACATTTCCAGTGGTCGTGCAACAGTTATACTTTCAGATGCTAATCAAGT。

二十四、eltA-不耐热性肠毒素 A 亚基

①正向：GATGGTTACAGATTAGCA，长度 18bp，退火温度 55℃，GC 含量 38.9%。

②反向：TCCTCATTACAAGTATCAC，长度 19bp，退火温度 55.1℃，GC 含量 36.8%。

③产物长度 128bp。

④扩增序列：GATGGTTACAGATTAGCAGGTTTCCCACCGGATCACCAA GCTTGGAGAGAAGAACCCTGGATTCATCATGCACCACAAGGTTGTGGAAATTCATCAAGAACAATTACAGGTGATACTTGTAATGAGGA。

二十五、eltA-不耐热性肠毒素 B 亚基

①正向：ACTATCATATACGGAATCG，长度 19bp，退火温度 54.8℃，GC 含量 36.8%。

②反向：TTCTTAATGTGTCCTTCA，长度 18bp，退火温度 54.2℃，GC 含量 33.3%。

③产物长度 149bp。

④扩增序列：ACTATCATATACGGAATCGATGGCAGGCAAAAGAGAAATGGTTATCATTACATTTAAGAGCGGCGCAACATTTCAGGTCGAAGTCCCGGGCAGTCAACATATAGACTCCCAAAAAAAAGCCATTGAAAGGATGAAGGACACATTAAGAA。

二十六、toxA 基因

①正向：GATGGTTACAGATTAGCA，长度 18bp，退火温度 55℃，GC 含量 38.9%。

②反向：TCCTCATTACAAGTATCAC，长度 19bp，退火温度 55.1℃，GC 含量 36.8%。

③产物长度 128bp。

④扩增序列：GATGGTTACAGATTAGCAGGTTTCCCACCGGATCACCAAGCTTGGAGAGAAGAACCCTGGATTCATCATGCACCACAAGGTTGTGGAGATTCATCA

AGAACAATTACAGGTGATACTTGTAATGAGGA。

二十七、*toxB* 基因

① 正向：TGGTGGAGGAAGCAATACA，长度 19bp，退火温度 62.5℃，GC 含量 47.4%。

② 反向：GCATTCAATAGATAAGCGAGAGT，长度 23bp，退火温度 62.5℃，GC 含量 39.1%。

③ 产物长度 130bp。

④ 扩增序列：TGGTGGAGGAAGCAATACATATTTTGTTCCTGCTACACTACAGCATAATTTGCATATATATATCAGAAAAATCAAATGGTAACCATATTATTTTAGGTGAGACACTCTCGCTTATCTATTGAATGC。

二十八、*aggA* 基因

① 正向：AAGCAACTGAGACAATCC，长度 18bp，退火温度 58.7℃，GC 含量 44.4%。

② 反向：TTGACGATACACCAACATT，长度 19bp，退火温度 58.6℃，GC 含量 36.8%。

③ 产物长度 90bp。

④ 扩增序列：AAGCAACTGAGACAATCCGCCTCACCGTTACAAATGATTGTCCTGTTACTATAGCTACAAATAGTCCACCAAATGTTGGTGTATCGTCAA。

二十九、*aggB* 基因

① 正向：ATACAGGCAAGGAGAAGAA，长度 19bp，退火温度 59.6℃，GC 含量 42.1%。

② 反向：GATATTAGACATTCACCACTTACT，长度 24bp，退火温度 59.9℃，GC 含量 33.3%。

③ 产物长度 111bp。

④ 扩增序列：ATACAGGCAAGGAGAAGAAAAACAGGCTATCTTTGATATTATGTCCGATGGGAATCAGTATAGTGCCCCTGGCGAATATATATTTTCAGTAAGTGGTGAATGTCTAATATC。

三十、*aggC* 基因

① 正向：GACTATACACCATCAGATAT，长度 20bp，退火温度 54.8℃，GC 含量 35%。

② 反向：CAATACCTCTCACTACAG，长度 18bp，退火温度 54.7℃，GC 含

量 44.4%。

③ 产物长度 118bp。

④ 扩增序列：GACTATACACCATCAGATATTTTTGACAGTGTTCCTTTTCGT
GGGGGAATGTTAGGATCTGATGAAAATATGGTGCCATATAATCAACGTGAATT
TGCTCCTGTAGTGAGAGGTATTG。

三十一、aggD 基因

① 正向：CCAGATGATGTAGCAGGAA，长度 19bp，退火温度 60.4℃，GC 含量 47.4%。

② 反向：TACTCTCAACTCAGCAATGT，长度 20bp，退火温度 60.4℃，GC 含量 40%。

③ 产物长度 102bp。

④ 扩增序列：CCAGATGATGTAGCAGGAAAAATCAAGTGGCAAAAGTCGG
AAATAAATTAAAAGGAGTAAACCCAACGCCATTCTATATGGACATTGCTGAGT
TGAGAGTA。

三十二、aggR 基因

① 正向：CAGATTAAGCAGCGATACATTA，长度 22bp，退火温度 60.2℃，GC 含量 36.4%。

② 反向：TGACCAATTCGGACAACT，长度 18bp，退火温度 60.3℃，GC 含量 44.4%。

③ 产物长度 97bp。

④ 扩增序列：CAGATTAAGCAGCGATACATTAAGACGCCTAAAGGATGCCCT
GATGATAATATACGGAATATCAAAAGTAGATGCTTGCAGTTGTCCGAATTGGTCA。

三十三、ipaA 基因

① 正向：ATCGCAGAAGTATCATTG，长度 18bp，退火温度 55.9℃，GC 含量 38.9%。

② 反向：GATGTTGTTCCTTGAGAT，长度 18bp，退火温度 55.6℃，GC 含量 38.9%。

③ 产物长度 135bp。

④ 扩增序列：ATCGCAGAAGTATCATTGAAAACTCTGGTTTTGGAATTGGCA
AACTTTCCCGAGACTTAAATACTGTTGCAATCCTTCCCGAGCTATTGAAGAAAG
TTTTTACTGATATCACTAATGATCTCAAGGAACAACATC。

三十四、*ipaB* 基因

① 正向：GGTGATGATGTTATTACT，长度 18bp，退火温度 52.2℃，GC 含量 33.3％。

② 反向：TAATGTTAGTTCGGATAG，长度 18bp，退火温度 51.6℃，GC 含量 33.3％。

③ 产物长度 156bp。

④ 扩增序列：GGTGATGATGTTATTACTAAACAACTTGTTTCAACTCGATTA AATCAGGCTGTTGTAATTGGTGAGGGAGTACAGGCAACCACTCAGGCAGGTGGG AATATTGCTTCTGCAACTTTCCAATACAACGCGGCTCAGGATCTATCCGAACTA ACATTA。

三十五、*ipaC* 基因

① 正向：TAATGGTTAATGCTACTGTT，长度 20bp，退火温度 56℃，GC 含量 30％。

② 反向：CTCCTGTAATGCTTGATG，长度 18bp，退火温度 56.5℃，GC 含量 44.4％。

③ 产物长度 156bp。

④ 扩增序列：TAATGGTTAATGCTACTGTTTTGCTGTCGGCTATGCGAATTG CAGAAACAAAACTCAGTTCACAGTTGTCCGTGCTTTCATTCGAAGCAACAAAGT CTGCGGCACAAAATATTGTTAATCAAGGCACTGCAGTTTTGTCATCAAGCATTA CAGGAG。

三十六、*ipaD* 基因

① 正向：GATTCTAGTCCTGTTGAG，长度 18bp，退火温度 55.1℃，GC 含量 44.4％。

② 反向：AATACTGTTGGCATTACT，长度 18bp，退火温度 54.7℃，GC 含量 33.3％。

③ 产物长度 129bp。

④ 扩增序列：GATTCTAGTCCTGTTGAGCTTGATAATGCAAAATATCAGGCA TGGAACGCAGGTTTCTCCGCAGAAGATGAATCAATGAAAAATAGTCTTCAGACC TTAGTGCAAAAATATAGTAATGCCAACAGTATT。

三十七、*tccP* 基因

① 正向：AATGAACAATCAAGACCTCTG，长度 21bp，退火温度 60℃，GC 含

量38.1%。

②反向：TGTATTAATGCCATGCTCTG，长度20bp，退火温度59.7℃，GC含量40%。

③产物长度75bp。

④扩增序列：AATGAACAATCAAGACCTCTGCCTGATGTGGCTCAGCGTCTGATGCAGCATCTTGCAGAGCATGGCATTAATACA。

三十八、*bfpA* 基因

①正向：CAGTTATAGTGGATTGGA，长度18bp，退火温度54.2℃，GC含量38.9%。

②反向：GTAAGCGTCAGATAGTAA，长度18bp，退火温度54.4℃，GC含量38.9%。

③产物长度162bp。

④扩增序列：CAGTTATAGTGGATTGGACTCAACGATTTTACTTAACACATCTGCAATTCCGGATAATTACAAAGATACAACAAACAAAAAAATAACCAACCCATTTGGGGGGGGAATTAAATGTAGGTCCAGCAAACAATAACACCGCATTTGGTTACTATCTGACGCTTAC。

三十九、*bfpB* 基因

①正向：TGTATTAAGCCAGTCATCA，长度19bp，退火温度57.3℃，GC含量36.8%。

②反向：GGTAACAGGTTCATCAGA，长度18bp，退火温度57.3℃，GC含量44.4%。

③产物长度78bp。

④扩增序列：TGTATTAAGCCAGTCATCAACCAGTACAACAGCCAGTACGTCAACTGTTACCAGCGGTTTTCTGATGAACCTGTTACCG。

四十、*bfpC* 基因

①正向：AACATACAGTCCTTCAGAT，长度19bp，退火温度56.9℃，GC含量36.8%。

②反向：TAATTCCAACGCCAGATA，长度18bp，退火温度57℃，GC含量38.9%。

③产物长度134bp。

④扩增序列：AACATACAGTCCTTCAGATGTTGGAGTCGGTGAAAGCAGGAGTATTTCTGAGCTTTCACTAATCAAAGGGAAGAAATTAAAGGAAAAAGGTGCCGGTCAACTAATGCCATTGCTGTTATCTGGCGTTGGAATTA。

四十一、bfpD 基因

① 正向：GCCGAGATGAGAGTAAGT，长度 18bp，退火温度 59.6℃，GC 含量 50%。

② 反向：TGACGCAAGAGTTCCATA，长度 18bp，退火温度 59.7℃，GC 含量 44.4%。

③ 产物长度 95bp。

④ 扩增序列：GCCGAGATGAGAGTAAGTGATTTACACATCAAAGTGTATGATGCTGAGGCTGATATTTATATACGTAAAGATGGGGATATGGAACTCTTGCGTCA。

四十二、bfpE 基因

① 正向：CATCCTGCCTGTAGAGAA，长度 18bp，退火温度 59.5℃，GC 含量 50%。

② 反向：ACAAGATAATCCTGAACGAAT，长度 21bp，退火温度 58.9℃，GC 含量 33.3%。

③ 产物长度 78bp。

④ 扩增序列：CATCCTGCCTGTAGAGAAATGGCAGGGCGCAGGCAGGACTATGTATTATCTTGCTGTATTCGTTCAGGATTATCTTGT。

四十三、bfpF 基因

① 正向：GCTGTTAGGTATAGTTCATC，长度 20bp，退火温度 56.7℃，GC 含量 40%。

② 反向：ATAATTCGTTGTTGCTCAA，长度 19bp，退火温度 57℃，GC 含量 31.6%。

③ 产物长度 162bp。

④ 扩增序列：GCTGTTAGGTATAGTTCATCAGGAGTTACGTTTTACAGAAAACGGACAGCGGTCACTCAGTGCAAACATTTTATGCAACGATGGCTCTGCATCTATTTCTTCAAAAATAAGAAGCGGTAAACTGGAGCTTTTGAGTAGTGAAATTGAGCAACAACGAATTAT。

四十四、bfpG 基因

① 正向：GACATTGCTCTGGCTACA，长度 18bp，退火温度 60.8℃，GC 含量 50%。

② 反向：CCTCTTAACCTTGCTGGAA，长度 19bp，退火温度 60.9℃，GC 含量 47.4%。

③ 产物长度 116bp。

④ 扩增序列：GACATTGCTCTGGCTACAGCGGCCGGTGCATGGTTAGGAATA
GATAAAATGCCTTTTTTTCTTATTTTGTCTTCATTTATATTTATTCTTTACTCT
CTTCCAGCAAGGTTAAGAGG。

四十五、bfpH 基因

① 正向：GTTCTCAATGCCAGTTCT，长度 18bp，退火温度 58.7℃，GC 含量 44.4%。

② 反向：GACCTCTCATCTCCGTTA，长度 18bp，退火温度 58.8℃，GC 含量 50%。

③ 产物长度 191bp。

④ 扩增序列：GTTCTCAATGCCAGTTCTGTGAATAATATTGAGCCTGCACTA
TTACTGTCAGTTATGACCGTCGAAGGTGGTAAACCTGGTAGTGTATCCATTAAT
AAGAATGGAAGCCATGATTTAGGTATTATGCAGATAAATACCCATGCATGGTT
AAAACTTATCAGTAAGAGTTTTTTTAACGGAGATGAGAGGTC。

四十六、bfpI 基因

① 正向：CCTGGTTATTGTGCTTGTTC，长度 20bp，退火温度 61.1℃，GC 含量 45%。

② 反向：TGTCTGTAATGTATCCTGAATGTA，长度 24bp，退火温度 61.1℃，GC 含量 33.3%。

③ 产物长度 118bp。

④ 扩增序列：CCTGGTTATTGTGCTTGTTCAGTCAGCAATTTCAAAAATTAT
TAAGTATGCTGTTCATGAAAATGCACTGCATGATGTTTCGTATGTAATGTCTTA
CATTCAGGATACATTACAGACA。

四十七、bfpJ 基因

① 正向：GTAATGATTGGCGTCCTT，长度 20bp，退火温度 58.8℃，GC 含量 44.4%。

② 反向：ATTGGTTGCTGTGCTATC，长度 24bp，退火温度 59.2℃，GC 含量 44.4%。

③ 产物长度 159bp。

④ 扩增序列：GTAATGATTGGCGTCCTTTTTTTTTTCGATTGTTTCTCTTTCTG
TATATAACTATTACAACAGGAGCGCAGAACAACATTATATGAATAATGTCTCT
GTCGTTATGTGCAGATATGCTGATGCTCTTAGCTACTATTTACAGGATAGCACA
GCAACCAAT。

四十八、bfpK 基因

① 正向：GGACTGTCGCTTATTGAA，长度 18bp，退火温度 58.4℃，GC 含量 44.4%。

② 反向：TGCTACAACACAAGATTGA，长度 19bp，退火温度 58.5℃，GC 含量 36.8%。

③ 产物长度 114bp。

④ 扩增序列：GGACTGTCGCTTATTGAAATAGCGATGGTAATTATTTTGTCTGTGGTATTTATTTCTGGCGGGAGTTATATTATATCTCTTTTCAAGGTTTTTGCTCAATCTTGTGTTGTAGCA。

四十九、bfpL 基因

① 正向：GTTAATGCTGCTGTCTTG，长度 18bp，退火温度 57.8℃，GC 含量 44.4%。

② 反向：GTGTAATGCTATTATCATATCCA，长度 23bp，退火温度 57.7℃，GC 含量 30.4%。

③ 产物长度 133bp。

④ 扩增序列：GTTAATGCTGCTGTCTTGTCTGAAATTTGCACAACAGATGCAGGCAAGTGCAAGGATAAAACGAGTATTCTGTCGGACGAGCTTTCAGAATCGCTGAAAGATAAATTGTCTGGATATGATAATAGCATTACAC。

五十、bfpM 基因

① 正向：TCTGATTCTGGAGTTACG，长度 18bp，退火温度 57.1℃，GC 含量 44.4%。

② 反向：TGTGGATTGTTGCTATTG，长度 18bp，退火温度 56.6℃，GC 含量 38.9%。

③ 产物长度 93bp。

④ 扩增序列：TCTGATTCTGGAGTTACGTTCTCAGCGAAATCTGGGTGCAAGACGTATTCAAAGCGAGTTAAAACGACTCACTGGCAATAGCAACAATCCACA。

五十一、aafA 基因

① 正向：ATCAGCAGGATTCACTCT，长度 18bp，退火温度 59℃，GC 含量 44.4%。

② 反向：ACACCAGGATTCGTAAGA，长度 18bp，退火温度 59℃，GC 含量 44.4%。

③ 产物长度 96bp。

④ 扩增序列：ATCAGCAGGATTCACTCTGGCCTCTCCTAGGTTTTCTTACATT
CCGAATAATCCAGCAAACATTATGAATGGATTTGTTCTTACGAATCCTGGTGT。

五十二、aap 基因

① 正向：CACAACAAGCAACTTCAA，长度 18bp，退火温度 57.8℃，GC 含
量 38.9%。

② 反向：CATTCGGTTAGAGCACTA，长度 18bp，退火温度 57.5℃，GC 含
量 44.4%。

③ 产物长度 114bp。

④ 扩增序列：CACAACAAGCAACTTCAAAGGGGTTGTTACCCCCTCCACACC
TGTAAATACGAACCAAGACATTAACAAGACAAATAAGGTTGGAGTCCAAAAAT
ATAGTGCTCTAACCGAATG。

五十三、shf 基因

① 正向：TTGATGATGGATACCTTGA，长度 19bp，退火温度 56.9℃，GC 含
量 36.8%。

② 反向：CAGCGAAGCATAACATTA，长度 18bp，退火温度 56.5℃，GC 含
量 38.9%。

③ 产物长度 196bp。

④ 扩增序列：TTGATGATGGATACCTTGACAACTGGTTTCAGGTATATCCTT
TATTAAACGAGTTTAATCTCAAAGCACATGTTTTTTTAATTACCAGTTTTATTG
GAAATGGTCCGGTTCGTCACTCTCCTGGAAAGGAATATTCTCATCGCGATTGCG
AACATCAAATAGCAACCGGGAATGCTGATAATGTTATGCTTCGCTG。

五十四、capU 基因

① 正向：AATCATCACCGAATATAG，长度 18bp，退火温度 52.1℃，GC 含
量 33.3%。

② 反向：AGTAATCTCCATACAGTA，长度 18bp，退火温度 51.9℃，GC 含
量 33.3%。

③ 产物长度 196bp。

④ 扩增序列：AATCATCACCGAATATAGGTGGTCAGGAATTACAGGCTGTT
GCTCAAATGAAGGCCCTGAAGAAAATGGGGCATTCAGTTCTGCTTGTCTGCAGG
GAGAACAGCAAAATTGCTTTTGAAGCCAGTAAGTTTGGAATTGATATCACATT
CGCGTTATTTCGAAACAGTCTTCACATTCCTACTGTATGGAGATTACT。

五十五、virK 基因

① 正向：TCGGTATCATTAGTCCAAT，长度 19bp，退火温度 56.7℃，GC 含量 36.8%。

② 反向：ACAACATCAACTCTCCTT，长度 18bp，退火温度 57.1℃，GC 含量 38.9%。

③ 产物长度 97bp。

④ 扩增序列：TCGGTATCATTAGTCCAATTCATCGGGAAAGATGGAGAGAATTTTGATATCCAGTGTTCTCCCAGTGGTTTTGACCGGGAAGGAGAGTTGATGTTGT。

五十六、pic 基因

① 正向：TCGGTATCATTAGTCCAAT，长度 19bp，退火温度 56.7℃，GC 含量 36.8%。

② 反向：ACAACATCAACTCTCCTT，长度 18bp，退火温度 57.1℃，GC 含量 38.9%。

③ 产物长度 97bp。

④ 扩增序列：TCGGTATCATTAGTCCAATTCATCGGGAAAGATGGAGAGAATTTTGATATCCAGTGTTCTCCCAGTGGTTTTGACCGGGAAGGAGAGTTGATGTTGT。

五十七、cdt-ⅢA 基因

① 正向：AATCGTTGTCTACAGGTT，长度 18bp，退火温度 57.2℃，GC 含量 38.9%。

② 反向：TAATGGTTCGCTTATGGA，长度 18bp，退火温度 57℃，GC 含量 38.9%。

③ 产物长度 146bp。

④ 扩增序列：AATCGTTGTCTACAGGTTTATGCATCAGAGCTAATTTTTTAGAAAGAACACCATCATCTCCGTACGCAACAACATTAACAATGGAGCGTTGCCCATCAAGTGGAGAGAGAAACTTCGAATTTATGTGGTCCATAAGCGAACCATTA。

五十八、cdt-ⅢB 基因

① 正向：GGATGATTCTTGGTGATT，长度 18bp，退火温度 55.6℃，GC 含量 38.9%。

② 反向：TCTAATGTTCGTTGACTC，长度 18bp，退火温度 55.3℃，GC 含量 38.9%。

③ 产物长度127bp。

④ 扩增序列：GGATGATTCTTGGTGATTTTAATCGCGAACCTGATGATTTAG
AGGTGAACCTTACAGTTCCTGTAAGAAATGCATCAGAATTATTTTCCCTGCTG
CACCGACACAAACGAGTCAACGAACATTAGA。

五十九、cdt~IIIC 基因

① 正向：CAGGAAGCAGTCAATAATCA，长度20bp，退火温度59.3℃，GC含量40%。

② 反向：TAGTCTGTTATGGAGCATCA，长度20bp，退火温度59.6℃，GC含量40%。

③ 产物长度102bp。

④ 扩增序列：CAGGAAGCAGTCAATAATCAGATAGATGAGTTAGGAAAAGA
AAATAACTCTCTATTCACATTCCGCAATCTCCAAAGTGGCCTGATGCTCCATAAC
AGACTA。

六十、astA 基因

① 正向：ATGCCATCAACACAGTAT，长度18bp，退火温度57.6℃，GC含量38.9%。

② 反向：GCTTTGTAGTCCTTCCAT，长度18bp，退火温度58℃，GC含量44.4%。

③ 产物长度100bp。

④ 扩增序列：ATGCCATCAACACAGTATATCCGAAGGCCCGCATCCAGTTATG
CATCGTGCATATGGTGCGCAACAGCCTGCGCTTCGTGTCATGGAAGGACTACAA
AGC。

六十一、repI 基因

① 正向：TCTGGATATGGATAATGACTTCA，长度23bp，退火温度60.5℃，GC含量34.8%。

② 反向：TCGCCGATAACCTTATGG，长度18bp，退火温度60.4℃，GC含量50%。

③ 产物长度75bp。

④ 扩增序列：TCTGGATATGGATAATGACTTCAACACCTGGGTAGGGGTGAT
TCATTCCTTTGCCCGCCATAAGGTTATCGGCGA。

六十二、papB~3 基因

① 正向：GTTATTCTCGCTATGAAG，长度18bp，退火温度53.6℃，GC含

量 38.9%。

　　② 反向：TATAATAAGGAGCAAGTCT，长度 19bp，退火温度 53.6℃，GC 含量 31.6%。

　　③ 产物长度 151bp。

　　④ 扩增序列：GTTATTCTCGCTATGAAGGATTATCTGGTCAGTGGTCATTCCC
GTAAAGATGTCTGCGAGAAATACCAGATGAATAATGGATATTTCAGTACAACG
CTTGGGCGCCTTACCAGGTTGAATGTCCTCGTTGCCAGACTTGCTCCTTATTATA。

六十三、afaA 基因

　　① 正向：GGTCAGCCTGTAGAATTG，长度 18bp，退火温度 58.8℃，GC 含量 50%。

　　② 反向：ATAATAGCGAGCCTGGAA，长度 18bp，退火温度 59.2℃，GC 含量 44.4%。

　　③ 产物长度 90bp。

　　④ 扩增序列：GGTCAGCCTGTAGAATTGAATTCAGATGCGGCATCCGAAT
ATACATTGACTGATGGCACTAACAAAATTCCGTTCCAGGCTCGCTATTAT。

六十四、sfaH-3 基因

　　① 正向：ACAGTCGCTTCAATATCAC，长度 19bp，退火温度 59.1℃，GC 含量 42.1%。

　　② 反向：CCAGAGGCATCTTCATTC，长度 18bp，退火温度 58.9℃，GC 含量 50%。

　　③ 产物长度 90bp。

　　④ 扩增序列：ACAGTCGCTTCAATATCACTCTTTCCCCAACAGTTCAGTATG
ATAAAGCCATTACAGTTCTGGATTTAAATCAACTGGTGTTATGTCAGAATGAA
GATGCCTCTGG。

六十五、virF 基因

　　① 正向：GATAAGAATTGCGTGTTAGGAA，长度 22bp，退火温度 60.6℃，GC 含量 36.4%。

　　② 反向：ATGCCAACGAATAACCGATA，长度 20bp，退火温度 61.3℃，GC 含量 40%。

　　③ 产物长度 75bp。

　　④ 扩增序列：GATAAGAATTGCGTGTTAGGAAGTGACTGGCAGCTTCCACAT
GGTGCCGGGGAATTATCGGTTATTCGTTGGCAT。

六十六、soxS 基因

① 正向：ATGGATTGACGAGCATATTGA，长度 21bp，退火温度 61.4℃，GC 含量 38.1%。

② 反向：TACCACTTTGAATAGCCTGATT，长度 22bp，退火温度 61.4℃，GC 含量 36.4%。

③ 产物长度 75bp。

④ 扩增序列：ATGGATTGACGAGCATATTGACCAGCCGCTTAACATTGATGTAGTCGCAAAAAAATCAGGCTATTCAAAGTGGTA。

六十七、soxR 基因

① 正向：TCTATGAAAGTAAAGGGTTGATT，长度 23bp，退火温度 59.5℃，GC 含量 30.4%。

② 反向：GAATGCCAATACGCTGAG，长度 18bp，退火温度 60℃，GC 含量 50%。

③ 产物长度 117bp。

④ 扩增序列：TCTATGAAAGTAAAGGGTTGATTACCAGTATCCGTAACAGCGGCAATCAGCGGCGATATAAACGTGATGTGTTGCGATATGTTGCAATTATCAAAATTGCTCAGCGTATTGGCATTC。

六十八、cadA 基因

① 正向：GTAGCCTGTTCTATGATT，长度 18bp，退火温度 54.6℃，GC 含量 38.9%。

② 反向：GAGCGATATACTGTTCTG，长度 18bp，退火温度 55.7℃，GC 含量 44.4%。

③ 产物长度 126bp。

④ 扩增序列：GTAGCCTGTTCTATGATTTCTTTGGTCCGAATACCATGAAATCTGATATTTCCATTTCAGTATCTGAACTGGGTTCTCTGCTGGATCACAGTGGTCCACACAAAGAAGCAGAACAGTATATCGCTC。

六十九、cadB 基因

① 正向：TTATTCCTGTGGTGATGAC，长度 19bp，退火温度 58.3℃，GC 含量 42.1%。

② 反向：CCGCAGTATTCCAGTTAG，长度 18bp，退火温度 58.6℃，GC 含量 50%。

③ 产物长度 81bp。

④ 扩增序列：TTATTCCTGTGGTGATGACTGCTATTGTTGGCTGGCATTGGT TTGATGCGGCAACTTATGCAGCTAACTGGAATACTGCGG。

第七节　环介导恒温扩增 PCR 法

　　环介导恒温 PCR 扩增法是由日本荣研化学株式会社 2000 年开发的一种全新的恒温核酸扩增方法，这种方法具有准确、高效、特异性强、简便、廉价、全新的优点。其特点是根据靶基因序列上的 6 个特异区域设计 4 种特异引物，在恒温条件下（63～65℃），利用一种具有链置换活性的 BstDNA 聚合酶形成环状结构及进行链置换，这种茎环结构可以保证特异性引物与模板杂交启动新一轮核酸合成，作用 30～60 分钟即可完成对目标 DNA 的大量扩增，其扩增效率可达到 10^9～10^{10} 个拷贝数量级。

　　这种新型核酸扩增方法与常规 PCR 相比，不需要模板的热变性、温度循环、电泳及紫外观察等过程，副产物焦磷酸镁沉淀肉眼可以直接观察，从而可以判断扩增反应是否发生。在灵敏度、特异性和检测范围等指标上，环介导恒温扩增 PCR 法能与 PCR 技术媲美，甚至优于 PCR 技术，并且环介导恒温扩增 PCR 法在不依赖任何专门仪器设备的情况下可实现高通量快速检测。因此，环介导恒温扩增法检测成本远低于荧光定量 PCR，使得环介导恒温扩增 PCR 法广泛应用于病毒、细菌和真菌等生命科学领域的检测。

　　周杨等评价了广东某公司生产的环介导恒温扩增 PCR 技术的大肠杆菌 O157：H7 快速检测试剂盒的特异性、灵敏度、重复性、保质期以及运输稳定性，并与传统方法对比检测实际样品[9]。供试食品样品为澳门、郑州、乌鲁木齐、杭州、南京、石家庄、银川及呼和浩特等全国 8 个地区的 3 类 14 种肉与肉制品、蔬菜以及速冻食品。从各地采集的样品中每份取 25 克置于 225 毫升 mEC 肉汤，根据 GB/T4789.36—2008《食品微生物学检验大肠杆菌 O157：H7/NM 检验》方法进行前处理及增菌。用 5 株大肠杆菌 O157：H7 标准菌株和 13 株非大肠杆菌 O157：H7 标准菌株评价环介导恒温扩增技术的大肠杆菌 O157：H7 快速检测试剂盒的特异性。大肠杆菌 O157：H7 标准菌株样品均检测为阳性，非大肠杆菌 O157：H7 标准菌株样品均检测为阴性，未发现有交叉反应。以大肠杆菌 O157：H7 标准菌株 NTCT12900，按照 GB4789.2—2010《食品微生物学检验菌落总数测定》评价环介导恒温扩增技术的大肠杆菌 O157：H7 快速检测试剂盒的灵敏度。试剂盒最低检验限为 29CFU；该试剂盒的特异性、灵敏度及准确度与传统方法相比具有较高的一致性。参照环介导恒温扩增技术的大肠杆菌 O157：H7 快速检测试剂盒的灵敏度检测结果，以大肠杆菌 O157：H7 标准菌株 NTCT12900 评价环介导恒温扩增技术的大肠杆菌 O157：H7 快速检测试剂盒的重复性。试剂盒对高菌量目标菌和阴性菌样品的检测重复率均为 100%，对低菌量目标菌样品的批间检测重复率为 94%。试剂盒可在 4℃保存 9 个月以上，并且可进行变温储存 72 小时以上。保质期内各个月份的所有检测反应后均能出现明显荧光绿色，不同保存时间段的检测效率均为 100%。广东某公司生产的环介导恒温扩增技术的大肠杆菌 O157：H7 快速检测试剂盒的特异性好，灵敏度高，重复性好，储存方便，检测结果稳定、可靠，适用于对食品中大肠杆菌 O157：H7 的检测需求，具有广阔的应用前景。

第八节 其他 PCR 技术

一、多重 PCR 技术

一般来说，普通 PCR 仅需设计一对引物就可以扩增得到一条核酸片段，主要用于单一致病因子等的鉴定。随着 PCR 技术的不断发展，多种新型的 PCR 技术不断诞生，其中多重 PCR 技术就是一种。多重 PCR（multiplex PCR）技术，又称多重引物 PCR 技术或复合 PCR 技术，其反应原理、反应试剂和操作过程与普通 PCR 基本相似。顾名思义，多重 PCR 技术是指在一个 PCR 反应体系里同时存在两对以上引物，并对多个特异性目的基因片段同时进行扩增，从而扩增得到两个以上核酸片段的一种新型 PCR 反应。因此，多重 PCR 技术可以实现对多种细菌进行同步检测，还可以对多种类型的目的基因进行分型研究。多重 PCR 技术可同时检测多个基因，明显降低整个检测的时间。但正因为可同时检测多个基因，所以在进行很多种病原菌检测时，需要花费较多的时间事先探索多重 PCR 技术体系和条件，整个优化的过程比普通 PCR 较为复杂。

多重 PCR 技术作为致病菌快速检测的方法，已经应用于许多病原菌的检测中，显示出了广阔的应用前景。在检测产毒素大肠杆菌的多重 PCR 方法中，大多数都是以腹泻患者的粪便，或从中分离的菌株为检测对象。食品样本如果不经过增菌和菌株分离直接采用 PCR 检测食品中的一些组分会对 PCR 反应产生抑制效应，降低其特异性和灵敏度。刘变芳等构建了基于选择性快速增菌和多重 PCR 的生鲜肉中产毒素大肠杆菌检测方法[10]。以大肠杆菌种属特异基因 *uidA*（*uidA1* 正向：TAATGTTCTGCGACGCTCAC。*uidA1* 反向：CGGCGAAATTCCATACCT。PCR 产物大小 321bp。*uidA2* 正向：AGCGTTGAACTGCGTGAT。*uidA2* 反向：GTTCTTTCGGCTTGTTGC。PCR 产物大小 484bp。*uidA3* 正向：CGATTCCGTTTCAGGGTT。*uidA3* 反向：TTTCTGATAGGACCGAGCAT。PCR 产物大小 194bp）、产毒素大肠杆菌不耐热肠毒素基因 *lt*（*lt* 正向：GCACACGGAGCTCCTCAGTC。*lt* 反向：TCCTTCATCCTTTCAATGGCTTT。PCR 产物大小 218bp）和耐热肠毒素基因 *sta*（*sta1* 正向：TATTGTCTTTTTCACCTTTCGC。*sta1* 反向：TCCTTCATCCTTTCAATGGCTTT。PCR 产物大小 124bp。*sta2* 正向：AAAAACCAGATAGCCAGACAAT。*sta2* 反向：ACAAAGTTCACAGCAGTAAAATG。PCR 产物大小 359bp）为 PCR 靶基因，通过引物特异性筛选、产毒素大肠杆菌选择性增菌和分离、PCR 反应条件优化等手段，对不同肉样中的产毒素大肠杆菌进行检测。25 微升 PCR 反应体系，退火温度为 60℃时扩增的 3 条亮带均相对比较清晰明亮。因此，确定最佳退火温度为 60℃、上下游引物添加量为 0.8 微升（10 微摩尔微升）时，PCR 多重扩增稳定性和特异性最佳。经 LST 肉汤选择增菌和伊红美蓝鉴别平板分离，肉样中产毒素大肠杆菌的最低检测限值为 4CFU/10 克。本研究建立的方法操作简便、快速，稳定性、特异性强，可用于批量筛选生鲜肉中可疑产毒素大肠杆菌污染的食品样品的快速检测，预防和降低食源性致病菌产毒素大肠杆菌的污染和引起食物中毒的风险。

二、Tar916-shida PCR

Tar916-shida PCR 也是属于 PCR 分型鉴定方法所演变而来的一种 PCR 方法。简单地说，分别以引物 AGAGAGCTATTTTA 和引物 AAAGGAGGAATTA 扩增位于转座子 $Tn916$ 靶位点侧的 DNA 序列和核糖体结合位点及邻近 DNA 序列，在反应参数中以 25℃ 复性。

三、随机扩增 DNA 多态性分型和随机引物 PCR 分型技术

随机引物 PCR（arbitrarily primed PCR，AP-PCR）是指由于事先不确定 DNA 模板序列，所以随机选择或设计一个非特异性引物，从理论上讲，只要引物的一部分碱基能与模板 DNA 完成互补复性，就可以接着完成 PCR 过程，并不一定需要整个引物完全与模板 DNA 互补，特别是 3′端有 3～4 个以上碱基能匹配，因此，在 PCR 反应过程中，首先在不严格条件下使引物与模板 DNA 中许多序列通过错配而复性。1990 年，美国的两个相互独立的科研小组 Welsh 和 Williams 等同时创立了随机扩增 DNA 多态性（Random amplified polymorphic DNA，RAPD）和随机引物 PCR 分型方法，这两种方法均是普通 PCR 技术所衍生的新的技术，目前已应用于细菌的基因分型鉴定。这两种新型 PCR 分型方法的基本原理大致相同，即在较低的退火温度下，非特异性引物与细菌染色体上多个相应位点发生识别结合，由于结合位点可能分布于细菌染色体 2 条 DNA 链上，并且这些结合位点相互间的距离大约在几百碱基到几千碱基之间，经 PCR 扩增得到碱基序列后琼脂糖凝胶电泳就可以看到许多复杂 DNA 指纹图谱，通过分析 DNA 指纹图谱的多样性对样品进行分型鉴定。

随机扩增多态性 DNA 是一种新的展示物种基因组多态性的基因分型方法，其主要的理论依据是基于普通 PCR 技术，这种新建立起来的 PCR 技术是以人为适当随机选择一段非特异序列的寡聚核苷酸单链作为引物，以所研究的物种基因组 DNA 或 RNA 反转录产生的 cDNA 为模板进行 PCR 扩增得到 DNA 片段。人为合成的随机引物匹配物种的碱基序列的空间位置和数目多少与不同物种的基因组有着密切关系，导致 PCR 扩增得到的产物的大小和数量也有可能不同。

目前，随机扩增 DNA 多态性分型和随机引物 PCR 分型技术已成功应用于铜绿色假单胞菌、肺炎克雷伯菌、金黄色葡萄球菌和链球菌等细菌的分型鉴定中。随机扩增 DNA 多态性分型和随机引物 PCR 分型技术的引物与普通 PCR 引物的最大区别就在于随机扩增 DNA 多态性分型和随机引物 PCR 分型技术的引物与所扩增物种模板序列无直接相关性，其核苷酸排列顺序是随机的，并且这种随机性主要取决于引物选择的随机性。这说明随机引长度选择好之后，引物与所扩增物种基因组 DNA 上的结合位点就是固定的。一般来说，设计引物时选择较长的单对或 2 对引物所扩增得到的 DNA 带型在琼脂糖凝胶电泳中相对清晰，并且 PCR 的结果也相对稳定。

随机扩增 DNA 多态性分型和随机引物 PCR 分型技术的优点是快速、操作简便、灵敏

度高、价格低廉、无生物性危险，更重要的是无需预先知道待检物种目的基因的序列，可以采用通用引物。因此，对于研究细菌遗传学、流行病学及细菌表现型与基因型之间的关系，随机扩增DNA多态性分型和随机引物PCR分型技术通常是最适用的一种分型鉴定技术。但随机扩增DNA多态性分型和随机引物PCR分型技术最大的缺点就是采用单一引物检测、随机引物反而降低了分辨率。对于复杂的生物变异进行基因分析时，尽管可以通过增加引物数量来提高其分型率，随着引物条数的增加分辨率逐渐增高，但引物条数与操作复杂程度呈正相关，导致操作变得十分复杂。且重复性较差。

然而近年来的研究表明，随机引物PCR分型技术易受所选择引物、反应控制条件（如模板质量、Mg^{2+}浓度、引物浓度）等因素的影响，需要根据经验来设计引物，选择最佳反应条件和试剂浓度，这些影响因素都在很大程度上限制了随机引物PCR分型技术的标准化。缺乏重复性，如噬菌体M13的一段保守DNA序列能够克服随机引物PCR分型技术引物序列所产生的DNA条带重复性较差的问题。这是由于引物是随机与物种DNA结合位点结合使得随机引物与物种DNA位点间的杂交是不完全的，由于PCR扩增过程时的敏感性相对较高，因此，只要有退火温度下发生轻微的变化都会带来最后图谱条带的改变。

四、低频限制性位点聚合酶链反应

1996年，Mazurek等以一种高频酶（如HhaⅠ，切割点序列为GCG/C）和一种低频酶（如XbaⅠ，切割点序列为T/CTAGA）的作用位点设计引物建立了一种名为低频限制性位点聚合酶链反应（infrequent restriction site PCR，IRS-PCR）的新型分型方法。低频限制性位点聚合酶链反应技术中的这两种酶可以切割双链DNA，从而得到序列已知的黏末端DNA片段，同时选择性扩增染色体基因组中稀有酶切位点XbaⅠ和非稀有酶切位点HhaⅠ间的DNA片段，PCR扩增产物经聚丙烯酰胺凝胶电泳后，最后根据电泳图谱的多态性进行物种的分型鉴定。

低频限制性位点聚合酶链反应分型技术具有操作简单、省时省力以及重复性好和分型率高等优点。更重要的是，低频限制性位点聚合酶链反应分型技术无需专门的特殊仪器设备，对于临床标本进行快速分型鉴定非常适合，并且对于快速制定疾病的临床预防控制措施提供强大的数据支撑。因此，低频限制性位点聚合酶链反应分型技术是一种重要的分子流行病学研究手段。

五、多位点测序分型

多位点测序分型（multilocus sequence typing，MLST）是一种表型分型与蛋白电泳相结合的技术。1998年Maiden等在多位点酶切电泳（Multilocus Enzyme Electrophoresis，MLEE）技术的基础上建立了一种基于核酸序列测定研究菌群基因结构的细菌分型方法。多位点测序分型技术通过PCR扩增多个看家基因内部片段并测定其序列的多态性，通过比较等位基因谱来进行分析菌株的变异。

多位点测序分型技术的优点是：操作简单、重复性好和灵敏度高，可直接对样的基因片段进行扩增，无需培养病原菌，结果明确，易于标准化。多位点测序分型技术通过直接测定菌株的几个看家基因的序列，试验结果可以直接和数据库标准克隆株的等位基因图谱进行比较分析，在确定细菌的型别的基础上可为分析菌株的遗传相关性和全球金黄色葡萄球菌流行病学研究提供巨大的信息资源，可作为建立大型国际网络数据库的工具。此外，多位点测序分型技术可用来探测菌株的起源和进化，适用于长期全球流行病学调查工作。随着测序速度的加快和成本的降低以及分析软件的发展，使得多位点测序分型技术逐渐成为细菌的常规分型方法。但多位点测序分型技术的缺点是工作量大、费用还是相对较高、需特殊专门的仪器设备，对于操作人员需具备严格的技术，对于流行病学的常规调查和监督没有显著改善。

六、细菌基因组重复序列 PCR 技术分型

近年来研究报道显示，细菌中散在分布的 DNA 重复序列，其中基因外重复回文序列和肠细菌基因间共有重复序列是两个典型的原核细胞基因组散在重复序列。由于这些重复序列在细菌染色体上的分布和拷贝数表现为种间特异性，不同细菌基因组 DNA 中重复序列的种类、位置、数目均不完全一致，因此，根据这些重复序列设计特定的引物通过 PCR 扩增反应获得细菌基因组 DNA 中互补的序列，经琼脂糖电泳后可以得到重复性元件的 DNA 指纹图谱，通过比对电泳图谱的差异性从而进行细菌的分型或同源性检测，只要至少有 2 条电泳条带在大小、亮度上有差异即可认为是不同型的两种细菌。

1991 年，Versalovic 等提出了重复序列 PCR（repetitive sequence-based PCR，rep-PCR）分型方法。目前，细菌中常用的重复片段主要有如下三种：第一种是基因外重复回文序列（repetitive extragenic palindromicelements，REP）；第二种是大小为 126bp 的肠杆菌科基因间重复序列（enterobacterial repetitive intergenic consendus，ERIC），其中包含一个位于细菌染色体中的基因外区域的高度保守的中央倒置重复序列；最后一种是 BOX 序列。在进行 PCR 扩增时，无论细菌基因外重复回文序列扩增还是肠道细菌基因间重复序列扩增的片段均可选用单一的引物、单一的一组引物或者多组复合引物。两种方式得到的细菌图谱分辨力基本相似，而肠道细菌基因间重复序列扩增所产生的图谱较为简单。因此，同时选用细菌基因外重复回文序列扩增和肠道细菌基因间重复序列扩增引物可以增加其各自独立细菌 PCR 分型的分辨力。

近年来，许多国内外研究资料显示，细菌基因组中存在一类短重复序列与维护细菌基因组 DNA 结构和遗传进化有着密切的关系，且不同属、种和株间的遗传信息具有高度保守性。通过计算机将基因外重复回文序列 PCR 和肠杆菌科基因间重复序列 PCR 获得的电泳图谱进行综合分析。由于细菌基因组重复序列 PCR 技术具有简捷、快速、结果稳定等特点，已广泛应用于菌株分型、分类鉴定和亲缘关系等方面的研究。该技术可用于大量菌株的分型工作。很多研究表明，重复序列 PCR 技术分型技术的试验结果与脉冲场凝胶电泳具有很好的相关性。重复序列 PCR 技术分型技术对细菌进行分子标记，不仅能进行细菌种、亚种和小种（致病型）和菌株水平上的快速分类和鉴定，更重要的是能在 DNA 水平上准确地反映同一致病变种菌株间基因组存在的遗传变异关系差异。

重复序列 PCR 技术分型技术的优点是：快速便捷、易于操作、准确可靠、费用低、

重复性好、分辨力比脉冲场凝胶电泳高、可以对许多革兰氏阴性菌和一些阳性菌的进行鉴定，是一种具有广阔发展前途的分型技术。目前，重复序列 PCR 技术分型技术已实现了自动化分型，并许多研究团队建立了各种细菌基因外重复回文序列 PCR 和肠杆菌科基因间重复序列 PCR 分型的标准数据库。

七、PCR 限制性片段长度多态性

1980 年由人类遗传学家 Bostein 提出一种新 PCR 技术的假想，即限制性片段长度多态性（Restriction Fragment Length Polymorphism，RFLP）。PCR 限制性片段长度多态性分析技术是根据不同品种（个体）基因组 DNA 分子中的限制性内切酶的酶切位点之间由于发生了碱基的插入、缺失以及突变、重排或置换引发酶切片段大小发生改变，从而导致酶切后获得的 DNA 片段通过特定探针杂交可以检测到这种变化，因此可以分析不同品种（个体）的多态性现象，即由多个探针通过比较不同品种（个体）的 DNA 水平的差异进而确立生物的进化和分类关系。1987 年，Donis-Keller 等根据 Bostein 的构想得到了第一张人的遗传图谱。DNA 分子水平上的多态性检测技术是进行基因组研究的基础。PCR 限制性片段长度多态性分析技术所用的探针为来源于同种或不同种（个体）基因组 DNA 的克隆，这些探针位于染色体的不同位点，从而可以作为一种分子标记，构建分子图谱。

PCR 限制性片段长度多态性分析技术是第一代 DNA 分子标记技术。其特点是操作简单、省时省力、分型率高，目前该方法已被广泛用于基因组遗传图谱构建、基因定位以及生物进化和分类的研究，包括应用于金黄色葡萄球菌在内的多种细菌的分型鉴定。但是 PCR 限制性片段长度多态性分析技术的缺点就是重复性稍微有点差，这限制了该方法的大规模临床推广应用。

八、扩增片段长度多态性

1993 年，荷兰科学家 Zbaeau 和 Vos 开发了一种检测 DNA 多态性的新方法，称为扩增片段长度多态性。扩增片段长度多态性分析是一种选择性限制片段扩增技术。其原理通常是对经 2 种不同的内切酶消化的 DNA 片段进行 2 对引物选择性地扩增。首先将少量纯化 DNA 用一种等切割频率和一种较高切割频率的限制性内切酶分别进行消化，得到分子量大小不同的基因组 DNA 的随机限制片段，然后在基因组 DNA 限制片段的两端连接两个连接体，再进行 PCR 扩增，PCR 扩增过程是在高严格条件下使用接头特异引物进行的，最后 PCR 产物经琼脂糖凝胶电泳得到图谱，根据扩增片段长度图谱的多态性进行分型鉴定的比较分析。为了方便观察扩增片段长度多态性技术得到的结果，可以用放射或荧光素标记 PCR 引物，也可用溴乙锭染色标记。

扩增片段长度多态性技术得到的图谱能够标准化，有效避免了 DNA 部分消化导致电泳条带不清晰的缺点，可以建立相关的数据库，有利于实验结果的相互比较，扩增片段长度多态性技术可用于构建遗传图谱、标定基因和杂种鉴定以辅助育种。此外，扩增片段长度多态性技术分型所用的 DNA 明显少于脉冲场凝胶电泳，并且无需特定的核酸内切酶，整个操作过程省时省力，具有较好的重复性。由于 PCR 扩增反应过程是在严格的 PCR 复性温度下进行，因此使扩增片段长度多态性技术的重复性高于随机引物 PCR 技术。同时，扩增片段长度多态性技术能够提高其分辨率，分辨能力优于 PCR-核糖体技术，低于细菌基因组重复序列 PCR 技术分型和脉冲场凝胶电泳分型。张平平等分析江苏省不同地区和年代分离的大肠杆菌 O157：H7 之间的同源性[11]。用扩增片段长度多态性（分析法对113 株大肠杆菌 O157：H7 菌株进行分子分型，采用软件 BioNumerics Version 4.0 对分型数据进行处理和分析。113 株大肠杆菌 O157：H7 共分 37 个型别，不同来源的菌株存在相同的基因型别，不同的地区和物种之间存在着相互传播。扩增片段长度多态性可以用于对不同来源的大肠杆菌 O157：H7 进行分子分型。

九、多位点数目可变串联重复序列指纹图谱分型

一些以一段相同或相似的核苷酸序列为重复单位在真核和原核生物基因组中广泛存在着，将这些核苷酸序列称为核心序列。有意思的是，有些生物体部分核心序列首尾相连重复出现，这种核心序列就被称为可变数目串联重复序列（Variable-number tandem repeat，VNTR）。不同的生物个体之间的可变数目串联重复序列的重复数不同，这就可能导致出现生物的多态性。根据可变数目串联重复序列的核心序列的长短，可将串联重复序列分为卫星 DNA、小卫星 DNA 和微卫星 DNA。三种类型卫星 DNA 的核心序列长度分别是大于 100 个核苷酸、在 10～100 核苷酸之间和小于 10 个核苷酸。目前，根据可变数目串联重复序列所形成的多种分析技术在细菌的分子流行病学调查、菌株鉴别和基因分型鉴定等方面已经得到广泛的应用。

多位点数目可变串联重复序列分型（Multiple-Locus Variable-Number Tandem Repeat Assay Analysis，MLVA）就是一种基于可变数目串联重复序列进行引物设计的研究技术。该方法根据散在于菌株基因组中不同独立位点的拷贝数的数量进行的基因分型鉴定。首先通过提取菌体 DNA，利用可变数目串联重复序列引物进行多重 PCR 扩增，电泳结束后观察结果中可变数目串联重复序列的数目、大小不同来进行分型鉴定。由于每株菌数字编码的不同，通过计算机相关软件来对这些菌株进行自动分型。只要发现可变数目串联重复序列电泳结果中具有一个或多个条带差异便可认为是不同型别的细菌。

多位点数目可变串联重复序列分型将串联重复序列的拷贝数进行数字编码，该方法操作简单，非常适合在基层推广应用，由于可以提供数字式的分型信息，可开展网络数据共享和分型鉴定，因此具有重复性好的优势，可以对大量样本进行快速分析，目前多位点数目可变串联重复序列分型技术已逐渐成为细菌基因分子分型鉴定方法研究中一个非常具有吸引力的技术。2007 年 Mullane 等建立了原阪崎肠杆菌的多位点数目可变串联重复序列分型方法，国内方面许多研究证实了这种方法的适用性，多位点数目可变串联重复序列分型技术对来自 11 个省市的 60 株克罗诺杆菌进行分型，这些菌株是由婴幼儿配方奶粉或米粉中分离的，分析结果显示这些菌株呈现基因多态性，这个结果与多位点序列分型方法和 16S rRNA 方法等其他分子分型得到的多态性一致。

多位点数目可变串联重复序列分型技术作为第二代分子分型技术具有分型能力强、快速、操作简单、重复性好、分辨率高、数字化结果便于实验室间比较等特点，同时分型过程的费用低，不需要先进的特有电泳仪器设备。与脉冲场凝胶电泳分型和噬菌体分型相

比，多位点数目可变串联重复序列分型技术的分辨力相对较高。多位点数目可变串联重复序列分型技术得到的试验结果可以进行国际化比较，并能有效地追踪细菌的传播方式和过程，适用于基层及全球流行病学大样本调查研究的检测分析。但多位点数目可变串联重复序列分型技术缺点是：得到的试验结果并不能有效计算每个位点重复序列的数目，临床推广应用具有一定的局限性。

○ 第九节 免疫组织化学方法

免疫组织化学是指应用免疫学中的抗原抗体反应原理，借助可见标记物标记的特异性抗体在组织细胞原位通过抗原抗体反应和组织化学的呈色反应，借助荧光显微镜和电子显微镜等的显像和放大作用，在组织原位显示抗原或抗体的方法，又称免疫细胞化学。免疫组织化学技术是一种具有定性、定位、定量测定的新技术。免疫组化技术从 20 世纪 50 年代开始到近年来得到迅速发展。目前已建立起多种高度敏感且更为实用的免疫酶技术。由于免疫组织化学可以直接处理细胞涂片、印片和组织切片且进行染色镜检，因此使得在细胞或组织内直接检测大肠杆菌成为可能。荧光免疫和酶免疫组化技术、金标免疫组织化学技术和免疫电镜是最为常见的免疫组织化学。

一、免疫琼脂扩散法

免疫扩散法是科研和临床中最早应用的免疫学方法，免疫扩散法以各种免疫反应为基础。免疫扩散法原理是可溶性抗原与特异性抗体相互作用后在琼脂凝胶介质上可以产生沉淀线的一种反应，即可溶性抗原与相应抗体在琼脂介质中相互扩散，在抗原抗体相遇的区域可以形成白色的沉淀线。根据沉淀线的有无、形状和位置对抗原或抗体进行定性分析。单向免疫扩散试验和双向免疫扩散试验是免疫琼脂扩散法的主要两种类型。

胡贞延报道了用免疫琼脂扩散法对从仔猪水肿病分离的 15 株溶血性大肠杆菌及已知的标准菌株 O138：K81（B）、O139：K82（B）、O141：K85（B）进行血清定型[12]，检查结果与试管凝集法对照完全一致，并且方法简单，操作容易，结果确实，判定清楚。免疫琼脂扩散法不仅能鉴定溶血性大肠杆菌的血清型，通过沉淀线的特征、出现时间的早晚，可以看出抗原抗体之间的浓度关系，以及抗原抗体在琼脂平板中运动速度之间的差异。

二、乳胶凝集法

乳胶凝集法是利用乳胶对蛋白质、核酸等高分子物质具有良好吸附性的特性，以乳胶颗粒作为载体的一种间接凝集试验，即将抗体吸附在乳胶颗粒上，接触到其表面上的可溶性抗原时，特异性抗体与之结合后，发生抗原抗体反应，同时乳胶粒子被动凝集起来，可产生凝集反应。操作简便、快速、省时省力、具有较高的灵敏度等是乳胶凝集试验的优点，因此，乳胶凝集法可以用于金黄色葡萄球菌污染样品的快速检测。目前，国外市场上已销售各种各样的商业化乳胶凝集试剂盒。

以乳胶颗粒为载体，将大肠杆菌 O157：H7 的特异性抗血清包被其上，待测菌与之发生肉眼可见的颗粒凝集则为 O157：H7 阳性。1989 年 March 用英国 Oxoid 公司的 O157 乳胶凝集试剂筛选出了 O157：H7。Sowers 等用此方法检测 O157：H7 的 O 抗原和 H 抗原，也取得了检测限好于美国疾病预防控制中心（CDC）的结果。

三、放射免疫法

放射免疫法是结合了抗原抗体反应的高度特异性和同位素测定的高度灵敏性的一种新型检测方法。该方法的原理是利用放射性核素标记抗原或抗体，然后与被测的抗体或抗原结合，形成抗原抗体复合物。放射免疫法具有特异性强和灵敏度高的特点，但同时也存在推广使用的极限性，放射性废物处理系统、机构以及放射性计数系统是放射免疫法所特有的仪器系统。由于系统操作复杂，因此需配备专门的操作人员，同时由于具有同位素放射性作用，还必须办理从事放射性元素工作的许可证，这些因素使得放射免疫法无法在临床中大面积推广使用。

张兆山等采用基因探针和固相放射免疫两种方法检测了埃希氏大肠杆菌不耐热毒素的产生[13]。经对引起腹泻的大肠杆菌检测的结果表明，其中 42 株系产生不耐热毒素的菌株。两种方法不仅具微量、敏感和特异等优点，而且由于待测细菌均在硝酸纤维素膜上原位裂解，一批实验即能检测数百个样品，有利于流行病学调查和临床诊断。固相放射免疫技术的特异性，取决于抗体的纯度。固相放射免疫技术的最大优点之一也在于具有高度的敏感性，其检测的抗原含量可及皮克水平。

◉ 第十节　其他检测诊断技术

一、免疫印迹技术

与 DNA 的 Southern 印迹技术相对应的另一种技术称为免疫印迹，又称 Western 印迹（Western blot），Southern 印迹技术和 Western blot 均把电泳分离的组分从凝胶转移至一种固相载体（通常为 NC 膜或 PVDF 膜），然后用探针检测特异性组分。Western blot 法是将 SDS 聚丙烯酰胺凝胶上的蛋白质经电转移至 NC 膜或 PVDF 膜上，然后利用相应抗体进行识别检测。对已知某个的表达蛋白，可用对应的抗体作为一抗进行识别检测。对于新基因的表达产物，可通过融合部分的抗体进行识别检测。

Western blot 法大致分如下三个步骤：首先，在 SDS 聚丙烯酰胺凝胶电泳中按样品中蛋白质组分分子大小和所带电荷的不同将蛋白质抗原分成不同的区带。其次，将 SDS 聚丙烯酰胺凝胶中已分离的蛋白质经电转移至 NC 膜或 PVDF 膜上。最后，将含有蛋白抗原条带的 NC 膜或 PVDF 膜分别与对应的特异性抗体进行孵育，去除未结合的抗体之后再与酶标记的二抗进行反应，然后加入促发酶反应的试剂，其目的是将肉眼不可见的相应的蛋白条带抗原显示出来，从而催化底物形成不溶性显色物，从而根据显色的条带判定结果。

酶联免疫印迹技术（enzyme immune-transfer blotting，EITB）是 SDS-PAGE、电泳转印及标记免疫试验三项技术结合而成的一种新型的免疫探针技术（immuno-probing technique），用于分析蛋白抗原和鉴别生物学活性抗原组分，是一项高敏感和高特异的诊断方法，发展潜力很大。孙强等报道了中国疾病预防控制中心曾用此方法在分离不到病原菌的情况下，检测大肠杆菌 O157：H7 的溶血素（Hly）和脂多糖（LPS）特异性抗体，开创了一种新的 O157：H7 检测方法[14]。

二、质粒及质粒图谱分型

1985 年，英国来斯特大学遗传系的 Jeffreys 等在国家顶级杂志《Nature》上报道了人体基因组高变区的突破性研究。这个团队以 16bp 重复单位的核心序列重复 29 次形成的小卫星 33.15 作为探针，与经限制性内切酶消化后的人基因组 DNA 片段在低严谨条件下进行 Southern 杂交，从而产生由 10 多个条带组成的杂交图谱，由于每种个体的基因组 DNA 差异太大，因而得到的不同个体杂交图谱上带的位置是千差万别的。同时，在随后的一个研究中以小卫星探针 33.6 进行了相似的实验，令人惊奇的是获得了类似的杂交图谱。由于通过这种方法获得的图谱就像人的指纹一样，差异非常大，几乎不可能找到两种一样的型号，因而随后 Jeffreys 等将这种基于 DNA 分型的方法称为 DNA 指纹图谱（DNA finger print），又名遗传指纹图谱（genetic finger print），同时将产生 DNA 指纹图谱或遗传指纹图谱的技术称为 DNA 指纹分析（DNA finger printing）。

DNA 指纹图谱具有以下 3 个基本特点。

（1）多位点性　基因组中存在着上千个小卫星 DNA 位点，虽然每个小卫星重复单位的长度（16～64bp）和序列不完全相同，但某些位点的小卫星重复单位都含有一段相同的核心序列，其碱基顺序为 GGGCAGGAA。因此，从理论上分析，一般来说某个个体的一个小卫星探针在一定的杂交条件下可以同时与十几个甚至几十个小卫星位点上的等位基因杂交，因此获得的 DNA 指纹图谱由 10～20 多条肉眼可分辨的图带组成。

（2）高变异性　通过探针获得的多个位点上的等位基因所组成的图谱必然具有很高的变异性，即不同的个体或群体有不同的 DNA 指纹图谱，DNA 指纹图谱得到的是基因组中高变区的信息。可分辨的图带数和每条带在群体中出现的频率是决定 DNA 指纹图谱的变异性的两个主要因素。一般选用任何一种识别 4 个碱基的限制性内切酶，这种变异性就能表现出来。但是应该引起注意的是，由于琼脂糖凝胶电泳自身分辨率的限制，导致了 DNA 指纹图谱大片段区域的变异性往往比小片段区域的变异性要高很多，因此一些小于 2 kbp 的小片段在实际操作时往往跑出胶外，或者直接就不作统计。

（3）简单而稳定的遗传性　Jeffreys 等在研究家系分析时发现，DNA 指纹图谱中的杂合带遵守孟德尔遗传规律，即双亲的图带平均 50% 传递给子代，双亲每一条带的 DNA 指纹图谱都能在子代图带中发现，也就是说 DNA 指纹图谱中的谱带能够从上一代稳定地遗传给下一代。而由基因突变等因素产生新带的概率仅在 0.001～0.004 之间。体细胞稳定性也是 DNA 指纹图谱的另一个特点，比如用同一个体的血液、肌肉、毛发和精液等不同组织的 DNA 得到的 DNA 指纹图谱具有一致性，但许多情况下可观察到个别图带的差异性，比如不同组织细胞发生病变或组织特异性碱基甲基化。

多位点性、高变异性、简单而稳定的遗传性是 DNA 指纹图谱的特征。因此，自从 DNA 指纹分析技术发明以来就引起了人们的重视，展现出巨大的潜在实用价值。在法医学上利用 DNA 指纹图谱的高变异性和体细胞稳定性的特点来鉴别犯罪分子和确定个体间的血缘关系。在亲子关系鉴定中就是利用了 DNA 指纹分析技术简单的遗传性的特征。同时，DNA 指纹分析技术可以应用于研究动植物群体遗传结构、生态与进化、分类等很有价值的遗传标记，显示出广泛的适用性。

中药指纹图谱、DNA 指纹图谱和肽指纹图谱是指纹图谱的主要三种类型。英国莱斯特大学的遗传学家 Jefferys 和团队成员于 1984 年首次以分离的人源小卫星 DNA 作为基因探针，与人体核 DNA 的酶切片段进行杂交，得到了许多长度不等的杂交带图纹，这些图纹由多个位点上的等位基因组成，并且由于这种图纹像人体手指指纹一样每个完全不一样，因此将这种技术称为"DNA 指纹"图谱分析技术。由于每个生物的不同个体或不同种群的 DNA 结构明显存在着差异性，因此，用 DNA 指纹图谱分析技术可以检测物种 DNA 多态性。

由于 DNA 指纹图谱分析技术具有多位点性、高变异性、简单、稳定的遗传性等优势，表现出巨大的潜在实用价值，因而自 1984 年诞生以来就引起了人们的广泛关注，比如在物种分类中，可用于区分不同物种，也有区分同一物种不同品系的潜力。此外，在人类医学方面，DNA 指纹图谱分析技术已被应用于个体鉴别、确定亲缘关系、医学诊断及寻找与疾病连锁的遗传标记。在动物进化学中可用于探明动物种群的起源及进化过程。同时也非常广泛应用于作物的基因定位及育种上。

青霉素结合蛋白基因指纹图谱分析就是 DNA 指纹图谱分析技术所衍生出来的一种分型鉴定技术，该方法是通过 PCR 方法对青霉素结合蛋白基因进行扩增，分析青霉素结合蛋白基因图谱的多态性达到细菌分型鉴定的目的。虽然青霉素结合蛋白基因指纹图谱分析的分辨效率低于脉冲场凝胶电泳，但青霉素结合蛋白基因指纹图谱分析对微小的基因组变异更为敏感，这种优势对于细菌分型提供更为详细的信息有巨大帮助。然而由于青霉素结合蛋白基因指纹图谱分析得到的结果无法反映整个细菌的遗传背景，因此临床上一般将青霉素结合蛋白基因指纹图谱分析与其他分型鉴定方法方法联合使用。

质粒是除细胞染色体外存在于许多细菌以及酵母菌等生物中能够自主复制的很小的环状 DNA 分子。因此，许多学者开创了质粒指纹图谱分析技术。质粒指纹图谱分析技术是最早的细菌基因分型技术。

三、染色体 DNA 限制性酶切分析

染色体 DNA 限制性酶切分析的对象是全基因组 DNA，其大致操作步骤如下：将全染色体 DNA 上的特殊位点经限制性内切酶识别和消化，产生长度大约为 0.5～50kbp 的数百条 DNA 片段，经琼脂糖凝胶电泳将 DNA 片段分离，由于各种内切酶位点在不同菌株的基因特异性区域中呈多态性，限制性酶切位点的数量和位置在不同细菌染色体 DNA

序列中有很大区别，所以经限制性酶切后不同菌株之间可产生不同的限制性酶切分析图谱，根据这些琼脂糖电泳的条带大小图谱的分别进行细菌菌株的分型、判定菌株间的关系。此外，主要用于各种真核和原核生物体基因序列测定和定位的 DNA 印迹技术也是基于染色体 DNA 限制性酶切分析。限制性酶切消化后的 DNA 片段经琼脂糖凝胶电泳分离，再将 DNA 片段转印到硝酸纤维素或尼龙膜上，与酶显色底物或酶化学发光底物等多种测定物标记的探针进行杂交，根据颜色改变判定结果。江文正等从长春、白城等地猪场母猪和发病仔猪肛拭标本中分离的 75 株大肠杆菌在系统鉴定和药敏试验的基础上进行了质粒指纹图谱和染色体 DNA 限制性酶切图谱分析，并对质粒谱和耐药谱的关系作了分析比较[15]。

四、色原或荧光底物及成套鉴定系统

色原或荧光底物及成套鉴定系统中的底物是一种人工合成的物质，这种物质由色原呈色或荧光与糖类或氨基酸合成。这种底物物质本身没有颜色，但是在细菌的细胞内或细胞外酶的作用下可以释放出色原呈色或荧光。自动化操作、反应迅速、结果快速、特异性强是色原或荧光底物及成套鉴定系统的优点。因此，色原或荧光底物及成套鉴定系统的开发使得细菌的检测发生了重大变化，对于提高细菌生化反应的准确性具有重大的科学价值。

ATP 生物发光技术是近些年来发展较快的微生物快速检测方法[16]。ATP 是活细胞中最普遍的能量代谢产物，为细胞提供各种生理活动所需的能量，而且其在生物体内含量维持在一定的范围内。ATP 含量检测的一种方法是荧光光度法，生物发光是活细胞在荧光素酶催化下发出的荧光。目前使用的荧光素酶主要来源于北美的萤火虫，为分子量为 62000 的蛋白质，它可以催化荧光素的氧化反应，这种反应的终产物不稳定，很快分解产生荧光。与传统检测方法相比，不同之处在于几分钟内便可获得检测结果，而且荧光光度计是便携式的，使用非常方便，适用于现场检测，这种技术可以用于检测微小的污染物水平和食品加工设备及其表面清洁程度的检测。

五、核酸探针技术

核酸探针技术是一种基于核苷酸碱基顺序互补原理的技术，用同位素或其他方法标记已知核苷酸序列 DNA 片段，在一定反应环境条件下加入样品中即可与已变性的待检 DNA 样品中有同源序列的 DNA 片段形成杂交双链，所以判定样品中是否含有某种病原菌的依据是观察样品是否可以与标记性 DNA 探针形成杂交分子。在核酸探针制备的过程中，首先要注重选择具有无交叉反应以及特异性强的核酸片段，这种片段也可以通过人工合成、克隆、重组以及 PCR 扩增的方式获取；然后是标记物，目前常用的同位素、地高辛及光生物素是较为常用的标记物。放射性同位素标记法和非放射性同位素化合物标记法是核酸探针按标记类型不同分成的两大类核酸探针技术。其中，以 ^{32}P、^{3}H、^{35}S 等同位素为标记物的核酸探针技术就是放射性同位素标记法核酸探针技术，这种核酸探针技术通过放射自显影观察判定结果。而以生物素、酶和荧光素等为标记物的核酸探针技术称为非放射性同位素标记法核酸探针技术，这种核酸探针技术以酶催化底物进行显色反应，然后通过荧光显微镜检测杂交后的结果。

某一个适当的 DNA 探针能绝对特异性地与所检病原 DNA 发生反应，因此，较强的特异性是核酸探针检测技术的最大优点，也就是说不会与其他病原 DNA 发生反应而出现假阳性。但是核酸探针技术的检测灵敏度仅仅达到 0.5 皮克 DNA，所以，灵敏度不够高是探针检测技术中存在的明显不足之处。由于大部分食品中的细菌含量较低，通常需要对样品进行增菌培养。最后，由于核酸探针检测技术是针对某一特异的基因序列，因此，检测一种菌就需要制备一种探针，这样就需要制备很多的探针。

　　核酸探针检测技术已经用于对生活中较为常见的大肠杆菌及沙门氏菌的检测。大肠杆菌是引起人与动物腹泻的主要原因之一。大肠杆菌的常规检测方法主要是通过乳鼠方式进行，这种检验方法具有耗时长及操作流程复杂的特征，在大样本检测中不能凸显优势。近年来，研发的放射性核酸标记技术在产肠毒素性大肠杆菌检测中得到了快速发展。尽管这种检验方式可以适用于大样本，但由于具有较短的半衰期，所以会对身体健康造成较大的危害。地高辛标记的非放射性标记探针具有较广的应用范围，并且对身体造成的危害较小[17]。

六、核糖体分型

　　所有的细胞型生物中均含有核糖体，由于 rRNA 基因具有高度保守的特性，通常将 rRNA 基因作为细菌进化和亲缘关系研究的重要指标之一。

　　rRNA 基因从 5′端到 3′端分别包含 16S rDNA、间区、23S rDNA、间区和 5S rDNA 若干种成分，具有保守区和可变区两部分。一般检测微生物时常常选择这几个区段的基因作为鉴定靶标基因。一般来说，对于大多数细菌的 rDNA 基因都是以转录位点的形式组织在一起。

　　16S rDNA 根据结构特性分为保守区、半保守区和非保守区三个区域，其中半保守和非保守区的序列在不同种、属细菌之间差异较大，但保守区的序列基本上保持恒定。一般情况下，同一种内不同株的菌株间的基因同源性至少大于 99.5%，而不同属细菌 16S rDNA 基因的同源性也就在 70%～80%，这说明根据 16S rDNA 鉴定种以下水平时没有没有很好的准确性。16S～23S rDNA 间区的进化速率明显高于 16S rDNA 的进化速率，因此，不同生物型间区的长度和碱基排列顺序差异很大，但没有特定功能。因此，临床上常常把 16S～23S rDNA 的间区的序列作为区分细菌属、种、型和株间的一个重要 DNA 片段。

　　核糖体分型是一种以 DNA 限制性内切酶分析结合 Southern 杂交技术的分型鉴定技术，这种分型方法也属于探针分型。在细菌进化过程中，最为保守的基因是 rRNA 基因。rRNA 基因在细菌染色体上可存在多个拷贝，因此，应用 rRNA 基因探针就可以对许多细菌进行分型鉴定。以 rRNA 基因片段为探针，可检出含有 rRNA 基因的 DNA 片段。即 DNA 双链经限制性内切酶消化、电泳后转移到硝酸纤维素膜或尼龙膜上，然后与同位素或生物素标记的 DNA 片段的探针进行杂交，最后根据杂交条带的分子量大小和数目的多少进行分型鉴定。最早用的放射性标记 rRNA 主要是 ^{32}P，随后被无放射性的异羟洋地黄毒苷配基标记方法所代替。

　　核糖体分型技术的优点是：重复性好、分辨率高、结果易判定，最重要的是可用于大批量临床分离菌株筛选和耐甲氧西林金黄色葡萄球菌分子流行病学的调查研究工作。目前，市场上已有比较完善的商品化核糖体分型自动系统。但核糖体分型技术最大的缺点是操作步骤太复杂，需要插入特异性序列，而且费用较高，难以在实际临床中广泛应用，同时由于 rRNA 是细菌进化过程中高度保守的基因，而部分菌株不含有该序列，尤其是对基因关系相近的菌株进行检测的分辨力不高，因而核糖体分型无法对部分菌株进行分型鉴定，导致核糖体分型技术的实用性和分辨能力不如脉冲场凝胶电泳和随机扩增多态性 DNA 分析技术。

针对大肠埃希菌 16SrRNA 和 23SrRNA 片段的核糖体探针是应用最为广泛的探针序列，还有 *IS257/431*、*IS256*、*IS1181*、*mecA* 和转座子 *Tn554* 等多种基因探针序列。因此，根据 rRNA 基因的同源性和差异性可使大肠杆菌的检测更特异、灵敏、快速。

七、全细胞蛋白电泳图谱分型

相对于质粒及质粒图谱分型，根据细菌的蛋白也可以进行分型鉴定。

八、高压脉冲场凝胶电泳分型

在普通的琼脂糖凝胶电泳中，大于 10kb 的 DNA 分子的移动速度基本上很接近，很难通过电泳分离形成肉眼或仪器设备可以区分的条带。1984 年，Schwartz 和 Cantor 首次采用脉冲场凝胶电脉成功分离酵母染色体，从而创建了染色体 DNA 脉冲场凝胶电泳（pulsed field gel electrophoresis，PFGE）分型，用于全基因组 DNA 的分型。在 DNA 脉冲场凝胶电泳中，电场不断在两种方向变动，这两个方向有一定夹角，而不是简单的相反两个方向。DNA 分子带有负电荷，会朝正极移动。相对较小的 DNA 分子在电场转换后可以较快转变移动方向，而较大的 DNA 分子在凝胶中转向并不是那么轻松。所以，小分子 DNA 向前移动的速度明显高于大分子 DNA。高压脉冲场凝胶电泳分型是一种分离大分子 DNA 的方法，因此，对于分子量大小在 10kb～10Mb 之间的 DNA 分子均可以用脉冲场凝胶电泳进行分离。

高压脉冲场凝胶电泳分型依靠其重复性好和分辨力强等优势而被誉为细菌分子学分型技术的"金标准"。特异性高、重复性好、分辨率高、结果可靠是高压脉冲场凝胶电泳分型技术的主要优点。高压脉冲场凝胶电泳分型具有普适性，无论是在固体还是液体培养基中生长的细菌，均可与可溶性凝胶结合，制备成细菌栓，经蛋白质酶水解、DNA 内切酶消化，脉冲场电泳从而将 10～800kb 的大片段细菌 DNA 进行有效分离。高压脉冲场凝胶电泳分型是监测大肠杆菌暴发流行的有效手段之一，能较好地反映出金黄色葡萄球菌临床分离菌株的流行病学相关性，对于有效追查传染源、切断传播方式以及迅速控制疾病的暴发流行、临床治疗等方面具有重要的指导价值。同时快速、可靠、准确的高压脉冲场凝胶电泳分型技术可以用于致病菌的分子流行病学调查，是细菌性感染调查最好的分型方法。高压脉冲场凝胶电泳分型技术的缺点是：操作过程烦琐、技术复杂、耗时长、费用高，且需要特殊的专门仪器设备，仅适用于小量的局部性基因的变化研究，虽然目前有不少科研工作者正致力于进一步改良高压脉冲场凝胶电泳分型技术，但高压脉冲场凝胶电泳分型技术的应用仍然具有一定的局限性。

主要参考文献

[1] 冯国斌，朱路路，宋东升等.规模化养鸡场蛋鸡大肠杆菌病的诊断及防控措施.兽医导刊，2016，12：98～101.

[2] 万江虹，马龙，谢礼裕.大肠杆菌内毒素引起肉鸡腹水症的诊治.湛江海洋大学学报，2001，21（4）：57～58.

[3] 吴忻.大肠杆菌引起的鸡跗关节滑膜炎的诊治.中国畜牧兽医，2006，33（9）：G14～G15.

[4] 刘艳阳.蛋鸡大肠杆菌病的发病原因及防治措施.湖北畜牧兽医，2015，36（6）：47～48.

[5] 刘文天.蛋鸡大肠杆菌病的防控措施.中国畜牧兽医文摘，2017，33（10）：161.

[6] 姜琪.蛋鸡大肠杆菌病的防控要点.养殖与饲料，2017，6：74～76.

[7] 梁永刚.蛋鸡大肠杆菌病的防治.兽医导刊，2017，05：31～32.

[8] 李成虎.鸡大肠杆菌病的病因及防治.畜牧兽医科技信息，2018，3：124～125.

[9] 周杨，万强，蔡芷荷等.基于环介导恒温扩增技术的大肠杆菌O157：H7快速检测试剂盒的评价［J].2017，44（8）：1996～2004.

[10] 刘变芳，王涛，王蕊等.生鲜肉中产毒素大肠杆菌多重PCR检测方法构建［J].中国食品学报，2018，18（12）：225～231.

[11] 张平平，朱叶飞，董晨等.江苏省113株大肠杆菌O157：H7的扩增片段长度多态性分析［J].南京医科大学学报（自然科学版），2010，01：134～138.

[12] 胡贞延.用免疫琼脂扩散法对仔猪水肿病原血清型的鉴定［J].中国兽医杂志，1981，07：6～8.

[13] 张兆山，陈锦光，李淑琴.应用基因探针与固相放射免疫法检测埃希氏大肠杆菌不耐热毒素［J].解放军医学杂志，1985，02：88～90.

[14] 孙强，李昱洁，任科研等.大肠杆菌O157：H7检测技术的概况［J].吉林畜牧兽医，2013，7：61-62.

[15] 江文正，韩文瑜，王世若.猪致病性大肠杆菌的质粒及染色体DNA指纹图谱分析［J].生物技术通讯，1997，Z1：100.

[16] 周波，王克福.大肠杆菌检测方法的研究［J].结直肠肛门外科，2016，S2：78～79.

[17] 呼延蓉.核酸探针与PCR联合用于食品检验的效果研究［J].现代食品，2017，17：68～69.

第七章

药物控制研究

⊙ 第一节 大肠杆菌病西药防治研究

一、泵抑制剂

主动外排机制是由外排蛋白介导的把抗生素等底物从细菌细胞内泵出的主动外排过程，外排系统有能量依赖性、底物多样性、系统多样性及功能复杂性的特点，研究开发外排系统的抑制剂是解决抗菌药物多重耐药的有力措施之一。律海峡等2007—2009年从河南某地区临床标本中分离得到3株大肠杆菌临床分离株，用头孢曲松、头孢噻肟和头孢噻呋对这三株分离株和标准菌O78进行诱导产生超广谱β-内酰胺酶；采用琼脂二倍稀释法观察外排泵抑制剂利血平等10种抗菌药物对诱导菌抗菌药物敏感性的影响[1]。旨在探讨头孢曲松、头孢噻肟、头孢噻呋诱导鸡源大肠杆菌耐药产生超广谱β-内酰胺酶，该研究探讨产生超广谱β-内酰胺酶与主动外排机制的关系。结果发现加入利血平后，头孢曲松诱导前大肠杆菌对10种抗菌药物均高度敏感，经诱导后的12株大肠杆菌诱导菌对10种抗菌药物的耐药率均达到100%，呈现高度耐药及严重的多重耐药性。阿米卡星、氟苯尼考、磷霉素组的最小抑菌浓度变化有统计学差异，耐药率下降范围为25%～75%；头孢噻肟诱导后的菌株，头孢曲松、头孢噻呋、多西环素、氟苯尼考、磷霉素组最小抑菌浓度变化有统计学差异，耐药率下降为25%～100%；头孢噻呋诱导后的大肠杆菌菌株耐药率下降为25%～100%，对头孢噻肟、头孢噻呋、多西环素、氟苯尼考、磷霉素的耐药率分别下降50%、75%、25%、25%、50%，对头孢曲松、阿米卡星耐药率没有影响。加入羰酰氰间氯苯腙CCCP以后，头孢类药物、阿米卡星、氟苯尼考、左氧氟沙星、加替沙星筛选的外排大肠杆菌阳性株分别为4株、1株、2株、2株、2株、1株和1株，仅头孢噻肟诱导后的菌株，头孢曲松最小抑菌浓度变化差异显著；头孢噻呋诱导的大肠杆菌菌株，头孢曲松、氟苯尼考差异显著，且耐药率下降范围均为 25％～75％；利血平与抗菌药物合用后对诱导菌抗菌药物敏感性的影响高于羰酰氰间氯苯腙 CCCP。结果表明，3 种头孢类药物诱导后的菌株对 10 种抗菌药物的外排表型存在差异。

二、单硫酸卡那霉素

单硫酸卡那霉素对多数革兰氏阴性杆菌如大肠杆菌、变形杆菌、沙门氏菌和多杀性巴氏杆菌等有强大的抗菌作用，内服很少吸收，大部分以原形由粪便排出，用于治疗鸡敏感菌所致的肠道感染。相学敬报道了一例 22 日龄罗斯 308 鸡发生大肠杆菌的病例[2]，鸡群出现精神萎靡不振、缩颈、呆立、食欲减退、排黄白色稀便，外观死亡鸡皮肤紫红色。剖检可见纤维素性心包炎，肝周炎，气囊炎，心包积液，肺脏出血、淤血和肿大是等病理现象。采集病鸡心脏、肝脏等组织器官，经麦糠凯琼脂、营养琼脂培养鉴定诊断为大肠杆菌病。病鸡给予单硫酸卡那霉素，饮用 4 小时，连用 3 天，快速控制了因大肠杆菌造成的死亡，喂料量迅速提升，而对照组在使用药物 3 天后死亡上升，喂料量无太大提升。

三、硫酸丁胺卡那霉素

硫酸丁胺卡那霉素是一种氨基糖苷类半合成抗生素，对大肠杆菌、金黄色葡萄球菌、铜绿假单胞菌等菌株都有很强的抑制作用。赵英虎等验证了硫酸丁胺卡那霉素溶液（100 毫升：5 克，含量为标示量的 99.8％，青岛六和药业有限公司）对人工感染鸡大肠杆菌病的临床疗效[3]。首先采用试管肉汤 2 倍稀释法对硫酸丁胺卡那霉素进行最小抑菌浓度测定，硫酸丁胺卡那霉素对鸡大肠杆菌的体外最小抑菌浓度为 2.5 微克/毫升，较硫酸庆大霉素溶液（100 毫升：4 克，济宁兽药厂）更敏感。180 只 20 日龄未经鸡大肠杆菌疫苗免疫的艾维茵雏鸡随机分为 6 组：健康对照组（不感染鸡大肠杆菌 O78 血清型标准菌株、不给药）、感染对照组（感染鸡大肠杆菌 O78 血清型标准菌株、不给药）、硫酸丁胺卡那霉素溶液低剂量组（感染鸡大肠杆菌 O78 血清型标准菌株、饮水给药 1 毫升/升）、硫酸丁胺卡那霉素溶液中剂量组（感染鸡大肠杆菌 O78 血清型标准菌株、饮水给药 2 毫升/升）、硫酸丁胺卡那霉素溶液高剂量组（感染鸡大肠杆菌 O78 血清型标准菌株、饮水给药 4 毫升/升）和硫酸庆大霉素溶液对照组（感染鸡大肠杆菌 O78 血清型标准菌株、饮水给药 2.5 毫升/升）。雏鸡按每 100 克体重胸肌注射鸡大肠杆菌 O78 血清型标准菌株菌液 0.15 毫升，约含 1.5×10^8 个菌。给鸡接种大肠杆菌后 6 小时，进行饮水给药，连用 3 天，观察期为 15 天，每日观察鸡的临床表现，并对死鸡进行尸体剖检，作细菌分离培养，确定死因，对每只鸡进行试验前后称重及体况观察。以死亡率（死亡率％＝治疗中死亡鸡数/试验组鸡数）、治愈率（治愈率％＝治疗后治愈鸡数/试验组鸡数）、有效率、增重和相对增重率［相对增重率（％）＝试验组平均每只鸡增重/空白对照组平均每只鸡增重］作为评价硫酸丁胺卡那霉素溶液对鸡大肠杆菌病的临床疗效。健康对照组、感染对照组、硫酸丁胺卡那霉素溶液低剂量组、硫酸丁胺卡那霉素溶液中剂量组、硫酸丁胺卡那霉素溶液高剂量组和硫酸庆大霉素溶液对照组的死亡率分别为 0、96.6％、30％、6.67％、6.67％和

26.67％。感染对照组、硫酸丁胺卡那霉素溶液低剂量组、硫酸丁胺卡那霉素溶液中剂量组、硫酸丁胺卡那霉素溶液高剂量组和硫酸庆大霉素溶液对照组的治愈率分别为 0、50.0％、90.0％、90.0％和 60.0％。硫酸丁胺卡那霉素溶液低剂量组、硫酸丁胺卡那霉素溶液中剂量组、硫酸丁胺卡那霉素溶液高剂量组和硫酸庆大霉素溶液对照组的有效率分别为 70.0％、93.3％、93.3％和 74.3％。健康对照组、硫酸丁胺卡那霉素溶液低剂量组、硫酸丁胺卡那霉素溶液中剂量组、硫酸丁胺卡那霉素溶液高剂量组和硫酸庆大霉素溶液对照组的增重分别为（248.9±9.1）克、（202.6±9.2）克、（236.5±8.9）克、（230.5±9.2）克和（203.5±9.1）克。以健康对照组的相对增重率为 100％，硫酸丁胺卡那霉素溶液低剂量组、硫酸丁胺卡那霉素溶液中剂量组、硫酸丁胺卡那霉素溶液高剂量组和硫酸庆大霉素溶液对照组的相对增重率分别为 81.40％、95.21％、92.73％和 81.76％。因此，硫酸丁胺卡那霉素溶液以及硫酸庆大霉素溶液饮水给药后，与感染对照组比较，能比较迅速地减轻临床症状。硫酸丁胺卡那霉素对畜禽大部分病原菌敏感，具有广谱、不易产生耐药性的特征，显示它在畜禽细菌性疾病的防治方面会有广阔的前景。临床推荐应用剂量为：每升饮用水加 2 毫升（即 100 毫克的硫酸丁胺卡那霉素）。

四、硫酸阿米卡星

硫酸阿米卡星属于氨基糖苷类药物，具有抗菌谱广、抗菌效果强等特点，可有效地防治鸡大肠杆菌病和鸡沙门氏菌病，降低发病率和病鸡的死亡率。张玉换等将鸡大肠杆菌 O2 株（活菌数 2.4 亿个和 2.5 亿个）感染健康无病的 1 日龄海兰雏鸡，采用硫酸阿米卡星可溶性粉（20％的可溶性粉，山西省太原恒德源动保科技开发有限公司）40 毫克/升、50 毫克/升和 70 毫克/升三个治疗浓度，对人工诱发的鸡大肠杆菌病进行治疗试验[4]。治疗组在攻毒后 5～7 小时，即感染后初显临床症状时，立即分别给予药物饮水，每天 2 次，连用 5 天，接种后仔细观察和记录各组鸡的发病情况、临床变化及死亡情况。对死亡鸡及时进行剖检，记录病理变化，连续观察 10 天，试验期为 15 天。硫酸阿米卡星可溶性粉对鸡源大肠杆菌 O2 产生明显的抑菌作用，其抑菌圈的直径分别为 23 毫米，根据细菌对药物敏感度的判定标准（丁胺卡那的抑菌直径≥17 毫米为高敏），鸡源大肠杆菌对硫酸阿米卡星可溶性粉高敏。以活菌数 2.4 亿个鸡大肠杆菌 O2 株攻毒时，40 毫克/升治疗组、50 毫克/升治疗组、70 毫克/升治疗组和不治疗对照组的死亡率分别为 6.6％、0、0 和 40.0％，而总增重分别为 1.33 千克、1.38 千克、1.43 千克和 0.81 千克。以活菌数 2.5 亿个鸡大肠杆菌 O2 株攻毒时，40 毫克/升治疗组、50 毫克/升治疗组、70 毫克/升治疗组和不治疗对照组的死亡率分别为 6.6％、0、0 和 46.6％，而总增重分别为 1.22 千克、1.32 千克、1.37 千克和 0.64 千克。由此可见，治疗组鸡的死亡率之间虽有差异，但差异不显著；与对照组相比较则差异极显著。鸡的增重结果也呈上述规律，说明硫酸阿米卡星可溶性粉对鸡大肠杆菌 O2 株感染具有良好的治疗效果。

五、硫酸安普霉素

硫酸安普霉素是美国礼来公司于 1960 年左右开发的一种氨基糖苷类抗生素，作为国外广泛应用的一种畜用抗菌药，具有广谱、高效、不易产生耐药性的特点。因其能有效地抑制细菌蛋白质的合成，因而对多种革兰氏阳性和阴性细菌均有较强的抑制作用，对大肠埃希氏杆菌、沙门氏菌尤其敏感，多用于治疗仔猪腹泻、鸡白痢、鸡大肠杆菌病等多种禽、畜细菌性肠道疾病，同时又可作为饲料添加剂使用，在防治疾病的同时还具有增重作用。张新国等测定了硫酸安普霉素可溶性粉（安普霉素含量40%）对人工感染大肠杆菌O2的雏鸡进行治疗试验[5]，将未受鸡大肠杆菌O2标准菌株感染的360只健康艾维因雏鸡随机分为6组，即安普霉素高剂量组（每升饮水含安普霉素500毫克）、安普霉素中剂量组（每升饮水含安普霉素375毫克）、安普霉素低剂量组（每升饮水含安普霉素250毫克）、对照药物组（每升饮水含硫酸新霉素可溶性粉150毫克）、阳性对照组（感染鸡大肠杆菌O2标准菌株、不给药组）和空白对照组（不感染鸡大肠杆菌O2标准菌株、不给药组）。然后以5亿个/只的感染剂量对雏鸡进行皮下接种。接种细菌后立即对各治疗组鸡只给予相应的含药饮水，自由采食，连续用药5天，随后观察，试验期为期10天，计算其死亡率及治愈率，以及各组每只鸡的平均增重及增重率，以评价硫酸安普霉素可溶性粉的治疗效果。安普霉素高剂量组、安普霉素中剂量组、安普霉素低剂量组、对照药物组、阳性对照组和空白对照组的人工感染大肠杆菌雏鸡的死亡率分别为8.3%、15.0%、21.7%、33.3%、83.3%和0；安普霉素高剂量组、安普霉素中剂量组、安普霉素低剂量组、对照药物组和阳性对照组对人工感染大肠杆菌雏鸡的治愈率分别为91.7%、85.0%、78.3%、66.7%和16.7%。3种剂量的硫酸安普霉素对雏鸡大肠杆菌感染治疗效果明显，治愈率高于硫酸新霉素治疗组，其中高、中剂量组的治疗效果与硫酸新霉素治疗组相比差异显著。安普霉素高剂量组、安普霉素中剂量组、安普霉素低剂量组、对照药物组、阳性对照组和空白对照组对人工感染大肠杆菌雏鸡的增重率分别为106.2%、99.4%、83.7%、75.2%、43.5%和108.2%；以空白对照组鸡群的增重率为100.0%，安普霉素高剂量组、安普霉素中剂量组、安普霉素低剂量组、对照药物组和阳性对照组的增重率分别为98.2%、91.5%、77.3%、69.5%和40.5%。因此，硫酸安普霉素可溶性粉对鸡大肠杆菌感染的治疗效果优于硫酸新霉素。硫酸安普霉素可溶性粉在剂量为每升饮水含安普霉素250毫克～500毫克的范围内，能有效地控制仔鸡大肠杆菌感染，降低由大肠杆菌感染所引起的死亡率。

六、氟喹诺酮药物

氟喹诺酮药物对大肠杆菌、沙门氏菌和巴氏杆菌等鸡常见病原菌的抗菌作用优于庆大霉素、氯霉素、四环素等常见抗菌药物。崔红兵等应用百病消、普杀平、恩诺沙星3种氟喹诺酮类药物对O1株、O2株和O78株3株大肠杆菌进行体外药敏试验[6]。微量稀释法显示，百病消、普杀平、恩诺沙星对大肠杆菌O78株的最小抑菌浓度分别为1微克/毫升、2微克/毫升、2微克/毫升，百病消、普杀平、恩诺沙星对大肠杆菌O78株的最小杀菌浓度分别为2微克/毫升、4微克/毫升、4微克/毫升；新配恩诺沙星溶液和室温放置1月后的恩诺沙星溶液对大肠杆菌O2的最小抑菌浓度分别为2微克/毫升、4微克/毫升；最小杀菌浓度为4微克/毫升、8微克/毫升，说明恩诺沙星纯粉配制的溶液稳定性较差，室温条件下放置一定时期后，会使药物的有效成分减少，药效降低。同时进行的纸片法测定结果表明百病消、普杀平、恩诺沙星对 O1 株和 O2 株大肠杆菌敏感性较高，而大肠杆菌 O78 株和乌苏分离株大肠杆菌具有耐药性。

七、单诺沙星

单诺沙星是化学合成的畜禽专用氟喹诺酮类药物。1990 年首先由美国辉瑞公司研制开发，并已在亚洲、北美洲和拉丁美洲等国家上市，我国目前也已生产。单诺沙星具有抗菌谱广、抗菌活性强、体内分布广泛、与其他抗菌药物间无交叉耐药性等特点。经临床试验证明单诺沙星对革兰氏阳性菌、阴性菌及支原体等引起的疾病均有良好的疗效，被广泛用于治疗呼吸、消化、泌尿等系统及深部组织感染。张秀英等选择 140 只 30 日龄的罗曼鸡为研究对象[7]，60 只健康鸡和 60 只合并感染鸡内服单诺沙星（5 毫克/千克）后，计算机处理血药浓度-时间数据的结果表明，血浆的药时数据均符合一级吸收二室模型。诺氟沙星在鸡体内的药动学特征是吸收迅速且完全，体内分布广泛，但消除缓慢，有效浓度维持时间长。支原体与大肠杆菌合并感染能改变药物在体内的动力学特征，使单诺沙星在感染鸡体内的吸收、分布和消除均减慢，达峰时间、有效浓度维持时间延长，药物在中央室与周边室的转运速度也减慢。但与健康鸡相似，内服给药 24 小时，血药浓度仍高于 0.015 微克/毫升，对大多数病原菌仍有效。单诺沙星在鸡体内的良好药动学特征表明，该药在兽医临床防治细菌与支原体感染将有重要的应用价值。

八、恩诺沙星乳酸盐

恩诺沙星自 1987 年由德国拜尔公司研制成功并投入使用以来，已成为兽医临床上重要的喹诺酮类广谱抗菌药物。近年来，恩诺沙星的盐类产品逐渐增多，常见的有盐酸恩诺沙星和恩诺沙星钠等，它们对大多数病原微生物均具有很好的抗菌活性，尤其是对大肠杆菌和沙门氏菌等革兰氏阴性菌作用很强。恩诺沙星乳酸盐对胃肠道刺激小，唐一鸣等以雏鸡为动物模型[8]，开展了乳酸恩诺沙星可溶性粉（含乳酸恩诺沙星 10%，新昌国邦化学工业有限公司）对实验性鸡大肠杆菌病的药效试验。首先按照美国临床和实验室标准协会方法，采用微量肉汤稀释法测得乳酸恩诺沙星及盐酸环丙沙星对鸡大肠杆菌 C84051 的最小抑菌浓度均为 0.0625 匹克/毫升。3 日龄雏鸡每只分别经胸肌注射大肠杆菌 C84051 菌液 0.25 毫升（含活菌数约 5×10^9 CFU/毫升）进行攻毒，随后分别给予 75 毫克/升、125 毫克/升和 175 毫克/升的乳酸恩诺沙星及 100 毫克/升的盐酸环丙沙星，连续用药 3 天，试验观察 7 天。接种及给药后观察和记录各组雏鸡的发病情况、临床变化及死亡等，解剖死亡鸡，观察病理变化并从心、肝血采样进行细菌分离培养及鉴定以确定死因，最后以雏鸡的发病情况、临床症状、死亡率以及增重等为指标，评判乳酸恩诺沙星对雏鸡大肠杆菌病的疗效。75 毫克/升乳酸恩诺沙星、125 毫克/升乳酸恩诺沙星、175 毫克/升乳酸恩诺沙星、100 毫克/升盐酸环丙沙星和阳性感染对照对雏鸡感染大肠杆菌 C84051 的死亡率分别为 0、0、0、10% 和 100%，75 毫克/升乳酸恩诺沙星、125 毫克/升乳酸恩诺沙星、175 毫克/升乳酸恩诺沙星、100 毫克/升盐酸环丙沙星和阳性感染对照对雏鸡感染大肠杆菌 C84051 的保护率分别为 100%、100%、100%、90% 和 0，75 毫克/升乳酸恩诺沙星、125

毫克/升乳酸恩诺沙星、175毫克/升乳酸恩诺沙星和100毫克/升盐酸环丙沙星对雏鸡感染大肠杆菌C84051的相对增重率分别为78.31%、93.56%、95.12%和58.41%。恩诺沙星是第一个动物专用的第3代喹诺酮类药物，其对革兰氏阳性菌和革兰氏阴性细菌的抗菌作用与环丙沙星相似。乳酸恩诺沙星可溶性粉能有效控制鸡大肠杆菌感染，缓解发病症状，降低感染鸡群的死亡率，保持良好的增重速度，推荐临床使用75～175毫克/升。

九、氟苯尼考

氟苯尼考是一新型的氯霉素类广谱抗菌药物，属于甲砜霉素的单氟衍生物，化学名称为［R-(R*,S*)］-2,2-二氯-N-［1-(氟甲基)-2-羟-2-［4-(甲基磺酰)苯基］乙基］乙酰胺。由于其抑制肽酰基转移酶，从而对于抑制肽链的延伸以及干扰细菌蛋白质的合成有一定的作用，氟苯尼考甲基位上的-OH被-F取代不能被乙酰转移酶所破坏，故不易产生耐药性，低剂量的氟苯尼考对98%的耐氯霉素的菌株即具有活性作用。氟苯尼考对兽医临床多种动物细菌性疾病的治疗与预防有效，例如大肠杆菌、志贺氏菌、金黄色葡萄球菌以及沙门氏菌等。对某些耐药菌株，尤其是耐氯霉素菌株仍有效。佐·德力格尔等将160只雏鸡分为对照组和实验治疗组[9]，在实验组分别给予内服氟苯尼考和氯霉素，与对照组雏鸡相比，临床症状都迅速缓解，从实验的结果来看，给予氟苯尼考的组治愈率将近78%，有效率达到了80%，而死亡率仅仅有20%，相对增重率大约在96%；而给予氯霉素的治愈率为55%，有效率58%，死亡率为42%，相对增重率为85%。而蔡玉梅等用大肠杆菌O1、O2和O78的混合菌液人工感染10日龄海兰白公雏[10]，发病后用氟苯尼考可溶性粉高剂量（6克/升）、中剂量（3克/升）和低剂量（1.5克/升）剂量进行饮水治疗，连用5天，停药后观察3天结果发现，高、中和低剂量氟苯尼考可溶性粉与对照药物甲砜霉素（150毫克/升）对鸡大肠杆菌病均有较高的疗效，用药后症状明显减轻且体重也明显增加，以有效率、保护率和治愈率评价得出氟苯尼考可溶性粉中低剂量的保护率有效率均达100%，治愈率分别为90%和80%。低剂量组的有效率亦极显著高于甲砜霉素对照组，因此，氟苯尼考疗效比甲砜霉素高，可在临床上推广使用。林雪花采用试管二倍稀释法分别对5%氟苯尼考溶液与丁胺卡那霉素可溶性粉（250克：5克）对大肠杆菌的质控菌株ATCC25922、菌株K88、菌株HD1047的抑菌效果进行测定[11]，最小抑菌浓度分别为0.225和0.5微克/毫升、1.0微克/毫升和1.5微克/毫升、1.5微克/毫升和1.5微克/毫升。在此基础之上对二者进行体外的临床实验，未经鸡大肠杆菌疫苗免疫的鸡分成氟苯尼考溶液治疗组和丁胺卡那霉素治疗组，实验结果表明氟苯尼考对于大肠杆菌的疗效要优于丁胺卡那霉素，对照组接种大肠杆菌后的1～5天内出现典型的临床症状并死亡，而且从其肝脏、脾脏中能够分离出大量的典型杆菌。氟苯尼考组的鸡的死亡率低于丁胺卡那霉素治疗组鸡的死亡率，其治愈率和有效率亦是如此。从而表明氟苯尼考在治疗鸡大肠杆菌病方面具有比较广阔的应用前景。但氟苯尼考不溶于水，利用率低，不能充分发挥其药效，现在临床上用的水溶性氟苯尼考有效成分含量低，效果不理想，且治疗成本高。氟苯尼考琥珀酸钠溶水速度快，进入动物体后机体代谢生物活性增强，王自然等通过感染1.5亿个菌人工诱发7日龄罗斯308商品肉仔鸡大肠杆菌病[12]，用氟苯尼考琥珀酸钠3个不同剂量对致病鸡进行预防和治疗试验。感染后7天内观察鸡的临床症状变化，对死亡鸡进行病理剖检，以保护率、死亡率、治愈率和有效率评价氟苯尼考琥珀酸钠制剂对鸡大肠杆菌病的防制效果。结果表明，氟苯尼考琥珀酸钠对鸡大肠杆菌病具有较好的防制效果；高剂量组、中剂量组和低剂量组氟苯尼考琥珀酸钠的保护率别分为 96.7％、96.7％和 80.0％，高剂量和中剂量氟苯尼考琥珀酸钠的保护率和治愈率均明显高于硫酸阿米卡星组和头孢噻呋钠组。保护率高达 96.7％，治愈率高达 93.3％。但氟苯尼考琥珀酸钠低剂量组的治愈率和有效率与硫酸阿米卡星组、头孢噻呋钠组相比，差异不显著。氟苯尼考具有抗菌谱广、吸收良好、体内分布广等特点，目前已用于治疗鱼类、猪、牛等的细菌性疾病，对人体无潜在的骨髓抑制或再生障碍性贫血等危害。对于氟苯尼考来讲，预混剂在预防用药时给药较为方便，效果较好。但是在感染比较严重的情况下，由于动物的饮食量严重不足，从而采用混饲给药的治疗效果比较差。而在这时如果动物的饮水量正常，则通过饮水给药就能够保证一定的疗效。由于注射制剂的吸收快且血药浓度高，因而其在治疗比较严重的细菌感染时具有良好的治疗效果。但是，当前市场销售的注射制剂大多数为高浓度注射液，在应用于家禽时要对其进行稀释，因而应用起来较为不便。因此，对于适合治疗的家禽给予氟苯尼考新制剂将会在一定程度上增强氟苯尼考在家禽生产的治疗应用范围。

十、头孢拉定

吴智浩等分析口服不同剂量头孢拉定（中美上海施贵宝制药有限公司，国药准字 H31020001）治疗鸡大肠杆菌病的临床效果[13]。随机选取 200 只 27 日龄健康海兰白雏鸡，随机分成对照组、实验组，实验组给予头孢拉定治疗（头孢拉定均加入水中，全天自由饮水，药水 2 小时内饮完），对照组分为氧氟沙星（浙江朗华制药有限公司，国药准字 H20103771，内服，10 毫克/千克，2 次/天）对照组和感染对照组，用鸡源大肠杆菌血清型 O78 标准菌株感染，4 小时后给予对应治疗，所有患鸡均持续治疗 3 天，治疗完成 15 天后记录和对比各组雏鸡的临床表现，评价治疗效果（雏鸡死亡记为死亡。雏鸡食欲、精神改善，粪便性状基本恢复，偶见稀粪，记为有效。雏鸡食欲、精神恢复正常，鸡大肠杆菌病症状消失，粪便性状恢复正常，记为痊愈。根据死亡、有效、痊愈例数计算死亡率、有效率、痊愈率）。感染对照组接种后有 30 例雏鸡死亡，随着口服剂量的增加，其治愈率、有效率均明显好于氧氟沙星对照组、感染对照组，而死亡率低于氧氟沙星对照组、感染对照组。高剂量头孢拉定组、低剂量头孢拉定组、氧氟沙星对照组和感染对照组的死亡率分别为 0、16.0％、14.0％和 60.0％；高剂量头孢拉定组、低剂量头孢拉定组、氧氟沙星对照组和感染对照组的有效率分别为 50.0％、84.0％、86.0％和 40.0％；高剂量头孢拉定组、低剂量头孢拉定组、氧氟沙星对照组和感染对照组的治愈率分别为 98.0％、80.0％、82.0％和 12.0％。采取口服头孢拉定治疗方式治疗鸡大肠杆菌病可取得比较理想的治疗效果。

杜云良等鸡源大肠杆菌血清型 O78 标准菌株感染未经鸡大肠杆菌疫苗免疫的 26 日龄海兰白雏鸡[14]，按 80 毫克/升、160 毫克/升和 320 毫克/升的头孢拉定（石药集团生产，批号：031245）及 1 毫克/千克氧氟沙星（浙江国邦兽药厂生产，批号：2004061）分别给大肠杆菌病患鸡内服。180 只健康鸡，随机分为 6 组，每组 30 只，其中 1 个低剂量头孢拉定治疗组（鸡源大肠杆菌血清型 O78 标准菌株感染，80 毫克/升饮水）、1 个中剂量头孢拉定治疗组（鸡源大肠杆菌血清型 O78 标准菌株感染，160 毫克/升饮水）、1 个高剂量头孢拉定治疗组（鸡源大肠杆菌血清型 O78 标准菌株感染，320 毫克/升饮水）、1 个氧氟沙星治疗对照组（鸡源大肠杆菌血清型 O78 标准菌株感染，每日 10 毫克/千克分 2 次饮水）、1 个阳性对照组（鸡源大肠杆菌血清型 O78 标准菌株感染、不给药）、1 个阴性对照组（不感染鸡源大肠杆菌血清型 O78 标准菌株、不给任何药）。试验前按常规饲养，喂全价饲料，自由采食及饮水，并进行临床观察。攻毒后 4 小时，头孢拉定组自由饮水给药，一次给药水的量约 2 小时内饮完，然后添加新鲜药水；氧氟沙星组每天 10 毫克/千克分上午、下午 2 次内服，连续给药 3 天。氧氟沙星和头孢拉定对鸡源大肠杆菌血清型 O78 标准菌株的最小抑菌浓度分别为 0.1 毫克/升和 4.0 毫克/升。低剂量头孢拉定治疗组、中剂量头孢拉定治疗组、高剂量头孢拉定治疗组、氧氟沙星治疗对照组和感染对照组的治愈率分别分 90.0％、93.3％、96.7％、90.0％和 16.7％；低剂量头孢拉定治疗组、中剂量头孢拉定治疗组、高剂量头孢拉定治疗组、氧氟沙星治疗对照组和感染对照组的有效率分别为 93.3％、96.7％、100.0％、93.3％和 30.0％；低剂量头孢拉定治疗组、中剂量头孢拉定治疗组、高剂量头孢拉定治疗组、氧氟沙星治疗对照组和感染对照组的死亡率分别为 6.7％、3.3％、0、6.7％和 70％；低剂量头孢拉定治疗组、中剂量头孢拉定治疗组、高剂量头孢拉定治疗组、氧氟沙星治疗对照组和感染对照组的相对增重率分别为 83.6％、84.5％、82.8％、84.3％和 37.9％。头孢拉定组和氧氟沙星组鸡的增重效果极显著高于感染对照组鸡。

赵春林利用头孢拉定（批准文号：国药准字 H44022348，广州白云山天心制药股份有限公司）治疗未进行家鸡大肠杆菌疫苗免疫的海蓝白雏鸡的大肠杆菌病[15]。28 天的海蓝白雏鸡分为 4 组，即头孢拉定低剂量组、头孢拉定中剂量组、头孢拉定高剂量组和氧氟沙星组，一次性的药水量需确保在 2 小时内饮完，其后再进行新鲜药水的添加，于上、下午两次内服，给药时间为 3 天。家鸡均气囊注入 0.6 毫升鸡源大肠杆菌 O79（C82004）为血清型的标准菌株菌液，对家鸡接种前后的粪便、精神状态以及食欲等进行详细的记录，并取死鸡的心脏、脾与肝行细菌分离培养。以有效率（有效率＝治愈率 ＋ 有效率）作为评价指标判定头孢拉定治疗鸡源大肠杆菌的疗效。试验以氧氟沙星（批准文号：国药准字 H19990060，浙江京新药业股份有限公司）为对照。首先测得头孢拉定和氧氟沙星对家鸡大肠杆菌的体外最小抑菌浓度为 4.0 毫克/升和 0.1 毫克/升。头孢拉定低剂量组、头孢拉定中剂量组、头孢拉定高剂量组和氧氟沙星组对鸡源大肠杆菌感染治疗的有效率分别为 85.7％、92.9％、92.9％和 78.6％；头孢拉定低剂量组、头孢拉定中剂量组、头孢拉定高剂量组和氧氟沙星组对鸡源大肠杆菌感染治疗的治愈率分别为 78.6％、85.7％、100％和 85.7％；头孢拉定低剂量组、头孢拉定中剂量组、头孢拉定高剂量组和氧氟沙星组对鸡源大肠杆菌感染治疗的死亡率分别为 14.3％、7.1％、0 和 14.3％。

曹云芳研究了头孢拉定（山东鲁抗医药股份有限公司；国药准字 H20003027；规格：0.25 克×12 粒×2 板/盒）治疗鸡大肠杆菌的临床疗效和最佳使用剂量[16]。将 120 只雏鸡随机分组均分为 4 组，观察 1 组（饲喂 300ppm 头孢拉定饮水：100 千克蒸馏水加 30 克头孢拉定）、观察 2 组（饲喂 200 毫克/千克头孢拉定饮水：100 千克蒸馏水加 20 克头孢拉定）、观察 3 组（饲喂 100 毫克/千克头孢拉定饮水：100 千克蒸馏水加 10 克头孢拉定）与对照组（饲喂等体积的蒸馏水），连续饲喂 21 天后，对各组雏鸡进行大肠杆菌致病处理。

记录、评估 4 组雏鸡的死亡率。观察 1 组、观察 2 组、观察 3 组与对照组的死亡率分别为 0、3.33％、6.67％和 30.00％。饲喂 300 毫克/千克头孢拉定的雏鸡死亡率为 0，显著低于对照组的 30％，对比具有统计学意义。饲喂 300 毫克/千克头孢拉定雏鸡死亡率略小于饲喂 200 毫克/千克头孢拉定及饲喂 100ppm 头孢拉定的 3.33％、6.67％，差异性对比不具有统计学意义。头孢拉定治疗鸡大肠杆菌的临床疗效显著，推荐最佳使用剂量为 300 毫克/千克，值得临床推广使用。

十一、头孢噻呋钠

头孢噻呋为半合成第三代动物专用头孢菌素，具有杀菌力强、抗菌谱广、不良反应小，以及对 β-内酰胺酶稳定等特点。头孢噻呋钠为头孢呋的钠盐，肌内或皮下注射吸收迅速，血和组织中药物浓度高，药效持久。自 1988 年美国 FDA 首次批准注射用头孢噻呋钠用于治疗牛呼吸系统感染以来，其在国内外兽医临床应用日趋广泛。目前国内已有多个兽药厂相继仿制出该产品。卜仕金等报道了国产注射用头孢噻呋钠（河南省大咀实业有限责任公司动物药品厂生产，批号为 0011025，规格为 1 克/瓶）对 1 日龄雏鸡人工感染鸡大肠杆菌病的预防效果[17]。将 180 只 1 日龄三黄鸡分 6 组，即头孢噻呋钠高剂量组（0.2 毫克/只皮下注射头孢噻呋钠注射液，感染鸡病原性大肠杆菌 O18）、头孢噻呋钠中剂量组（0.1 毫克/只皮下注射头孢噻呋钠注射液，感染鸡病原性大肠杆菌 O18）、头孢噻呋钠低剂量组（0.05 毫克/只皮下注射头孢噻呋钠注射液，感染鸡病原性大肠杆菌 O18）、恩诺沙星对照组（0.125 毫克/只皮下注射恩诺沙星注射液，感染鸡病原性大肠杆菌 O18）、感染对照组（不给药，感染鸡病原性大肠杆菌 O18）和临床健康对照组（不给药，不感染鸡病原性大肠杆菌 O18）。各处理组的鸡于给药后 4 小时。与感染对照组一样，每只鸡经肌内注射接种大肠杆菌肉汤培养物，接种量为 0.1 毫升，约含 2.5×10^6 个细菌；健康对照组则经肌内注射 0.1 毫升无菌生理盐水。接种后每天观察各组鸡的临床症状，记录死亡情况，连续观察 14 天。在观察期内对病死鸡进行剖检，并取肝脏、脾脏及心脏作细菌学分离、确诊。死亡率、保护率、大肠杆菌检出率和增重作为头孢噻呋钠对 1 日龄雏鸡实验性感染鸡大肠杆菌病的疗效评价指标。用微量稀释法测得到头孢噻呋钠和恩诺沙星对鸡病原性大肠杆菌 O18 的体外最小抑菌浓度分别为 0.1 毫克/升和 1.6 毫克/升。头孢噻呋钠高剂量组、头孢噻呋钠中剂量组、头孢噻呋钠低剂量组、恩诺沙星对照组、感染对照组和临床健康对照组对 1 日龄雏鸡实验性感染鸡大肠杆菌病治疗的死亡率分别为 0、10.00％、20.00％、36.67％、53.33％和 3.33％。头孢噻呋钠高剂量组、头孢噻呋钠中剂量组、头孢噻呋钠低剂量组、恩诺沙星对照组、感染对照组和临床健康对照组对 1 日龄雏鸡实验性感染鸡大肠杆菌病治疗的保护率分别为 100.00％、90.00％、80.00％、63.33％、46.67％和 96.67％。头孢噻呋钠高剂量组、头孢噻呋钠中剂量组、头孢噻呋钠低剂量组、恩诺沙星对照组、感染对照组和临床健康对照组对 1 日龄雏鸡实验性感染鸡大肠杆菌病治疗的大肠杆菌检出率分别为 13.33％、23.33％、30.00％、46.67％、90.00％和 3.33％。头孢噻呋钠高剂量组、头孢噻呋钠中剂量组、头孢噻呋钠低剂量组、恩诺沙星对照组、感染对照组和临床健康对照组对 1 日龄雏鸡实验性感染鸡大肠杆菌病治疗的 14 天增重分别为（107.75±18.54）克、（110.44±27.40）克、（106.40±21.43）克、（114.50±22.91）

克、（97.40±35.76）克和（101.35±22.24）克。育雏期于 1 日龄开始将注射用头孢噻呋钠按 0.1～0.2 毫克/只的剂量一次性颈部皮下注射，预防大肠杆菌病安全、有效，提高了育雏期成活率，可预防与雏鸡早期死亡有关的大肠杆菌病。

岳永波等进行了头孢噻呋钠（批号 20020316，河北远征药业有限公司生产）对人工感染雏鸡大肠杆菌病的疗效试验[18]。将健康 AA 肉仔鸡 210 只随机分成 6 组，即低剂量头孢噻呋钠组（颈部皮下注射给予 0.05 毫克/只头孢噻呋钠，感染鸡大肠杆菌 O78 标准菌株）、中剂量头孢噻呋钠组（颈部皮下注射给予 0.05 毫克/只头孢噻呋钠，感染鸡大肠杆菌 O78 标准菌株）、高剂量头孢噻呋钠组（颈部皮下注射给予 0.05 毫克/只头孢噻呋钠，感染鸡大肠杆菌 O78 标准菌株）、阿莫西林钠对照组（颈部皮下注射给予 0.05 毫克/只头孢噻呋钠，感染鸡大肠杆菌 O78 标准菌株）、感染对照组（不给药，感染鸡大肠杆菌 O78 标准菌株）和健康对照组（不给药，不感染鸡大肠杆菌 O78 标准菌株）。每只鸡分别经腹腔注射 0.1 毫升大肠杆菌菌液（$6×10^8$CFU/毫升），健康对照组鸡经腹腔注射无菌水 0.1 毫升，每天观察各组鸡的精神状态、饮食欲、粪便等临床表现，称量每只鸡的体重并予以记录。根据治愈率（据治愈鸡的数量占该组试验鸡数的比例计算治愈率）、死亡率（根据各组死亡鸡数占该组试验鸡数的比例计算死亡率）、增重和相对增重率（以健康对照组鸡的平均增重率计为 100%，计算其他各组鸡的相对增重率）评价头孢噻呋钠对人工感染雏鸡大肠杆菌病的疗效。低剂量头孢噻呋钠组、中剂量头孢噻呋钠组、高剂量头孢噻呋钠组、阿莫西林钠对照组、感染对照组和健康对照组对人工感染雏鸡大肠杆菌病的死亡率分别为 20.0%、11.4%、11.4%、14.3%、54.3%和 0；低剂量头孢噻呋钠组、中剂量头孢噻呋钠组、高剂量头孢噻呋钠组、阿莫西林钠对照组和感染对照组对人工感染雏鸡大肠杆菌病的治愈率分别为 62.9%、82.9%、80.0%、74.3%和 20.0%；低剂量头孢噻呋钠组、中剂量头孢噻呋钠组、高剂量头孢噻呋钠组、阿莫西林钠对照组、感染对照组和健康对照组对人工感染雏鸡大肠杆菌病的增重分别为（46.7±1.8）克、（52.9±2.0）克、（52.5±2.2）克、（50.2±1.9）克、（43.8±2.3）克和（56.8±1.2）克；低剂量头孢噻呋钠组、中剂量头孢噻呋钠组、高剂量头孢噻呋钠组、阿莫西林钠对照组、感染对照组和健康对照组对人工感染雏鸡大肠杆菌病的相对增重率分别为 82.2%、93.1%、92.4%、88.4%、77.1%和 100%。说明 3 种剂量头孢噻呋钠及 5 毫克/千克剂量阿莫西林钠对雏鸡的大肠杆菌感染均有一定的疗效。虽然 0.1 毫克/只和 0.2 毫克/只剂量皮下注射头孢噻呋钠，对雏鸡大肠杆菌病有较好疗效，但用药经济学角度和安全性方面考虑，推荐头孢噻呋钠的临床应用剂量为每只雏鸡 0.1 毫克。

十二、喹赛多

喹噁啉类是一类具有广谱抗菌、促进动物生长的动物专用药物；临床应用广泛的主要有喹乙醇、卡巴氧和痢菌净。其中喹乙醇自 20 世纪 70 年代以来，因其良好的抗感染及促生长效果而深受养殖户欢迎，但大量研究证明，其对动物易造成蓄积性中毒，有关规定已严格限制在饲料中添加该药。另一种药物卡巴氧，因具有较强的致癌性与遗传毒性，早已禁止用作饲料添加剂。喹赛多属喹噁啉类化学合成药物，也具有促进动物生长、提高饲料转化率、增加瘦肉率等作用。同时，不论是对动物的一般毒性，还是特殊毒性作用，喹赛多均比同类药物有更大的耐受性与安全性。黄玲利等道了药饲喹赛多（含量＞99.5％，华中农业大学兽药研究所合成）对鸡人工感染大肠杆菌 C84010 病的预防效果[19]。30 日龄艾维菌肉鸡随机分为 8 组，接种前 5 天开始用药，接种大肠杆菌 C84010（活菌数 100 亿个）后连续用药 14 天，给药剂量如下：喹己醇（含量 98％，湖北安达成药业有限公司生产）组药物 25×10^{-6}，喹赛多试验组药物分别为 12.5×10^{-6}、25×10^{-6}、50×10^{-6}、100×10^{-6}、200×10^{-6}。以空白对照组为 100％，计算其他各组的相对增重率及相对饲料转化率，以评价喹赛多对鸡人工感染大肠杆菌病的预防效果及促生长效果。阴性对照组、25×10^{-6} 喹乙醇组、12.5×10^{-6} 喹赛多组、25×10^{-6} 喹赛多组、50×10^{-6} 喹赛多组、100×10^{-6} 喹赛多组和 200×10^{-6} 喹赛多组的发病率分别为 80％、20％、50％、20％、10％、10％和 10％。阴性对照组、25×10^{-6} 喹乙醇组、12.5×10^{-6} 喹赛多组、25×10^{-6} 喹赛多组、50×10^{-6} 喹赛多组、100×10^{-6} 喹赛多组和 200×10^{-6} 喹赛多组的日增重分别为（19.9±12.3）克、（29.6±7.2）克、（20.4±12.6）克、（23.6±9.1）克、（32.2±10.6）克、（33.0±9.6）克和（38.4±9.1）克。以空白对照组为 100.0％，阴性对照组、25×10^{-6} 喹乙醇组、12.5×10^{-6} 喹赛多组、25×10^{-6} 喹赛多组、50×10^{-6} 喹赛多组、100×10^{-6} 喹赛多组和 200×10^{-6} 喹赛多组的相对增重率分别为 75.3％、112.3％、77.4％、89.3％、121.9％、12.5％和 145.3％。阴性对照组、25×10^{-6} 喹乙醇组、12.5×10^{-6} 喹赛多组、25×10^{-6} 喹赛多组、50×10^{-6} 喹赛多组、100×10^{-6} 喹赛多组和 200×10^{-6} 喹赛多组的料肉比分别为 4.53、3.04、4.21、3.26、2.85、2.76 和 2.62。以空白对照组为 100.0％，阴性对照组、25×10^{-6} 喹乙醇组、12.5×10^{-6} 喹赛多组、25×10^{-6} 喹赛多组、50×10^{-6} 喹赛多组、100×10^{-6} 喹赛多组和 200×10^{-6} 喹赛多组的相对转化率分别为 67.8％、101.0％、72.9％、94.2％、107.7％、110.0％和 117.2％。喹赛多 50×10^{-6}、100×10^{-6}、200×10^{-6} 组均将发病率控制在 10％以内，明显优于喹乙醇组。且此 3 组预防效果显著高于 12.5×10^{-6} 组、25×10^{-6} 组，增重效果极显著高于 12.5×10^{-6} 组和 25×10^{-6} 组，而此 3 组间差异不显著。因此，50×10^{-6} 以上的喹赛多不仅对人工诱发大肠杆菌病有明显的预防效果，还可促进生长，提高饲料利用率，是较理想的临床用药剂量。

十三、氧氟沙星

张磊研究了氧氟沙星治疗鸡大肠杆菌病的有效性[20]。随机选取某鸡场的大肠杆菌病鸡 50 例，分为实验组（氧氟沙星 50 毫克/升混入饮水或每千克饲料加 100 毫克药物混饲给药，对于卧地不起的病鸡给予氧氟沙星 5 毫克/千克内服，每 12 小时服药 1 次，持续治疗 3 天）和对照组（土霉素混饲，按照每 100 千克饲料 100～500 克用药，持续用 7 天；并可用痢特灵，按每 100 千克饲料 20～40 克饲喂 5～7 天）。对两组患病鸡的治疗死亡率、治愈率以及临床症状进行观察与分析，详细记录每只鸡的食欲、粪便，并对死鸡的肝、脾以及心脏进行解剖分析。依据死亡鸡的数量来计算每一组的死亡率。氧氟沙星和土霉素治疗大肠杆菌病的痊愈率分别为 52％和 16％；氧氟沙星和土霉素治疗大肠杆菌病的有效率分别为 36％和 24％；氧氟沙星和土霉素治疗大肠杆菌病的死亡率分别为 36％和 24％；氧氟沙星治疗大肠杆菌病的效果为 88％明显高于土霉素 40％的治疗效果。氧氟沙星是临床常用的氟喹诺酮类药物，内服容易被吸收，氧氟沙星对畜禽病原体的最小抑菌浓度值较小，土霉素对鸡大肠杆菌的最小抑菌浓度是 1.6 毫克/升，氧氟沙星对鸡大肠杆菌的最小抑菌浓度是 0.1 毫克/升。氧氟沙星具有高效、广谱的特点，在畜禽细菌疾病的治疗中将会很好的功效。氧氟沙星运用于大肠杆菌病鸡治疗具有很好的疗效，能够增加病鸡的抵抗力，值得在临床上推广。

◎ 第二节 大肠杆菌病中药防治研究

一、黄连、连翘、紫花地丁、黄芩和白头翁

李国旺等采用常规的琼脂平板培养法、药敏试验的滤纸片法等[21]，选取黄连、连翘、紫花地丁、黄芩和白头翁 5 味中药对从病死鸡的肝脏、心血等病料分离到的鸡致病性大肠杆菌进行了体外抑菌试验。结果表明，黄连、连翘、紫花地丁、黄芩和白头翁 5 味中药对鸡大肠杆菌均有一定的抑菌效果，其中，黄连的抑菌直径为 15.5 毫米，抑菌活性最强；白头翁、连翘和紫花地丁次之，分别为 14.0 毫米、13.0 毫米和 12.2 毫米；黄芩的抑菌活性较弱，为 10.1 毫米。黄连、白头翁抑菌效果较好，为临床应用鸡致病性大肠杆菌治疗提供一定的基础依据。

二、银花、黄连、五味子、连翘、大黄、黄芩、黄柏、白头翁

鹿意等通过药敏试验中的打孔法测定了银花、黄连、五味子、连翘、大黄、黄芩、黄柏、白头翁八味中药对大肠杆菌的抑菌效果，以筛选出有效中药来抑制大肠杆菌[22]。这八味中药对大肠杆菌均表现出了不同程度的抑杀效果，其中五味子抑菌直径为（25.1±2.06）毫米，属高度敏感，黄连、黄芩、连翘三味药具有较强的抑菌能力，抑菌直径分别为（12.9±0.59）毫米、（11.3±0.35）毫米、（10±0.74）毫米，其他中药的抑菌效果相对较差。五味子的最低抑菌浓度值为 7.812 毫克/毫升，最小杀菌浓度值为 7.812 毫克/毫升，抑菌效果较强，明显高于其他中药，其次是黄连和连翘，也表现出了较好的抑菌效果。八味中药中选取体外抑菌效果最好的黄连、黄芩、五味子加上金银花组成不同比例方，按 1：1：1：1、1：2：2：1、1：1：3：1、2：1：2：1、1：2：2：1、1：1：2：1、3：1：3：1、3：1：1：1 的不同比例配伍，依次命名为复方Ⅰ、Ⅱ、Ⅲ、Ⅳ、Ⅴ、Ⅵ、Ⅶ、Ⅷ，此试验制得的药物的浓度为 1 克/毫升，依据体外抑菌试验结果来选择组方的最适比例。结果表明，复方Ⅵ的比例效果最佳，其抑菌直径为（28.5±1.02）毫米，最低抑菌浓度为 15.625 毫克/毫升、最小杀菌浓度为 31.25 毫克/毫升。药复方制剂的抑菌作用均优于单味中药，可为临床上研发抗大肠杆菌病的中药复方制剂提供参考。

三、板蓝根

板蓝根为十字花科植物菘蓝的根，具有生物碱类、有机酸类、黄酮类、核苷酸类、氨

基酸类、多糖类、芥子苷类等大约 100 多种天然成分，具有清热解毒、凉血利咽、抗菌、抗病毒、增强免疫及抗内毒素等作用。赵银丽等以鸡大肠杆菌为研究对象[23]，通过试管二倍稀释法和平皿法相结合，板蓝根浓度为 1∶2 和 1∶4 时无细菌生长；为 1∶8 时有少许菌落生长；为 1∶16 时有较多菌落生长，最终确定了板蓝根的最小抑菌浓度为 1∶4；通过人工感染鸡大肠杆菌病后以板蓝根来治疗，从治疗效果看，1∶2 和 1∶4 两个药物浓度可以达到 90% 以上的治愈效果。而黄慧等利用 50℃ 温水提取板蓝根超微粉和普通粉活性成分[24]，水溶性活性成分告依春的高效液相检测，并将水提取物进行体外抑菌试验和体内防治试验。旨在观察板蓝根超微粉与板蓝根普通粉相比对雏鸡大肠杆菌病的临床疗效。超微粉碎技术因其粉体理化性质独特，粉体比表面积和孔隙率增大等优点被引入中药加工领域，中草药经超微粉碎后，细胞破壁率高，有效成分不需要通过细胞壁可直接暴露出来，提高天然植物有效成分的溶出量和溶出度，吸收速度加快，打破长期以来"中药起效慢、作用强度低"的思维定势。试验中首先将板蓝根超微粉和普通粉用温水（50℃）浸提 0.5 小时，离心后浓缩至浓度为 1.0 克/毫升的原药液，浓缩后板蓝根超微粉和普通粉中板蓝根含量分别为 1.68 毫克/克、1.067 毫克/克。采用二倍稀释法测定最小抑菌浓度和最小杀菌浓度，发现板蓝根超微粉对大肠杆菌的高度敏感，其抑菌效果大于普通粉，抑菌环分别为 16 毫米和 13 毫米。将 12 日龄健康雏鸡 135 只随机分为 9 组，每组 15 只，每组雏鸡胸肌注射不同浓度的菌液 0.5 毫升/只，记录 72 小时内雏鸡的发病情况及死亡率。发现 $4.2×10^8$ CFU/毫升剂量组死亡率为 73.33%，按照死亡率在 60%～90% 的攻菌剂量为最佳感染剂量，所以选择 $4.2×10^8$ CFU/毫升为最佳感染剂量。同时将 9 日龄雄性雏鸡 270 只随机分为 9 组，每组 30 只，分为 2 个预防组、5 个治疗组、模型组及空白组。体内试验结果显示，蓝根超微粉和普通粉对大肠杆菌感染的雏鸡免疫器官发育有促进作用，且治疗组和预防组的效果均是板蓝根超微粉优于普通粉。板蓝根超微粉预防有效率 90%，普通粉预防有效率 73.33%；板蓝根超微粉治愈率为 83.33%，普通粉治愈率为 70%，氧氟沙星治愈率为 86.7%。从肝、肾功能指标上看，板蓝根超微粉及普通粉均有保护肝肾及对肝肾损伤具有修复作用，但超微粉效果优于普通粉。结果表明，板蓝根可以有效治疗鸡大肠杆菌病，板蓝根超微粉水溶性活性成分板蓝根溶出率优于普通粉，超微粉体外抑菌和体内对雏鸡大肠杆菌病的防治效果均优于板蓝根普通粉。

四、苍术

耐药质粒的消除被认为是抵抗细菌性疾病的有效措施，十二烷基硫酸钠、抗生素等具有质粒消除作用，但由于十二烷基硫酸钠不能用于体内，抗生素又容易引起新的耐药性的出现，所以，近年来人们寻求以中草药作为新的消除剂。王兴旺等采用中药苍术提取液对重庆某养鸡场分离得到的致病性鸡源大肠杆菌 EC012 株进行耐药质粒的体内、体外消除试验[25]，EC012 株对青霉素钾、阿莫西林、四环素、土霉素、林可霉素、氯霉素、吡哌酸等 7 种药物具有耐药性。体外耐药质粒消除试验结果显示，72 小时后获消除子 12 株，消除率为 1.24%。体内耐药质粒消除试验结果显示，最佳作用时间为 72 小时，获消除子 45 株，消除率分别为 45%。苍术提取液适合作鸡大肠杆菌耐药质粒体内消除剂使用，这在临床上消除耐药性，更好地防治鸡大肠杆菌病具有一定的潜在价值。

五、车前子提取物

车前子来源于车前科车前 *Plantago asiatica* L. 或平车前 *Plantago depressa* willd 的干燥成熟种子。车前子味甘，性寒，具有利尿通淋、渗湿止泻、清热解毒等功效，现代药理研究发现车前子具有利尿、祛痰、镇咳、平喘和抗病原微生物等作用，对多种致病菌如金黄色葡萄球菌、大肠杆菌和同心性毛癣菌等均有不同程度的抑制作用。因此，车前子常用于湿热型尿路感染、泌尿系统感染和暑湿导致的腹泻等疾病。向华等制备车前子乙醇提取物及其萃取物[26]，测定抗菌药和车前子提取物对大肠杆菌的最低抑菌浓度，采用棋盘法测定车前子乙醇提取物与环丙沙星的联合作用，二者联合应用对鸡源大肠杆菌耐药菌株具有较好的抗菌作用。通过环丙沙星蓄积动力学试验检测车前子乙醇提取物对鸡源大肠杆菌外排泵的影响，旨在研究车前子提取物对耐药抑制作用。车前子乙醇提取物对鸡源大肠杆菌耐药菌株的最低抑菌浓度为 125 毫克/毫升，车前子乙醇提取物、车前子三氯甲烷萃取物、乙酸乙酯萃取物和石油醚萃取物对鸡源大肠杆菌耐药菌株均有抑制作用。车前子乙醇提取物亦能够提高鸡源大肠杆菌耐药菌株胞内环丙沙星的蓄积量，可使更多的环丙沙星进入菌体细胞内，抑制耐药大肠杆菌对抗生素的主动外排作用。三氯甲烷萃取物对大肠杆菌的药物外排有一定的抑制作用，但其抑制作用不如乙醇提取物，但乙酸乙酯萃取物对受试菌药物外排具有微弱的抑制作用。同时，车前子乙醇提取物和环丙沙星联用后二者对鸡源大肠杆菌耐药菌株的最低抑菌浓度分别为 62.5 毫克/毫升和 16 毫克/毫升。而环丙沙星对鸡源大肠杆菌耐药菌株的最低抑菌浓度为 256 毫克/毫升，所以，联用药分级抑菌浓度＝车前子乙醇提取物联用最低抑菌浓度/车前子乙醇提取物单用最低抑菌浓度＋环丙沙星联用最低抑菌浓度/环丙沙星单用最低抑菌浓度＝62.5 毫克/毫升/125 毫克/毫升 ＋16 毫克/毫升/256 毫克/毫升＝0.5625，为相加作用，能有效提高抗菌效应。通过联合用药，减少耐药性，增强抑菌能力，并为临床合理用药提供了依据。

六、大蒜

大蒜（*Allium sativium* L.）一直是国际上公认的天然广谱抗菌药物，国内外学者对大蒜进行了大量药效学研究，现已证实大蒜具有抗细菌、抗真菌、抗病毒、抗肿瘤和增强免疫调节等作用。大蒜及大蒜素（garlicin）作为饲料添加剂在水产和畜禽养殖生产中已得到广泛应用。大蒜中二烯丙基一硫化物、二烯丙基二硫化物、二烯丙基三硫化物是大蒜挥发油中主要的抗菌活性物质。二烯丙基三硫化物产品中以合成形式占较大比例。程桂林等采用试管倍比稀释法研究 2 种精制大蒜挥发油制剂（大蒜挥发油Ⅰ和大蒜挥发油Ⅱ）以及市售天然大蒜油、合成大蒜油对养殖生产中常见的致病性鸡大肠杆菌 CVCC 249 的体外抗菌效果[27]，旨在探究大蒜挥发油能否作为安全优质的饲料添加剂广泛应用于畜禽养殖生产。2 种制剂对致病性鸡大肠杆菌有较好的抑菌作用，且效果均优于天然大蒜油和合成大蒜油。精制大蒜挥发油Ⅱ对鸡大肠杆菌的最低抑菌浓度为 62.5 微克/毫升。大蒜的抗菌效果不仅仅体现在体外抑菌方面，更重要的是它能够调动机体的免疫力达到抵抗病原微生物的目的。

七、诃子、五味子、五倍子、黄连、黄芩、苦参

李蕴玉等利用平板琼脂打孔法和改良微量 2 倍稀释法分别测定单味中药水提物对河北地区鸡源耐药性大肠埃希氏菌地方流行株 QH15（O2）、QH16（O38）、QH17（O89）的抑菌圈直径和最小抑菌浓度[28]。水提法制备诃子、五味子、五倍子、黄连、黄芩、苦参6 种中药水提物，取各单味中药 100 克，粉碎后称重，加入 8～10 倍蒸馏水浸泡 1 小时，煮开后慢火煮 20 分钟左右，12 层纱布过滤，用同样方法再煮 1 次，过滤，合并 2 次煮的药液进行浓缩，使其浓度为 1 克/毫升。抑菌实验结果显示 6 种中药水提物对 3 株鸡耐药性大肠杆菌地方株高度敏感，抑菌圈直径在 15～24 毫米之间，最小抑菌浓度在 7.825～31.25 毫克/毫升之间，其他药物存在不同程度的敏感性。腥草、大黄、黄柏等 9 种中药对标准菌株及 3 株鸡耐药性大肠杆菌地方株均没有效果。

八、低聚木糖

寡糖能促进有益菌的生长，抑制有害菌的增殖，调节肠道微生态菌群，保护并改善肠道形态，增强机体免疫力，从而影响畜禽的生长发育和生产性能，提高饲料利用效率。低聚木糖是 2～7 个木糖以 β-1,4 糖苷键连接而成的低度聚合糖类的总称，以二糖和三糖为主，主要由从天然植物中提取的木聚糖经内切木聚糖酶水解而成。低聚木糖具有促进肠道健康、控制血糖水平、减少水溶性自由基及调节脂肪代谢等功能。低聚木糖为有益菌（如双歧杆菌）提供碳源，保持肠道水分，产生短链脂肪酸，同时降低肠道 pH 值。低聚木糖具有较高的生物活性，添加量为低聚异麦芽糖的 1/20，为低聚果糖的 1/10～1/7。而且除青春双歧杆菌、婴儿双歧杆菌和长双歧杆菌外，大多数肠道菌对低聚木糖的利用率都比较低。目前，低聚木糖在人类医药保健、食品与饮料等方面得到了较为广泛的应用。陈雁南等将 1 日龄 AA 肉鸡［平均体重（47.8±3.3 克）］512 羽随机分成 4 组[29]，分别饲喂在基础日粮中添加 0、100 毫克/千克、150 毫克/千克、200 毫克/千克低聚木糖（主要成分为木二糖至木五糖的混合物，含量不低于 35%）的试验日粮，为期 42 天，其中 1～21 天为试验前期，22～42 天为试验后期，旨在得到低聚木糖对肉鸡生产性能、血清相关指标及盲肠大肠杆菌数影响的数据。肉鸡生产性能以平均体重和料重比为评价指标，结果显示，基础日粮中添加低聚木糖对 AA 肉鸡前后期增重及料重比无显著影响，而对后期生长则影响不明显。血清总蛋白、白蛋白和球蛋白的含量反映了机体蛋白质的吸收和代谢状况。血清中甘油三酯和总胆固醇等含量反映了脂类物质代谢状况，血清胆固醇含量可近似代表体内胆固醇合成情况，血清高密度脂蛋白胆固醇可代表体内胆固醇的清除情况，血清甘油三酯含量的高低反映了日粮中脂类在机体内的吸收利用状况。血清相关指标采用全自动生化分析仪测定，结果表明低聚木糖具有降低前期白蛋白/球蛋白、总胆固醇、甘油三酯、血清糖等血清指标的趋势，其中 150 毫克/千克添加量显著降低了血清糖，后期添加低聚木糖均有降低各血清指标的趋势，添加量为 150 毫克/千克时显著降低了总蛋白、白蛋白和总胆固醇。同时采集盲肠食糜，用于大肠杆菌计数，麦康凯琼脂培养基培养后得到的低聚木糖也使肉鸡前后期盲肠大肠杆菌数有所下降，21 日龄时分别降低了 5.36%、

2.84％和3.05％，42日龄时降低了2.04％、0.36％和3.00％，但差异均不显著。

九、黄连

蒋加进等以煎煮法制备的黄连提取液，使药物的含量相当于生药含量为1克/毫升[30]。采用试管两倍稀释法得到黄连提取液对该多重耐药鸡源大肠杆菌MR-1菌株的最小抑菌浓度为3.90毫克/毫升，然后进行耐药质粒（R质粒）消除试验，将经1/2最小抑菌浓度的黄连提取液处理不同时间的菌液进行影印培养法筛选，在含链霉素、诺氟沙星、环丙沙星、四环素、复方新诺明、氨苄青霉素6种不同的抗生素平板上进行筛选，获得数量不等的菌落。黄连对大肠杆菌的耐药性均有一定的消除作用，其对耐药质粒的消除作用与时间有一定的关系，24小时和48小时的耐药性消除率分别达到4.5％和13.25％。琼脂糖凝胶电泳结果显示多重耐药鸡源大肠杆菌MR-1菌株经过黄连作用以后获得的消除子都缺少了一条或多条质粒带。将耐药质粒消除菌株分别在LB液体培养基中连续传10代后，消除菌株对6种抗生素的敏感性没有发生变化。但将其接种到含有药物的液体培养基中连续传代，药敏试验显示耐药性有所恢复。将其在含20微克/毫升氨苄青霉素的LB液体培养基连续传代，在传到第4代时出现耐药性，四环素到第6代出现耐药性，细菌对喹诺酮类抗菌药物耐药性变化不明显，恩诺沙星、氟哌酸均未出现耐药性。表明耐药性消除菌株在没有抗生素筛选压力下可稳定生存，但施加抗生素后还会再次诱导出耐药性。

十、黄连解毒散

马霞等将60日龄罗曼蛋公鸡通过人工感染鸡大肠杆菌O78株（C83890）建立鸡大肠杆菌病模型[31]，用河南省康星药业股份有限公司研制开发的黄连解毒散超微粉进行治疗。每羽胸肌注射1×10^9CFU/毫升大肠杆菌液0.5毫升攻毒，同时设黄连解毒散散剂对照和氟苯尼考西药对照，出现明显临床症状后，黄连解毒散超微粉组分别按照1％黄连解毒散超微粉拌料混饲，黄连解毒散散剂对照组按照2％黄连解毒散拌料混饲，连用7天，西药对照组用氟苯尼考粉混饲，阳性对照组不用药。试验期28天，其中用药期7天，用药后观察期21天，以发病率、治愈率、有效率评价黄连解毒散超微粉对人工诱发鸡大肠杆菌病的治疗效果。西药对照组、黄连解毒散超微粉组和黄连解毒散散剂对照组的死亡率显著低于阳性对照组，西药对照组、黄连解毒散超微粉组和黄连解毒散散剂对照组的治愈率和有效率显著高于阳性对照组。但黄连解毒散超微粉、黄连解毒散散剂和西药氟苯尼考的治愈率和有效率差异不显著。观察期内观察鸡群的临床症状、体质变化及血清超氧化物歧化酶活性和内毒素含量变化，攻毒后3天，黄连解毒散超微粉组、黄连解毒散散剂对照组的血清内毒素含量显著低于阳性对照组和西药对照组。攻毒后5天和7天，黄连解毒散超微粉组、黄连解毒散散剂对照组的血清内毒素含量显著低于西药对照组，西药对照组显著低于阳性对照组。攻毒后10天，黄连解毒散超微粉组、黄连解毒散散剂对照组和西药对照组的血清内毒素含量显著低于阳性对照组。说明黄连解毒散超微粉和黄连解毒散散剂降低血清内毒素含量。攻毒后3天和5天，黄连解毒散超微粉组、黄连解毒散散剂对照组的血清超氧化物歧化酶浓度显著高于阳性对照组和西药对照组。攻毒后第7天，黄连解毒散超微粉组、黄连解毒散散剂对照组的血清超氧化物歧化酶浓度显著高于西药对照组，西药对照组显著高于阳性对照组。攻毒后第10天，空白对照组、黄连解毒散超微粉组和黄连解毒散散剂对照组的血清超氧化物歧化酶浓度差异不显著，但显著高于西药对照组，西药对照组显著高于阳性对照组，说明黄连解毒散超微粉提高了超氧化物歧化酶活性。黄连解毒散超微粉增强体质的作用显著优于西药氟苯尼考。1％剂量黄连解毒散超微粉与2％剂量黄连解毒散散剂对人工攻毒模型鸡大肠杆菌病的治疗效果差异不显著，这意味着黄连解毒散经超微粉碎后用于疾病防治可以节省一半的用药量。

十一、黄芩浸出液

中药黄芩为唇形科多年生草本植物，其有效成分主要是黄酮类化合物，中医将其归为燥湿类药物，其功效为清热燥湿、泻火解毒、凉血安胎。现代药理学研究发现其具有抗氧化、抗癌、抗菌、抗病毒、增强免疫等作用。据报道，黄芩浸出液的滤纸片对大肠杆菌、葡萄球菌、铜绿假单胞菌等有明显的抑制作用。赵银丽等通过水煮法得到黄芩水煎液（相当于生药40克/毫升）[32]，黄芩水煎液对鸡大肠杆菌的最小体外抑菌浓度为2.5克/毫升。7日龄雏鸡接种10^6CFU/毫升大肠杆菌临床分离菌株攻毒剂量，当黄芩水煎液浓度为5克/毫升时可使雏鸡获得90％以上的攻毒保护，而黄芩水煎液浓度为10克/毫升时可使100％雏鸡获得攻毒保护。体外试验和体内试验说明黄芩不论在体外还是体内，对大肠杆菌均有对抗作用，可以用于防治鸡的大肠杆菌病。

十二、苦参

中药苦参（*Sophora flavescens* Ait）为豆科槐属植物，是中国历史悠久的传统中药之一。苦参性咸味苦，具解毒、清热、利湿、祛风、燥湿、杀虫等作用。现代医学还表明，苦参在抗肿瘤、抗病毒、抗纤维化、抗心血管及中枢神经系统等方面有着良好的作用。王关林等取苦参根粉碎[33]，过200目筛，用5倍量蒸馏水冷浸3次，每次24小时合并提取液，减压浓缩成浸膏状。采用牛津杯法及液体倍比稀释法测定了苦参浸出提取液对大肠埃希氏菌ATCC11411、鸡大肠杆菌C84010、金黄色葡萄球菌ATCC26112、铜绿假单胞菌和短小芽孢杆菌ATCC63202等常见致病细菌进行了敏感性试验。生药含量达到5克/毫升、2.5克/毫升、1.25克/毫升、0.625克/毫升、0.3125克/毫升和0.15625克/毫升，结果发现苦参浸出提取液对革兰氏阳性菌（金黄色葡萄球菌和短小芽孢杆菌）、革兰氏阴性菌（大肠埃希氏杆菌、鸡大肠杆菌和铜绿假单胞菌）均有明显抑制作用，抑菌谱广。以1克/毫升的土霉素为阳性对照，其抑菌效果与含生药0.625克/毫升的粗提物基本一致，苦参浸出提取液对鸡大肠杆菌的抑菌圈半径为0.50厘米。液体倍比稀释法得出，苦参浸出提取液对鸡大肠杆菌最低抑菌浓度为0.625克/毫升。通过苦参浸出提取液对鸡大肠杆菌生长曲线的影响得出，鸡大肠杆菌不能达到正常的生长高峰进入对数生长期，而4～6小时后直接进入衰亡期。通过扫描电镜和透射电镜观察苦参浸出提取液对鸡大肠杆菌形态和结构的影响得出，菌体形态结构发生明显变化，表现为苦参浸出提取液作用4～5小时，鸡大肠杆菌缢缩变形，中间凹陷呈规则元宝状，有些凹陷处有缢痕断裂形成许多残体，细胞质固缩，细胞质与细胞壁出现分离，最终细胞壁破损、内容物泄漏而使菌体死亡。用十二烷基硫酸钠-聚丙烯酰胺凝胶电泳检测苦参浸出提取液对鸡大肠杆菌蛋白表达的影响，苦参浸出提取液作用鸡大肠杆菌后蛋白谱带变浅，有的谱带消失，这种变化随时间延长表现得更为显著。用流式细胞仪对菌体细胞周期的分析结果显示，使 I 期菌数增加、R 期菌数下降，苦参浸出提取液作用后 R 期菌数只占 29.85%，比鸡大肠杆菌正常下降了约20%，最终菌体不能达到正常对数生长期而直接进入衰亡期。苦参浸出提取液活性成分分析结果显示，苦参浸出提取液与碘-碘化钾溶液反应生成黄色沉淀，与苦味酸饱和水溶液反应生成黄色沉淀，与氯化汞饱和水溶液反应生成白色沉淀，与碘化铋钾试剂反应生成棕黄色沉淀。这些结果说明苦参浸出提取液的主要成分为苦参生物碱。因此，苦参碱对鸡大肠杆菌的抑菌机理是抑制调控细菌生长、阻滞其分裂和生长，并且与细胞内的蛋白质结合，使细胞质固缩、细胞解体而死亡。苦参作为一种中药，具有毒性小、无传染、无残留、无耐药性的优点。因此，苦参在畜牧业中代替抗生素对细菌性传染病进行防治，有很好的兽药开发潜能。

十三、乌梅化合物 V

乌梅（*Fructus mume*）是由蔷薇科植物梅 *Prunus mume*（Sieb.）*Sieb. et* Zucc. 干燥近成熟的果实加工而成。研究表明，浓度为 1.44 毫克/毫升的乌梅水煎剂可以使 28 株大肠杆菌 100% 受到抑制。对大肠杆菌、痢疾杆菌、伤寒杆菌、副伤寒杆菌、霍乱杆菌、百日咳杆菌、变形杆菌、炭疽杆菌、白喉杆菌、类白喉杆菌、人型结核杆菌、脑膜炎球菌、金葡菌、肺炎球菌、溶血性链球菌等均有抑制作用，同时发现其醇浸渍液对沙门氏菌、铜绿假单胞菌作用敏感，其最低杀菌浓度均为 0.015 克/毫升。前期研究显示乌梅提取物具有抗禽流感（H9 亚型）病毒活性、抗新城疫病毒活性以及抗鸡传染性法氏囊病毒活性。乌梅提取物 Q 和酸枣仁提取物 S1 能明显降低鸡毒霉形体的发病率、减少气囊的损伤。从乌梅中提取得到的化合物 V 对于肉鸡大肠杆菌病具有较好的预防保护效果，酸枣仁乙醇提取物对于肉鸡感染大肠杆菌病具有较好的防治效果，保护率优于硫酸新霉素。张发明等通过现代色谱方法应用硅胶、Sephadex LH-20 凝胶等材料分离了乌梅活性成分和应用波谱方法解析化合物结构[34]，从中药乌梅中分离得到一个单体成分——化合物 V，化合物为白色柱状结晶（乙酸乙酯），被鉴定为 3-羟基-3-羧基戊二酸二甲酯。以体外试管倍比稀释法测最小抑菌浓度，体外试验显示化合物 V 的最小抑菌浓度为 3.125 毫克/毫升。对乌梅中提取的化合物 V 的抗鸡大肠杆菌活性进行了初步评价。将 20 日龄 500 克体重临床健康肉鸡随机均分成 5 组，即胶膏组（每只每次口服 200 毫克/毫升胶膏溶液 1 毫升，感染临床致病性大肠杆菌血清型为 O15）、化合物 V 组（每只每次口服 50 毫克/毫升的化合物 V 溶液 1 毫升，感染临床致病性大肠杆菌血清型为 O15）、硫酸新霉素组（每只每次口服 8.3 毫克/毫升药物 1 毫升，感染临床致病性大肠杆菌血清型为 O15）、空白对照（不给药，不感染临床致病性大肠杆菌血清型为 O15）组和阴性对照（不给药，感染临床致病性大肠杆菌血清型为 O15）组。口服给药 3 天后，除空白对照组外，其余组每只肉鸡腹腔注射 0.5 毫升临床致病性大肠杆菌血清型为 O15 菌液（10 倍半数致死量），然后继续口服给药 4 天。腹腔感染后，观察各组鸡只精神、食欲、排粪状况；记录发病率、死亡率、存活率和治愈率等各项指标。胶膏组、化合物V组、硫酸新霉素组、空白对照组和阴性对照组对人工感染鸡大肠杆菌病的死亡率分别为60%、40%、40%、80%和100%；胶膏组、化合物V组、硫酸新霉素组、空白对照组和阴性对照组对人工感染鸡大肠杆菌病的48小时成活率分别为40%、80%、80%、30%和100%；胶膏组、化合物V组、硫酸新霉素组、空白对照组和阴性对照组对人工感染鸡大肠杆菌病的累计成活率分别为40%、60%、60%、20%和100%；胶膏组、化合物V组、硫酸新霉素组、空白对照组和阴性对照组对人工感染鸡大肠杆菌病的细菌检出率分别为100%、80%、80%、100%和0。虽然乌梅化合物V不能直接杀死大肠杆菌，但通过提高家禽机体非特异性免疫力达到抑制大肠杆菌的繁殖的目的。乌梅化合物V的保护率不高，对肉鸡大肠杆菌病具有一定的预防效果。

十四、乌梅水煎液

乌梅水煎液对临床分离得到的28株肠球菌有很好的抑制作用。此外，乌梅对脑膜炎球菌、幽门螺杆菌有较强的体外抑菌作用。酸枣仁为鼠李科植物酸枣 Ziziphus jujube Mill. var. spiona（Bunge）Hu ex H. F. Chou 的干燥成熟种仁，现代药理实验证实酸枣仁皂苷具有明显的免疫调节和抗组胺释放的活性，主要应用于镇静和催眠以及抗惊厥，也用于血管保护及免疫增强。李树梅等评价了乌梅酸枣仁提取物对鸡致病性大肠杆菌病的疗效[35]。乌梅酸枣仁提取物由乌梅、酸枣仁提取物组成，经过不同比例筛选而成，具有成本低、疗效高、安全性高的特点。根据前期研究自拟乌梅酸枣仁提取物配方，乌梅酸枣仁提取物浓度为200毫克/毫升，其中每毫升药液中含有乌梅酸枣仁提取物200毫克，以体外试管二倍稀释法测定其最小抑菌浓度，乌梅酸枣仁提取物具有一定的体外抑菌作用，最小抑菌浓度为12.5毫克/毫升。以人工感染大肠杆菌血清型O15（从临床患病鸡肝脏分离获得）建立鸡致病性大肠杆菌病模型，评价乌梅酸枣仁提取物预防和治疗鸡大肠杆菌病疗效。将8日龄的健康海兰褐鸡分为6组，即乌梅酸枣仁提取物高剂量组（乌梅酸枣仁提取物预防剂量给予200毫克/千克；治疗剂量给予400毫克/千克，2次/天，感染大肠杆菌血清型O15）、乌梅酸枣仁提取物中剂量组（乌梅酸枣仁提取物预防剂量给予100毫克/千克；治疗剂量给予200毫克/千克，2次/天，感染大肠杆菌血清型O15）、乌梅酸枣仁提取物低剂量组（乌梅酸枣仁提取物预防剂量给予50毫克/千克；治疗剂量给予100毫克/千克，2次/天，感染大肠杆菌血清型O15）、利好对照组（20%复方磺胺间甲氧嘧啶钠可溶性粉预防剂量给予7.5毫克/千克；治疗剂量给予15毫克/千克，2次/天，感染大肠杆菌血清型O15）、感染对照组（不给药，感染大肠杆菌血清型O15）和空白对照组（不感染大肠杆菌血清型O15）。预防试验按照口服灌胃给药3天后攻毒，之后再给药3天。治疗试验按照攻毒后给药，连续给药5天，分上、下午两次。其中预防用药减半，停药观察3天后剖检。以大肠杆菌感染标准判断大肠杆菌感染死亡，发病率（具有大肠杆菌感染标准的鸡数与该组总数比值）、死亡率（因大肠杆菌发生死亡的鸡数与该组总数的比值）、相对增重率（以空白对照组增重为100%，各组增重与之相比得到各组相对增重率）和大肠杆菌检出率作为评价指标评估乌梅酸枣仁提取物对人工感染鸡大肠杆菌病的防治效果。对于预防性试验，乌梅酸枣仁提取物高剂量组、乌梅酸枣仁提取物中剂量组、乌梅酸枣仁提取物低剂量组、利好对照组、感染对照组和空白对照组对人工感染鸡大肠杆菌病的相对增重率分别为 36.25%、34.75%、11.30%、27.43%、30.56%和100%；乌梅酸枣仁提取物高剂量组、乌梅酸枣仁提取物中剂量组、乌梅酸枣仁提取物低剂量组、利好对照组和感染对照组对人工感染鸡大肠杆菌病的发病率均为100%；乌梅酸枣仁提取物高剂量组、乌梅酸枣仁提取物中剂量组、乌梅酸枣仁提取物低剂量组、利好对照组、感染对照组和空白对照组对人工感染鸡大肠杆菌病的成活率分别为50%、70%、50%、60%、60%和10%；乌梅酸枣仁提取物高剂量组、乌梅酸枣仁提取物中剂量组、乌梅酸枣仁提取物低剂量组、利好对照组和感染对照组对人工感染鸡大肠杆菌病的肝脏细菌检出率均为100%。对于治疗性试验，乌梅酸枣仁提取物高剂量组、乌梅酸枣仁提取物中剂量组、乌梅酸枣仁提取物低剂量组、利好对照、感染对照组和空白对照组对人工感染鸡大肠杆菌病的相对增重率分别为 33.81%、40.21%、103.09%、98.97%、71.34%和100%；乌梅酸枣仁提取物高剂量组、乌梅酸枣仁提取物中剂量组、乌梅酸枣仁提取物低剂量组、利好对照组和感染对照组对人工感染鸡大肠杆菌病的发病率均为100%；乌梅酸枣仁提取物高剂量组、乌梅酸枣仁提取物中剂量组、乌梅酸枣仁提取物低剂量组、利好对照组、感染对照组和空白对照组对人工感染鸡大肠杆菌病的成活率分别为 62.5%、50.0%、37.5%、62.5%、25%和100%；乌梅酸枣仁提取物高剂量组、乌梅酸枣仁提取物中剂量组、乌梅酸枣仁提取物低剂量组、利好对照组和感染对照组对人工感染鸡大肠杆菌病的肝脏细菌检出率均为100%。乌梅酸枣仁提取物可能通过提高家禽机体非特异性免疫力达到保护家禽免受大肠杆菌的侵害，而非通过杀灭或抑制机大肠杆菌途径。乌梅酸枣仁提取物能有效减少人工大肠杆菌感染后的临床症状，推荐使用剂量为 200 毫克/千克体重，连续使用 5 天，乌梅酸枣仁提取物对耐药性大肠杆菌有效，具有无残留、安全绿色环保等优势，可以替代部分抗生素防治大肠杆菌病。

第三节　大肠杆菌病联合复方药物或联合用药防治研究

一、黄连组方口服液

黄连、乌梅、白术等制成黄连组方口服液具有清热解毒、理气开胃、涩肠止泻、补中益气、镇静安神作用，于文会等以中兽医的基础理论为依据[36]，研究黄连组方口服液（生药含量为 1000 毫克/毫升）对大肠杆菌 O78 的抑制作用与临床疗效。首先采用二倍稀释法检测最小抑菌浓度与最小杀菌浓度检测口服液抑菌效果，结果显示黄连组方口服液对大肠杆菌的最小抑菌浓度和最小杀菌浓度分别为 62.5 毫克/毫升和 250 毫克/毫升。应用流式细胞仪观察黄连组方口服液对细菌死亡率的影响，黄连组方口服液组大肠杆菌 O78 的死亡率为 74.1%，空白对照组大肠杆菌死亡率为 37.2%，说明黄连组方能明显提高大肠杆菌 O78 的死亡率。利用扫描电镜和透射电镜观察黄连组方口服液对菌体形态与结构的影响，扫描电镜下可见黄连组方口服液处理组的大肠杆菌 O78 出现菌体溢缩、断裂，形成许多残体，有的中间弯曲、凹陷，呈弯月状，而透射电镜下可见大肠杆菌 O78 菌体变形、细胞壁膜弯曲、质壁分离现象。临床试验检测黄连组方口服液对鸡大肠杆菌病的治疗效果及免疫器官指数的影响。临床疗效显示，黄连组方口服液治愈率为 86.67%，西药组治愈率为 63.33%，第 7 天黄连组方中、低剂量组鸡死亡率分别为 10.00%、20.00%，低于西药组的 23.33%。给予黄连组方口服液第 15 日龄时空白对照组和高剂量黄连组方口服液、中剂量黄连组方口服液、低剂量黄连组方口服液组均与模型组有极显著差异，西药组与模型组差异显著。免疫器官指数在一定程度上反映了机体的免疫状态，免疫器官指数提高表示机体免疫器官发育良好，免疫作用增强。黄连组方口服液高剂量组的平均日增重为 3.18 克/天，最接近空白对照组的 3.60 克/天。空白对照组和西药组脾脏指数与模型组差异极显著，空白对照组、西药组、黄连组方口服液高剂量组的法氏囊指数极显著高于模型组，模型组的胸腺指数显著低于其余各组。因此，黄连组方口服液可使菌体发生变形、溢缩断裂、质壁分离等变化达到杀菌效果，并可通过提高动物体免疫力来防治雏鸡大肠杆菌病，是防治鸡大肠杆菌病的新方法，减少抗生素的使用及耐药菌株的产生。

二、连葛口服液

"连葛口服液"是保定冀中药业有限公司研制而成的新兽药。该复方制剂具有较强的清热解毒、燥湿止痢、活血化瘀、抗菌消炎等作用。李定刚等应用"连葛口服液"来治疗人工诱发的鸡大肠杆菌病（湿热泻痢证模型之一）[37]，该攻毒试验选用源大肠杆菌 O1 型标准菌株（CVCC249）培养液 10^{-4} 倍稀释液，最佳剂量为 0.5 毫升/只。经剖检和生化试验鉴定为大肠杆菌，通过血清学鉴定确定为 O1 抗原型。该研究验证"连葛口服液"高、中剂量组对人工感染鸡大肠杆菌病均有良好的防治效果，其疗效与氟苯尼考相当，推荐剂量为 1.0 毫升/千克体重。研究结果可为"连葛口服液"大规模生产及应用提供科学依据。

三、P10B 抗菌肽和硫酸小檗碱

抗菌肽是一类具有抗菌活性的新型抗菌药，一般由几十个氨基酸残基组成，不仅具有广谱的抗菌作用，而且不易产生耐药性，是抗生素的理想替代品。P10B 抗菌肽是针对大肠杆菌筛选得到的一个肽类先导化合物，初步试验发现其对大肠杆菌具有良好的抗菌作用。小檗碱是黄连、黄柏中的主要抗菌活性成分，常用来治疗细菌性肠炎。与临床常用的盐酸小檗碱相比，硫酸小檗碱的研究文献较少，小檗碱硫酸盐水溶性较高，更适合制成水溶性制剂，方便临床应用。范学政等进行了 P10B 抗菌肽与硫酸小檗碱联合使用的体外抑菌试验[38]。称取适量硫酸小檗碱，加入灭菌蒸馏水，制成浓度为 4096 微克/毫升的硫酸小檗碱溶液；称取适量 P10B 抗菌肽，加入灭菌蒸馏水，制成浓度为 5120 微克/毫升的 P10B 抗菌肽溶液。首先采用微量肉汤稀释法测定 P10B 与硫酸小檗碱对大肠杆菌的最低抑菌浓度；将两药各浓度组成 7×7 方阵棋盘，用稀释法测定两种药联合使用对 20 株肉鸡源大肠杆菌菌株的体外抑制作用。硫酸小檗碱对不同大肠杆菌临床分离株的最小抑菌浓度以 512 微克/毫升为主（范围为 128～1024 微克/毫升），P10B 对不同大肠杆菌临床分离株的最小抑菌浓度以 16 微克/毫升为主（范围为 8～32 微克/毫升）。在联合药敏试验中，两药呈协同作用的占 10%，呈相加作用的占 85%，呈无关作用的占 5%，平均分级抑菌浓度指数为 0.825。两种药联合用药效应主要表现为累加作用。因此，硫酸小檗碱与 P10B 组合在临床上解决禽大肠杆菌肠道感染问题可能是一种有效的方式。

四、阿莫西林和硫酸黏菌素

阿莫西林和硫酸黏菌素是防治猪和鸡肠道细菌感染的常用药物，两药分别属于繁殖期杀菌剂和静止期杀菌剂，从抗菌机制上分析可以联合。马红伟等采用微量稀释法分别测定阿莫西林与硫酸黏菌素单药对鸡的大肠杆菌和沙门氏菌的最低抑菌浓度[39]，探讨了阿莫西林与硫酸黏菌素对鸡的大肠杆菌的联合抗菌效果。采用棋盘稀释法测定阿莫西林与硫酸黏菌素联用对大肠杆菌的最低抑菌浓度并计算联合指数。阿莫西林对大肠杆菌最小抑菌浓度范围为 16～256 微克/毫升，硫酸黏菌素对大肠杆菌最小抑菌浓度范围为 0.0025～0.16 微克/毫升，阿莫西林与硫酸黏菌素对鸡大肠杆菌的体外联合抑菌试验中，联合指数平均值分别为 0.78，表明阿莫西林和硫酸黏菌素可联合应用于治疗鸡大肠杆菌感染。

五、肠安之星

肠安之星（主要成分：2%烟酸诺氟沙星）的主要成分为烟酸诺氟沙星，又名烟酸氟哌酸，主要用于畜禽大肠菌病、霍乱、白痢和慢性呼吸道感染等疾病。刘晓霞通过使用肠安之星和乳酸环丙沙星对大肠杆菌 O78 进行体内抑菌试验[40]，观察了人工感染平陆县某商品蛋鸡场 22 日龄雏鸡相对增重率、保护率、死亡率等指标，旨在检测肠安之星对鸡大肠杆菌病的治疗效果和预防效果。肠安之星连续用药 5 天，停药后观察 5 天，仔细观察和记录各组鸡的发病情况、临床症状及死亡情况。对死亡鸡进行剖检观察，检测各器官病理变化，取肝、心血、脾进行细菌学分离培养鉴定，确定鸡死亡是否由接种大肠杆菌感染致死。肠安之星和乳酸环丙沙星对大肠杆菌 O78 体外抑菌均达高敏效果，但治疗剂量的肠安之星的抑菌效果（32 毫米）显著高于乳酸环丙沙星（21 毫米）。动物药效实验中肠安之星对人工感染鸡大肠杆菌病的预防保护率为 60%，相对增重率为 105%；治疗保护率为 60%，相对增重率为 110%。乳酸环丙沙星对人工感染鸡大肠杆菌病的治疗保护率为 70%，相对增重率为 54%。

六、天南星、重楼、黄连、郁金、夏枯草、金银花、黄柏、赤芍、川贝、甘草、栀子

潘搏庆等将 2017 年 3～6 月某养殖场患大肠杆菌病的 360 只病鸡（平均日龄为 24.5±4.3）分为常规西药治疗干预和中草药治疗干预两组[41]，常规西药予以肌内注射 100 毫升的氟苯尼考注射液进行治疗，连用 5 天。氟苯尼考属于广谱抗菌药物，从上市我国和日本以来，其主要应用于猪、牛以及一些水产动物的细菌感染的治疗，其半衰期为 48 小时，能够起到抗炎、抗菌的作用，有效杀灭大肠杆菌，主要有注射剂和预混剂 2 种制剂。但需

要注意的是，由于肠道杆菌病发病危急，用氟苯尼考注射液时难以达到最佳疗效。中草药治疗取天南星与重楼各 3 克予以混合，并加入黄连、郁金、夏枯草、金银花、黄柏、赤芍、川贝、甘草、栀子各 6 克，生姜 3 克，在碾成粉末后混入保鲜袋内，用水煎服，2 次/天，连续治疗 5 天。在不同的治疗干预之后，中草药治疗组的治疗总有效率为 94.44%，明显高于常规西药治疗干预的 77.78%，两组差异显著。黄连有清热解毒、燥湿泻火的功效，能够有效抗炎；赤芍可消肿止痛；川贝可润肺止咳。此外还有金银花、郁金、生姜等，均可消肿解毒。将药方中各药物联用，可以发挥抗菌、抗炎之功效，进而有效缓解患鸡的各临床症状，促使其有效康复。

七、复方氟苯尼考口服液

氟苯尼考是一种化学合成的氯霉素类动物专用的新型广谱抗菌药，1990 年首次在日本上市，中国也于 1999 年批准上市，主要用于治疗由敏感菌引起的猪、鸡和鱼的细菌性疾病。采用 5% 复方氟苯尼考口服液对人工诱发的 AA 肉鸡大肠杆菌病进行治疗试验[42]，复方氟苯尼考口服液及单方氟苯尼考口服液混饮给药后与感染对照组比较能较迅速减轻临床症状，且 5% 复方氟苯尼考口服液在剂量为 0.6 毫升/升、0.3 毫升/升和 0.15 毫升/升给药时，能有效控制鸡大肠杆菌 O2 和 O78 混合液的感染。复方药高剂量组和复方药中剂量组的有效率和死亡率分别为 100% 和 0、96.7% 和 3.3%，降低了大肠杆菌感染鸡只的发病率和死亡率，同时在一定程度上减少了成活鸡的体重下降，复方药高剂量组和复方药中剂量组的相对增长率分别为 80.97% 和 76.14%，效果优于单方的氟苯尼考口服液，在临床上有一定的实用价值，值得推广使用。临床应用 5% 复方氟苯尼考口服液（每 100 毫升含氟苯尼考 5.0 克、三甲氧苄啶 1.0 克）治疗鸡大肠杆菌病的推荐剂量为每升水 0.3 毫升，连用 5 天；重症感染时可加大剂量至每升水 0.6 毫升。

八、氟苯尼考与多西环素

苑丽等采用试管两倍稀释法测定氟苯尼考对鸡大肠杆菌的最小抑菌浓度和最小杀菌浓度[43]，同时，采用棋盘法测得氟苯尼考与多西环素联合对鸡大肠杆菌的效果，旨在分析氟苯尼考单药及与多西环素联合对鸡大肠杆菌的抗菌活性、抗菌后效应及对试验性鸡大肠杆菌病的治疗效果。氟苯尼考对鸡大肠杆菌 O78 标准株的最小抑菌浓度和最小杀菌浓度均为 1.6 毫克/升，与氯霉素相同，明显优于甲砜霉素。氟苯尼考对鸡大肠杆菌的抗菌后效应（1.45～2.07 小时）显著长于甲砜霉素，呈浓度依赖性。棋盘法测得氟苯尼考与多西环素联合对鸡大肠杆菌呈无关作用，部分抑菌浓度指数值为 1.5，联合时的氟苯尼考最小抑菌浓度是氟苯尼考单独使用时的 50%。氟苯尼考以 1:2（质量比）与多西环素联合时，对鸡大肠杆菌的抗菌后效应与单药抗菌后效应的较大值相近，与相应浓度的单药相比均表现为无相关作用。将 500 只 1 日龄刚出壳的罗曼仔鸡分为健康对照、感染对照、氯霉素（口服）、甲砜霉素（口服）、多西环素（口服）、氟苯尼考低剂量（口服）、氟苯尼考低剂量（肌注）、氟苯尼考中剂量（口服）、氟苯尼考中剂量（肌注）、氟苯尼考高剂量（口服）、联合低剂量（口服）、联合中剂量（口服）和联合高剂量（口服）。以死亡率、治愈率、显效率和增重指标评价疗效，其中，氟苯尼考 3 种剂量［10 毫克/千克和 20 毫克/千克（肌注）、30 毫克/千克（口服）］或联合用药［氟苯尼考 10 毫克/千克＋多西环素 20 毫克/千克、氟苯尼考 20 毫克/千克＋多西环素 40 毫克/千克（口服）］5 种治疗方案对鸡大肠杆菌病的治愈率分别为 73.3%，76.7%，73.3%，76.7%，80.0%，而感染对照组的死亡率为 80.0%，说明以氟苯尼考低、中剂量肌内注射组和联合用药中、高剂量组效果为佳，即临床上宜选择 10 毫克/千克的氟苯尼考肌内注射或 10 毫克/千克的氟苯尼考与 20 毫克/千克的多西环素联合口服两种给药方案治疗鸡大肠杆菌疾病。

九、氟苯尼考与三甲氧苄啶

王春华等将氟苯尼考与三甲氧苄啶配伍应用于锦州市某养鸡场鸡饲养的 50 日龄海兰褐蛋鸡大肠杆菌病[44]，分析氟苯尼考与三甲氧苄啶联合应用对临床鸡大肠杆菌病的疗效，以确定临床上对本地区大肠杆菌病有部分疗效的药物。分为对照组、恩诺沙星组、氟苯尼考组和氟苯尼考与三甲氧苄啶配伍应用组，以死亡率、治愈率、显效率和增重指标评价疗效，经对比治疗，验证了氟苯尼考与三甲氧苄啶配伍应用组临床疗效较好，配伍比例为 5∶1，药物浓度为 50 微克/毫升，即每毫升药液含氟苯尼考 42 微克、三甲氧苄啶为 8 微克，死亡率、治愈率、显效率和增重指标分别为 1.11%、94.44%、98.89% 和（198.4±56.4）克。研究表明氟苯尼考与三甲氧苄啶配伍应用在鸡的大肠杆菌病治疗方面可作为锦州地区的首选药物，其在鸡大肠杆菌病的防治工作方面具有现实的指导意义。

十、复方制剂（氟苯尼考-硫酸黏菌素可溶性粉）

复方制剂（氟苯尼考-硫酸黏菌素可溶性粉）是一种西药复方制剂。冯善祥将复方制剂（氟苯尼考-硫酸黏菌素可溶性粉用于 4 日龄 AA 肉鸡药物预防保护试验和药物治疗试验[45]。预防保护试验分为复方制剂高剂量组（1.0 克受试药物/升水）、复方制剂中剂量组（0.5 克受试药物/升水）、复方制剂低剂量组（0.25 克受试药物/升水）、氟苯尼考对照组（0.5 克氟苯尼考/升水）、硫酸黏菌素对照组（0.5 克硫酸黏菌素/升水）、感染对照组（感染不给药）和健康对照组（不感染不给药），大肠杆菌 O1 临床分离菌株感染后，在保护率及有效率上复方制剂药物高、中剂量组与低剂量组、氟苯尼考对照组差异显著，而与硫酸黏菌素对照组差异极显著。药物治疗试验的试验分组与预防保护试验分组方法一致，大肠杆菌 O1 临床分离菌株感染后，在保护率及有效率上复方制剂药物高、中剂量组与低剂量组、氟苯尼考对照组差异显著，而与硫酸黏菌素对照组差异极显著。此项研究显示，复方制剂对鸡大肠杆菌病具有明显的保护作用，可以用于鸡大肠杆菌病的防治。从降低成本、提高疗效的角度来看，复方制剂中剂量组（0.5 克受试药物/升水）更适合在临床上推广使用。

十一、复方白头翁颗粒

复方白头翁颗粒由经典中药"白头翁汤"改良而成，具有清热解毒、凉血、燥湿止痢的功能。葛冰等对 20 日龄海兰褐蛋鸡进行鸡源大肠杆菌 O1 型标准菌株 CVCC 249 人工感染[46]，对病鸡给予复方白头翁颗粒（白头翁、黄连、黄柏和秦皮，每 1 克颗粒相当于原生药 1.95 克），以验证复方白头翁颗粒对鸡大肠杆菌病的防治效果。将 180 只鸡分为高剂量组（大肠杆菌感染，4.0 克/升混饮）、中剂量组（大肠杆菌感染，2.0 克/升混饮）、低剂量组（大肠杆菌感染，1.0 克/升混饮）、药物对照组（大肠杆菌感染，2.0 克/升混饮）、阳性对照组（大肠杆菌感染，不给药）和空白对照组（不感染，不给药），以死亡率、治愈率、有效率及相对增重率评价药物的疗效。复方白头翁颗粒高剂量组（4.0 克/升）、中剂量组（2.0 克/升）对人工诱发鸡大肠杆菌病的防治效果较好，有效率分别为 83.33%、76.67%，治愈率分别达 70.00% 和 66.67%，均高于复方磺胺间甲氧嘧啶钠可溶性粉对照组（有效率 73.33% 和治愈率 63.33%），复方白头翁颗粒低剂量组有效率和治愈率为 60.00% 和 53.33%，不及复方磺胺间甲氧嘧啶钠可溶性粉对照组。

十二、复方白头翁散

孙荣华等将复方白头翁散（白头翁 150 克、秦皮 90 克、诃子 60 克、乌梅 100 克、白芍 100 克、黄连 100 克、大黄 90 克、黄柏 120 克、甘草 10 克和云苓 10 克）用于 26 日龄罗曼商品代公鸡大肠杆菌感染病鸡的治疗[47]。高剂量（0.3%）复方白头翁散和中剂量（0.2%）复方白头翁散疗效较好，其治愈率分别为 93.3% 和 86.7%，显效率、死亡率分别为 96.7% 和 93.4%、3.3% 和 6.6%。随后，李国旺等将复方白头翁散（白头翁、黄柏、黄连、秦皮、诃子、乌梅、白芍、大黄等中药）用于大肠杆菌感染病鸡的治疗[48]，高剂量复方白头翁散（3‰饮水）和中剂量复方白头翁散（2‰饮水）治疗组及恩诺沙星对照组的死亡率低于感染不用药对照组，治愈率高于感染不用药组，且高剂量复方白头翁散和中剂量白头翁散治疗组死亡明显低于恩诺沙星对照组。虽然低剂量组的治愈率和显效率分别为 85% 和 75%，但高剂量复方白头翁散和中剂量复方白头翁散疗效较好，两者的治愈率分别为 94% 和 87%，显效率和死亡率分别为 95% 和 5%。故临床上对中、轻度感染按 2‰饮水即可预防鸡大肠杆菌病的发生。

十三、白头翁散＋卡那霉素

由于众多血清型疫苗免疫达不到预期效果，人们就用西药治疗，如庆大霉素、氟苯尼考、磺胺类、喹诺酮类等，长期用药造成耐药现象，使得抗菌药物治疗鸡大肠杆菌病的效果下降甚至失效，亟需探索新的治疗策略。西医治标快速缓解症状，中医治本调理机体机能，以提高治愈率，防止耐药菌株的产生。中药虽然有效避免出现耐药性问题，但是见效缓慢。冀威采用单纯西药治疗、单纯中药治疗以及中西药联合用药方法治疗朝阳市存栏 5 万只某鸡场的鸡大肠杆菌病[49]，随机挑出 480 只 21 日龄感染鸡大肠杆菌病的雏鸡作为临床治疗试验用鸡，再将这些鸡随机分为 16 组，进行分组治疗。在药敏试验的基础上，选择卡那霉素、环丙沙星和硫酸黏菌素作为临床治疗试验用药，中药组则用白头翁散（白头翁 100 克、黄柏 100 克、黄芪 100 克、苦参 100 克、秦皮 100 克、枳壳 50 克和木香 50 克）、三黄汤（黄连 100 克、黄柏 100 克、大黄 50 克）、白头苦参汤（白头翁 100 克、苦参 100 克、金银花 50 克、忍冬藤 50 克、车前草 30 克、泽泻 30 克、槟榔 20 克和川黄连 20 克），和中西医结合治疗组对病鸡进行隔离治疗。西药饮水，中药拌料。同等条件下给予相同饲料（不含抗菌药物）和饮水。试验前和给药后 3 天对每组鸡只进行称重，记录数据，计算增重率。观察鸡只的临床症状，计算治愈率、增重率。在用法用量均相同的情况下，结果显示西药治愈率为 50%～60%，中药治愈率为 30%～40%，未达到理想效果。显而易见，中西药结合给药治疗效果均好于对照组和单一用药组效果，治愈率为 65%～95%。白头苦参汤配伍卡那霉素效果显著，治愈率达到 95%，白头苦参汤配伍硫酸黏菌素治疗效果也比较理想，治愈率达到 90%。

十四、硫酸阿米卡星复方制剂

王广伟等基于药敏试验、药代动力学和市场价格权衡选择的结果是以硫酸阿米卡星为主药，附以利巴韦林、地塞米松和维生素 C（国药控股枣庄有限公司）组成复方制剂[50]。利巴韦林是考虑鸡在患大肠杆菌病时易继发病毒病，为防治病毒病而添加。地塞米松是利用糖皮质激素具有抗炎、抗过敏、抗中毒、抗休克的治疗作用，能够止咳、平喘和退烧；维生素 C 具有增加毛细血管致密性、抗炎、抗过敏、参与解毒功能、增强机体抗病能力等作用。选择 20 日龄商品代白羽爱拔益加肉鸡（AA 肉鸡）用于实验室攻毒。攻毒菌株选用枣庄地区分离的 O78、O35、O88 血清型致病性大肠杆菌菌株，硫酸阿米卡星复方制剂（规格为 7.5 毫克/千克的硫酸阿米卡星 255 毫克＋规格为 10 毫克/千克的利巴韦林 340 毫克＋地塞米松磷酸钠 20 毫克＋维生素 C 1 克），单方硫酸阿米卡星为 255 毫克。用 0.9% 注射生理盐水配制成 80 毫升均匀注射液。给药途径采用肌内注射法、气雾法及饮水法。攻毒 12 小时后进行药物治疗（复方制剂 2 毫升/只、单方 2 毫升/只，肌内注射，每天 1 次），连用 3 天；健康对照组和感染对照组肌注 0.9% 注射生理盐水（2 毫升/只），观察症状和死亡情况，7 天后统计死亡数和保护率，死亡鸡剖检，观察并记录病理变化。硫酸阿米卡星复方制剂治疗较单方硫酸阿米卡星治疗更有效，两组的保护率为分别为 97.5% 和 90.0%，感染对照组的保护率仅为 22.5%。硫酸阿米卡星复方制剂在台儿庄、峄城、市中、薛城和滕州的不同养鸡场，同一养鸡场的不同鸡舍，进行田间治疗试验。结果表明：复方制剂与实验室治疗效果一致，具有减少用药量、缩短疗程的优点，并且注射法给药更经济、更高效。肌内注射法、气雾法及饮水法 3 种给药方法均取得理想治疗效果，其中，肌内注射法效果最好，治愈率约为 95%；其次是气雾法，治愈率约为 90%；饮水法效果最差，治愈率约为 85%。虽然肌内注射给药在临床应用上面临的最大问题是劳动量大，但实践证明使用连续注射器肌内注射给药适合中小型鸡场，既减少了劳动量，又能取得明显的治疗效果。因此，硫酸阿米卡星是治疗枣庄地区鸡大肠杆菌病的有效药物。

十五、复方磺胺二甲嘧啶钠

磺胺二甲嘧啶钠是磺胺类药物中抗菌作用最强的药物之一，对大多数革兰氏阳性、革兰氏阴性细菌以及鸡球虫有效。抗菌增效剂甲氧苄啶与磺胺类药物合用能显著增强后者的抗菌作用。贺生中等将复方磺胺二甲嘧啶钠可溶性粉（磺胺二甲嘧啶钠 10 克、甲氧苄啶

2 克）用于鸡源大肠杆菌 O78 菌液人工感染的 24 日龄 AA 雏鸡的治疗[51]，分析磺胺二甲嘧啶钠与甲氧苄啶配伍应用对鸡大肠杆菌病的疗效。结果发现，复方磺胺二甲嘧啶钠可溶性粉高（10 克/升）、中（5 克/升）、低（2.5 克/升）剂量和对照药物硫酸新霉素（150 毫克/升）对鸡大肠杆菌病均有较高的疗效，用药后症状明显减轻且渐渐恢复，体重也明显增加。其中，复方磺胺二甲嘧啶钠可溶性粉高剂量和复方磺胺二甲嘧啶钠可溶性粉中剂量的有效率分别达 93.3% 与 86.7%，治愈率分别为 93.3% 和 80.0%，复方磺胺二甲嘧啶钠可溶性粉高剂量和复方磺胺二甲嘧啶钠可溶性粉中剂量连续 5 天混饮给药对鸡大肠杆菌病有较好的治疗效果，其疗效比硫酸新霉素高，可在临床上推广使用。

十六、复方盐酸恩诺沙星可溶性粉

恩诺沙星又名乙基环丙氟哌酸、乙基环丙沙星，是第三代喹诺酮类抗菌药物，具有抗菌谱广、杀菌力强、作用迅速、体内分布广泛及与其他抗生素之间无交叉耐药性等特点。临床上主要用于预防和治疗畜禽的细菌性及支原体感染等多种疾病。王海花等采用 10% 复方盐酸恩诺沙星可溶性粉治疗人工诱发的 21 日龄无特定病原微生物的鸡大肠杆菌病[52]。鸡群接种鸡大肠杆菌（血清型 O78）36 小时后出现临床症状，随后给予不同剂量的 10% 复方盐酸恩诺沙星可溶性粉进行治疗，混饮高、中和低剂量分别为 0.6 克/升、0.4 克/升、0.2 克/升，连用 4 天，能有效控制鸡大肠杆菌感染，缓解症状，降低对人工诱发的鸡大肠杆菌病的发病率，复方盐酸恩诺沙星可溶性粉高剂量组的有效率和治愈率分别是 96.7% 和 83.3%，中剂量组的有效率和治愈率分别是 96.7% 和 83.3%，明显高于低剂量组和阳性对照。临床应用 10% 复方盐酸恩诺沙星可溶性粉按每 1 升水 0.4 克混饮，对鸡大肠杆菌病有良好的治疗效果。

十七、复方中草药超微粉

张召兴利用平板琼脂打孔法和改良微量二倍稀释、平板法，从金银花、乌梅、黄连、连翘、白头翁、五倍子、紫花地丁、夏枯草、五味子、女贞子、秦皮、诃子、苏木、肉豆蔻、牵牛子、鱼腥草、大青叶、陈皮、苦参、黄柏、厚朴、当归、神曲和绞股蓝等 26 种中草药中筛选出单味中草药对鸡致病性大肠杆菌进行体外抑菌试验[53]，鸡致病性大肠杆菌地方株 QH1（O78）、QH2（O89）、QH4（O1）均敏感的中草药金银花、黄连、乌梅、五味子，其抑菌圈直径在 20.3~22.7 毫米之间。分离株 QH1（O78）对肉豆蔻、五倍子、诃子等 7 种药物高度敏感，分离株 QH2（O89）对肉豆蔻、白头翁、五倍子、黄芩 4 种药物高度敏感。分离株 QH3（O1）对肉豆蔻、白头翁、五倍子等 5 种药物高度敏感；分离株对 QH1（O78）对夏枯草、紫花地丁、秦皮 3 种药物中度敏感，分离株 QH2（O89）对连翘、夏枯草、紫花地丁等 6 种药物中度敏感；分离株 QH3（O1）对黄芩、秦皮、连翘等 7 种药物中度敏感；其余的药物对致病性大肠杆菌临床分离株 QH1（O78）、QH2（O89），QH5（O1）及标准菌株均没有效果。鸡致病性大肠杆菌分离株 QH1（O78）对金银花、黄连、乌梅、五味子 4 种药物的最小抑菌浓度在 15.65~31.25 毫克/毫升之间，对肉豆蔻、白头翁、五倍子等 6 种药物的最小抑菌浓度在 62.5~125 毫克/毫升之间，分离株 QH2（O89）对金银花、黄连、乌梅、五味子 4 种药物的最小抑菌浓度均是 31.25 毫克/毫升，对肉豆蔻、白头翁、五倍子等 6 种药物的最小抑菌浓度在 62.5～125 毫克/毫升之间，分离株 QH3（O1）对金银花、黄连的最小抑菌浓度均是 31.25 毫克/毫升，对肉豆蔻、五倍子、白头翁等 5 种药物的最小抑菌浓度在 62.5～125 毫克/毫升之间；分离株 QH1（O78）、QH2（O89）和 QH3（O1）均对秦皮、紫花地丁、夏枯草、当归 4 种药物效果较差，最小抑菌浓度在 250～500 毫克/毫升之间；3 株分离株及标准菌株对其余的药物均没有效果。基于单味中草药对鸡致病性大肠杆菌的体外抑菌试验，以黄连、金银花、连翘、五味子、甘草、当归、神曲等单味中草药按照配伍比例组合成 5 个复中草药，通过体外抑菌和人工感染动物性试验，筛选出了抑菌效果最好的复方Ⅲ。急性性毒性试验结果显示复方Ⅲ对雏鸡无急性毒副作用，未出现死亡情况，饮水与采食正常；剖检后雏鸡的肝、肾等主要的器官，未出现病变。鸡肝、肾组织病理学观察无异常变化，得出最大耐受量超过 25 克/（千克·天）。亚急性毒性试验结果显示，雏鸡未出现死亡情况，饮水与采食正常，未见其他异常情况。雏鸡的肝、肾等主要的器官未出现病变。组织病理学观察，结果显示无异常变化。同时雏鸡亚急性试验后第 14 天和第 28 天以及停药后 14 天，复方Ⅲ添加后对雏鸡的体质量没有显著差异影响，因此，复方Ⅲ对雏鸡长期服用是安全的。复方Ⅲ对人工感染 14 和 49 日龄雏鸡致病性大肠杆菌防治试验的结果显示，给予复方Ⅲ添加量分别为 1.5％、2.0％、2.5％鸡群的死亡率明显低于对照组，复方Ⅲ添加量分别为 2.0％和 2.5％鸡群的预防与治疗效果均高于对照组和 1％禽用头孢噻呋钠，其中以复方Ⅲ添加量为 2.0％鸡群对 14 和 49 日龄雏鸡致病性大肠杆菌病防治效果最好，保护率分别为86.7％和 90.0％；治愈率分别为 92.9％和 90.0％；有效率分别为 89.7％和 93.3％。复方Ⅲ对人工感染 14 日龄雏鸡致病性大肠杆菌血清中生化指标、免疫机能的检测，结果显示，复方Ⅲ添加量为 2.0％鸡群的效果最好，能提高血清中免疫蛋白 IgG、IgM、IgA 水平；提高血清中溶菌酶、总蛋白和球蛋白的含量；降低血清中谷草转氨酶、甘油三酯、总胆固醇、尿素氮和尿酸含量。

十八、复方中草药

张立富将银花 50 克、黄连 30 克、大黄 50 克、黄芩 100 克、地榆 100 克、赤芍 50克、丹皮 50 克、栀子 50 克、木通 60 克、知母 50 克、肉桂 20 克、板蓝根 100 克、紫花地丁 100 克、甘草 30 克等复方中草药用于 15 日龄 AA 肉雏鸡人工感染大肠杆菌[54]，中药组和西药组治疗效果均明显，且两组差异不显著，但稍次于中西医结合治疗组，中药组和西药组与阳性对照组均差异显著。用于田间预防试验时，分别于 5～7 日龄、18～20 日龄、31～33 日龄期间拌料饲喂，从用药开始连续观察至 40 日龄，记录发病情况和死亡只数。中药组和西药组预防效果均明显，多数情况下两组无明显差异，死亡率大约在0.5％～0.8％之间，且个别情况下中药组明显优于西药组。

十九、复方中药制剂 A

史书军等研制了复方中药制剂 A（黄芩、甘草、大黄、板蓝根、白芷、荆芥和黄柏）

和复方中药制剂 B（党参、白头翁、黄芪、诃子、茯苓、白术和甘草）两个中药组方[55]，复方中药制剂 A 和 B 均有抑菌作用，最小抑菌浓度别为 0.0225 克/毫升和 0.0316 克/毫升。13 日龄健康肉仔鸡连续饲喂 7 天，试验第 8 天感染大肠杆菌 O2 菌株，以动物发病率、死亡率、痊愈率、保护率和平均增重评价复方中药制剂的疗效。肉鸡死亡率显著下降，保护率明显上升，与感染对照组相比均有极显著差异，这说明复方中药制剂 A 和复方中药制剂 B 均对人工感染大肠杆菌的肉仔鸡有保护作用。复方中药制剂 A 和复方中药制剂 B 组的痊愈率均高于感染对照组，且复方中药制剂 A 的痊愈率高于复方中药制剂 B，这说明复方中药制剂 A 的效果优于复方中药制剂 B。复方中药制剂 A 和复方中药制剂 B 的发病率、死亡率、痊愈率和保护率分别为 100% 和 100%、31.5% 和 40.7%、28.2% 和 15.3%、68.3% 和 59.3%。各组之间的肉鸡增重无显著差异，两组之间的平均增重分别为（194±25）克和（154±15）克。

二十、中草药复方制剂-科力

刘群等经过多年的临床和实验室研究[56]，筛选出纯中草药复方制剂——科力［南民族学院牧医系禽病研究所研制，成都雪樱动物科技实业有限公司生产，川兽药字（1998）095569］，对大肠杆菌引起的肉用鸡心包炎、肝周炎、气囊炎和产蛋鸡的卵巢炎、输卵管炎进行治疗。20 日龄艾维菌商品肉鸡和 180 日龄罗曼蛋鸡随机分成 3 组，第 1 组为科力治疗组：按照科力使用说明将药物用冷水浸泡 30 分钟后再煎熬 20 分钟，药液饮水、药渣拌料，连续 5 天。第 2 组为西药治疗组［呼泰（10%阿莫西林），华南农业大学实验兽药厂，粤兽药字（1998）X009135］：按照呼泰使用说明饮水，连续 5 天。第 3 组为中西药治疗组：科力药液和呼泰药水交替饮水，连续 5 天。观察鸡群的精神、采食和粪便性状并记录治疗期和停药后 7 日、15 日、21 日各组存栏率、平均日采食量、平均体重或平均日产蛋率作为评估药物对大肠杆菌病的防治标准。对于艾维菌商品肉鸡，科力治疗组、西药治疗组和中西药治疗组在治疗期的存栏量分别为 95.5%、96.4% 和 96.7%；科力治疗组、西药治疗组和中西药治疗组在治疗期的平均日采食量分别为 60 克/只、50 克/只和 60 克/只；科力治疗组、西药治疗组和中西药治疗组在治疗期的平均体重分别为 740 克/只、720 克/只和 725 克/只。科力治疗组、西药治疗组和中西药治疗组在停药后 7 天的存栏率分别为 94.7%、94.1% 和 95.3%；科力治疗组、西药治疗组和中西药治疗组在停药后 7 天的平均日采食量分别为 94 克/只、65 克/只和 90 克/只；科力治疗组、西药治疗组和中西药治疗组在停药后 7 天的平均体重分别为 1360 克/只、920 克/只和 1280 克/只。科力治疗组、西药治疗组和中西药治疗组在停药后 15 天的存栏率分别为 94.0%、91.5% 和 94.7%；科力治疗组、西药治疗组和中西药治疗组在停药后 15 天的平均日采食量分别为 125 克/只、85 克/只和 120 克/只；科力治疗组、西药治疗组和中西药治疗组在停药后 15 天的平均体重分别为 1850 克/只、1320 克/只和 1890 克/只。科力治疗组、西药治疗组和中西药治疗组在停药后 21 天的存栏率分别为 93.3%、89.5% 和 94.3%；科力治疗组、西药治疗组和中西药治疗组在停药后 21 天的平均日采食量分别为 156 克/只、120 克/只和 150 克/只；科力治疗组、西药治疗组和中西药治疗组在停药后 21 天的平均体重分别为 2390 克/只、1620 克/只和 2450 克/只。对于罗曼蛋鸡，科力治疗组、西药治疗组和中西药治疗组在治疗前的死亡率均为4.0%；科力治疗组、西药治疗组和中西药治疗组在治疗前的日采食量均为82克/只；科力治疗组、西药治疗组和中西药治疗组在治疗前的日产蛋率均为65%。科力治疗组、西药治疗组和中西药治疗组在治疗期的死亡率分别为2.9%、2.6%和1.95%；科力治疗组、西药治疗组和中西药治疗组在治疗期的日采食量分别为90克/只、88克/只和90克/只；科力治疗组、西药治疗组和中西药治疗组在治疗期的日产蛋率分别为58.3%、55.6%和55.9%。科力治疗组、西药治疗组和中西药治疗组在停药后1～7天的死亡率分别为0.76%、0.82%和0.77%；科力治疗组、西药治疗组和中西药治疗组在停药后1～7天的日采食量分别为118克/只、102克/只和120克/只；科力治疗组、西药治疗组和中西药治疗组在停药后1～7天的日产蛋率分别为68.8%、64.2%和70.1%。科力治疗组、西药治疗组和中西药治疗组在停药后8～15天的死亡率分别为0.2%、0.62%和0.31%；科力治疗组、西药治疗组和中西药治疗组在停药后8～15天的日采食量分别为124克/只、110克/只和125克/只；科力治疗组、西药治疗组和中西药治疗组在停药后8～15天的日产蛋率分别为75.3%、70.7%和78.6%。科力治疗组、西药治疗组和中西药治疗组在停药后16～30天的死亡率分别为0.2%、0.52%和0.21%；科力治疗组、西药治疗组和中西药治疗组在停药后16～30天的日采食量分别为118克/只、103克/只和119克/只；科力治疗组、西药治疗组和中西药治疗组在停药后16～30天的日产蛋率分别为89.5%、75.6%和85.5%。科力治疗组、西药治疗组和中西药治疗组在停药后31～45天的死亡率分别为0.28%、0.66%和0.29%；科力治疗组、西药治疗组和中西药治疗组在停药后31～45天的日采食量分别为124克/只、104克/只和127克/只；科力治疗组、西药治疗组和中西药治疗组在停药后31～45天的日产蛋率分别为92.4%、78.2%和78.9%。科力治疗组、西药治疗组和中西药治疗组在停药后46～60天的死亡率分别为0.21%、0.7%和0.23%；科力治疗组、西药治疗组和中西药治疗组在停药后46～60天的日采食量分别为128克/只、107克/只和125克/只；科力治疗组、西药治疗组和中西药治疗组在停药后46～60天的日产蛋率分别为90.8%、74.8%和88.3%。"科力"作为一种纯中草药制剂不仅具有显著的治疗作用，其疗效与阿莫西林相当，而且对大肠杆菌病引起的采食量和生产性能下降具有明显的恢复作用，具有增强鸡群的抗病能力、使大肠杆菌病不易复发的作用。

二十一、芩榆散

黄芩、地锦草对大肠杆菌均有较好的抑制效果；地锦草、老鹳草和地榆具有凉血止血、涩肠止泻，可以修复胃肠道损伤、溃疡，常用于肠炎的治疗。朱广双等研究了以黄芩、地榆、老鹳草和地锦草四味中药配制的芩榆散对鸡人工感染大肠杆菌病的治疗效果[57]，将200羽14日龄罗曼公鸡，随机分为5组，第1～3组为高剂量芩榆散、中剂量芩榆散和低剂量芩榆散组，分别在日粮中添加3.0%、1.5%、0.75%芩榆散；第4组为阳性对照组，人工造病，且日粮不添加药物；第5组为空白对照组，隔离饲养，不攻毒，日粮也不添加药物。每组40羽。第1～4组均用大肠杆菌O1攻毒，每羽口服、肌内注射各0.5毫升菌液、第二天鸡群普遍出现症状时，各组连续处理5天，第6天统计疗效，以保护率或有效率判定芩榆散的疗效。保护率或有效率=存活羽数÷试验样本数，痊愈率=

痊愈羽数÷试验样本数，显效率＝显效羽数÷试验样本数，无效率＝无效羽数÷试验样本数。芩榆散高剂量组、芩榆散中剂量组、芩榆散低剂量组和阳性对照组的治愈率分别为65.7％、62.5％、32.5％和5.0％；芩榆散高剂量组、芩榆散中剂量组、芩榆散低剂量组和阳性对照组的显效率分别为17.5％、15.0％、32.5％和17.5％；芩榆散高剂量组、芩榆散中剂量组、芩榆散低剂量组和阳性对照组的有效率分别为85.0％、77.5％、65.0％和22.5％；芩榆散高剂量组、芩榆散中剂量组、芩榆散低剂量组、阳性对照组和空白对照组的有效率分别为15.0％、22.5％、35.0％、77.5％和2.5％。芩榆散是依据中兽医学理论，同时结合腹泻病的特点，以治本、治标、扶正祛邪为原则，芩榆散由黄芩、地榆、老鹳草和地锦草4味中药制成。设计以清热燥湿的黄芩为主药，以凉血止血、涩肠止泻的地锦草、地榆、老鹳草等为佐药，结合生产成本和饲料营养结构，可选用中剂量治疗鸡大肠杆菌病。

二十二、禽菌敌

"禽菌敌"是由黄柏、黄连、大黄、栀子、板蓝根、郁金、山楂等中药组成的中草药方剂。韩景霞将"禽菌敌"对来自新乡地区3个鸡场的鸡大肠杆菌进行了体外抑菌试验[58]。首先制备中草药方剂"禽菌敌"，即取烘干后的中草药"禽菌敌"10克置于三角瓶中加1000毫升水浸泡30分钟后煎煮，沸腾后用文火再煎30分钟，然后用纱布过滤药物，药渣再加1000毫升水煮沸后用文火煎30分钟过滤，合并2次药液再用文火浓缩至100毫升，1000转/分钟离心10分钟，取上清液。120℃灭菌15分钟。再制备中草药方剂"禽菌敌"药敏试纸，即取1毫升已制备好的药液注入已灭菌的含100片滤纸片的小瓶中，置于冰箱4℃内浸泡1～2小时后取出烘干。在药敏试验中，以"抑菌圈直径≤10毫米为耐药、10～14毫米为低度敏感、14～19毫米为中度敏感、大于19毫米高度敏感"为判定标准。结果显示，中草药方剂"禽菌敌"对3个鸡场的鸡大肠杆菌的平均抑菌圈分别为21.1毫米、21.4毫米和21.2毫米，抑菌圈直径均大于19毫米。说明中草药方剂"禽菌敌"对鸡大肠杆菌有很强的抑制作用。

二十三、舒安林

舒巴坦钠是不可逆竞争性β-内酰胺酶抑制剂，又称青霉烷砜，它与氨苄青霉素有较强的协同作用，可使细菌的β-内酰胺酶钝化，且可与青霉素结合蛋白结合，从而对耐药菌的最小抑菌浓度可降至抗生素的敏感范围内。舒安林是舒巴坦钠和氨苄西林的合剂，是南京仕必得动物药品厂生产的一种新抗生素复方药物。王丽平等按常规二倍稀释法测定得到舒安林对鸡大肠杆菌O2临床分离菌株体外的最小抑菌浓度为8微克/毫升[59]，明显高于氨苄青霉素对鸡大肠杆菌O2临床分离菌株体外最小抑菌浓度的256微克/毫升，180只11日龄未经任何疫苗免疫的AA肉鸡分成6组，即舒安林高剂量组（1克/升混饮，感染鸡大肠杆菌O2临床分离菌株）、舒安林中剂量组（0.5克/升混饮，感染鸡大肠杆菌O2临床分离菌株）、舒安林低剂量组（0.25克/升混饮，感染鸡大肠杆菌O2临床分离菌株）、氨苄青霉素组（1克/升混饮，感染鸡大肠杆菌O2临床分离菌株）、感染对照组（不给药，感染鸡大肠杆菌 O2 临床分离菌株）和健康对照组（不给药，不感染鸡大肠杆菌 O2 临床分离菌株）。每只鸡胸肌注射大肠杆菌液 0.5 毫升（2.5×10^8 个菌/毫升），连用 5 天药。停药后连续观察 15 天，每天记录各组鸡的临床症状和死亡数，对死亡鸡只及时进行剖检，并取病料进行病原菌分离培养和鉴定，以死亡率、治愈率和相对增重率作为标准判定疗效。舒安林高剂量组、舒安林中剂量组、舒安林低剂量组、氨苄青霉素组、感染对照组和健康对照组对鸡大肠杆菌实验感染的死亡率分别为 0、6.67%、10%、16.70%、66.70% 和 0；舒安林高剂量组、舒安林中剂量组、舒安林低剂量组、氨苄青霉素组和感染对照组对鸡大肠杆菌实验感染的治愈率分别为 100%、93.33%、90% 、83.30% 和 33.30%；舒安林高剂量组、舒安林中剂量组、舒安林低剂量组、氨苄青霉素组、感染对照组和健康对照组对鸡大肠杆菌实验感染的 20 天增重分别为 420.00 克、375.50 克、319.80 克、301.95 克、256.25 克和 363.00 克；舒安林高剂量组、舒安林中剂量组、舒安林低剂量组、氨苄青霉素组、感染对照组和健康对照组对鸡大肠杆菌实验感染的相对增重率分别为 115.70%、103.44%、88.10%、83.18%、70.59% 和 100%。一定剂量的舒安林对人工诱发鸡大肠杆菌病有较好的疗效，可显著降低病鸡的死亡率，提高增重，其疗效明显优于氨苄青霉素，值得在临床上推广使用治疗鸡大肠杆菌病。

二十四、速效畜禽康（复方烟酸诺氟沙星）

江善祥等将速效畜禽康（复方烟酸诺氟沙星，南京市畜牧家禽科学研究所）用于人工诱发鸡大肠杆菌病的治疗[60]，210 只 AA 肉鸡 11 日龄分成 6 组，即速效畜禽康高剂量组（2 克/升混饮，感染鸡大肠杆菌 O2 菌株）、速效畜禽康中剂量组（1 克/升混饮，感染鸡大肠杆菌 O2 菌株）、速效畜禽康低剂量组（0.5 克/升混饮，感染鸡大肠杆菌 O2 菌株）、烟酸诺氟沙星组（1 克/升混饮，感染鸡大肠杆菌 O2 菌株）、感染对照组（不给药，感染鸡大肠杆菌 O2 菌株）和健康对照组（不给药，不感染鸡大肠杆菌 O2 菌株）。每只鸡胸肌注射大肠杆菌液 0.5 毫升（2.5×10^8 个菌/毫升），连用 5 天药。停药后连续观察 15 天，每天记录各组鸡的临床症状和死亡数，对死亡鸡只及时进行剖检，并取病料进行病原菌分离培养和鉴定，以死亡率、治愈率和相对增重率作为标准判定疗效。速效畜禽康高剂量组、速效畜禽康中剂量组、速效畜禽康低剂量组、烟酸诺氟沙星组、感染对照组和健康对照组对鸡大肠杆菌实验感染的死亡率分别为 0、6.67%、13.33%、13.33%、66.70% 和 0；速效畜禽康高剂量组、速效畜禽康中剂量组、速效畜禽康低剂量组、烟酸诺氟沙星组和感染对照组对鸡大肠杆菌实验感染的治愈率分别为 100%、93.33%、86.67%、86.67% 和 33.30%；速效畜禽康高剂量组、速效畜禽康中剂量组、速效畜禽康低剂量组、烟酸诺氟沙星组和健康对照组对鸡大肠杆菌实验感染的 20 天增重分别为 372.00 克、383.70 克、349.50 克、321.48 克、256.25 克和 363.00 克；速效畜禽康高剂量组、速效畜禽康中剂量组、速效畜禽康低剂量组、烟酸诺氟沙星组、感染对照组和健康对照组对鸡大肠杆菌实验感染的相对增重率分别为 102.48%、105.60%、96.28%、83.56%、70.59% 和 100%。速效畜禽康对人工诱发鸡大肠杆菌病有较好的疗效，可显著降低病鸡的死亡率，提高增重，速效畜禽康疗效明显优于烟酸诺氟沙星。以每升水加速效畜禽康 1 克的使用剂量用于临床治疗鸡大肠杆菌病。

二十五、细胞破壁中兽药健鸡散

细胞破壁中兽药健鸡散（规格：100 克/包。批号：990101）是山东省农业科学院实验兽药厂研制生产的新型中药制剂，用于治疗家禽细菌性感染疾病。钟平华等观察了细胞破壁中兽药健鸡散对鸡大肠杆菌病的临床治疗效果[61]。将 7 日龄 AA 公雏分为 6 组，即细胞破壁中兽药健鸡散超微粉高剂量组（细胞破壁中兽药健鸡散超微粉 1/100 混饲，10 克/千克，只感染鸡大肠杆菌）、细胞破壁中兽药健鸡散超微粉中剂量组（细胞破壁中兽药健鸡散超微粉 1/100 混饲，5 克/千克，只感染鸡大肠杆菌）、细胞破壁中兽药健鸡散超微粉低剂量组（细胞破壁中兽药健鸡散超微粉 1/100 混饲，2.5 克/千克，只感染鸡大肠杆菌）、健鸡散散剂对照组（细胞破壁中兽药健鸡散超微粉 1.5/100 混饲，15 克/千克），只感染鸡大肠杆菌、攻毒对照组（不用药，只感染鸡大肠杆菌）和空白对照组（不用药，不感染鸡大肠杆菌）。雏鸡 10 日龄时，将混合菌液经肌内注射，0.2 毫升只鸡大肠杆菌，试验组于攻毒后 12 小时，在饲料中加入不同剂量的药物，连续用药 5 天。攻毒后连续观察 2 周，每天观察临床症状，剖检病死鸡只，计算药物有效率、保护率和治愈率。细胞破壁中兽药健鸡散超微粉高、中剂量组，对照药物组临床治疗效果优于低剂量组。细胞破壁中兽药健鸡散超微粉高剂量组、细胞破壁中兽药健鸡散超微粉中剂量组、细胞破壁中兽药健鸡散超微粉低剂量组、健鸡散散剂对照组、攻毒对照组和空白对照组的雏鸡大肠杆菌感染的发病率分别为 50%、50%、48%、54%、72% 和 0；细胞破壁中兽药健鸡散超微粉高剂量组、细胞破壁中兽药健鸡散超微粉中剂量组、细胞破壁中兽药健鸡散超微粉低剂量组和健鸡散散剂对照组对雏鸡大肠杆菌感染的有效率分别为 94%、92%、92%、76% 和 88%。综上所述，根据临床治疗原则，临床推荐治疗量为 5 克/千克饲料，自由采食，连续用药 5 天为 1 个疗程，预防量可适当减半。

二十六、泻康宁

马广鹏等将白头翁、黄芪、黄连、秦皮、黄芩、苦参粉碎制备成泻康宁[62]，研究了泻康宁对感染大肠杆菌雏鸡抗氧化功能的影响及泻康宁的保护效应，将 15 日龄健康海兰褐雏鸡 90 只随机分成 3 组，即对照组（常规饲养）、感染组（常规饲养，腹腔接种 0.2 毫升大肠杆菌 O70）和泻康宁组（在感染组基础上饲喂添加 1% 泻康宁的饲料），于感染后第 5 天静脉采集抗凝血 2.0 毫升，分离血清，同时采集肝脏、肾脏、脾脏适量备用，共观察 10 天。血清和组织匀浆中超氧化物歧化酶的活性测定采用黄嘌呤氧化法，谷胱甘肽过氧化物酶的活性测定采用 DTNB 显色法，丙二醇的含量测定采用硫代巴比妥酸法。对照组、感染组和泻康宁组对大肠杆菌 O70 感染雏鸡血清的谷胱甘肽过氧化物酶活性分别为 234.125±21.451、210.342±19.206 和 164.211±10.243；对照组、感染组和泻康宁组对大肠杆菌 O70 感染雏鸡血清的超氧化物歧化酶活性分别为 204.920±19.214、167.813±10.678 和 136.521±9.672；对照组、感染组和泻康宁组对大肠杆菌 O70 感染雏鸡血清的丙二醇活性分别为 7.665±0.523、9.291±0.617 和 12.871±2.601。对照组、感染组和泻康宁组对大肠杆菌 O70 感染雏鸡肝脏的谷胱甘肽过氧化物酶活性分别为 4.510 ± 0.075、3.264 ± 0.284 和 1.847 ± 0.117；对照组、感染组和泻康宁组对大肠杆菌 O70 感染雏鸡肝脏的超氧化物歧化酶活性分别为 48.437 ± 3.214、40.870 ± 6.214 和 19.264 ± 3.045；对照组、感染组和泻康宁组对大肠杆菌 O70 感染雏鸡肝脏的丙二醇活性分别为 2.156 ± 0.102、3.254 ± 0.482 和 4.361 ± 0.196。对照组、感染组和泻康宁组对大肠杆菌 O70 感染雏鸡肾脏的谷胱甘肽过氧化物酶活性分别为 3.985 ± 0.301、3.087 ± 0.294 和 1.654 ± 0.310；对照组、感染组和泻康宁组对大肠杆菌 O70 感染雏鸡肾脏的超氧化物歧化酶活性分别为 50.647 ± 3.246、42.530 ± 5.267 和 32.643 ± 4.165；对照组、感染组和泻康宁组对大肠杆菌 O70 感染雏鸡肾脏的丙二醇活性分别为 2.370 ± 0.095、2.967 ± 0.342 和 5.021 ± 0.943。对照组、感染组和泻康宁组对大肠杆菌 O70 感染雏鸡脾脏的谷胱甘肽过氧化物酶活性分别为 6.804 ± 0.287、5.734 ± 0.681 和 3.085 ± 0.401；对照组、感染组和泻康宁组对大肠杆菌 O70 感染雏鸡脾脏的超氧化物歧化酶活性分别为 39.432 ± 2.672、36.851 ± 4.607 和 20.224 ± 1.976；对照组、感染组和泻康宁组对大肠杆菌 O70 感染雏鸡脾脏的丙二醇活性分别为 2.105 ± 0.113、3.011 ± 0.405 和 4.112 ± 0.504。大肠杆菌病引起内脏器官、组织的病理性损伤与氧自由基的有害氧化有关，超氧化物歧化酶活性对机体的氧化与抗氧化平衡有着至关重要的作用，它能清除超氧阴离子保护细胞免受损伤，丙二醇活性的量可反映机体脂质过氧化的程度，间接反映出细胞损伤的情况。泻康宁方剂中黄芪具有增加机体免疫作用，而白头翁、黄连、秦皮等具有抗感染的作用，因而泻康宁具有抗氧化、抗感染等功效。诸药各功能协同，泻康宁能够减少机体产生的氧自由基，抑制丙二醇的产生，对氧自由基对机体的损伤具有一定的保护作用，使得泻康宁在感染状态下对机体的损伤具有一定的保护效应。

二十七、有效微生物菌群

有效微生物菌群是一种复合高效微生物制剂，含有光合菌、乳酸菌、酵母菌、放线菌、醋酸杆菌五大类 80 多种有益微生物，在养殖业上使用有效微生物菌群具有改善饲养环境、降低发病率、提高饲料报酬、增加养殖效益等作用。张进隆等研究了有效微生物菌群（张掖市畜牧兽医研究所有效微生物菌群室生产，批号：20100810）对鸡大肠杆菌（鸡致病性大肠杆菌 O 型菌株）病的防制效果[63]。将水、有效微生物菌群、红糖按 500：1：1 的重量比例混合发酵 2~3 天配制有效微生物菌群饮水剂，张进隆等将有效微生物菌群用于鸡大肠杆菌病防制，将 1000 只海兰褐产蛋鸡分为试验组和对照组，每组 500 只。试验组饲喂含 10% 有效微生物菌群发酵饲料的全价配合饲料，饮有效微生物菌群发酵水；对照组饲喂全价配合饲料，饮常水。试验期 2 个月，试验期内观察记录鸡群的表现、生产性能、发病死亡情况，对病死鸡进行细菌的分离鉴定。有效微生物菌群对鸡大肠杆菌病具有显著的防制效果，且这种防制方法不产生药物残留，无污染，有效微生物菌群中的有益菌在体内大量定殖并产生许多活性物质，从而能够抑制大肠杆菌的侵入，维持了正常的生态平衡，起到了预防大肠杆菌病的目的，是一种有效的、绿色环保的防制方法，十分有利于无公害畜产品的生产。

二十八、自拟中草药复方

黄连、黄芩、黄柏、栀子具有清热解毒、凉血利胆、退高热、治目肿、止下痢等作用，佐以知母、金银花还可以加强其清热解毒作用。地榆、丹皮、赤芍具有活血、凉血、散瘀作用，木通泻心火、利尿，黄芪、肉桂、当归补益气血、活血祛瘀、性温反佐，使整个复方不致寒凉太过，甘草调和诸药，多药并用有清热解凉、散瘀止痢之功效。秦四海将中草药复方（黄连、黄芩、黄柏、黄芪、地榆、赤芍、当归、丹皮、栀子、木通、知母、肉桂、金银花、板栗雄花序和甘草分别为30克、30克、50克、50克、60克、50克、30克、50克、50克、60克、50克、20克、100克、60克和30克）用于防治蛋雏鸡大肠杆菌病[64]。中草药复方由临沂大学农林科学学院大肠杆菌病课题组研制。纸片法进行体外药敏试验，以"抑菌圈直径小于10毫米为耐药、10～15毫米为中度敏感、15毫米以上为高度敏感"为判定标准，对蛋雏鸡大肠杆菌病高度敏感的药物有先锋霉素Ⅴ、环丙沙星和痢特灵，中度敏感的药物有羧苄青霉素、卡那霉素、庆大霉素和呋喃妥因，对其他药物均不敏感，中草药复方属中度敏感药物，药敏纸片抑菌圈直径为14.7毫米。进行有效治疗剂量筛选试验，360只15日龄的罗曼蛋雏鸡随机分为6组：空白对照组（不给药，给予大肠杆菌地方强毒菌株O78）、阳性对照组（不给药，给予大肠杆菌地方强毒菌株O78）、5千克试验组（饲料中分别添加中草药复方5千克，给予大肠杆菌地方强毒菌株O78）、10千克试验组（饲料中分别添加中草药复方10千克，给予大肠杆菌地方强毒菌株O78）、15千克试验组（饲料中分别添加中草药复方15千克，给予大肠杆菌地方强毒菌株O78）和20千克试验组（饲料中分别添加中草药复方20千克，给予大肠杆菌地方强毒菌株O78）。空白对照组每只试验鸡皮下注射0.3毫升生理盐水，其余各组每只皮下注射试验0.3毫升大肠杆菌地方强毒菌株O78，连用3天。用药后2天至停药后7天内对疗效进行判定，以治愈、有效和无效为判定标准评定中草药复方防治蛋雏鸡大肠杆菌病。5千克试验组、10千克试验组、15千克试验组和20千克试验组的蛋雏鸡大肠杆菌病的治愈率分别为46.7%、83.3%、85.0%和85.0%。阳性对照组、5千克试验组、10千克试验组、15千克试验组和20千克试验组的蛋雏鸡大肠杆菌病的有效率分别为13.3%、61.7%、86.7%、88.3%和88.3%。空白对照组、阳性对照组、5千克试验组、10千克试验组、15千克试验组和20千克试验组的蛋雏鸡大肠杆菌病的死亡率分别为0、86.7%、38.3%、13.3%、11.7%和11.7%。

二十九、中草药方剂

将头翁、黄芪、黄柏、地榆、当归、丹皮、栀子、木通、金银花等中草药方剂中的药物按1∶1的比例加水[65]，文火煎40分钟，过滤后加灭菌蒸馏水至1克药/毫升，置4℃冰箱备用；同时将头翁、黄芪、黄柏、地榆、当归、丹皮、栀子、木通、金银花等药物按比例配合，粉碎、混合过80目筛。纸片法进行体外药敏试验，以"抑菌圈直径小于10毫米为耐药、10～15毫米为中度敏感、15毫米以上为高度敏感"为判定标准，抑菌圈直径分别为乳酸环丙沙星18毫米、强力霉素15毫米、中草药14毫米、庆大霉素12毫米。将

300 只 25 日龄健康罗曼蛋雏鸡随机分为 6 组，第 1 组为健康空白对照组（未用药，不感染鸡大肠杆菌 O78 菌株），第 2 组为发病阳性对照组（未用药，感染鸡大肠杆菌 O78 菌株），第 3 组为中草药高剂量组（中草药 2％拌料，感染鸡大肠杆菌 O78 菌株），第 4 组为中草药中剂量组（中草药 1％拌料，感染鸡大肠杆菌 O78 菌株），第 5 组为中草药低剂量组（中草药 0.5％拌料，感染鸡大肠杆菌 O78 菌株），第 6 组为乳酸环丙沙星对照（乳酸环丙沙 1％饮水，感染鸡大肠杆菌 O78 菌株）。第 1 组每只试验鸡腹腔注射生理盐水 1 毫升，其余各组每只鸡腹腔注射大肠杆菌菌液 1 毫升。试验用鸡均由洛阳羽丰种禽有限公司提供。接种后观察各组试验鸡的精神、采食、饮水、粪便、呼吸等临床情况，对死亡鸡进行病理剖检，取肝脏作细菌分离培养。健康空白对照组、发病阳性对照组、中草药高剂量组、中草药中剂量组、中草药低剂量组和乳酸环丙沙星对照的人工感染罗曼蛋雏鸡的发病率分别为 0、64％、60％、56％、58％和 60％。健康空白对照组、发病阳性对照组、中草药高剂量组、中草药中剂量组、中草药低剂量组和乳酸环丙沙星对照的人工感染罗曼蛋雏鸡的死亡率分别为 0、42％、6％、8％、24％和 10％。健康空白对照组、发病阳性对照组、中草药高剂量组、中草药中剂量组、中草药低剂量组和乳酸环丙沙星对照的人工感染罗曼蛋雏鸡的存活率分别为 100％、58％、94％、92％、72％和 90％。进行自然感染治疗试验，从河南省内不同地方选择 10 例自然发病鸡场，将 19820 只确诊为大肠杆菌病的鸡只用中等剂量的复方中草药进行治疗，连续用药 5 天。以治愈、有效和无效作为复方中草药对鸡大肠杆菌病的疗效判定标准。第一例到第十例复方中草药对大肠杆菌病鸡群的发病率分别为 36％、41％、38％、48％、46％、30％、40％、32％、37％和 35％。第一例到第十例复方中草药对大肠杆菌病鸡群的死亡率分别为 3.5％、3.2％、2.7％、4.2％、4.0％、3.8％、2.4％、1.8％、2.0％和 3.4％。第一例到第十例复方中草药对大肠杆菌病鸡群的存活率分别为 96.5％、96.8％、97.3％、95.8％、96.0％、96.2％、97.6％、98.2％、98.0％和 96.6％。总共 19820 只鸡，经治疗后存活率最低为 95.8％，最高为 98.2％，平均存活率为 96.9％。临床治疗上建议使用中剂量复方中草药防治鸡大肠杆菌病。

第四节　大肠杆菌病其他药物防治研究

一、酵母培养物、糖萜素、益生素、甘露寡糖

　　周淑芹研究了酵母培养物、糖萜素、益生素、甘露寡糖、抗生素对 28 日龄艾维菌肉鸡大肠杆菌病的控制效果[66]。将艾维菌肉仔鸡 126 只，随机分为 7 个处理组，每组 3 个重复，每重复为 6 只鸡，试验期 5～7 周。对照组（Ⅰ）喂给基础饲粮（不添加任何药物），试验组（Ⅱ、Ⅲ、Ⅳ、Ⅴ、Ⅵ、Ⅶ）分别在基础饲粮中添加 750 毫克/千克糖萜素、0.3％酵母培养物、0.5％酵母培养物、0.1％益生素、750 毫克/千克甘露寡糖和 5 毫克/千克黄霉素。经口感染大肠杆菌（10^9 个/只），观察鸡只发病情况和死亡情况；40 日龄每

组抽取 3 只鸡并致死，取盲肠进行大肠杆菌的分离培养。结果表明饲粮中添加酵母培养物、益生素、甘露寡糖、抗生素显著降低了肉鸡感染大肠杆菌后的发病和死亡率。在防止大肠杆菌在肉鸡肠道的增殖方面，糖萜素、酵母培养物、益生素、甘露寡糖和抗生素的添加降低了肉鸡感染大肠杆菌后的肠道大肠杆菌数量，除抗生素组与对照组差异显著外，其他都不显著。在改善肉鸡感染大肠杆菌后的生理生化指标方面，肉鸡感染大肠杆菌后，糖萜素、酵母培养物、益生素、甘露寡糖等各抗生素替代品与对照组和抗生素组无显著差异。除 0.3％酵母培养物组和益生素组外，其余各组在血清钙水平上均高于对照组，其中甘露寡糖组最高，与对照组相比升高了 17.22％；0.5％酵母培养物组次之，与对照组、糖萜素组、益生素组和抗生素组相比分别升高了 12.92％、8.26％、16.83％和 11.32％，但差异不显著。各添加剂组血清磷水平与对照组相比差异都不显著，但 0.5％酵母培养物组显著高于抗生素组 28.83％。糖萜素、酵母培养物、益生素、甘露寡糖和抗生素等在血清总蛋白、白蛋白和球蛋白水平上无显著差异，0.5％酵母培养物组的血清总蛋白和球蛋白水平最高，较对照组分别升高 6.98％和 6.82％。

二、重组抗菌肽 CecropinB

王秀青等以未经任何疫苗免疫的 1 日龄来航蛋雏鸡为试验对象，研究重组抗菌肽 CecropinB 治疗雏鸡大肠杆菌感染的效果[67]。重组抗菌肽 CecropinB 由毕赤酵母表达株 pPICZα-A-cecB 经甲醇诱导培养，将培养液收集、过滤、除菌、冻干后作为治疗药物。在试验过程中，对 CecropinB 进行了冻干操作，虽然冻干在一定程度上影响了 CecropinB 的活性，使其活性有所降低，但冻干粉有利于试剂的保存和运输。120 只雏鸡分为 6 个组（健康对照组组——不感染不给药；感染对照组——感染不给药；高剂量组——血清型 O1 鸡大肠杆菌感染，口服给予 0.75 毫升重组抗菌肽 CecropinB 或肌内注射 0.75 毫升重组抗菌肽 CecropinB；中剂量组——血清型 O1 鸡大肠杆菌感染，口服给予 0.5 毫升重组抗菌肽 CecropinB 或肌内注射 0.5 毫升重组抗菌肽 CecropinB；低剂量组——血清型 O1 鸡大肠杆菌感染，口服给予 0.25 毫升重组抗菌肽 CecropinB 或肌内注射 0.25 毫升重组抗菌肽 CecropinB；盐酸环丙沙星组——血清型 O1 鸡大肠杆菌感染，肌内注射盐酸环丙沙星 0.3 毫升），每组 20 只，其中不同剂量抗菌肽治疗组又分为口服和肌内注射两个不同的处理，每个处理 10 只。致死剂量大肠杆菌肌内注射 24 小时后，连续治疗 5 天，观察给药后的临床变化，对病死鸡进行病理解剖、细菌分离，确定死因。以死亡率（鸡大肠杆菌病的典型症状并死亡，根据死亡鸡只数计算死亡率）、有效率（临床症状有所缓解但未完全消除均为有效，试验结束时以每组存活的鸡只数占试验鸡数的百分率为有效率）和治愈率（不再出现腹泻等临床症状，均属治愈，根据治愈鸡只数占整个试验鸡数的百分率计算治愈率）作为判定疗效标准。重组抗菌肽 CecropinB 对大肠杆菌病有较好的治疗效果，其中高剂量（0.75 毫升）口服组的效果最佳，治愈率达到 80％，中剂量（0.5 毫升）口服组与高剂量肌内注射组治愈率同为 70％。中剂量肌内注射组与环丙沙星组效果一致，治愈率达到 60％，低剂量抗菌肽治疗组治疗效果不如上述所有治疗组。

三、抗菌脂肽提取物

枯草芽孢杆菌可以产生抗菌脂肽，其抗菌脂肽分子量小、脂溶性强且抗菌谱广，对很多种病毒和细菌以及某些寄生虫病均有很好的抑制作用。冯大兴研究了枯草芽孢杆菌 S2 菌株产生的抗菌脂肽提取物对鸡源大肠杆菌 O2 生长曲线的影响[68]，观测抗菌脂肽提取物对鸡源大肠杆菌 O2 细胞膜通透性的影响、对鸡源大肠杆菌 O2 显微特征的影响以及对鸡源大肠杆菌 O2 新陈代谢的影响等，以评估对鸡源大肠杆菌 O2 的抑制作用，并为人们以抗菌脂肽作为肉鸡饲养中抗生素替代品提供科学依据。用倍比稀释法测定枯草芽孢杆菌 S2 菌株产生的抗菌脂肽提取物对鸡源大肠杆菌 O2 的最小抑菌浓度。结果显示，抗菌脂肽提取物的最小抑菌浓度为 0.5 毫克/毫升。在细菌培养 0 小时及 6 小时时分别加入 0.8 倍最小抑菌浓度抗菌脂肽，对鸡源大肠杆菌 O2 的生长有抑制作用；6 小时后，鸡源大肠杆菌 O2 处于培育的高峰期，而且细菌浓度很高，这时加入抗菌脂肽，其抑制作用就会大大降低。另外，伴随添加的脂肽浓度由 1.0 最小抑菌浓增加到 3.0 最小抑菌浓度时，OD450 纳米减小幅度增大；当菌体浓度较大时，抗菌脂肽的溶菌作用随其浓度的增加而增强。随着抗菌脂肽粗提物作用时间不断延长，在 260 纳米处菌体悬液的吸光值逐渐升高；也就是说，菌体细胞浆内大分子物质能够透过细胞膜泄漏到菌悬液中，导致培养上清液 260 纳米处紫外吸收值增大。说明抗菌脂肽化合物可以导致鸡源大肠杆菌 O2 菌体细胞膜通透性增大。扫描电镜结果显示，低浓度脂肽处理组菌体表面粗糙、凹凸不平，边缘不整齐，有的菌体细胞有一个小孔洞出现；高浓度脂肽处理组菌体表面破损严重、轮廓模糊，菌体出现断裂、残缺，异常菌体形态增多。透射电镜结果显示，抗菌脂肽提取物处理后菌体表面密度不均、粗糙不平，菌体边缘整齐度差、密度低、透射度高，有的细胞已经有一个小孔洞，胞壁缺陷，菌体残缺不全。抗菌脂肽提取物对鸡源大肠杆菌 O2 具有抑制作用，作用机理可能与其对菌体细胞膜及细胞壁结构的破坏有关。对于抗菌脂肽的研究主要集中于抗菌脂肽抗菌抑菌和作为药物添加剂在畜禽病防治中的作用；在家禽养殖中的应用，尤其是对肉鸡生产性能和免疫机能作用效果方面的研究较少。

四、生物活性肽

生物活性肽作为动物体天然存在的生理活性调节物，具有抗菌、抗病毒、促生长、提高机体免疫力等功能，是一类较为理想的抗生素类替代品。初欢欢等研究了由 9 个、7 个氨基酸组成的肽Ⅰ和肽Ⅱ两种合成生物活性肽对人工感染大肠杆菌肉鸡的保护作用[69]。将 1440 只 1 日龄 AA 肉鸡随机分为 8 个处理：肽Ⅰ低剂量组、肽Ⅰ中剂量组、肽Ⅰ高剂量组、肽Ⅱ低剂量组、肽Ⅱ中剂量组、肽Ⅱ高剂量组、杆菌肽锌组和空白对照组，分别给予基础饲粮＋10 微克/千克体重活性肽Ⅰ、基础饲粮＋20 微克/千克体重活性肽Ⅰ、基础饲粮＋40 微克/千克体重活性肽Ⅰ、基础饲粮＋10 微克/千克体重活性肽Ⅱ、基础饲粮＋20 微克/千克体重活性肽Ⅱ、基础饲粮＋40 微克/千克体重活性肽Ⅱ、基础饲粮＋200 毫克/千克体重杆菌肽锌和基础饲粮。每组设 6 个重复，每重复 30 只，于 10 天进行攻菌保护试验，试验期 42 天。大肠杆菌攻菌剂量筛选试验确定攻菌浓度为 10^9 个/毫升，剂量为

0.2毫升。肽Ⅰ低剂量组、肽Ⅰ中剂量组、肽Ⅰ高剂量组、肽Ⅱ低剂量组、肽Ⅱ中剂量组、肽Ⅱ高剂量组、杆菌肽锌组和空白对照组的死亡率分别为57.14%、46.67%、52.00%、53.85%、52.00%、48.00%、58.06%和61.54%。肽Ⅰ低剂量组、肽Ⅰ中剂量组、肽Ⅰ高剂量组、肽Ⅱ低剂量组、肽Ⅱ中剂量组、肽Ⅱ高剂量组、杆菌肽锌组和空白对照组的存活率分别为42.86%、53.33%、48.00%、46.15%、48.00%、52.00%、41.94%和38.46%。肽Ⅰ低剂量组、肽Ⅰ中剂量组、肽Ⅰ高剂量组、肽Ⅱ低剂量组、肽Ⅱ中剂量组、肽Ⅱ高剂量组、杆菌肽锌组和空白对照组的发病率分别为85.71%、83.33%、84.00%、88.46%、88.00%、84.00%、87.10%和88.46%。肽Ⅰ低剂量组、肽Ⅰ中剂量组、肽Ⅰ高剂量组、肽Ⅱ低剂量组、肽Ⅱ中剂量组、肽Ⅱ高剂量组、杆菌肽锌组和空白对照组的保护率分别为14.29%、16.67%、16.00%、11.54%、12.00%、16.00%、12.90%和11.54%。由此表明，20微克/千克肽Ⅰ、40微克/千克肽Ⅰ和40微克/千克体重肽Ⅱ具有良好的抗大肠杆菌活性。

五、枯草芽孢杆菌 E-8

芽孢杆菌作为益生菌，能够显著降低肠道有害菌的数量，增加动物体的免疫力，产生多种消化酶和营养物质等，具有无毒副作用、无残留、促进动物生长、提高生产性能等诸多优点。枯草芽孢杆菌是农业农村部允许作为饲料添加剂的两种芽孢杆菌之一，其广谱的抗菌活性、维持和调整肠道微生态平衡的作用、显著提高生产性能的特点已被许多试验所证实。徐丽娜等研究表明日粮中添加适量的枯草芽孢杆菌 E-8 能有效治疗肉鸡大肠杆菌性腹泻[70]，提高大肠杆菌感染肉鸡的生产性能、饲料利用率和机体免疫力。枯草芽孢杆菌 E-8 是从健康肉鸡肠道中筛选得到的菌株。将 100 只 20 日龄罗斯 308 肉鸡随机分为 5 组，即饲喂基础日粮组、枯草芽孢杆菌 E-8（10^8 CFU/毫升）组、产肠毒素大肠杆菌组（10^8 CFU/毫升）、产肠毒素大肠杆菌（10^8 CFU/毫升）+硫酸新霉素（5.0 毫克/毫升）组和产肠毒素大肠杆菌（10^8 CFU/毫升）+枯草芽孢杆菌 E-8（10^8 CFU/毫升）组，每组3 个重复，每个重复 6～7 只鸡，每天观察并记录死亡及腹泻状况。试验期为 8 天，于 29日龄时称重、心脏采血并剖杀。饲喂基础日粮组给予每只鸡每天 1 毫升营养肉汤培养基。枯草芽孢杆菌 E-8 组给予每只鸡每天 1 毫升枯草芽孢杆菌 E-8 菌液。产肠毒素大肠杆菌感染组、产肠毒素大肠杆菌+硫酸新霉素组和产肠毒素大肠杆菌+枯草芽孢杆菌 E-8 组：在21 日龄口服产肠毒素大肠杆菌菌液 2 次，每只鸡每次 1 毫升，间隔 8 小时后灌服第二次。产肠毒素大肠杆菌+硫酸新霉素组鸡只每只每天灌服 1 毫升硫酸新霉素溶液，产肠毒素大肠杆菌+枯草芽孢杆菌 E-8 鸡只每只每天灌服枯草芽孢杆菌 E-8 菌剂 1 毫升。硫酸新霉素可溶性粉购于河北科恒生物科技有限公司（批号：14070904A）。结果显示，大肠杆菌可导致肉鸡腹泻甚至死亡，枯草芽孢杆菌 E-8 可明显抑制大肠杆菌导致的腹泻，治愈率达80%，与产肠毒素大肠杆菌+硫酸新霉素组相比差异不显著。饲喂基础日粮组、枯草芽孢杆菌 E-8（10^8 CFU/毫升）组、产肠毒素大肠杆菌组（10^8 CFU/毫升）、产肠毒素大肠杆菌（10^8 CFU/毫升）+硫酸新霉素（5.0 毫克/毫升）组和产肠毒素大肠杆菌（10^8 CFU/毫升）+枯草芽孢杆菌 E-8（10^8 CFU/毫升）组的发病率分别为 5%、0、100%、95% 和100%；饲喂基础日粮组、枯草芽孢杆菌 E-8（10^8 CFU/毫升）组、产肠毒素大肠杆菌组

（10^8CFU/毫升）、产肠毒素大肠杆菌（10^8CFU/毫升）＋硫酸新霉素（5.0毫克/毫升）组和产肠毒素大肠杆菌（10^8CFU/毫升）＋枯草芽孢杆菌 E-8（10^8CFU/毫升）组的病死率分别为 0、0、40％、10.5％和 10％；产肠毒素大肠杆菌组（10^8CFU/毫升）、产肠毒素大肠杆菌（10^8CFU/毫升）＋硫酸新霉素（5.0毫克/毫升）组和产肠毒素大肠杆菌（10^8CFU/毫升）＋枯草芽孢杆菌 E-8（10^8CFU/毫升）组的治愈率分别为 78.9％和 80％。根据周耗料量和周增重之比来计算料重比。产肠毒素大肠杆菌（10^8CFU/毫升）＋枯草芽孢杆菌 E-8（10^8CFU/毫升）组较产肠毒素大肠杆菌（10^8CFU/毫升）组周增重和周耗料量增加，周料重比降低。饲喂基础日粮组和枯草芽孢杆菌 E-8（10^8CFU/毫升）组增重和周耗料量最高。血清中 IgG 和 IgA 是主要的免疫反应因子，具有抗菌、抗病毒和抗毒素等免疫学活性。心脏采血，制备血清，采用 ELISA 试剂盒测定 IgA 和 IgG，产肠毒素大肠杆菌（10^8CFU/毫升）组的血清 IgA 和 IgG 最低，而枯草芽孢杆菌 E-8（10^8CFU/毫升）组最高。说明枯草芽孢菌 E-8 可以提高大肠杆菌感染肉鸡的机体体液免疫水平，也可以提高健康肉鸡体液免疫水平。IL-2 是强有力的淋巴细胞活化因子，可促进 T、B 细胞增殖，促进细胞因子产生和抗体分泌，在抗肿瘤、免疫调节及感染性疾病的治疗中起到重要作用。s-IgA 作为肠黏膜上的主要免疫球蛋白，是肠道黏膜上的第一道防线，对各种内源共生菌及外源入侵的病原体都有抵抗作用。取肉鸡十二指肠，刮取肠内层黏膜，采用 ELISA 试剂盒测定十二指肠黏膜中细胞因子 IL-2 和 s-IgA 含量，枯草芽孢杆菌 E-8（10^8CFU/毫升）组的十二指肠黏膜中 IL-2 和 s-IgA 含量有明显升高，产肠毒素大肠杆菌（10^8CFU/毫升）＋硫酸新霉素（5.0毫克/毫升）组和产肠毒素大肠杆菌（10^8CFU/毫升）＋枯草芽孢杆菌 E-8（10^8CFU/毫升）组的十二指肠黏膜中 IL-2 和 s-IgA 含量也有明显升高。说明枯草芽孢杆菌 E-8 可促进 IL-2 分泌，同时增强肠道黏膜免疫水平，抵抗大肠杆菌的感染。取十二指肠前段，经常规苏木精-伊红（HE）染色，中性树胶封片。光镜下观察各组肠道黏膜形态结构，并用照相处理软件测量绒毛长度和隐窝深度。结果显示，枯草芽孢杆菌 E-8（10^8CFU/毫升）组的十二指肠的绒毛高度和 V/C 值明显升高，小肠绒毛形态得到一定程度的修复。小肠黏膜结构反映动物肠道的健康状况，绒毛高度和隐窝深度是衡量动物消化吸收功能的重要指标，生产性能的提高与小肠黏膜结构改善有关。说明枯草芽孢杆菌 E-8 能有效改善肉鸡十二指肠黏膜结构。

六、乳酸菌及其培养物

乳酸菌是机体肠道正常菌群中的优势菌，能够产生有机酸（如乳酸、乙酸、丙酸等）、双乙酰、过氧化氢等化合物，能够抑制腐败菌和病原菌。乳酸菌通过自身的生长繁殖及其所产生的代谢物等，达到改善动物胃肠道内部微环境、降低 pH 值和抑制有害菌生长，对肠道细菌如大肠杆菌、沙门氏菌引起的疾病有治疗和保健作用。郭金玲等研究了乳酸菌（乳酪杆菌）、乳酸菌上清液、抗生素及 MRS 对照液对鸡致病性大肠杆菌（鸡志贺氏大肠杆菌）的体外抑菌作用[71]。乳酪杆菌在乳酸菌专性培养液中摇床培养（150 转/分钟）18～24 小时，培养条件为 37℃。取出乳酸菌菌液 3 毫升，然后以 13000 转/分钟离心 5 分钟。取上清液用滤菌膜过滤，即为乳酸杆菌代谢产物。用游标卡尺测量抑菌圈直径大小，根据抑菌环直径大小判定抑菌能力的强弱；利用液体培养的方法测量光密度值、菌数及

pH 值测定抑菌力的大小。乳酸杆菌菌液、培养后的无菌上清液都有一定的抑菌活性，其抑菌圈的直径显著大于培养基对照组，且随着乳酸菌培养时间的不同，大肠杆菌＋乳酸菌、乳酸菌、大肠杆菌＋乳酸菌上清液处理组的活菌数，随培养时间的延长不断减少，乳酸菌培养液的 pH 值逐渐降低，对致病性大肠杆菌的抑制作用也逐渐增强。乳酸菌原液和乳酸菌原液的上清液抑菌作用无显著差异，说明乳酸菌的抑制作用有可能与其在培养过程中产生的代谢产物（乙酸、乳酸、丙酸等）密切相关。

七、乳酸菌发酵物与中药配伍

采用中草药与乳酸菌等益生菌结合开发新型发酵中药的研究是近年来研究的新热点。王建国等研究了乳酸菌发酵物与中药（地锦草、黄芩、苦参、苍术、陈皮）配伍后组成中药乳酸菌复合物对预防鸡大肠杆菌病的效果[72]。中药提取液的制备：将地锦草、黄芩、苦参、苍术、陈皮混合，粉碎，过 60 目筛，加 3 倍量淀粉，制成含生药 25%（0.25 克/克）的颗粒。8 倍量水煎煮提取 2 次，每次 30 分钟。合并 2 次滤液，浓缩至浓度为 50 克/100 毫升（含生药 0.5 克/毫升）的中药提取液。中药乳酸菌复合物的制备：将陈皮粉碎，过 60 目筛，按每 8 克陈皮加入 100 毫升 MRS 液体培养基的比例配制发酵培养基，121℃灭菌 20 分钟后加入 20%（质量分数）乳酸菌，20～35℃发酵 18～36 小时。未发酵部分的地锦草、黄芩、苦参和苍术按上述中药提取液的制备方法制成含生药 25%（0.25 克/克）的颗粒。然后将除陈皮外的各味中药共 450 克混合，加 8 倍量水煎煮提取 2 次，每次 30 分钟，滤过，合并 2 次滤液并加热浓缩至 500 毫升，滤过；再将陈皮发酵物加无菌蒸馏水500 毫升，充分搅拌，滤过，取滤液 500 毫升，与中药浓缩液混合制成含量为 50%（含生药 0.5 克/克）的中药乳酸菌复合物。将 144 只 8 日龄海兰褐蛋用型雏鸡平均分为 9 个组，其中 3 个组为中药乳酸菌复合物高剂量组（鸡大肠杆菌感染前给予混饲中药乳酸菌复合物颗粒，0.6 克/天，分两次给药，连用 3 天；鸡大肠杆菌感染后给予混饮中药乳酸菌复合物提取液，0.3 毫升/天，分两次给药，连用 3 天）、中药乳酸菌复合物中剂量组（鸡大肠杆菌感染前给予混饲中药乳酸菌复合物颗粒，0.4 克/天，分两次给药，连用 3 天；鸡大肠杆菌感染后给予混饮中药乳酸菌复合物提取液，0.1 毫升/天，分两次给药，连用 3 天）和中药乳酸菌复合物低剂量组（鸡大肠杆菌感染前给予混饲中药乳酸菌复合物颗粒，0.2克/天，分两次给药，连用 3 天；鸡大肠杆菌感染后给予混饮中药乳酸菌复合物提取液，0.1 毫升/天，分两次给药，连用 3 天），同时设置 3 个与中药乳酸菌复合物剂量相同的中药提取液高剂量组（鸡大肠杆菌感染前给予混饲中药提取液颗粒，0.6 克/天，分两次给药，连用 3 天；鸡大肠杆菌感染后给予混饮中药提取液，0.3 毫升/天，分两次给药，连用 3 天）、中药提取液中剂量组（鸡大肠杆菌感染前给予混饲中药提取液颗粒，0.4 克/天，分两次给药，连用 3 天；鸡大肠杆菌感染后给予混饮中药提取液，0.1 毫升/天，分两次给药，连用 3 天）、中药提取液低剂量组（鸡大肠杆菌感染前给予混饲中药提取液颗粒，0.2 克/天，分两次给药，连用 3 天；鸡大肠杆菌感染后给予混饮中药提取液，0.1 毫升/天，分两次给药，连用 3 天）及药物（盐酸环丙沙星，25 克，广州白云山制药股份有限公司）对照组（鸡大肠杆菌感染前给予混饲盐酸环丙沙星颗粒，0.25 克/天，分两次给药，连用 3 天；鸡大肠杆菌感染后给予混饮盐酸环丙沙星溶液，0.2 毫升/天，分两次给药，连用 3 天）、感染对照组和健康对照组，以胸肌注射 0.2 毫升（9×10^8 CFU/毫升）鸡致病性大肠杆菌 WW1 株（O2 血清型）培养液的方法建立雏鸡大肠杆菌病人工感染模型。在雏鸡感染前按 0.6 克/天、0.4 克/天、0.2 克/天的剂量将药物颗粒混入日粮中给予，在雏鸡感染后按 0.3 毫升/天、0.2 毫升/天、0.1 毫升/天的剂量将药物提取液混入饮水中给予。观察、记录各组鸡精神、活动、饮食、粪便等临床表现，记录死亡数量。试验结束后，对各组存活鸡称重，以存活率（存活率％＝存活鸡数/试验鸡数×100％）和增重率[增重率％＝（试验后均重～试验前均重）/试验前均重×100％]作为中药乳酸菌复合物疗效判定指标。中药乳酸菌复合物高剂量组、中药乳酸菌复合物中剂量组和中药乳酸菌复合物低剂量组雏鸡的存活率分别为 75.00％、75.00％ 和 93.75％，中药提取液高剂量组、中药提取液中剂量组和中药提取液低剂量组的雏鸡存活率分别为 68.75％、68.75％ 和 75.00％，而盐酸环丙沙星药物对照组、感染对照组和健康对照组雏鸡的存活率分别为 75.00％、56.25％ 和 100.00％。中药乳酸菌复合物低剂量组与中药乳酸菌复合物高剂量组、中药乳酸菌复合物中剂量组及中药提取液高剂量组、中药提取液中剂量组、中药提取液低剂量组、盐酸环丙沙星药物对照组、感染对照组相比均差异显著。但中药乳酸菌复合物高剂量组、中药乳酸菌复合物中剂量组及中药提取液高剂量组、中药提取液中剂量组、中药提取液低剂量组、盐酸环丙沙星药物对照组彼此间差异均不显著。中药乳酸菌复合物高剂量组、中药乳酸菌复合物中剂量组、中药乳酸菌复合物低剂量组、中药提取液高剂量组、中药提取液中剂量组、中药提取液低剂量组、盐酸环丙沙星药物对照组、感染对照组和健康对照组的增重率分别为 49.10％、54.64％、61.66％、40.52％、48.67％、48.21％、42.22％、43.30％ 和 91.59％。所有感染组中，中药乳酸菌复合物低剂量组对雏鸡增重影响最小，增重率较健康对照组低 29.93％；其次是中药乳酸菌复合物中剂量组，增重率较健康对照组低 36.95％；其余各感染组较健康对照组降低 42.49％～51.07％。苦参、黄芩、地锦草、苍术、陈皮组成方剂，具有清热解毒、燥湿止痢、健脾理气的功效。苦参中所含的苦参碱对黄芩苷有独特的促溶作用，利用这一特性可提高黄芩苷的吸收利用，有利于提高疗效。陈皮功能理气健脾，燥湿化痰，常用于消化不良、咳嗽痰多等症。乳酸菌可改善动物肠道菌群，提高机体免疫力，具有较好的抑制大肠杆菌、沙门氏菌等病原菌的作用。因此，以乳酸菌发酵物与中药（地锦草、黄芩、苦参、苍术、陈皮）配伍后组成中药乳酸菌复合物对人工感染大肠杆菌的雏鸡具有保护作用，乳酸菌对中药具有明显的协同作用。

八、屎肠球菌

包括乳酸菌属、双歧杆菌属、肠球菌属和片球菌属在内的益生菌，因其对动物有促生长作用，在全世界被广泛使用。屎肠球菌属于乳酸杆菌属，是哺乳动物胃肠道内正常的有益菌，具有在动物肠道内产有机酸、细菌素和 H_2O_2 等优良的生物学特性。畜禽试验研究发现，屎肠球菌可促进消化酶的分泌，改善蛋白质、脂肪和能量的代谢，提高饲料转化效率；能与致病菌竞争，抑制有害菌的繁殖，改善肠道内环境，调整胃肠道菌群平衡、增强抗氧化能力、提高机体免疫力等。此外，屎肠球菌还可以缓解因各种不利因素如仔猪断奶、肉鸡病原菌感染等造成的生产性能下降和肠道菌群紊乱。

黄丽卿等研究了饲粮添加屎肠球菌（NCIMB11181，活菌数 8.2×10^{12}CFU/千克）对禽大肠杆菌 O78（CVCC1555）感染肉鸡生产性能、肠道微生物菌群和血液抗氧化功能的影响[73]。选取 288 只 1 日龄罗斯 308 母鸡，随机分成 4 组：基础饲粮组、基础饲粮＋100 毫克/千克屎肠球菌组（活菌数 5.1×10^{10}CFU/克）、基础饲粮＋200 毫克/千克屎肠球菌组和基础饲粮＋300 毫克/千克屎肠球菌组。各试验组在 11 日龄均气囊接种 0.2 毫升禽大肠杆菌（活菌数 1×10^3CFU/毫升）。试验期为 35 天，计算肉鸡平均日增重并统计死亡率，检测盲肠微生物，使用南京建成生物公司试剂盒结合分光光度法测总超氧化物歧化酶活性、总抗氧化能力活性、丙二醛活性和谷胱甘肽过氧化物酶活性。

与无添加屎肠球菌组相比：

① 饲粮中添加屎肠球菌可线性提高 10 日龄肉鸡体重，线性及二次线性提高 22 日龄和 35 日龄肉鸡体重，线性提高 1～10 日龄、10～22 日龄和 10～35 日龄肉鸡平均日增重，基础饲粮组、基础饲粮＋100 毫克/千克屎肠球菌组、基础饲粮＋200 毫克/千克屎肠球菌组和基础饲粮＋300 毫克/千克屎肠球菌组的 1～10 日龄禽大肠杆菌 O78 感染肉鸡平均日增重分别为（19.81±1.159）克、（20.57±0.912）克、（23.95±0.816）克和（22.05±0.508）克；基础饲粮组、基础饲粮＋100 毫克/千克屎肠球菌组、基础饲粮＋200 毫克/千克屎肠球菌组和基础饲粮＋300 毫克/千克屎肠球菌组的 10～15 日龄禽大肠杆菌 O78 感染肉鸡平均日增重分别为（0.92±0.726）克、（1.46±0.713）克、（1.46±0.544）克和（1.09±0.336）克；基础饲粮组、基础饲粮＋100 毫克/千克屎肠球菌组、基础饲粮＋200 毫克/千克屎肠球菌组和基础饲粮＋300 毫克/千克屎肠球菌组的 10～22 日龄禽大肠杆菌 O78 感染肉鸡平均日增重分别为（8.74±4.510）克、（17.84±2.543）克、（19.85±1.698）克和（21.07±1.373）克；基础饲粮组、基础饲粮＋100 毫克/千克屎肠球菌组、基础饲粮＋200 毫克/千克屎肠球菌组和基础饲粮＋300 毫克/千克屎肠球菌组的 10～30 日龄禽大肠杆菌 O78 感染肉鸡平均日增重分别为（13.65±6.631）克、（32.12±5.326）克、（34.29±2.076）克和（30.94±1.207）克。降低感染后肉鸡死亡率，添加剂量越高，死亡率越低，基础饲粮组、基础饲粮＋100 毫克/千克屎肠球菌组、基础饲粮＋200 毫克/千克屎肠球菌组和基础饲粮＋300 毫克/千克屎肠球菌组的 10～35 日龄禽大肠杆菌 O78 感染肉鸡死亡率分别为 76％、61％、32％和 20％。

② 饲粮中添加屎肠球菌可线性降低感染后 3 天盲肠大肠杆菌和沙门菌数量，线性及二次线性降低双歧杆菌数量。基础饲粮组、基础饲粮＋100 毫克/千克屎肠球菌组、基础饲粮＋200 毫克/千克屎肠球菌组和基础饲粮＋300 毫克/千克屎肠球菌组的禽大肠杆菌 O78 感染肉鸡肠道大肠杆菌数分别为 $6.78\log_{10}$CFU/克、$6.71\log_{10}$CFU/克、$6.68\log_{10}$CFU/克和 $6.60\log_{10}$CFU/克。基础饲粮组、基础饲粮＋100 毫克/千克屎肠球菌组、基础饲粮＋200 毫克/千克屎肠球菌组和基础饲粮＋300 毫克/千克屎肠球菌组的禽大肠杆菌 O78 感染肉鸡肠道沙门菌数分别为 $7.70\log_{10}$CFU/克、$6.71\log_{10}$CFU/克、$6.56\log_{10}$CFU/克和 $6.25\log_{10}$CFU/克。基础饲粮组、基础饲粮＋100 毫克/千克屎肠球菌组、基础饲粮＋200 毫克/千克屎肠球菌组和基础饲粮＋300 毫克/千克屎肠球菌组的禽大肠杆菌 O78 感染肉鸡肠道乳酸菌数分别为 $8.56\log_{10}$CFU/克、$8.04\log_{10}$CFU/克、$8.29\log_{10}$CFU/克和 $8.39\log_{10}$CFU/克。基础饲粮组、基础饲粮＋100 毫克/千克屎肠球菌组、基础饲粮＋200 毫克/千克屎肠球菌组和基础饲粮＋300 毫克/千克屎肠球菌组的禽大

肠杆菌 O78 感染肉鸡肠道双歧杆菌数分别为 $8.93\log_{10}CFU/$克、$8.10\log_{10}CFU/$克、$8.15\log_{10}CFU/$克和 $8.29\log_{10}CFU/$克。基础饲粮组、基础饲粮＋100 毫克/千克屎肠球菌组、基础饲粮＋200 毫克/千克屎肠球菌组和基础饲粮＋300 毫克/千克屎肠球菌组的禽大肠杆菌 O78 感染肉鸡肠道屎肠球菌数分别为 $7.05\log_{10}CFU/$克、$6.91\log_{10}CFU/$克、$6.35\log_{10}CFU/$克和 $7.00\log_{10}CFU/$克。感染后 7 天，屎肠球菌添加组大肠杆菌和沙门菌数量线性降低。基础饲粮组、基础饲粮＋100 毫克/千克屎肠球菌组、基础饲粮＋200 毫克/千克屎肠球菌组和基础饲粮＋300 毫克/千克屎肠球菌组的禽大肠杆菌 O78 感染肉鸡肠道大肠杆菌数分别为 $7.97\log_{10}CFU/$克、$7.00\log_{10}CFU/$克、$6.62\log_{10}CFU/$克和 $6.91\log_{10}CFU/$克。基础饲粮组、基础饲粮＋100 毫克/千克屎肠球菌组、基础饲粮＋200 毫克/千克屎肠球菌组和基础饲粮＋300 毫克/千克屎肠球菌组的禽大肠杆菌 O78 感染肉鸡肠道沙门菌数分别为 $8.01\log_{10}CFU/$克、$7.921\log_{10}CFU/$克、$6.52\log_{10}CFU/$克和 $6.90\log_{10}CFU/$克。基础饲粮组、基础饲粮＋100 毫克/千克屎肠球菌组、基础饲粮＋200 毫克/千克屎肠球菌组和基础饲粮＋300 毫克/千克屎肠球菌组的禽大肠杆菌 O78 感染肉鸡肠道乳酸菌数分别为 $8.04\log_{10}CFU/$克、$8.54\log_{10}CFU/$克、$8.12\log_{10}CFU/$克和 $8.11\log_{10}CFU/$克。基础饲粮组、基础饲粮＋100 毫克/千克屎肠球菌组、基础饲粮＋200 毫克/千克屎肠球菌组和基础饲粮＋300 毫克/千克屎肠球菌组的禽大肠杆菌 O78 感染肉鸡肠道双歧杆菌数分别为 $8.48\log_{10}CFU/$克、$8.34\log_{10}CFU/$克、$8.56\log_{10}CFU/$克和 $8.21\log_{10}CFU/$克。基础饲粮组、基础饲粮＋100 毫克/千克屎肠球菌组、基础饲粮＋200 毫克/千克屎肠球菌组和基础饲粮＋300 毫克/千克屎肠球菌组的禽大肠杆菌 O78 感染肉鸡肠道屎肠球数分别为 $6.19\log_{10}CFU/$克、$6.82\log_{10}CFU/$克、$7.04\log_{10}CFU/$克和 $7.05\log_{10}CFU/$克。

③ 感染后 3 天，基础饲粮组、基础饲粮＋100 毫克/千克屎肠球菌组、基础饲粮＋200 毫克/千克屎肠球菌组和基础饲粮＋300 毫克/千克屎肠球菌组的禽大肠杆菌 O78 感染肉鸡外周血总超氧化物歧化酶活性分别为 368.87 单位/毫升、472.75 单位/毫升、445.88 单位/毫升和 394.93 单位/毫升；基础饲粮组、基础饲粮＋100 毫克/千克屎肠球菌组、基础饲粮＋200 毫克/千克屎肠球菌组和基础饲粮＋300 毫克/千克屎肠球菌组的禽大肠杆菌 O78 感染肉鸡外周血总抗氧化能力活性分别为 26.42 单位/毫升、17.60 单位/毫升、17.53 单位/毫升和 16.67 单位/毫升；基础饲粮组、基础饲粮＋100 毫克/千克屎肠球菌组、基础饲粮＋200 毫克/千克屎肠球菌组和基础饲粮＋300 毫克/千克屎肠球菌组的禽大肠杆菌 O78 感染肉鸡外周血丙二醛活性分别为 1.59 毫摩尔/毫升、1.61 毫摩尔/毫升、1.59 毫摩尔/毫升和 2.72 毫摩尔/毫升；基础饲粮组、基础饲粮＋100 毫克/千克屎肠球菌组、基础饲粮＋200 毫克/千克屎肠球菌组和基础饲粮＋300 毫克/千克屎肠球菌组的禽大肠杆菌 O78 感染肉鸡外周血谷胱甘肽过氧化物酶活性分别为 1822.61 毫摩尔/毫升、2915.89 毫摩尔/毫升、2023.33 毫摩尔/毫升和 1439.39 毫摩尔/毫升。感染 7 天后，基础饲粮组、基础饲粮＋100 毫克/千克屎肠球菌组、基础饲粮＋200 毫克/千克屎肠球菌组和基础饲粮＋300 毫克/千克屎肠球菌组的禽大肠杆菌 O78 感染肉鸡外周血总超氧化物歧化酶活性分别为 359.17 单位/毫升、397.60 单位/毫升、318.75 单位/毫升和 348.44 单位/毫升；基础饲粮组、基础饲粮＋100 毫克/千克屎肠球菌组、基础饲粮＋200 毫克/千克屎肠球菌组和基础饲粮＋300 毫克/千克屎肠球菌组的禽大肠杆菌 O78 感染肉鸡外周血总抗氧化能力活

性分别为 16.69 单位/毫升、22.32 单位/毫升、16.10 单位/毫升和 12.48 单位/毫升；基础饲粮组、基础饲粮＋100 毫克/千克屎肠球菌组、基础饲粮＋200 毫克/千克屎肠球菌组和基础饲粮＋300 毫克/千克屎肠球菌组的禽大肠杆菌 O78 感染肉鸡外周血丙二醛活性分别为 2.49 毫摩尔/毫升、2.23 毫摩尔/毫升、2.03 毫摩尔/毫升和 4.22 毫摩尔/毫升；基础饲粮组、基础饲粮＋100 毫克/千克屎肠球菌组、基础饲粮＋200 毫克/千克屎肠球菌组和基础饲粮＋300 毫克/千克屎肠球菌组的禽大肠杆菌 O78 感染肉鸡外周血谷胱甘肽过氧化物酶活性分别为 3031.58 毫摩尔/毫升、1704.13 毫摩尔/毫升、2904.13 毫摩尔/毫升和 2669.42 毫摩尔/毫升。屎肠球菌组血清总抗氧化能力分别呈线性和二次线性降低；血清丙二醛含量均呈线性及二次线性降低；谷胱甘肽过氧化物酶活性均为二次线性降低。综合考虑，饲粮添加 200 毫克/千克屎肠球菌可缓解禽大肠杆菌 O78 感染导致的肉鸡生产性能下降，通过调节肠道菌群结构和机体氧化状态，来减轻大肠杆菌感染造成的生理失衡。

九、消毒药

有效的消毒是杜绝和降低鸡场环境中的病原体、切断疫病传播途径、预防和控制疾病的重要措施之一，然而，消毒剂种类繁多，消毒效果差异很大，在实际生产中还常常存在消毒剂选择不当、浓度配制不准确、消毒方法不合理等，导致消毒效果不理想、对疫病控制不力和消毒后诱发呼吸道病等诸多问题。靳双星等报道了 10％百毒杀、复方新洁尔灭消毒液（苯扎溴铵含量 3％）、次氯酸钠消毒液（有机氯含量 5％）、20％戊二醛、20％过氧乙酸等常用消毒药对来自 8 个规模化鸡场具有大肠杆菌病典型症状和病理变化的病死鸡分离到的 8 株鸡致病性大肠杆菌[74] 的杀菌效果。首先测定了 5 种消毒药物对 8 株鸡致病性大肠杆菌最小抑菌浓度和最小杀菌浓度，5 种消毒药对 8 株鸡致病性大肠杆菌的最小抑菌浓度和杀菌浓度也有较大差异，其中以百毒杀最敏感，其次是次氯酸钠，有的菌株对新洁尔灭很敏感而有的耐药，个别菌株对过氧乙酸较敏感。用 10％百毒杀、复方新洁尔灭消毒液（苯扎溴铵含量 3％）、次氯酸钠消毒液（有机氯含量 5％）、20％戊二醛、20％过氧乙酸等 5 种消毒药对鸡喷雾消毒后发现，0.03％百毒杀或 0.15％次氯酸钠对鸡舍进行带鸡喷雾消毒，平均杀菌率都达到 90％以上。在家禽生产中，为了减少耐药菌株的产生，可交替使用 0.03％百毒杀或 0.15％次氯酸钠，用于鸡舍的带鸡消毒，使其优势互补。

十、五加糖肽

五加糖肽是深海红藻中活性成分半乳糖肽类衍生物。由于其独特的结构，具有多种生物学活性，是一种增强动物机体免疫力的药物。近年来，对其生物活性的研究表明，其在抗氧化、抗肿瘤、抗凝血、抗病毒感染以及免疫调节等方面具有重要活性，且对大多数病毒具有明显的抑制作用，并能增强抗生素药物的抗菌作用。马海营测定了五加糖肽对人工感染大肠杆菌雏鸡的防治疗效试验[75]。将 10 日龄临床建健康海兰白雏鸡随机分成 3 组，即试验组（大肠杆菌感染，五加糖肽饮水治疗）、感染对照（大肠杆菌感染，不给药）和空白对照（不感染，不给药）。测定试验前和试验末鸡的体重，计算增重率。感染后每天观察并记录各试验组鸡精神、采食、饮水、粪便、呼吸症状、死亡数，对死亡鸡进行病理剖检和细菌分离。试验期为 10 天，结束时，计算每组的死亡率和保护率。试验组、感染对照和空白对照对雏鸡的平均增重分别为 11.13 克、3.93 克和 29.9 克。试验组、感染对照和空白对照的平均增重率分别为 32.72%、8.2% 和 55.76%。试验组、感染对照和空白对照的死亡率分别为 25%、90% 和 0。试验组、感染对照和空白对照对雏鸡大肠杆菌治疗的保护率分别为 75%、10% 和 100%。

十一、增益素

增益素为甘露聚糖肽，分子质量为 71.7kDa，是一种生物活性物质，在低的浓度下可激活机体细胞免疫和体液免疫，近年来发现它可以激活巨噬细胞活性，并可产生多种维生素和消化酶，促进营养物质的消化和吸收。李贺等研究了增益素（西安亨通光华制药有限公司提供，批号：011114）对肉鸡抗大肠杆菌感染和促进增重的作用[76]。将 200 只 1 日龄艾维因肉仔鸡机分成 5 组，中 1～4 组为实验组，第 5 组为对照组。第 1、2 组鸡在 1～14 日龄以 0.2 毫克/千克体重的量饮水饲喂增益素，第 3、4 组在 1～7 日龄以同等量饮水饲喂增益素。第 1～5 组鸡在鸡 7 日龄时以 3 亿个的含菌量人工感染致病性大肠杆菌，待有发病症状后，第 2、3 组喂庆大霉素，1、4 组不饲喂庆大霉素，第 5 组不用增益素也不用庆大霉素，观察各组发病及死亡情况，计算发病率及死亡率。人工感染致病性大肠杆菌后 10 天内，第 1、2、3、4 和 5 组的发病率分别为 36.7%、36.7%、60.0%、66.7% 和 90.0%；第 1、2、3、4 和 5 组的死亡率分别为 16.7%、6.7%、20.0%、26.7% 和 43.3%。10 天后基本康复，再无发病。第 1、2、3、4 和 5 组的 1 日龄鸡的鸡只周体重分别为 43.7 克、43.2 克、43.6 克、42.9 克和 43.1 克。第 1、2、3、4 和 5 组的 7 日龄鸡的鸡只周体重分别为 72.7 克、78.6 克、70.3 克、71.4 克和 73.6 克。第 1、2、3、4 和 5 组的 14 日龄鸡的鸡只周体重分别为 140.5 克、155.7 克、110.4 克、125.3 克和 112.3 克。第 1、2、3、4 和 5 组的 21 日龄鸡的鸡只周体重分别为 215.6 克、243.2 克、203.7 克、190.3 克和 168.4 克。第 1、2、3、4 和 5 组的 28 日龄鸡的鸡只周体重分别为 653.4 克、673.9 克、584.2 克、565.3 克和 464.5 克。第 1、2、3、4 和 5 组的 35 日龄鸡的鸡只周体重分别为 1110.0 克、1302.0 克、1034.0 克、1075.0 克和 1020.0 克。第 1、2、3、4 和 5 组的 7 日龄鸡的鸡只周增重率分别为 66.4%、81.9%、61.2%、66.4% 和 70.8%。第 1、2、3、4 和 5 组的 14 日龄鸡的鸡只周增重率分别为 98.7%、98.1%、57.0%、75.5% 和 52.2%。第 1、2、3、4 和 5 组的 21 日龄鸡的鸡只周增重率分别为 53.5%、56.2%、84.5%、51.9% 和 50.0%。第 1、2、3、4 和 5 组的 28 日龄鸡的鸡只周增重率分别为 203.1%、177.1%、187.4%、197.1% 和 175.8%。第 1、2、3、4 和 5 组的 35 日龄鸡的鸡只周增重率分别为 69.9%、93.2%、77.0%、90.2% 和 119.5%。增益素为低聚糖类分子，在饮水中添加增益素饲喂肉鸡，可促进肠道后部的乳酸杆菌、双歧杆菌等肠道有益菌生长繁殖，而大肠杆菌、沙门氏菌等有害菌则不能利用低聚糖。

按照中兽医辨证理论，大肠杆菌病是由湿热壅积肠道而引起的里热症，宜清热解毒、燥湿止痢[77]。我国中草药品种繁多，来源广泛，长期用药毒副作用小，可有效避免耐药菌株的产生，因此我国历来都有使用中草药治疗人或动物性疾病的历史经验。以上研究表明，一些具有清热解毒和凉血止痢功效的中药材均对猪源和鸡源大肠杆菌病具有良好的防治效果，如黄芩、石榴皮、苦参及蒲公英等。目前已发现多种具有明显抗大肠杆菌作用的单味中草药和复方制剂。如张赛奇分别观察了黄连和黄芩对仔猪大肠杆菌性腹泻的治疗效果，结果显示黄连、黄芩对大肠杆菌高敏感，体外抑菌效果良好；同时证明了葛芪复方制剂可有效缓解由感染大肠杆菌引起的仔猪腹泻症状。范国英等将石榴皮、黄芩、甘草、黄连等8种单味中药提取浓缩后，依次检测了对猪大肠杆菌的作用效果，石榴皮显示出最小抑菌浓度高达18.9克/升。王永芬等也发现，石榴皮、黄芩及黄连抑菌活性显著，而鱼腥草、板蓝根和穿心莲的抑菌活性低弱，此与范国英试验结果相似。黄名钱等研究发现，山楂、五味子、连翘和金银花提取物均对耐四环素大肠杆菌表现出强抑制活性。肖莉春等通过对比29种中药材对猪源耐药大肠杆菌的抑制作用发现，五倍子和连翘对13株受试菌的抑制作用最强，秦皮、大黄、大青叶、黄连和黄芩对部分受试菌有一定程度的抑制作用。张瑜等利用蒲公英、连翘及柴胡粗提物通过对延边地区养猪场中疑似患大肠杆菌病的仔猪粪便和血样进行无菌采集，将分离得到的大肠杆菌进行体外抑菌试验，显示这3种中药均可有效抑制大肠杆菌的生长和繁殖，且以蒲公英粗提物的抑菌效果最强。刘辉对100头三元杂交仔猪设计试验，其利用茜草、苦参、白头翁、蒲公英等10味药材自制的中药处方对感染大肠杆菌的仔猪治愈率高达90%以上。刘玉芹等研究了由大青叶、板蓝根、连翘、败酱草组成的复方配伍制剂治疗大肠杆菌性腹泻的作用机理，发现该制剂通过抑制大肠杆菌O149 K88的繁殖、拮抗热敏肠毒素致泻作用和减少炎性渗出来发挥抗腹泻功效。

中药及其提取物可在一定程度上提高鸡群抵抗力，减少或预防大肠杆菌病的发生。宁官保等通过药敏试验考察了鸡源大肠杆菌的耐药性，同时比较了大黄、黄连、黄芩、金银花和连翘等中药单剂对大肠杆菌耐药性的消除作用，结果表明黄芩对广谱耐药型大肠杆菌的耐药性消除作用最强。王关林等探究了苦参对鸡大肠杆菌的作用机理，得出苦参是通过抑制鸡大肠杆菌功能蛋白的表达影响菌体细胞周期，使菌体无法进入正常对数生长期进而直接进入衰亡期，因此表现出高抑菌活性。褚秀玲等对乌梅、芦荟等中药的水煎液提取物进行了大肠杆菌O78型的最小抑菌浓度测定，结果显示，乌梅、白头翁与芦荟水提物对O78菌株的最小抑菌浓度依次为2.57毫克/毫升、2.06毫克/毫升和2.31毫克/毫升，抗菌活性较显著。张瀚元等通过对鸡大肠杆菌病模型标志性炎症因子mRNA表达水平的测定发现，连翘酯苷、苦参、苍术以及硫酸小檗碱的饱和水提物对鸡源大肠杆菌病的发病历程具有明显的预防性干预作用。蒋红等观察了银翘天甘口服制剂对感染O2型大肠杆菌的15日龄雏鸡的影响，结果显示该复方制剂组的雏鸡死亡率显著低于头孢噻肟钠阳性对照组，治疗作用显著。戈云华等的研究表明，注射0.3毫升/只白头翁汤对鸡源大肠杆菌的预防有效率达87.5%，明显高于头孢噻呋钠和恩诺沙星对肉鸡的保护作用。王亮等将复方"加味白头翁"颗粒以拌料饲喂的方式给药，经临床诊断、实验室病原菌分离和病理切片分析发现，该复方以4%的药物与饲料添加量治疗效果最佳。孙怀刚等根据中兽医理论，将黄芩、秦皮、白头翁、苦参以及甲氧苄啶按一定比例组成中药增效抗菌复方，观察了对鸡大肠杆菌病的保护作用，表明该复方制剂可有效预防和治疗大肠杆菌病，其有效率与环丙沙星相似。王桂英等在用复方郁金散治疗人工诱导大肠杆菌病鸡的试验中发现，中、高剂量组复方郁金散能有效降低大肠杆菌导致的鸡患病率和死亡率。贺常亮等通过对处方筛选和药效分析，得出以香附、黄芪和穿心莲配比而成的复方汤剂"香芪汤"对试验性鸡大肠杆菌病具有良好的治愈效果。

主要参考文献

[1] 律海峡，胡功政，苑丽等.泵抑制剂对诱导产 ESBLs 鸡大肠杆菌抗菌药物敏感性的影响 [J].江西农业学报，2010，22（5）：141～144.

[2] 相学敬.单硫酸卡那霉素对鸡大肠杆菌病的治疗效果 [J].现代农村科技，2016，3：48.

[3] 赵英虎，高莉，赵恒寿.硫酸丁胺卡那霉素溶液对鸡大肠杆菌病的临床疗效试验 [J].饲料工业，2007，28（8）：48～49.

[4] 张玉换，薛俊龙，王福传.硫酸阿米卡星可溶性粉对人工诱发鸡大肠杆菌和沙门氏菌病的疗效试验 [J].中国兽药杂志，2007，41（4）：43～45.

[5] 张新国，胡振英，宋中枢等.硫酸安普霉素可溶性粉对雏鸡人工感染大肠杆菌的治疗试验 [J].畜牧与兽医，2001，33（2）：25～26.

[6] 崔红兵，朱欢，王翠玲等.氟喹诺酮药物对鸡大肠杆菌体外药敏试验 [J].中国家禽，2001，23（10）：40～41.

[7] 张秀英，佟恒敏，姚春荞，冯力洁.单诺沙星在健康与支原体～大肠杆菌合并感染鸡体内的药动学研究 [J].畜牧与兽医，2002，34（2）：5～8.

[8] 唐一鸣，姜中其，方兰勇等.乳酸恩诺沙星对实验性鸡大肠杆菌病及沙门氏菌病的药效 [J].浙江农业科学，2010，5：1111～1113.

[9] 佐·德力格尔，徐国祝.氟苯尼考与氯霉素对鸡大肠杆菌病的疗效比较 [J].中国畜牧兽医文摘，2017，33（5）：233.

[10] 蔡玉梅，陈文玫，吴绍强.氟苯尼考可溶性粉对鸡大肠杆菌病的疗效试验 [J].中国兽药杂志，2002，36（6）：34～35.

[11] 林雪花.氟苯尼考对鸡大肠杆菌病的治疗 [J].畜牧兽医科技，2018，11：15～16.

[12] 王自然，阮明华.氟苯尼考琥珀酸钠对人工诱发鸡大肠杆菌病的疗效观察 [J].中国畜牧兽医，2010，37（4）：212～214.

[13] 吴智浩，周蕾.口服不同剂量头孢拉定治疗鸡大肠杆菌病效果分析 [J].农家科技，2018，6：120.

[14] 杜云良，刘彦威，韩博等.口服头孢拉定对鸡大肠杆菌病的药效研究 [J].广东农业科学，2010，3：186～188.

[15] 赵春林.头孢拉定运用于家鸡大肠杆菌病治疗中的有效性 [J].广东农业科学，2016，46（16）：90，94.

[16] 曹云芳.头孢拉定治疗鸡大肠杆菌的疗效分析 [J].畜牧兽医科学，2018，6：16.

[17] 卜仕金，王志强，蒋志伟等.头孢噻呋钠对 1 日龄雏鸡实验性感染鸡大肠杆菌病的药效试验 [J].中国家禽，2004，26（11）：17～19.

[18] 岳永波，李金明，贾国宾等.头孢噻呋钠对人工感染雏鸡大肠杆菌病的疗效试验 [J].畜牧与兽医，2006，38（6）：35～36.

[19] 黄玲利，袁宗辉，范盛先等.喹赛多对鸡大肠杆菌病的预防效果研究 [J].华中农业大学学报，2002，21（1）：47～49.

[20] 张磊.氧氟沙星运用于大肠杆菌病鸡治疗的有效性探讨 [J].华中农业大学学报，2016，46（14）：93～94.

[21] 李国旺，赵恒章，苗志国.5 味中药对鸡大肠杆菌的体外抑菌试验 [J].贵州农业科学 2010，38（10）：141～143.

[22] 鹿意，梁晓，秦志华等.八味中药及其复方对鸡大肠杆菌的体外抑制试验 [J].中国兽医杂志，2018，54（6）：70～72.

[23] 赵银丽，李国喜，张慧茹.板蓝根对人工感染鸡大肠杆菌病的疗效观察 [J].安徽农业科学，2007，35（26）：8246～8248.

[24] 黄慧，姜晓文，于文会等.板蓝根微粉对雏鸡大肠杆菌病的防治试验 [J].中国兽医杂志，2017，53（9）：53～57.

[25] 王兴旺，胡勇，宋伟舟等.苍术对鸡大肠杆菌耐药质粒消除作用的研究 [J].重庆工学院学报，2006，20（2）：123～125.

[26] 向华，赵晴，马红霞.车前子提取物对大肠杆菌耐药抑制作用初步研究 [J].中国兽药杂志，2014，48（5）：40～43.

[27] 程桂林，徐淑芳，刘凤华等.大蒜挥发油对猪鸡四种常见致病菌的抗菌效果 [J].动物营养学报，2009，21（4）：

554～560.

[28] 李蕴玉, 李佩国, 张召兴等.单味中药水提物对鸡源耐药性 *E.coil* 地方株的体外抑菌活性研究 [J].中国兽医杂志, 2018, 54 (4)：47～49.

[29] 陈雁南, 罗有文, 郝家杰等.低聚木糖对 AA 肉鸡生产性能、血清相关指标及盲肠大肠杆菌数的影响 [J].江苏农业科学, 2009, 6：273～275.

[30] 蒋加进, 朱卫, 庄禧懿等.黄连对鸡源大肠杆菌质粒消除作用的研究 [J].畜牧与兽医, 2013, 45 (11)：79～81.

[31] 马霞, 张国祖, 郭振环.黄连解毒散超微粉治疗鸡大肠杆菌病的效果 [J].江苏农业科学, 2014, 42 (10)：204～206.

[32] 赵银丽, 李国喜, 刘来亭等.黄芩抗鸡大肠杆菌作用的研究 [J].中国兽药杂志, 2006, 40 (1)：29～31.

[33] 王关林, 唐金花, 蒋丹等.苦参对鸡大肠杆菌的抑菌作用及其机理研究 [J].中国农业科学, 2006, 39 (5)：1018～1024.

[34] 张发明, 李应超, 董宝明等.乌梅中化合物 V 对鸡大肠杆菌的体内和体外杀灭作用研究 [J].科技导报, 2008, 26 (22)：71～74.

[35] 李树梅, 张发明, 李应超等.乌梅酸枣仁提取物对人工感染鸡大肠杆菌病的防治效果 [J].中国比较医学杂志, 2010, 20 (6)：49～54.

[36] 于文会, 李叔洪, 姜晓文等.黄连组方对大肠杆菌 O78 的抑菌作用与临床疗效研究 [J].中国畜牧兽医, 2018, 45 (3)：814～821.

[37] 李定刚, 张铁, 韩旭东等."连葛口服液"对人工诱发鸡大肠杆菌病的治疗试验 [J].安徽农业科学, 2014, 42 (26)：9044～9046.

[38] 范学政, 马健, 陶庆树等.P10B 抗菌肽和硫酸小檗碱对肉鸡源大肠杆菌的体外联合抗菌作用研究 [J].中国兽药杂志, 2018, 52 (9)：22～26.

[39] 马红伟, 吴涛, 肖飞东.阿莫西林和硫酸黏菌素对猪鸡大肠杆菌和沙门氏菌的体外联合抗菌作用 [J].中国兽药杂志, 2009, 43 (5)：30～32.

[40] 刘晓霞.肠安之星对鸡大肠杆菌病治疗之结果.兽医导刊, 2018, 4：203.

[41] 潘搏庆, 黄小娟.分析不同药物治疗鸡大肠杆菌病的效果 [J].畜牧兽医科学, 2018, 10：2～3.

[42] 王丽平, 陈绍峰, 史晓丽等.复方氟苯尼考口服液对人工诱发鸡大肠杆菌病的疗效试验 [J].动物医学进展, 2003, 24 (4)：110～112.

[43] 苑丽, 胡功政, 刘智明等.氟苯尼考与多西环素联合对鸡大肠杆菌病的治疗效果 [J].河南农业大学学报, 2005, 39 (1)：93～97.

[44] 王春华, 刘国权.氟苯尼考与三甲氧苄啶配伍应用对鸡大肠杆菌病的临床疗效试验 [J].中国兽药杂志, 2006, 40 (10)：49～51.

[45] 冯善祥.复方制剂对鸡大肠杆菌病的临床疗效观察 [J].中国畜牧兽医, 2011, 38 (2)：236～238.

[46] 葛冰, 刘澜, 李复煌等.复方白头翁颗粒对人工感染鸡大肠杆菌病疗效试验 [J].中国兽医杂志, 2016, 52 (7)：111～113.

[47] 孙荣华, 王礼生, 王梅芝等.方白头翁散对鸡大肠杆菌病的疗效 [J].中国兽医杂志, 2002, 38 (2)：27～28.

[48] 李国旺, 赵恒章.复方白头翁散对鸡大肠杆菌病的疗效 [J].安徽农业科学, 2007, 35 (5)：1388～1389.

[49] 冀威.朝阳市中西医结合治疗鸡大肠杆菌病的试验研究 [J].乡村科技, 2018, 6：108～110.

[50] 王广伟, 施向群, 姜世金.硫酸阿米卡星复方制剂治疗鸡大肠杆菌病的效果分析 [J].中国家禽, 2017, 39 (6)：67～69.

[51] 贺生中, 周红蕾, 张斌等.复方磺胺二甲嘧啶钠在鸡大肠杆菌病上的临床应用 [J].畜牧与兽医, 2008, 40 (2)：80～81.

[52] 王海花, 郭宏伟, 唐光武.复方盐酸恩诺沙星可溶性粉对实验性鸡大肠杆菌病的疗效试验 [J].家畜生态学报, 2010, 31 (1)：93～95.

[53] 张召兴.复方中草药超微粉防治鸡致病性大肠杆菌病的研究 [D].秦皇岛：河北科技师范学院, 2017.

[54] 张立富, 王学慧.复方中草药对人工感染肉雏鸡大肠杆菌病的治疗和田间预防试验.中国家禽, 2005, 27 (15)：17～18.

[55] 史书军, 赵兴华, 杜健.复方中草药预防肉鸡大肠杆菌病的研究 [J].安徽农业科学, 2011, 39 (10): 5878, 5900.

[56] 刘群, 于学辉, 吴万友等.科力对鸡大肠杆菌病的防治研究 [J].西南民族学院学报·自然科学版, 2002, 28 (4): 521~523.

[57] 朱广双, 季慕寅, 萧晟等.芩榆散治疗鸡人工感染大肠杆菌病试验 [J].安徽科技学院学报, 2016, 30 (2): 6~9.

[58] 韩景霞."禽菌敌"对鸡大肠杆菌的体外抑菌试验 [J].畜牧与饲料科学, 2010, 31 (8): 114~115.

[59] 王丽平, 江善祥, 史晓丽.舒安林对鸡大肠杆菌病药效试验 [J].中兽医药杂志, 2002, 4: 13~15.

[60] 江善祥, 王丽平, 史小丽等.速效畜禽康对鸡大肠杆菌病药效试验 [J].畜牧与兽医, 2001, 33 (1): 33.

[61] 钟平华, 徐龙, 骆延波等.细胞破壁中兽药健鸡散超微粉治疗鸡大肠杆菌病的临床效果 [J].山东农业科学, 2002, 2: 34~35.

[62] 马广鹏, 李术.泻康宁对感染大肠杆菌雏鸡抗氧化功能的影响 [J].黑龙江畜牧兽医, 2003, 2: 30~31.

[63] 张进隆, 何彦春.有效微生物菌群对鸡大肠杆菌病防制效果试验 [J].畜牧兽医杂志, 2012, 31 (5): 3~4.

[64] 秦四海.自拟中草药复方防治蛋雏鸡大肠杆菌的研究 [J].西北农林科技大学学报·自然科学版, 2005, 33 (8): 41~46.

[65] 苏丽娟, 谢慧, 吴玉臣等.自拟复方中草药防治鸡大肠杆菌病疗效研究 [J].安徽农业科学, 2007, 35 (36): 11841~11842.

[66] 周淑芹.不同抗生素替代品控制肉鸡大肠杆菌感染的效果 [J].畜牧与兽医, 200, 41 (11): 87~88.

[67] 王秀青, 朱明星, 张婵等.抗菌肽 CecropinB 对人工感染大肠杆菌雏鸡的治疗效果研究水 [J].中国家禽, 2011, 33 (11): 15~18.

[68] 冯大兴.抗菌脂肽提取物对鸡源大肠杆菌 O2 抑制作用的研究 [J].现代畜牧兽医, 2016, 2: 41~48.

[69] 初欢欢, 杨海燕, 王述柏等.两种合成生物活性肽对人工感染大肠杆菌新城疫病毒肉鸡的保护试验 [J].中国兽医杂志, 2016, 52 (10): 20~22.

[70] 徐丽娜, 郭小军, 刘若楠等.枯草芽孢杆菌 E-8 对大肠杆菌感染肉鸡生产性能和免疫功能的影响 [J].中国家禽, 2017, 39 (24): 18~22.

[71] 郭金玲, 郑秋红, 刘香等.乳酸菌及其培养物对鸡致病性大肠杆菌的押菌试验 [J].中国饲料, 2008, 8: 34~36.

[72] 王建国, 李秀丽, 范寰等.乳酸菌发酵物与中药配伍对预防鸡大肠杆菌病协同作用的研究 [J].中国畜牧兽医, 2015, 42 (7): 1890~1896.

[73] 黄丽卿, 罗丽萍, 张亚茹等.屎肠球菌 NCIMB11181 对大肠杆菌 O78 感染肉鸡生产性能、肠道微生物和血液抗氧化功能的影响 [J].中国家禽, 2017, 39 (11): 17~22.

[74] 靳双星, 张桂枝.常用消毒药对鸡致病性大肠杆菌的杀菌效果观察 [J].中国兽医杂志, 2014, 50 (5): 48~50.

[75] 马海营.五加糖肽对雏鸡大肠杆菌和新城疫的治疗试验 [J].山东畜牧兽医, 2015, 36 (5): 8~9.

[76] 李贺, 冉多良, 张明.增益素对肉鸡抗大肠杆菌感染和促进增重的作用 [J].天津农学院学报, 2006, 13 (1): 13~17.

[77] 丁笑.动物性大肠杆菌病的中药研究进展 [J].吉林畜牧兽医, 2018, 10: 8~10.

第八章

动物大肠杆菌病的预防和控制

● 第一节　大肠杆菌疫苗研制

大肠杆菌病的发病率和死亡率都比较高，同时还能引发其他的并发或继发症，对养殖业的危害相当严重。目前由于大肠杆菌不同血清型菌株之间缺乏完全保护，菌株之间的免疫原性也存在差异，而大肠杆菌菌株的免疫原性又是由菌体的多种成分决定，因此到目前为止仍未找到一种理想的疫苗能对不同大肠杆菌菌株进行免疫保护。由于大肠杆菌易产生耐药性且耐药质粒能够遗传，而目前临床上又普遍存在抗生素滥用现象，导致耐药大肠杆菌菌株的大量出现，使药物控制的难度越来越大，抗生素药物治疗的疗效不佳，使得疫苗免疫接种成为有效预防大肠杆菌病的途径。

细菌鬼影是近年来发展起来的一种新疫苗技术。细菌鬼影为革兰氏阴性菌通过 E 基因和葡萄球菌核酸酶介导细菌核酸降解后余下的细胞空壳。细菌鬼影含有脂多糖、脂质 A 和肽聚糖，它保留了细菌天然细胞的形态和结构特点，具有内在的佐剂作用，可作为疫苗抗原或药物的投递系统。同时鬼影缺乏遗传物质，消除了耐药基因或毒力岛基因的水平转移等引起的潜在危害。2005 年，Mayr 等报道了一种肠出血性大肠杆菌 O157：H79 鬼影口服疫苗，在不加其他任何佐剂的情况下，以该疫苗胃肠外免疫小鼠诱发了强烈的细胞和体液免疫应答。小鼠免疫后 55 天攻毒，保护率达 86%[1]。

采集疑似大肠杆菌病病例分离致病性大肠杆菌，经超声波破碎后灭活和常规灭活方法制备大肠杆菌多价灭活疫苗进行免疫，可以起到较好的效果[2]。大肠杆菌在破碎后将内含物质释放，所制疫苗较大肠杆菌全菌苗效果更加明显，在动物攻毒试验中，保护率达到了 100%，而普通大肠杆菌菌苗的保护率只有 66.6%。因此，超声破碎大肠杆菌菌苗在实际畜牧业生产中有较高的经济价值。但目前临床上大肠杆菌疫苗还是以常规甲醛灭活方法制备大肠杆菌疫苗居多[3]。目前对大肠杆菌菌苗制备较为重视，鸡大肠杆菌超声波灭活多价苗、甲醛灭活多价苗、基因工程苗、甲醛灭活多价氢氧化铝疫苗等各种菌苗相应出现。因致病性大肠杆菌血清型繁多，用地方株或自场大肠杆菌菌株进行免疫是防治大肠杆菌病的有效措施[4]，致病大肠杆菌菌株制成多菌株油乳剂火活苗应用于生产实验证明该菌苗免疫原性强、保护率高、易保存、使用方便和安全可靠，是防制大肠杆菌病的有效措施。

一、菌种的分离鉴定

根据临床资料，选择送检的疑似大肠杆菌病的畜禽进行大肠杆菌的分离鉴定，普通琼脂平板、鲜血琼脂平板和麦康凯琼脂平板进行细菌的纯化培养后，为革兰染色为两端钝圆、中等大小的革兰阴性杆菌，无芽孢。葡萄糖、甘露醇、麦芽糖、蔗糖、阿拉伯醇、山梨醇、硝酸盐、酒石酸盐、水扬素、M.R试验、靛基质、半固体及H_2S培养基等生化试验鉴定符合大肠杆菌的生化特性。

二、疫苗菌株的筛选

从分离的大肠杆菌菌株中筛选菌株，根据预试验所测定的大肠杆菌小鼠半数致死量进行毒力试验。每株细菌通过腹腔注射感染10只Balb/c小鼠，每只Balb/c小鼠注射大肠杆菌菌液0.5毫升后，连续观察14天，毒力试验重复三次。选出其中Balb/c小鼠死亡数目最多的两株大肠杆菌进一步进行易感动物的毒力试验。采用腹腔注射适龄健康易感动物，注射后连续观察14天，观察并记录感染动物发病时间、死亡时间、发病数和死亡数等情况。致小白鼠发病死亡并从试验小白鼠体内分离细菌，再经生化试验鉴定为大肠杆菌的菌株用于制备疫苗。了解各株大肠杆菌对动物的毒力，从中挑选出毒力强的菌株作为研制疫苗的候选菌株。

三、大肠杆菌菌种候选菌株的传代

根据以上临床资料研究和动物实验筛选出研制疫苗的候选菌株，将初次分离鉴定和筛选的大肠杆菌菌种作为原始菌种并定为第1代，大肠杆菌菌种候选菌株复苏后在肉汤固体培养基上每接种1次作为传代1次，连续传25代，分别取不同代次的大肠杆菌菌种开展传代研究及建立种子批的研究等各项试验。

四、大肠杆菌菌种候选菌株的毒力稳定性测定

（1）小鼠感染试验　选择分别第5、10、15、20和25代大肠杆菌菌种候选菌株制成菌液，按一定剂量经腹腔内注射感染Balb/c小鼠，每只Balb/c小鼠注射0.5毫升大肠杆菌菌液，其中大肠杆菌血清4型的活菌含量为1.8×10^9CFU，而大肠杆菌血清5型的活菌含量为1.5×10^9CFU，感染小鼠后连续观察14天。

（2）动物感染试验　选择第5代和第25代大肠杆菌菌种候选菌株分别制成菌液按一

定剂量感染易感动物，注射后连续观察 14 天。

（3）大肠杆菌菌种候选菌株的免疫原性稳定性测定　分别取 5、10、15、20 和 25 代大肠杆菌菌种候选菌株菌种制成单价灭活疫苗，应保证成品疫苗中含菌量为 1.0×10^9 个/毫升以上，颈部肌内注射试验动物。21 天后进行第二次免疫，同时设未免疫动物为对照。试验动物注射 21 天后采血用间接血凝试验检测抗体效价。在第二次免疫后 14 天连同条件相同的对照试验动物，分别经腹腔内注射菌液进行大肠杆菌攻毒试验，攻毒后连续观察14 天，记录试验动物的发病及死亡情况。

五、大肠杆菌病灭活疫苗基础菌种的研究

（1）大肠杆菌基础菌种的保存　取大肠杆菌基础菌种，原始菌种繁殖扩增到第 3 代以脱脂牛奶做保护剂真空冻干保存，建立供疫苗生产和检验用的基础菌种批。

（2）大肠杆菌基础菌种形态学检验　将大肠杆菌基础菌种划线接种于肉汤固体培养基，37℃培养 24 小时后，挑取单菌落于显微镜下观察大肠杆菌的形态特征。观察大肠杆菌的生长状况和菌落形态。并分别挑取大肠杆菌基础菌种 25 代基础种子细菌菌落革兰氏染色，镜检观察形态特征。

（3）大肠杆菌基础菌种培养特性测定　挑取纯化好的菌落接种于其他培养基以及微量生化鉴定管进行细菌的生化特性鉴定。

（4）大肠杆菌基础菌种血清学特性鉴定　用玻片凝集试验进行大肠杆菌基础菌种血清分型。

（5）基础菌种的毒力试验　用健康 Balb/c 小鼠（体重 16～20 克）每组 10 只，分别腹腔注射活菌含量 1.0×10^9 CFU 以上的大肠杆菌菌液，同时设立非免疫动物对照组。用一定适龄健康易感动物，分别腹腔内注射活菌含量 1.0×10^9 CFU 以上的大肠杆菌菌，同时设立非免疫动物对照组。注射后连续观察 14 天，记录感染动物的发病及死亡情况。

（6）基础菌种的免疫原性试验　将大肠杆菌菌种分别培养后制成成品疫苗中含菌量为 1.0×10^9 个/毫升以上的单价灭活疫苗，颈部肌内注射一定适龄健康动物，21 天后进行第二次免疫，同时设未免疫对照动物。注射 21 天后采血用间接血凝试验检测抗体效价。在第二次免疫后 14 天连同条件相同的对照动物，分别经腹腔内注射活菌含量 1.0×10^9 CFU 以上的大肠杆菌菌液，连续观察 14 天。记录感染动物的发病及死亡情况。

（7）基础菌种的纯粹性检验　大肠杆菌菌液培养完成后，取样用普通琼脂作纯粹检验，培养 7 天后，若均无杂菌生长，判定合格。

（8）菌种的传代　将大肠杆菌单菌落接种于肉汤固体培养基，37℃培养 24 小时后再接种于新的肉汤固体培养基，每接种 1 次作为传 1 代，连传 25 代后再对大肠杆菌进行毒力试验和免疫原性试验观察大肠杆菌稳定性。

六、大肠杆菌病灭活疫苗的实验室制备

（1）细菌的培养　将大肠杆菌菌株种子菌分别接种于肉汤固体培养基，37℃恒温箱中培养，24 小时后挑取单个菌落，接入肉汤液体培养基中，37℃振荡培养，12～16 小时后

再将此菌液按 1% 的比例加入新配制的肉汤液体培养基进行大量增殖。37℃ 振荡培养，12～16 小时后按平板菌落计数法计数，培养 24 小时后，收集菌液，用分光光度计法测定细菌总菌含量。

（2）细菌的灭活及检验 按肉汤液体培养基总体积加入 0.3% 甲醛灭活，置 37℃ 温箱中灭活，分别在灭活 4 小时、8 小时、12 小时、16 小时、20 小时和 24 小时后取灭活好的大肠杆菌菌液分别接种于营养琼脂平板和厌氧的肉汤培养基，37℃ 培养 24～48 小时。

（3）大肠杆菌病单价灭活疫苗的制备 油相制备：取 93 份 10 号白油加热至 50～60℃，在白油加热至 80℃ 时加入 1 份研磨成细粉的硬脂酸铝，边加边搅拌，直到透明为止，再加入 6 份司本-80，不断搅拌充分混匀，直到硬脂酸铝全部溶解，121℃ 高压蒸汽灭菌 30 分钟，冷却至室温，备用。

水相制备：根据细菌培养 24 小时分光光度计法或麦氏比浊管测定的总菌数结果，参照培养 12～16 小时的平板菌落计数法计数结果，将灭活后的菌液浓缩为 1.0×10^9 个/毫升以上，加入 4% 的灭菌吐温-80，边加边搅拌，至完全溶解。水相与油相的比例为 1：1.5，即 1 份水相配 1.5 份油相在高速搅拌器中。先取油相 1.5 份，开动电机慢速搅拌，同时缓缓加入水相 1 份，加完后再以 8000～10000 转/分钟乳化 2～5 分钟，在终止搅拌前加入 1% 硫柳汞溶液，使其终浓度为万分之一，将菌苗分装，在 4℃ 条件下保存。

（4）肠杆菌病灭活疫苗（双价或多价）的制备 油相制备同（3）。

水相制备：根据细菌培养 24 小时分光光度计法或麦氏比浊管测定的总菌数结果，参照培养 12～16 小时的平板菌落计数法计数结果，将灭活后的每种血清型菌液浓缩为 1.0×10^{10} 个/毫升后，再等量混合并加入终浓度为 4% 灭菌吐温-80，边加边搅拌，至完全溶解。乳化工艺同（3）。

七、稳定性试验

将制备好的油苗置于离心管中，3000 转/分钟离心 15 分钟，观察有无分层。

八、大肠杆菌灭活疫苗的安全性试验

（1）对最小试验动物各种接种途径一次单剂量接种的安全性 肌内注射途径接种灭活疫苗，一次单剂量达最大的大肠杆菌病灭活疫苗分别经颈部肌肉接种试验动物，另设非免疫动物为对照，观察试验动物的临床表现，并每天测定体温，连续观察 14 天，观察试验动物有无不良反应。

（2）疫苗对试验动物单剂量重复接种的安全性 将大肠杆菌病灭活疫苗分别通过颈部肌肉接种试验动物，另设非免疫动物为对照，观察试验动物的临床表现，并每日测定试验动物的体温，连续观察 14 天。

（3）对试验动物一次超剂量接种的安全性 将大肠杆菌病灭活疫苗分别通过颈部肌肉接种靶试验动物，另设非免疫动物为对照，观察试验动物的临床表现，并每日测定试验动物的体温，连续观察 14 天。

（4）对接种试验动物的安全性 将大肠杆菌病灭活疫苗分别通过颈部肌肉接种试验动

物，另设非免疫动物为对照，测定动物体温，观察试验动物的临床表现，连续观察 14 天。

（5）对妊娠动物接种的安全性　将大肠杆菌病灭活疫苗分别经颈部肌肉接种妊娠试验动物，每只试验动物接种两倍免疫剂量，另设非免疫动物为对照，观察感染动物的临床表现和产仔情况。

（6）对 Balb/c 小鼠接种的安全性　将大肠杆菌病灭活疫苗分别经颈部皮下接种 10 只健康 Balb/c 小鼠（16～20 克），每只小鼠接种 0.2 毫升，另设 10 只 Balb/c 小鼠作为非免疫对照，观察感染动物的精神状态和存活情况。

九、大肠杆菌病灭活疫苗对实验动物免疫效力

用制备的大肠杆菌病灭活疫苗和挑选国内外生产的大肠杆菌病灭活疫苗相比较，每种灭活疫苗分别免疫一定适龄健康动物，每种疫苗设立条件相同的对照组，21 天后进行第二次免疫，免疫后 14 天，分别用大肠杆菌标准菌株经腹腔内攻毒，观察试验动物的临床表现，并每天测定试验动物的体温，连续观察 14 天。

十、大肠杆菌病灭活疫苗效力检验的试验

选用一定适龄动物作为试验动物，首免 21 天后进行第二次免疫，每只动物经颈部肌内注射疫苗，同时设立条件相同的未免疫动物为对照组。第二次免疫后 14 天，用 1.0×10^9 CFU 以上的大肠杆菌标准菌株进行腹腔内攻毒，对免疫组和对照组同时进行攻毒，攻毒后观察试验动物临床症状和死亡情况，计算每批疫苗的保护率。

十一、大肠杆菌病灭活疫苗的免疫期及抗体消长规律试验

（1）抗体检测方法　采用常规琼脂扩散试验方法测定血清样品的抗体效价：在 1.0% 浓度的琼脂中央孔分别加入大肠杆菌抗原，周围孔加入倍比稀释的血清。置 37℃ 温箱湿盒中作用，24 小时后观察结果，连续观察 3 天，如在抗原孔与抗体孔之间出现沉淀线，则判定为相应孔的效价。

（2）疫苗免疫期和抗体消长规律和测定　疫苗用常规免疫剂量对试验动物进行免疫，在首免 21 天后进行第二次免疫，同时设立未免疫对照组。分别于首次免疫后第 7 天、14 天、28 天、60 天、90 天、120 天、150 天、180 和 210 天采血，用琼脂扩散试验检测型特异性抗体，了解免疫后抗体的消长规律和免疫持续期。

十二、大肠杆菌母源抗体与试验动物免疫的相关性研究

（1）试验动物的分组与试验设计　选取健康妊娠试验动物或蛋鸡，随机分成两组。对其中一组试验动物进行免疫，产前两个月进行首次免疫，产前一个月加强免疫；另外一组未免疫。在每头母畜产仔时收集初乳检测其抗体水平。将初乳 5000 转/分钟离心 20 分钟，弃上层脂肪层，吸取中层乳浊液检测抗体效价。

（2）仔猪的分组与试验设计　将以上两组试验动物的后代各分成两组，对其中一组试验动物进行免疫，另外一组未免疫。免疫试验动物在 14 日龄首免，21 天后进行第二次免疫。试验动物总共分成 4 组，分别在试验动物出生后第 2 天、7 天、14 天、21 天、28 天、35 天、42 天和 48 天采血测定血清中的抗体水平。

十三、大肠杆菌病灭活疫苗的保存期试验

将大肠杆菌病灭活疫苗在 2～8℃ 分别保存 6、9、12 和 15 个月，然后在 20～25℃ 保存 3 和 6 个月后取出，检查大肠杆菌病灭活疫苗是否出现分层等性状，并按说明书要求进行肌内注射，每批大肠杆菌病灭活疫苗免疫试验动物，免疫后 21 天用琼脂扩散试验检测其抗体水平。将 2～8℃ 保存 15 个月和在 20～25℃ 保存 6 个月的大肠杆菌病灭活疫苗随机抽取一批对试验动物进行免疫，并在 21 天后加强免疫。同时设立未免疫动物为对照组，第二次免疫后 14 天用大肠杆菌标准菌株按一定剂量进行攻毒，观察大肠杆菌病灭活疫苗对试验动物的保护率。

第二节　禽大肠杆菌疫苗的研制与应用

索朗斯珠等从西藏林芝市某养鸡场疑似大肠杆菌病病死藏鸡的实质脏器中分离得到符合大肠杆菌培养特性和生化特性的地方菌株[5]，对大肠杆菌 O 多价血清和单因子血清作玻片凝集试验，鉴定出大肠杆菌分离菌株的血清型为 O78。按规程制成的油乳灭活疫苗，通过细菌的分离培养及形态鉴定、生化特性鉴定、毒力试验、血清型鉴定、免疫原性、纯粹检验和菌种保存选择大肠杆菌菌株。1～3 月龄藏鸡皮下注射含 2％ 蛋白胨肉汤 12～18 小时的培养菌液 5 毫升，5 只均在接种 24 小时内死亡。同时进行生产用种子制备（包括一级种子繁殖和二级种子繁殖）、菌液培养（包括纯粹检验和活菌计数）、灭活及无菌检验、配苗、半成品检验和成品检验（包括稳定性试验、安全检验和效力检验）等程序。一级种子、二级种子和培养菌液革兰氏染色镜检均为革兰氏阴性杆菌，观察到大肠杆菌菌落为纯粹生长，且细菌活菌数可达到 15×10^8 个/毫升。所制备的菌苗经 3000 转/分钟离心 15 分钟以及 4℃ 室温保 1 个月均不出现不分层现象。1 毫升吸管室温垂直放出 0.5 毫升所需时间为 4～6 秒，黏度适于注射。疫苗的半成品和成品无菌检验结果均为阴性。试验藏鸡只接种该疫苗饲养 15 天后，试验组和对照组藏鸡均健活，无异常反应，表明藏鸡大肠杆菌灭活苗具有安全性。保护力方面，大肠杆菌疫苗免疫藏鸡攻毒后均健活，而未免疫的对照组 10 只藏鸡攻毒后全部死亡。

近年来，豫北地区数家大、中型养鸡场持续暴发禽大肠埃希氏菌病。赵恒章等从河南省豫北地区五家大型鸡场典型发病鸡只的粪便和病变脏器经麦康凯琼脂培养基分离到 5 种大肠埃希氏菌[7]，用血清学方法进行鉴定后确定优势血清型菌株为 O1、O2、O78、O86 和 O111，取各型血清型菌株肉汤培养的两次培养物，以蜂胶为佐剂，取蜂胶磨碎，加适量 95％ 酒精纯化，并配成每毫升含 30 毫克蜂胶的溶液，并加入浓度为 0.3％ 的甲醛溶液

灭活，蜂胶用酒精纯化，按一定比例配制成每毫升含 100 亿个大肠杆菌的多价蜂胶佐剂灭活苗，蜂胶干物质含量为每毫升 15 毫克。经无菌检验、安全性检查、免疫剂量、免疫效力产生与免疫持续期、应用试验证明，本疫苗安全、有效。免疫接种每只 0.5 毫升 10 日龄鸡群，每天观察鸡群，临床无不良反应。对同型鸡用大肠杆菌菌株攻毒，保护率达100%，剖杀鸡群均未见大肠杆菌病性变化，细菌检测为阴性，说明对地方性鸡大肠杆菌病有较强的预防作用。

刘明生等从江苏省海安县兽医站及 12 个大型养殖场剖检采集的具有疑似大肠杆菌病变的病死鸡病料中分离鉴定出大肠杆菌 226 株[8]。将 O78（32 株）、O18（26 株）、O2（21 株）、O88（17 株）、O1（13 株）、O11（10 株）等 6 种优势血清型大肠杆菌经 0.4%甲醇制成多价灭活苗，临床试验结果表明，该多价灭活苗安全性好，疫苗免疫 15 日龄健康非免疫鸡，免疫后第 7 天可检测出抗体，之后抗体逐渐上升，在第 56 天抗体达到最高水平，以后开始逐渐下降，但在 120 天时仍达 6log2，攻毒保护率达 100%，免疫保护期达 120 天；雏鸡注射 0.3 毫升/只，成鸡注射 0.5 毫升/只，可使雏鸡的发病率和死亡率分别降低 9.61%和 3.08%，成鸡的发病率和死亡率分别降低 6.24%和 3.01%。

宋玉伟和梁秀丽采用致病性试验和抗原性测定从商品肉鸡场、蛋鸡场送检的病料分离得到的 20 株大肠杆菌中筛选出毒力强、抗原性良好的 3 株[9]，这些大肠杆菌菌株来源于许昌地区市郊、魏都区、建安区等地区，将这些具有优势血清型 O5、O54、O78 的致病性大肠杆菌菌株混合作为制苗种子。收集麦康凯琼脂平板培养的大肠杆菌菌苔，经纯度检验无杂菌后常规计数获得各菌株菌悬液活菌含量不低于 100×10^9 CFU/毫升。将大肠杆菌 O78、O54 和 O5 按 4:3:2 的比例混合，以终浓度 0.3%甲醛、37℃的环境灭活 24 小时，然后加入蜂胶提取液，最终含菌量达到 100×10^9 CFU/毫升，蜂胶干物质含量为 10 毫克/毫升，菌苗为呈棕黑色混悬液。以 7 日龄健康易感雏鸡和 120 日龄蛋鸡为研究对象观察菌苗的安全性。雏鸡、蛋鸡注射疫苗后，仔鸡出现精神委顿，食欲下降，数天后精神、食欲恢复正常；蛋鸡持续 2~3 小时精神沉郁，很快恢复正常，注射局部无异常。同时对雏鸡 20×10^9 CFU/只、蛋鸡 30×10^9 CFU/只进行免疫力试验和田间试验，无论是雏鸡还是蛋鸡，接种疫苗 7 天后就可产生免疫力，到 14 天保护率达 100%。仔鸡、蛋鸡的免疫期均可持续 150 天以上。

杭柏林等从河南省新乡市某鸡场疑似大肠杆菌病的病、死肉鸡分离得到符合大肠杆菌生化特征的菌株[10]，经肉汤培养基 37℃大量培养 72 小时后，将合格的菌株悬液按 0.5%的比例加入甲醛，封口混匀后 37℃灭活 48 小时，然后经厌气肝汤、普通肉汤检验无菌生长为合格，将灭活后的菌液按 1:3 比例与吐温-80 混合，制成细菌悬液水相，再与司本-80 白油混合，置立式胶体磨中快速乳化成油包水状，置离心管以 3000 转/分钟离心 30 分钟，若无分层则为合格。以颈部皮下接种 1 日龄未免疫大肠杆菌菌苗的健康雏鸡，观察 15 天评价菌苗的安全性。试验鸡全部存活，无任何临床症状和病理变化，证明灭活疫苗安全。以肌内注射 14 日龄 AA 肉鸡评价菌苗的效力，试验组鸡全部存活，证明该灭活疫苗有效。

高崧等以禽病原性大肠杆菌 O18~120、O18~353、O78~037 和 O78~166 分离株制成超声波裂解铝佐剂灭活苗胸肌注射免疫 14 日龄伊莎父母代蛋鸡[11]，大量培养禽病原性大肠杆菌 O18~120、O18~353、O78~037 和 O78~166 分离株，0.2%甲醛生理盐水

37℃灭活48小时，加入10％硫酸铝钾和7.4％的氢氧化钾，4℃孵育48小时后加入0.2％甲醛生理盐水，4℃过夜后备用。以相同或不同外膜蛋白型OMP型的禽病原性大肠杆菌O18、O78分离株攻毒（O18～120和O78～037属于OMP-1型，由2条带组成；禽病原性大肠杆菌O18～353和O78～166属于OMP-3型，由3条带组成）。O78血清型相同和不同外膜蛋白型OMP型分离株间能获得最大保护；O18血清型相同外膜蛋白型OMP型分离株间获得最大保护，而不同外膜蛋白型OMP型分离株间不能保护；O18和O78两个血清型的分离株间不论外膜蛋白型OMP型是否相同，均缺乏保护。表明禽大肠杆菌苗的免疫保护主要与O血清型有关，部分与外膜蛋白型OMP型有关，尤其在同一血清型内，如O18血清型内部的分离株间。以间接酶联免疫吸附试验试验、间接血凝试验分别测定了试验鸡临攻毒前针对大肠杆菌外膜蛋白型OMPs和脂多糖LPS的抗体。铝佐剂灭活苗免疫组鸡血清的外膜蛋白型OMPs和脂多糖LPS抗体明显高于攻毒对照组。铝佐剂灭活苗组存活鸡临攻毒前血清中上述两种抗体滴度恒高于死亡鸡，但除3个组外多数组差异不显著；攻毒对照组这一关系不稳定。禽大肠杆菌疫苗的免疫保护主要与O血清型有关，部分与外膜蛋白型OMP有关，如O18分离株；免疫保护性抗原含外膜蛋白型OMP、脂多糖LPS等多个抗原表位。在某一地区或者某一场，在获得可靠的流行病学资料并对禽大肠杆菌分离株遗传相关性作进一步分析后，研制出适合该地区或场的禽大肠杆菌疫苗是完全可能的。

禽多杀性巴氏杆菌和大肠杆菌临床上多见混合感染，流行广泛，危害严重，常给养禽业带来重大的经济损失。陆有飞等从广西某大型鸡场疑似禽霍乱、大肠杆菌病病死鸡的心、肝等病料分离到禽多杀性巴氏杆菌MH-1分离菌株和大肠杆菌CM-1分离菌株[12]。禽多杀性巴氏杆菌MH-1分离菌株对2月龄非免鸡最小致死量为80CFU；大肠杆菌CM-1分离菌株对2月龄非免鸡最小致死量为$2×10^9$CFU。大量培养禽多杀性巴氏杆菌MH-1分离菌株和大肠杆菌CM-1分离菌株的含量达到$7×10^9$CFU/毫升和$5×10^9$CFU/毫升。按照《中华人民共和国兽用生物制品规程》的要求进行菌株的培养、灭活及灭活检验，物理性质、无菌检验和安全试验，合格后方可用于免疫攻毒试验。以2月龄非免鸡作攻毒试验，少数免疫鸡有轻微临床反应，表现为减食、排白色粪便，为一过性反应，至试验结束保护率能达到100％；试验中巴氏杆菌攻毒组和混合攻毒组的成活鸡均无明显临床症状，但是两组的死亡鸡经剖检均有禽霍乱的病变，只是肉眼病变比非免疫对照组的鸡要轻，以及死亡时间均在24小时以后，至试验结束保护率为80％，两个免疫剂量组禽霍乱的保护率没有明显区别。

王文成等采用鸡大肠杆菌多发病型菌株以及地方病型菌株作为制苗用菌种[13]，保证了疫苗既具有一定的广谱性，又具有一定的特异性；采用液体通气培养方法，在一定程度上提高了菌数。中草药的水浸液与蜂胶醇浸液适当混合，使每毫升含蜂胶不低于50毫克、中草药（生物含量）不低于2毫克。中草药佐剂对小鼠的毒性试验显示，小鼠全部健活，未呈现毒性反应，且有促生长作用。中草药佐剂对大肠杆菌有抑菌作用，作用1小时可减少20％～40％大肠杆菌。将经检验合格的灭活固体培养的菌悬液和液体培养菌液适量混合，使其在乳化前菌体数量不低于100亿CFU/毫升。取以上混合菌液3份与中草药佐剂2份，用胶体磨乳化，加入1％硫柳汞，使其终浓度达0.01％，混合均匀，定量分装。鸡大肠杆菌病中草药佐剂多价灭活苗免疫1～3周龄健康易感雏鸡14天后全部健活，无局部和全身反应。1～3周龄健康易感雏鸡颈背皮下或胸部肌内注射鸡大肠杆菌病中草药佐剂多价灭活苗，免疫组保护高于80%。经采用中草药蜂胶作为佐剂不但可有效地提高机体的免疫功能，同时兼具有治疗、保健和促生长作用，另外蜂胶还可以增大抗原表面积，延长抗原在组织的贮存时间，可持久地释放抗原，保证了机体持续产生高效价抗体。

薛俊龙的鸡大肠杆菌多价复合佐剂灭活苗采用山西省优势血清型O、O2、O68和O78鸡致病性大肠杆菌按2：2：2：4混合的菌体碎片作为抗原物质[14]，4%的吐温-80和48毫克/毫升黄芪多糖可溶性粉组成复合免疫增效佐剂研制而成的。鸡大肠杆菌多价复合佐剂灭活苗在4℃下眼观呈乳白色（稍灰）乳剂，经3000转/分钟离心10分钟或37℃恒温箱中放置20天，菌苗液仍整体均匀无分层现象。10日龄和120日龄的蛋鸡接种鸡大肠杆菌多价复合佐剂灭活苗后1～2天，除个别出现精神不振、采食量略有减少的临床现象外无其他反应，并且以上症状在5天后全部消失，恢复健康。30日龄（0.25毫升/只）和120日龄（0.50毫升/只）的蛋鸡免疫接种鸡大肠杆菌多价复合佐剂灭活苗后7天，即可产生坚强的免疫力，而鸡大肠杆菌多价全菌体油乳剂灭活苗则需14天；血清抗体滴度于接种后约6周时，大肠杆菌O78达到1：32（最高可达1：53），并且维持6周以上，而鸡大肠杆菌多价破碎菌体油乳剂灭活苗的最高值为1：21、鸡大肠杆菌多价全菌体油乳剂灭活苗的最高值为1：18。鸡大肠杆菌多价复合佐剂灭活苗的免疫保护期为5个多月，常规疫苗为4个月；4～8℃贮藏，以物理性状不改变或免疫保护率不低于80%为标准，保存期不低于14个月。

向春和等采用从新疆北疆地区分离并鉴定的鸡源大肠杆菌O78、标准菌株O2和石河子地区优势株O15菌株[15]，制成多价灭活氢氧化铝佐剂菌苗。选择2个万只规模化养鸡场（宏新养殖场年存栏蛋鸡10万只和双宏养殖场年存栏蛋鸡5万只）进行免疫效果观察，8～9日龄蛋雏鸡颈部皮下注射（0.3毫升/只），开产前110～120日龄胸部肌内注射（0.5毫升/只）。通过统计观察所有鸡群自接雏当日起至300日龄时的自然发病率、免疫雏鸡群生长情况及产蛋期生产水平、饲料报酬等指标。宏新鸡场1组和2组、双宏鸡场三个鸡群中病死鸡总死亡率分别为6%、5.87%、6.57%，免疫效果基本相同，差异分析不显著。鸡大肠杆菌多价氢氧化铝佐剂灭活苗对三个鸡群的生产无任何不良影响。其中，1～4周龄时鸡大肠杆菌多价氢氧化铝佐剂灭活苗组和不接种疫苗的对照组成活率差异不显著；8、18、28周龄和43周龄时成活率差异均极显著；28周龄时鸡大肠杆菌多价氢氧化铝佐剂灭活苗组和不接种疫苗的对照组产蛋率差异不显著；43周龄时鸡大肠杆菌多价氢氧化铝佐剂灭活苗组和不接种疫苗的对照组产蛋率差异极显著；43周龄时鸡大肠杆菌多价氢氧化铝佐剂灭活苗组和不接种疫苗的对照组料蛋比差异极显著。说明由当地大肠杆菌菌株制备的鸡大肠杆菌多价氢氧化铝佐剂灭活苗应用效果良好，可对免疫鸡群产生有效的免疫保护。药品费用方面，不接种疫苗的鸡群较试验鸡群的药品投入多了近一倍（试验鸡群含疫苗费用），其中投入的52.8%费用用于治疗大肠杆菌病。而且在投入药品的同时，鸡场又投入了大量的人力、时间。截至43周龄时，鸡大肠杆菌多价氢氧化铝佐剂灭活苗接种鸡群和不接种疫苗的对照鸡群直接经济效益相差1.1万元，其中，药品费用相差4000元，产品相差约7000元。到68周龄鸡群淘汰时，鸡大肠杆菌多价氢氧化铝佐剂灭活苗接种鸡群和不接种疫苗的对照鸡群的经济效益相差约在1.7万元以上。

许兰菊等以大肠杆菌血清型为O78标准株、河南各地鸡场分离鉴定筛选出的2个鸡大肠杆菌强毒菌株 O78 和 O119 为强毒菌株[16]，作为制苗基础菌株，并加入发病鸡场的自家大肠杆菌血清型 O54 分离株，一起作为制苗菌种。于酵母肉汤中培养 18～24 小时。经活细菌计数和纯检后，加入最终浓度为 0.4％的甲醛，37℃灭活 24～48 小时，其间摇匀数次，然后加入 20％铝胶，即为大肠杆菌多价自家灭活菌苗，皮下或肌内注射 15 日龄无大肠杆菌抗体的雏鸡、皮下或肌内注射 140 日龄无大肠杆菌抗体的罗曼蛋鸡。大肠杆菌多价自家灭活菌苗接种雏鸡 0.5 毫升和 1 毫升，成鸡 1 毫升、2 毫升和 3 毫升无毒副作用。60％的 2 毫升接种雏鸡，50％的 4 毫升接种成鸡有一过性精神倦怠。0.5 毫升皮下或肌内注射 10 日龄雏鸡 10 只，25 日龄时皮下或肌内攻毒同型大肠杆菌菌株，免疫雏鸡未见任何精神食欲异常，免疫保护率为 100％。大肠杆菌多价自家灭活菌苗 5 日龄以上鸡免疫期为 3 个月，在 2～8℃保存有效期为 1 年。微量直接凝集试验检测鸡血清中抗大肠杆菌抗体发现，许昌魏都区鸡场、项城鸡场、鄢陵鸡场、建安区鸡场、兰考鸡场免疫大肠杆菌多价自家灭活菌苗后 12 周，血清中抗体平均凝集价为 1∶33.6，高于免疫临界线 1∶16，并且鸡群健康状况稳定，增重加快，饲料利用率提高，产蛋率上升 3％～10％。

周霞等选择从新疆石河子地区不同大肠杆菌发病鸡场分离的 5 个优势血清型 O78、O2、O7、O111 和 O15 大肠杆菌菌作为制苗菌株[17]，经培养、混合、0.4％甲醛灭活后，与氢氧化铝按一定比例混合，制成细菌最终浓度为 40 亿个/毫升的鸡大肠杆菌多价灭活疫苗。经安全性检验（15 日龄健康雏鸡肌内深部接种鸡大肠杆菌多价灭活疫苗 1 毫升/只）、稳定性检验（将鸡大肠杆菌多价灭活疫苗置 4℃，定期观察性状有无变化）和免疫力检验（10 日龄的雏鸡皮下接种鸡大肠杆菌多价灭活疫苗 0.5 毫升/只，试管凝集法检测抗体以及田间免疫试验），鸡大肠杆菌多价灭活疫苗安全有效，接种后无不良反应，健康雏鸡接种后出现精神倦怠，采食量减少，48 小时后基本恢复正常，连续观察 7 天，解剖脏器未见异常变化。鸡大肠杆菌多价灭活疫苗性能良好，4℃放置半年，未见性状发生改变。鸡大肠杆菌多价灭活疫苗免疫雏鸡后第 7 天可检出抗体，第 35 天抗体达到较高水平，到 1∶256，且可维持一段的时间，使鸡获得免疫保护。田间试验显示，鸡大肠杆菌病例显著减少，且死亡率也明显下降。

庄向生等从福建省南平、福州和三明等 3 个地区的几个大型养鸡场的病、死鸡的内脏和死胚中分离到大肠杆菌，对其进行了生化试验、致病性试验和血清型鉴定[18]。选择血清型为 O78、O2、O1 和 O36 的 4 个代表菌株为制苗菌种，按一定比例常规方法制成油乳剂、复合蜂胶佐剂和氢氧化铝大肠杆菌的多价灭活苗，每毫升含 100 亿个大肠杆菌。油乳剂、复合蜂胶佐剂和氢氧化铝大肠杆菌的多价灭活苗颈部皮下接种 7 日龄海兰褐蛋鸡（2 毫升/只），连续观察 14 天，发现接种疫苗后部分鸡不吃或少吃饲料，其中铝胶组和蜂胶组试验鸡于 8～12 小时恢复正常采食，油苗组于 24 小时内也恢复正常采食，此外无其他不良反应。14 天后全部剖杀，观察内脏，未发现有肉眼可见的病变，说明该疫苗安全。从整体结果看油乳剂大肠杆菌的多价灭活苗和复合蜂胶佐剂大肠杆菌的多价灭活苗的保护率最高，复合蜂胶佐剂大肠杆菌的多价灭活苗的抗体上升得比油乳剂大肠杆菌的多价灭活苗快，但油乳剂大肠杆菌的多价灭活苗的抗体延续时间（保护期）比蜂胶长。氢氧化铝大肠杆菌的多价灭活苗的抗体水平上升得很快，但其在体内的消失也快，保护期短。从临床症状和攻毒后第 14 天剖检结果看，油乳剂大肠杆菌的多价灭活苗在第 56 天攻毒后发病，复合蜂胶佐剂大肠杆菌的多价灭活苗在第 42 天攻毒后发病，但发病率低，未出现死亡或死亡率很低；而氢氧化铝大肠杆菌的多价灭活苗在整个试验期均有发病，并且到第 84 天后攻毒还出现 100％发病。蜂胶作为一种具有生物活性的免疫佐剂所显示出的优点已逐渐被认识。蜂胶灭活苗的物理性状良好，易于注射，注射局部无不良反应。蜂胶具有广谱生物学活性，是一种良好的免疫增强剂和刺激剂，它既能引起特异性免疫应答，又能启动非特异性防御机制，有增强免疫抗体生成和提高白细胞吞噬能力的明显效果。蜂胶苗的免疫应激小，抗体产生快，保护期也比较长。因此，蜂胶苗是一种比较理想的疫苗。

甘辉群等选择从海安县分离鉴定的 6 种优势血清型 O78、O18、O2、O88、O1 和 O11 大肠杆菌为苗种[19]，按 3∶2∶2∶1∶1∶1 的比例均匀制成菌液，加入终浓度为 0.4％的甲醛溶液，置 37℃灭活 24～48 小时，灭活菌液与氢氧化铝胶按 9∶1 的体积混合，充分振摇 30 分钟，加入 0.01％硫柳汞防腐，混匀制成多价灭活苗，分装，4℃保存。15 日龄未经大肠杆菌菌苗免疫的健康雏鸡颈背部皮下注射大肠杆菌铝胶多价灭活苗 1 毫升，120 日龄健康蛋鸡 10 只每只胸部皮下或浅层肌内注射大肠杆菌铝胶多价灭活苗 2 毫升，接种灭活苗后 24 小时内，除个别出现精神不振、采食量略有减少的临床现象外，无其他反应，并且以上症状在 5 天后全部消失，鸡恢复健康，表明大肠杆菌铝胶多价灭活苗安全性好。大肠杆菌铝胶多价灭活苗免疫接种 15 日龄健康非免疫鸡，免疫后第 7 天可检测出抗体，之后抗体逐渐上升，在第 56 天抗体达到最高水平，以后开始逐渐下降，但在 120 天时仍达 6log2。大肠杆菌铝胶多价灭活苗攻毒保护率达 100％，免疫保护期达 120 天；雏鸡注射 0.3 毫升/只，成鸡注射 0.5 毫升/只，可使雏鸡的发病率和死亡率分别降低 9.61％和 3.08％，成鸡的发病率和死亡率分别降低 6.24％和 3.01％。

刘建柱等从某鸡场的临床病例中无菌采取具有典型大肠杆菌病病理变化病死鸡的肝、脾、心血、腹腔液做为病料，分离鉴定出 4 株作为制大肠杆菌苗的苗株[20]。将不同菌株按一定比例混合均匀，麦氏比浊法计数，用无菌生理盐水将菌液稀释到 200 亿个/毫升，用甲醛灭活。按常规方法制成鸡大肠杆菌多菌株油乳剂灭活苗。无苗检验结果为无菌生长。安全性试验结果为实验鸡均健活。效力检验结果为试验组个别鸡在攻毒后出现一过性精神委顿，几天后恢复。500 只雏鸡肌注后观察，大肠杆菌病发病率下降至 8.5％，死亡率降至 1.18％，保护率为 98.82％。抗体监测结果显示，免疫前凝集滴度为（1～3）log2，免疫后 15 天升为（3～5）log2，25 天升为（4～6）log2。

崔锦鹏等选择从山东省各地分离筛选并经血清学鉴定得到的地方分离菌株 O24、O35、O36 和 O68 以及标准菌株 O1、O2、O78 作为制大肠杆菌苗的苗株[21]。向经过多次冻融的菌液中加入适量的福尔马林，充分摇匀后置 37℃灭活 24～48 小时，其间每隔 2～4 小时振摇一次。油苗经 3000 转/分钟离心 15 分钟不分层，吸入 1 毫升吸管中，放掉 0.4 毫升时间为 5～8 秒。按检验规程检验，接种营养琼脂平板、血琼脂平板，同时接种厌气肉肝汤，37℃培养 24～48 小时无细菌生长。10 龄健康易感雏鸡肌内或颈部皮下注射鸡大肠杆菌多价油乳剂灭活疫苗 1 毫升，饲养 15 天无异常反应，剖检，各脏器正常。20 日龄雏鸡肌内注射鸡大肠杆菌多价油乳剂灭活疫苗（0.3 毫升/只），25 天以后，用致病性标准菌 10^8～10^9 个/只肌内注射或腹腔注射，观察 15 天，免疫组保护率在 80％以上。2 年来鸡大肠杆菌多价油乳剂灭活疫苗应用于山东省的聊城、菏泽、德州、济宁、威海、滨州、泰安、济南、青岛、烟台等 10 余个地市的 150 万羽鸡中，经追踪抽样调查证明，对鸡大肠杆菌病的有效保护率 80％以上，且免疫后未见不良反应。

吕建存等选择从河北省不同地区分离的 6 个优势血清型 O78、O2、O111、O1、O36 和 O35 大肠杆菌菌株作为制苗菌株[22]，经麦康凯琼脂平板、营养肉汤和营养琼脂培养，6 株大肠杆菌悬液等量混合，使菌悬液最终含菌 200 亿个/毫升。进行常规纯度检查，染色特性及形态一致者为合格，按比例加入最终浓度为 0.2% 的甲醛，37℃灭活，灭活时间为 48 小时。用白油、吐温、司本-80，再加入 2% 的硬脂酸稳定剂，按一定比例混合，制成鸡大肠杆菌多价油乳灭活疫苗。所制备油乳疫苗经 3000/分钟离心 15 分钟后，油苗不分层，4℃和室温下保存 1 个月不分层。将鸡大肠杆菌多价油乳灭活疫苗滴于蒸馏水表面，不向四周扩散，为稳定的乳白色体。18 日龄健康雏鸡（1 毫升/只）和 120 日龄成鸡（2 毫升/只）深部肌内接种鸡大肠杆菌多价油乳灭活疫苗，健康雏鸡接种出现一过性精神倦怠，但 5～6 小时后恢复正常，成鸡接种观察 7 天未见不良反应，剖检脏器未见异常变化。鸡大肠杆菌多价油乳灭活疫苗免疫接种 18 日龄健康雏鸡，第 7 天可检测出抗体，14 和 28 天后抗体逐渐上升，在第 56 天抗体达到最高水平 7.3log2，66 天后逐渐下降，但抗体水平仍维持在 6log2 以上，约在 120 天后抗体水平低于 6log2。雏鸡、成鸡注射鸡大肠杆菌多价油乳灭活疫苗后，部分鸡当时采食、精神正常，过 3～5 小时后，鸡群出现精神沉郁，采食稍有下降，持续 10～24 小时左右，随后逐渐恢复正常，鸡大肠杆菌多价油乳灭活疫苗注射部位无明显肿胀、坏死和感染。使用鸡大肠杆菌多价油乳灭活疫苗的肉鸡可提高出栏率，临床及可疑大肠杆菌病例显著减少，且病鸡死亡率也有所下降。

第三节　大肠杆菌相关疫苗研发与生产数据

一、已批准文号的大肠杆菌相关疫苗

动物大肠杆菌相关疫苗数据根据中国兽药信息网（http：//www.ivdc.org.cn/）的国家兽药基础数据库（http：//124.126.15.169：8081/cx/）查询。

（1）仔猪大肠杆菌病、产气荚膜梭菌二联灭活疫苗

通用名：仔猪大肠杆菌病（K88＋K99＋987P）、产气荚膜梭菌（C 型）二联灭活疫苗。

商品名：无。

企业名称：武汉中博生物股份有限公司。

规格：1 头份/瓶；2 头份/瓶。

批准文号：兽药生字 170261126。

批准日期：2018/06/04。

有效期：2023/06/03。

受理号：07040020180408-002。

（2）鸭传染性浆膜炎、大肠杆菌病二联灭活疫苗

通用名：鸭传染性浆膜炎、大肠杆菌病二联灭活疫苗（2 型 RABYT06 株＋O78 型

ECBYT01 株）。

商品名：东方大将。

企业名称：安徽东方帝维生物股份有限公司。

规格：20 毫升/瓶；100 毫升/瓶；250 毫升/瓶；500 毫升/瓶。

批准文号：兽药生字 120492289。

批准日期：2018/05/22。

有效期：2023/05/21。

受理号：07040020171018～089。

（3）鸭传染性浆膜炎、大肠杆菌病二联灭活疫苗

通用名：鸭传染性浆膜炎、大肠杆菌病二联灭活疫苗（2 型 RABYT06 株＋O78 型 ECBYT01 株）。

商品名：浆大康。

企业名称：山东滨州沃华生物工程有限公司。

规格：20 毫升/瓶；100 毫升/瓶；250 毫升/瓶；500 毫升/瓶。

批准文号：兽药生字 1517722289。

批准日期：2017/12/19。

有效期：2022/12/18。

受理号：07040020170710-084。

（4）鸭传染性浆膜炎、大肠杆菌病二联灭活疫苗

通用名：鸭传染性浆膜炎、大肠杆菌病二联灭活疫苗（2 型 RABYT06 株＋O78 型 ECBYT01 株）。

商品名：无。

企业名称：青岛蔚蓝生物制品有限公司。

规格：20 毫升/瓶；100 毫升/瓶；250 毫升/瓶；500 毫升/瓶。

批准文号：兽药生字 151182289。

批准日期：2017/06/26。

有效期：2022/06/25。

受理号：07040020170519-053。

（5）鸭传染性浆膜炎、大肠杆菌病二联灭活疫苗

通用名：鸭传染性浆膜炎、大肠杆菌病二联灭活疫苗（WF 株＋BZ 株）。

商品名：益达康。

企业名称：山东华宏生物工程有限公司。

规格：20 毫升/瓶；100 毫升/瓶；250 毫升/瓶。

批准文号：兽药生字 150102198。

批准日期：2017/06/26。

有效期：2022/06/25。

受理号：07040020170508-072。

（6）鸡大肠杆菌病蜂胶灭活疫苗

通用名：鸡大肠杆菌病蜂胶灭活疫苗。

商品名：无。

企业名称：山东华宏生物工程有限公司。

规格 100 毫升/瓶；250 毫升/瓶；500 毫升/瓶。

批准文号：兽药生字 150102176。

批准日期：2016/06/30。

有效期：2021/06/29。

受理号：07040020160607-175。

（7）羊大肠杆菌病灭活疫苗

通用名：羊大肠杆菌病灭活疫苗。

商品名：无。

企业名称：北京华信农威生物科技有限公司。

规格：20 毫升/瓶；100 毫升/瓶；100 毫升/瓶；250 毫升/瓶。

批准文号：兽药生字（2016）010654009。

批准日期：2018/05/22。

有效期：2021/05/19。

受理号：07040020180314-079。

（8）羊大肠杆菌病灭活疫苗

通用名：羊大肠杆菌病灭活疫苗。

商品名：埃必应。

企业名称：哈药集团疫苗有限公司。

规格：20 毫升/瓶；50 毫升/瓶；100 毫升/瓶；250 毫升/瓶。

批准文号：兽药生字（2016）080074009。

批准日期：2016/05/31。

有效期：2021/05/30。

受理号：07040020160428-334。

（9）羊大肠杆菌病灭活疫苗

通用名：羊大肠杆菌病灭活疫苗。

商品名：无。

企业名称：青海生物药品厂有限公司。

规格：20 毫升/瓶；50 毫升/瓶；100 毫升/瓶；250 毫升/瓶。

批准文号：兽药生字（2016）290014009。

批准日期：2016/05/20。

有效期：2021/05/19。

受理号：07040020160428-334。

（10）羊大肠杆菌病灭活疫苗

通用名：羊大肠杆菌病灭活疫苗。

商品名：无。

企业名称：北京华夏兴洋生物科技有限公司。

规格：20 毫升/瓶；50 毫升/瓶；100 毫升/瓶；250 毫升/瓶。

批准文号：兽药生字（2016）010644009。

批准日期：2015/12/30。

有效期：2020/12/29。

受理号：07040020150807-163。

（11）羊大肠杆菌病灭活疫苗

通用名：羊大肠杆菌病灭活疫苗。

商品名：无。

企业名称：西藏自治区兽医生物药品制造厂。

规格：20毫升/瓶；50毫升/瓶；100毫升/瓶；250毫升/瓶。

批准文号：兽药生字（2014）260014009。

批准日期：2014/06/13。

有效期：2019/06/12。

受理号：0704235535。

（12）羊大肠杆菌病灭活疫苗

通用名：羊大肠杆菌病灭活疫苗。

商品名：无。

企业名称：新疆天康畜牧生物技术股份有限公司。

规格：20毫升/瓶；50毫升/瓶；100毫升/瓶；250毫升/瓶。

批准文号：兽药生字（2014）310014009。

批准日期：2014/02/07。

有效期：2019/02/06。

受理号：0704229537。

（13）鸡多杀性巴氏杆菌病、大肠杆菌二联病蜂胶灭活疫苗

通用名：鸡多杀性巴氏杆菌病、大肠杆菌二联病蜂胶灭活疫苗（A群BZ株＋O78YT株）。

商品名：无。

企业名称：山东华宏生物工程有限公司。

规格：100毫升/瓶；250毫升/瓶；500毫升/瓶。

批准文号：兽药生字（2016）150102263。

批准日期：2016/05/20。

有效期：2021/05/19。

受理号：07040020160329-13。

（14）仔猪大肠杆菌病基因工程灭活疫苗

通用名：仔猪大肠杆菌病基因工程灭活疫苗（GE-3株）。

商品名：无。

企业名称：辽宁益康生物股份有限公司。

规格：5毫升/瓶；10毫升/瓶；20毫升/瓶；1000毫升/瓶。

批准文号：兽药生字（2016）060131112。

批准日期：2016/02/22。

有效期：2021/02/21。

受理号：07040020160113-134。

二、国内新兽药注册的大肠杆菌相关疫苗

（1）仔猪大肠杆菌病、产气荚膜梭菌二联灭活疫苗

新兽药名称：仔猪大肠杆菌病（K88＋K99＋987P）、产气荚膜梭菌（C型）二联灭活疫苗。

研发单位：湖北农业科学院畜牧兽医研究所、中国兽医药品监察所、武汉中博生物股份有限公司和湖北精牧兽医技术开发有限公司。

类别：三类。

新兽药注册证书：（2017）新兽药证字38号。

批准日期：2017/08/02。

公告号：2557。

（2）鸭传染性浆膜炎、大肠杆菌病二联灭活疫苗

新兽药名称：鸭传染性浆膜炎、大肠杆菌病二联灭活疫苗（2型RABYT06株＋O78型ECBYT01株）。

研发单位：青岛蔚蓝生物制品有限公司、山东滨州沃华生物工程有限公司、安徽东方帝维生物股份有限公司和青岛蔚蓝生物股份有限公司。

类别：三类。

新兽药注册证书：（2017）新兽药证字15号。

批准日期：2017/03/14。

公告号：2505。

（3）鸡多杀性巴氏杆菌病、大肠杆菌二联病蜂胶灭活疫苗

新兽药名称：鸡多杀性巴氏杆菌病、大肠杆菌二联病蜂胶灭活疫苗（A群BZ株＋O78YT株）。

研发单位：山东华宏生物工程有限公司。

类别：三类。

新兽药注册证书：（2016）新兽药证字16号。

批准日期：2016/02/22。

公告号：2366。

（4）仔猪大肠杆菌病基因工程灭活疫苗

新兽药名称：仔猪大肠杆菌病基因工程灭活疫苗（GE～3株）。

研发单位：辽宁益康生物股份有限公司。

类别：三类。

新兽药注册证书：（2015）新兽药证字66号。

批准日期：2015/12/14。

公告号：2338。

（5）鸭传染性浆膜炎、大肠杆菌病二联灭活疫苗

新兽药名称：鸭传染性浆膜炎、大肠杆菌病二联灭活疫苗（WF 株＋BZ 株）。

研发单位：中国兽医药品监察所和山东华宏生物工程有限公司。

类别：三类。

新兽药注册证书：（2012）新兽药证字 20 号。

批准日期：2012/06/11。

公告号：1785。

（6）鸡大肠杆菌病蜂胶灭活疫苗

新兽药名称：鸡大肠杆菌病蜂胶灭活疫苗。

研发单位：山东华宏生物工程有限公司。

类别：三类。

新兽药注册证书：（2011）新兽药证字 31 号。

批准日期：2011/06/08。

公告号：1597。

三、进口兽药注册的大肠杆菌相关疫苗

（1）猪大肠杆菌病、C 型产气荚膜梭菌病、诺维氏梭菌病三联灭活疫苗

兽药名称（中文）：猪大肠杆菌病、C 型产气荚膜梭菌病、诺维氏梭菌病三联灭活疫苗

兽药名称（英文）：Multivalent Vaccine against Piglets Colibacillosis，Necrotic Enteritis and Sudden Death for Swine，Inactivated.

生产企业名称（中文）：西班牙海博莱生物大药厂。

生产企业名称（英文）：Laboratorios HIPRA，S. A.

生产厂名称（中文）：西班牙海博莱生物大药厂。

生产厂名称（英文）：Laboratorios HIPRA，S. A.

生产厂地址：Avda. La Selva，135～17170 Amer（Girona），Spain.

规格：①10 头份/瓶；②25 头份/瓶；③50 头份/瓶；④125 头份/瓶

证书号：（2018）外兽药证字 36 号

有效期限：2018/10/09～2023/10/08

公告号：70

公告日期：2018/10/09

（2）仔猪 C 型产气荚膜梭菌病、大肠杆菌病二联灭活疫苗

兽药名称（中文）：仔猪 C 型产气荚膜梭菌病、大肠杆菌病二联灭活疫苗

兽药名称（英文）：*Clostridium Perfringens Type C-Escherichia Coli* Bacterin-Toxoid.

生产企业名称（中文）：硕腾公司。

生产企业名称（英文）：Zoetis Inc.

生产厂名称（中文）：硕腾公司美国林肯生产厂。

生产厂名称（英文）：Zoetis Inc.，Lincoln，USA.

生产厂地址：601 West Cornhusker Highway，Lincoln，Nebraska 68521，USA.

规格：①1 头份（2 毫升）/瓶；②5 头份（10 毫升）/瓶；③10 头份（20 毫升）/瓶；④20 头份（40 毫升）/瓶

证书号：（2017）外兽药证字 87 号

有效期限：2017/11～2022/11

公告号：2610

公告日期：2017/11/12

四、临床试验审批的大肠杆菌相关疫苗

鸡大肠杆菌病、沙门氏菌病二联蜂胶灭活疫苗

项目名称：鸡大肠杆菌病、沙门氏菌病二联蜂胶灭活疫苗（BZ 株＋JN 株）临床试验。

申请单位名称：山东省农业科学院畜牧兽医研究所和山东华宏生物工程有限公司。

试制产品批号：201709001、201709002、201710001、201710002 和 201710003。

试制产品的数量：189000 毫升、193500 毫升、175000 毫升、185500 毫升和 192000 毫升。

拟临床试验地点：山东省威海市文登区小观镇鸿福养鸡场、江苏省盐城悦盛现代农业发展有限公司和河南省郑州航空港区八千办事处恒润养殖场。

有效期：2018/03/21～2019/03/20。

第四节 大肠杆菌防制措施

以鸡养殖为例，氨气、毒素、环磷酰胺、霉菌毒素、饲料营养配比不均衡、维生素 E 过多、维生素 A 过多、维生素 A 缺乏、限饲、限水、通风不良、密度过大、温度过高或过低、幼龄、高抗体反应、高炎症反应、伤口、没有愈合的脐带、受损黏膜、缺乏正常的肠道菌群和尘埃是引起大肠杆菌病的诱因。

在日常工作中，养殖场因饲养管理不当导致鸡群抵抗力差是引起发病的主要原因。饲养环境管理不当、消毒意识淡薄、营养不平衡等均易引起鸡只发病，造成鸡的呼吸道黏膜损伤、抵抗力下降，大肠杆菌继而通过被污染的空气进入呼吸道，导致大肠杆菌病的发生。需要做好经常性的预防工作，减少或防止诱因的出现和发生，保持鸡群良好的精神状态。要改善鸡舍条件、搞好环境卫生和提高饲养管理水平，及时收蛋，脏蛋要用干净细河砂擦拭。

夏季天气炎热，鸡舍通风不良，氨气、二氧化碳、硫化氢等有害气体大量聚集，热应激现象比较显著，应注意防暑降温，改善畜舍结构或加装通风扇，加强通风，降低鸡舍温湿度。另外，饲养密度过大、气候多变、通风不良等都可成为大肠杆菌继发感染的诱因。排除各种应激因素，必须全方位消毒，选择优良的消毒剂对环境、用具、人员严格消毒，包括鸡场消毒、鸡舍消毒、带鸡消毒和饮水消毒。尤其是在北方，空气干燥，鸡舍内的浮

尘比较多，必须用无刺激性的消毒药带鸡消毒，既起到保护鸡群上呼吸道黏膜的作用，又减少了空气中的大肠杆菌含量。

一些常见的防制措施如下[23-29]。

一、灭菌和消毒

消毒和灭菌两个词在实际使用中常被混用，其实消毒和灭菌的含义是有所不同的。消毒是指应用消毒剂等方法杀灭物体表面和内部病原菌营养体的方法，而灭菌是指用物理和化学方法杀死物体表面和内部的所有微生物，使之呈无菌状态。

鸡场消毒可在鸡场舍外地面撒生石灰、大门口设消毒池，所有过往车辆都需要消毒。鸡舍消毒可用1%火碱溶液喷洒地面和墙面，用0.1%的新洁尔灭溶液带鸡喷雾，进入鸡舍前换上已经消毒好的工作服，出舍后将工作服再经紫外线消毒，以便下次取用。饮水消毒主要用于疫病流行期间，可大大降低疫病传播概率。消毒药可选择0.1%的高锰酸钾溶液，连续饮用3~7天。此外，也不能忽略种蛋消毒、水槽料槽的消毒、水线的消毒和笼具的消毒等其他方面的消毒工作。

（1）物理方法

① 温度 高温可使微生物细胞内的蛋白质和酶类发生变性而失活，从而起灭菌作用，低温通常起抑菌作用。因此，利用温度进行灭菌、消毒或防腐是最常用而又方便有效的方法。

a.干热灭菌法

Ⅰ.灼烧灭菌法 利用火焰直接把微生物烧死。灼烧灭菌法彻底可靠，灭菌迅速，但易焚毁物品，所以使用范围有限，只适合于接种针、环、试管口及不能用的污染物品或实验动物的尸体等的灭菌。

Ⅱ.干热空气灭菌法 干热空气灭菌法是实验室中常用的一种方法，即把待灭菌的物品均匀地放入烘箱中，升温至160℃灭菌1小时。干热空气灭菌法适用于玻璃皿和金属用具等的灭菌。

b.湿热灭菌法 微生物细胞内蛋白质含水量高容易变性以及高温水蒸气对蛋白质有高度的穿透力从而加速蛋白质变性而迅速使微生物死亡。因此，在同样的温度下，湿热灭菌的效果比干热灭菌好。

Ⅰ.巴氏消毒法 牛奶、酱油、啤酒等有些食物会因高温破坏营养成分或影响质量，所以只能用较低的温度来杀死其中的病原微生物，这样既保持食物的营养和风味，又进行了消毒，保证了食品卫生。巴氏消毒法一般在62℃灭菌30分钟即可达到消毒目的。由于巴氏消毒法为法国微生物学家巴斯德首创，故称为巴氏消毒法。

Ⅱ.煮沸消毒法 直接将要消毒的物品放入清水中煮沸15分钟，即可杀死细菌和部分芽孢。若在清水中加入1%碳酸钠或2%的石炭酸，则效果更好。煮沸消毒法适用于注射器、毛巾及解剖用具的消毒。

Ⅲ.间歇灭菌法 巴氏消毒法和煮沸消毒法是在常压下，只能起到消毒作用，而很难做到完全无菌。若采用间歇灭菌的方法，就能杀灭物品中所有的微生物。具体操作方法：将待灭菌的物品加热至100℃灭菌15~30分钟，杀死其中的营养体，然后冷却，放入

37℃恒温箱中过夜,让残留的芽孢萌发成营养体,第2天再重复上述步骤,3次左右,就可达到灭菌的目的。间歇灭菌法不需加压灭菌锅,适于推广,但操作麻烦,而且整个操作过程时间长。

Ⅳ.加压蒸汽灭菌法 加压蒸汽灭菌法是发酵工业、医疗保健、食品检测和微生物学实验室中最常用的一种灭菌方法。它适用于各种耐热、体积大的培养基的灭菌,也适用于玻璃器皿、工作服等物品的灭菌。加压蒸汽灭菌是把待灭菌的物品放在一个可密闭的加压蒸汽灭菌锅中进行的,以大量蒸汽使其中压力升高,由于蒸汽压的上升,水的沸点也随之升高。在蒸汽压达到1.055千克/厘米^{2}时,加压蒸汽灭菌锅内的温度可达到121℃。在这种情况下,微生物(包括芽孢)在15~20分钟便会被杀死,从而达到灭菌目的。如灭菌的对象是砂土、石蜡油等面积大、含菌多、传热差的物品,则应适当延长灭菌时间。于蒸汽压的上升,水的沸点也随之提高。因此在加压蒸汽灭菌中,要注意的一个问题是,在恒压之前,一定要排尽灭菌锅中的冷空气,否则表上的蒸汽压与蒸汽温度之间不具对应关系,这样会大大降低灭菌效果。

c.影响灭菌的因素

Ⅰ.不同的微生物或同种微生物的不同菌龄对高温的敏感性不同。

50~65℃灭菌10分钟就可杀死多数微生物的营养体和病毒;但各种孢子、特别是芽孢最能抗热,其中抗热性最强的是嗜热脂肪芽孢杆菌,要在121℃灭菌12分钟才被杀死。对同种微生物来讲,幼龄菌比老龄菌对热更敏感。

Ⅱ.微生物的数量多少显然会影响灭菌的效果,数量越多,热死时间越长。

Ⅲ.培养基的成分与组成也会影响灭菌效果。

一般来说,蛋白质、糖或脂肪存在,则提高抗热性,pH在7附近,抗热性最强,偏向两极,则抗热能力下降,而不同的盐类可能对灭菌产生不同的影响;固体培养基要比液体培养基灭菌时间长。

d.灭菌对培养基成分的影响

Ⅰ.pH值普遍下降。

Ⅱ.产生混浊或沉淀,这主要是由于一些离子发生化学反应而导致混浊或沉淀。

Ⅲ.不少培养基颜色加深。

Ⅳ.体积和浓度有所变化。

Ⅴ.营养成分有时受到破坏。

② 辐射 利用辐射进行灭菌消毒,可以避免高温灭菌或化学药剂消毒的缺点,所以应用越来越广,目前主要应用在以下两个方面:一是接种室、手术室、食品、药物包装室常应用紫外线杀菌;二是应用β射线作食品表面杀菌,γ射线用于食品内部杀菌。经辐射后的食品,因大量微生物被杀灭,再用冷冻保藏,可使保存期延长。

③ 过滤 采用机械方法,设计一种滤孔比细菌还小的筛子,做成各种过滤器。通过过滤,只让液体培养基从筛子中流下,而把各种微生物菌体留在筛子上面,从而达到除菌的目的。过滤灭菌方法适用于一些对热不稳定的体积小的液体培养基的灭菌以及气体的灭菌。它的最大优点是不破坏培养基中各种物质的化学成分。但是比细菌还小的病毒仍然能留在液体培养基内,有时会给实验带来一定的麻烦。

(2)化学方法 一般化学药剂无法杀死所有的微生物,而只能杀死其中的病原微生物，所以是起消毒剂的作用，而不是灭菌剂。消毒剂是一种能迅速杀灭病原微生物的药物，防腐剂是能抑制或阻止微生物生长繁殖的药物。但是经常不容易严格区分一种化学药物是有杀菌作用还是抑菌作用。消毒剂在低浓度时也能杀菌（如 1∶1000 硫柳汞）。由于消毒防腐剂没有选择性，因此对一切活细胞都有毒性，不仅能杀死或抑制病原微生物，而且对人体组织细胞也有损伤作用，所以化学方法只能用于体表、器械、排泄物和周围环境的消毒。常用的化学消毒剂有碘酒、来苏水（甲醛溶液）、氯化汞、酒精、苯酚等（表 8-1）。

表 8-1 常见消毒剂比较

特性	蒸汽	碘伏	氯化物	酸	季铵化合物
杀菌效果	好	营养细胞	好	好	选择性
杀灭酵母	好	好	好	好	好
杀灭霉菌	好	好	好	好	好
使用稀释液	—	依赖于溶剂	无	依赖于溶剂	中等
缓释能力	—	是	是	是	是
稳定性					
储藏	—	随温度变化	低	很好	很好
使用	—	随温度变化	随温度变化	很好	很好
速度	快	快	快	快	快
穿透性	差	好	差	好	很好
膜的形成	无	无到轻	无	无	有
有机物影响	无	中等	高	低	低
受水中其他因素的影响	不	高 pH	低 pH 和铁	高 pH	是
测量难易	差	很好	很好	很好	很好
使用难易	差	很好	很好	泡沫多	泡沫多
气味	无	碘	氯	有一些	无
口味	无	碘	氯	无	无
对皮肤的影响	烧伤	无	有一些	无	无
腐蚀性	无	不腐蚀不锈钢	广泛腐蚀低碳钢	对低碳钢较差	无
成本	高	中	低		

相对湿度低于 25％会导致呼吸道黏膜变干，这些都会为大肠杆菌进入体内提供条件；相对湿度低会引起高水平的悬浮尘埃，这些尘埃不仅会刺激上呼吸道，而且还是大肠杆菌进入呼吸道的载体。要加强鸡舍通风换气，降低有害气体的浓度和尘埃数量，稀释病原微生物的浓度。加料、拌料、饮水、收集鸡蛋前一定要洗手消毒，特别要防止粪便污染。如过夜粪便处理不及时，会使空气中氨的浓度过高，进而破坏呼吸道黏膜上的纤毛。

二、定期免疫

疫苗接种免疫具有重要意义。随着生物学技术发展，我国日渐重视畜禽类疾病疫苗研制，且在大肠杆菌病疫苗研制方面取得了突破性进展，包括多价油佐疫苗和多价氢氧化铝疫苗，并在临床实践中取得了良好效果。但是大肠杆菌病具有多种血清类型，因此在疫苗制备过程中需综合考虑当地蛋鸡的实际情况，尽量采集多种毒株，或者工作人员也可采集当地分离的菌株，利用其制作疫苗。对已发生污染的鸡场可以用本场分离的大肠杆菌菌株制作灭活菌苗进行免疫接种。从某一养殖场分离菌株制苗就用于某一养殖场。自家苗安全可靠，效果确实。对于发病严重而控制不理想时，可进行疫苗免疫。同时工作人员应科学确定免疫接种时间，通常在产蛋前注射疫苗可有效降低大肠杆菌病发病率。在免疫注射时，由于灭活佐剂的原因，会对鸡群造成一过性的应激，鸡群出现打蔫、蹲伏、不吃料的现象，过12小时就会恢复，不要惊慌。对鸡群进行免疫，一般在40日龄、120日龄免疫两次，种鸡在400日龄再加强免疫一次。由于鸡体存在大肠杆菌的抗体，即使鸡群遭受高致病力病毒侵袭，因为大肠杆菌得到有效控制，病情也不会太严重，不会出现高死亡率，而且减少了抗生素的使用量，避免耐药性的产生，确保禽产品安全。接种疫苗时鸡群产生的应激反应以及免疫程序设计不当都会引起鸡群抵抗力下降，从而造成大肠杆菌感染。

根据某地区的实际状况，选择合理的免疫程序，之后按照免疫程序要求进行疫苗接种。免疫接种可以有效防控传染性疾病的发生，当鸡群感染新城疫、传染性法氏囊病、马立克氏病、呼肠孤病毒感染等疾病时，可导致鸡群免疫力下降，对外界病原菌的抵抗力减弱，诱使单一感染或混合感染大肠杆菌、沙门氏菌等疾病，促进疾病的发生。

三、定期预防投药

做好日常预防工作。在饲养过程中，虽然鸡群没有发病症状，但部分或大部分鸡有可能带病菌，一旦受到外界应激就很可能发病，所以建议定期预防投药。对于1～3日龄雏鸡可在其饮水中加入广谱抗生素，具体可选择环丙沙星、阿莫西林、恩诺沙星等，持续给药3～5天即可。根据发病情况或饲养条件可定为每一个月或两个月给予恩诺沙星、庆大霉素等药物一次。这样既降低治疗成本，又可以减少因发病造成的经济损失。

四、添加剂

积极采取"预防为主、防治结合"的综合防治措施。鸡群营养状况的好坏，日粮营养水平的高低以及不同营养成分之间的平衡状况等都是能否引起大肠杆菌感染的重要因素。要合理搭配饲料，为鸡群补充充足的电解质、氨基酸和维生素，满足其日常生长所需，提高机体抵抗力。通过饮水添加水溶性维生素要谨慎，在一定温度条件下，水中添加水溶性维生素，不仅造成浪费，而且如果水中已污染大肠杆菌，维生素的加入还会加速大肠杆菌的大量繁殖，极易造成大肠杆菌病的暴发。减少动物源性饲料的添加，可减少因饲料传播大肠杆菌的概率。

五、治疗

在治疗过程中首先加强饲养管理，改善饲养条件，搞好环境卫生。注意观察鸡群，要弄清该鸡群发生的大肠杆菌病是原发病还是继发病，及时剖检、诊断病鸡，注意是单一感染还是和其他疾病混合感染，这是成功治疗大肠杆菌病的关键。如果出现混合感染，必须采取相应的措施加以治疗。虽然氟苯尼考、喹诺酮类、头孢菌素类、丁胺卡那霉素等药物是有效治疗大肠杆菌等细菌病，但是近年来抗生素使用频率较高，耐药大肠杆菌菌株较多，很多药物临床治疗效果不理想。由于致病性大肠杆菌是一种极易产生抗药性的细菌，通过细菌培养和药敏试验选择高敏的大肠杆菌防治药物作为首选药物，选择敏感的药物进行治疗，用足剂量，以免应用无效药物，延误治疗，使鸡群病情加重，伤鸡掉蛋，给养鸡户带来经济和精神损失。切记不能一直用同一种药物，而是交替用药，以避免产生抗药性，影响治疗效果。当发生细菌性疾病时，不要盲目地滥用药物、频繁换药和加大药物剂量，更不要长期大剂量使用某一种抗菌药。即使是药效很好的药物若剂量太小或药物不能到达感染部位，也起不到良好的治疗效果。剂量不足常会导致耐药性的产生。有的大肠杆菌菌株出现耐 β-内酰胺酶和头孢菌素酶，后果不堪设想。在我国畜牧业发达、抗生素应用频繁的地区，大肠杆菌、葡萄球菌、沙门氏菌等细菌几乎 100% 具有多重抗药性，这不仅造成免疫失败，而且耐药病原菌可通过食物链或将耐药基因转移到人群，造成人用抗菌药物疗效下降甚至治疗失败，从而危害人类自身的安全。药物残留危害人体健康，成为动物源性食品安全问题的源头，还严重影响畜产品国际贸易。

大肠杆菌属于细菌范畴，抗生素是治疗本病最好的药物，蛋鸡大肠杆菌病的治疗应考虑到用药对产蛋、蛋品质、食品安全的影响。对于产蛋前发病的病鸡，可选择的药物较多，无需考虑药物残留问题和食品安全问题。如果是腹泻型肠道症状，可口服硫酸新霉素溶液、庆大霉素可溶性粉、安普霉素可溶性粉等氨基糖苷类药物治疗。若表现采食量下降、精神不振、剖检有包心包肝病变等全身表现，则是菌血症型大肠杆菌病，可选择磺胺嘧啶钠注射液、头孢噻呋注射液、注射用氨苄西林、复方阿莫西林可溶性粉等药物治疗。对于结膜炎型病例可将青链霉素溶解后局部滴眼治疗，脐炎型只能以预防为主，注重种蛋的消毒和开口药的使用。

开产后由于很多药物能影响鸡产蛋性能，如磺胺类药物使用后，由于其能对鸡体内的碳酸酐酶活性产生影响，使碳酸盐形成和分泌减少，导致母鸡产软壳蛋或薄壳蛋，且化学药物的使用容易在蛋中出现药物残留，关乎食品安全，故治疗应以中药、微生态添加剂和生物制品类的使用为主。中药可选择三黄汤（成分为黄连、黄柏、大黄），雄连散（黄连、黄芪、金银花、大青叶、雄黄等）、复方白头翁散（白头翁、秦皮、诃子、乌梅等），微生态添加剂可选以乳酸菌、枯草芽孢杆菌、地衣芽孢杆菌为主成分的药物，生物制品类以转移因子、免疫血清等为主。

六、加强监控

要加强防控各种病毒病，尤其是几种重要的免疫抑制性疾病的防控，提高鸡群的免疫力，加强饲养管理，减少养殖过程中的各种应激，不给大肠杆菌可乘之机，提高鸡群体质。

七、实行全进全出制

全进全出的饲养方法是预防大肠杆菌病的有效方法，可有效避免了不同日龄、不同批次鸡群间的交叉感染。饲养人员应注重良种引进，保证雏鸡引自正规鸡场，务必保证其不存在大肠杆菌病等病史。同时鸡群尽可能采用封闭式管理，这样可减少或杜绝鸡群与大肠杆菌污染物的接触，防止大肠杆菌病发生。

主要参考文献

[1] 夏芃芃，孟宪臣，朱国强. 人源产肠毒素大肠杆菌疫苗的研发进展 [J]. 微生物学报，2016，56 (2)：198～208.

[2] 刘会芳，陈桂清，胡志钢等. 鸡场实用新型大肠杆菌沙门氏菌自家菌苗 [A]. 第二届中国黄羽肉鸡行业发展大会会刊，2010.

[3] 饶宝，肖松云，李文刚等. 大肠杆菌疫苗研究进展 [C]. 中国畜牧兽医学会家畜传染病学分会第七届全国会员代表大会暨第十三次学术研讨会论文集（上册），2009.

[4] 李琦，牛艺儒，任杰等. 大肠杆菌灭活疫苗的制备 [J]. 畜牧兽医科技信息，2007，03：24～25.

[5] 索朗斯珠，高桂琴，楚黎莉等. 藏鸡大肠杆菌油乳剂灭活疫苗的研制及免疫效力试验 [J]. 中国家禽，2009，31 (6)：50～52.

[6] 雷连成，韩文瑜，郑丹. 大肠杆菌流行株耐药特性对其免疫效果的影响 [J]. 吉林农业大学学报 2005，27 (5)：554～558，568.

[7] 赵恒章，刘保国，李军民. 地方性鸡大肠杆菌多价蜂胶灭活苗的制备及应用 [J]. 甘肃畜牧兽医，2004，177 (4)：5～7.

[8] 刘明生，甘辉群，陆桂平等. 海安县鸡大肠杆菌病病原的分离鉴定及多价灭活苗防治效果 [J]. 江苏农业科学，2010，6：365～366.

[9] 宋玉伟，梁秀丽. 鸡大肠杆菌病多价蜂胶灭活疫苗的研制 [J]. 畜牧与兽医，2013，45 (6)：77～79.

[10] 杭柏林，李杰，王丽荣等. 鸡源致病性大肠杆菌分离株的药敏试验及灭活疫苗制备 [J]. 安徽农业科学，2006，34 (22)：5877～5878.

[11] 高崧，彭大新，文其乙等. 禽大肠杆菌病免疫保护机理的研究 [J]. 畜牧兽医学报，2001，32 (4)：345～353.

[12] 陆有飞，韦平，卢桂娟等. 禽多杀性巴氏杆菌和大肠杆菌二联灭活油乳剂疫苗免疫保护试验 [J]. 广西农业生物科学，2008，27 (4)：387～389.

[13] 王文成，卫广森，王卓等. 鸡大肠杆菌病中草药佐剂多价灭活苗的研制. I. 疫苗生产工艺 [J]. 中国兽药杂志，2001，35 (6)：18～21.

[14] 薛俊龙，张李俊，王采先等. 鸡大肠杆菌多价复合佐剂灭活苗的研制 [J]. 山西农业科学 2009，37 (11)：50～53，57.

[15] 向春和，剡根强，刘思国. 鸡大肠杆菌多价灭活菌苗（新疆株）应用效果观察 [J]. 畜牧与饲料科学，2009，30 (3)：124～125.

[16] 许兰菊，蒋大伟，方丽云等. 鸡大肠杆菌多价灭活菌苗的研制和应用 [J]. 安徽农业科学，2007，35 (34)：11105，11156.

[17] 周霞，王静梅，马贵军等. 鸡大肠杆菌多价灭活铝佐剂菌苗的研制 [J]. 吉林畜牧兽医，2005，5：8～9.

[18] 庄向生，周伦江，刘玉涛等. 鸡大肠杆菌多价灭活苗的研制 [J]. 福建农业学报，2001，16 (2)：40～42.

[19] 甘辉群，刘明生，毛正梁等. 鸡大肠杆菌多价灭活苗的制备及其效果观察 [J]. 畜牧与兽医，2010，42 (11)：75～77.

[20] 刘建柱，车龙明，檑忠福等. 鸡大肠杆菌多菌株油乳剂灭活苗的效果 [J]. 黑龙江畜牧兽医，2002，2：36.

［21］崔锦鹏，颜世敢，徐培莲等.鸡大肠杆菌多价油乳剂灭活疫苗的研制及应用［J］.山东农业科学，2000，6：45～46.

［22］吕建存，李清艳，刘荣欣.鸡大肠杆菌多价灭活油乳苗的研制［J］.四川畜牧兽医，2004，31（06）：30～32.

［23］刘文天.蛋鸡大肠杆菌病的防控措施［J］.中国畜牧兽医文摘，2017，33（10）：161.

［24］姜琪.蛋鸡大肠杆菌病的防控要点［J］.养殖与饲料，2017，6：74～76.

［25］梁永刚.蛋鸡大肠杆菌病的防治［J］.兽医导刊，2017，05：31～32.

［26］邢昌波，杨磊，修雪玲.蛋鸡大肠杆菌病防治［J］.中国畜禽种业，2017，12：134～135.

［27］徐大伟，王娜.蛋鸡大肠杆菌病防治分析［J］.吉林畜牧兽医，2018，8：26.

［28］白春杨.鸡大肠杆菌与沙门氏菌混合感染的诊疗措施［J］.国外畜牧学——猪与禽.2016，36（5）：88～89.

［29］李成虎.鸡大肠杆菌病的病因及防治［J］.畜牧兽医科技信息，2018，3：124～125.

后　记

　　本书是在参考和借鉴了近年来国内众多研究学者在人和动物大肠杆菌领域相关研究成果的基础上加以编写和整理完善修改而成的，向对动物大肠杆菌病研究做出贡献的学者们表示致敬和感谢。

　　谨以此书，献给畜牧业工作者、养殖户以及生命科学和医学研究的同行们，献给我的亲朋好友！祝愿大家永远快乐！

郭忠欣　王梦艳　刘兆阳

2019 年 4 月 10 日